Logik und empirische Wissenschaften

Logik und empirische Wissenschaften

Beiträge deutscher und sowjetischer Philosophen und Logiker

Herausgegeben von
Horst Wessel

Akademie-Verlag · Berlin
1977

Die Originalarbeiten wurden aus dem Russischen übersetzt von Dr. Wolf Kummer, Werner Wolff und Dr. Klaus Wuttich.
Die wissenschaftliche Bearbeitung besorgte der Herausgeber.

Erschienen im Akademie-Verlag, 108 Berlin, Leipziger Str. 3–4

Lizenznummer: 202 · 100/9/77
Gesamtherstellung: IV/2/14 VEB Druckerei »Gottfried Wilhelm Leibniz«,
445 Gräfenhainichen · 4871
Einbandgestaltung: Nina Striewski
Bestellnummer: 752 859 0 (6222) · LSV 0145
Printed in GDR
DDR 26,– M

Inhaltsverzeichnis

Vorwort des Herausgebers

Die Logik erweitert in den letzten Jahrzehnten ständig ihren Aufmerksamkeits- und Anwendungsbereich. Viele Logiker haben die einseitige Orientierung allein auf die Interessen der Mathematik aufgegeben und untersuchen verstärkt logische Probleme der empirischen Wissenschaften. Auch die Artikel des vorliegenden Bandes sind dieser Problematik gewidmet. Er enthält Arbeiten von Logikern und Philosophen verschiedener wissenschaftlicher Institutionen aus der Sowjetunion und der Deutschen Demokratischen Republik, die mit der Absicht geschrieben wurden, die Möglichkeiten der Logik in der Methodologie empirischer Wissenschaften zu verdeutlichen und die Logik selber so zu gestalten, daß sie den Bedürfnissen der empirischen Wissenschaften besser gerecht werden kann.

Alle an diesem Sammelband beteiligten Autoren vertreten trotz unterschiedlichen Herangehens in Einzelfragen eine einheitliche Grundkonzeption der Logik. Sie sind der Auffassung, daß die Logik sich auf eine Untersuchung der Wissenschaftssprachen beschränkt und demzufolge auch nur einen Beitrag zur Präzisierung der Sprache der Wissenschaften und ihrer Methodologie leisten kann. Weiter vertreten alle Autoren die Meinung, daß es nur eine einheitliche Logik gibt und daß deren Gesetze und Regeln universalen Charakter haben. Diese Grundkonzeption aller Autoren verbindet die verschiedenen Einzelthemen zu einem einheitlichen Ganzen.

Die Artikel des Sammelbandes lassen sich in drei Gruppen einteilen. In den ersten Artikeln des Buches werden allgemeine Fragen der Logik dargestellt, die sich aus der Berücksichtigung logischer Probleme der empirischen Wissenschaften ergeben. Es werden die Modifikationen und Erweiterungen der klassischen Logik behandelt, die nach Auffassung der Autoren für den Aufbau einer logisch korrekten und einheitlichen Sprache der Methodologie der Wissenschaften erforderlich sind. Der zweite Artikelkomplex ist der erst in den letzten Jahren entstandenen epistemischen Logik gewidmet. Die Bedeutung des hier vorgeschlagenen logisch korrekten Regelsystems für die Methodologie der empirischen Wissenschaften scheint zwar offensichtlich zu sein, doch erst die Zukunft wird dies im vollen Ausmaß zum allgemeinen Bewußtsein bringen. Der abschließende dritte Artikelkomplex wendet sich der logischen Analyse spezieller Wissensbereiche zu. Neben einer logischen

Analyse des Wahrscheinlichkeitsbegriffs befassen sich diese Artikel ausschließlich mit logischen Problemen der Physik, der am weitesten entwickelten empirischen Wissenschaft. Diese Untersuchungen haben für die logische Analyse der Sprache anderer empirischer Wissenschaften paradigmatischen Charakter.

Die Autoren möchten mit ihren Arbeiten nicht nur den Fachlogiker ansprechen. Sie wenden sich an alle an der Logik interessierten Wissenschaftler, Philosophen, Methodologen, Lehrer und Studenten.

Berlin, im Oktober 1975 Horst Wessel

Horst Wessel

Methodologie der empirischen Wissenschaften als Bestandteil der Logik

§ 1. Logik der deduktiven und der empirischen Wissenschaften

Die Wahrheit logischer Behauptungen hängt nicht von den Besonderheiten und Unterschieden konkreter Erkenntnisbereiche ab. Es gibt keine logischen Regeln, die für einen Erkenntnisbereich gültig sind und für einen anderen nicht. Wenn eine Behauptung in dem einen Erkenntnisbereich wahr ist und in einem anderen unwahr, so ist sie entweder keine logische Regel, oder die in ihr vorkommenden sprachlichen Ausdrücke sind nicht ausreichend streng definiert. Die Logik ist für alle Wissenschaften ohne Ausnahme einheitlich. Es gibt nur eine Logik, sowohl für die deduktiven als auch für die empirischen Wissenschaften. Diese Auffassung der Logik wurde ausführlich in den Arbeiten [1–8] begründet, auch der vorliegende Artikel basiert wesentlich auf diesen Arbeiten, insbesondere auf [7].

Die Logik ist aber auch eine Gesamtheit von Büchern und Artikeln, die von verschiedenen Autoren, zu verschiedener Zeit und unter dem Einfluß verschiedener Umstände geschrieben wurden. Ein Teil von ihnen wurde mit einer Orientierung auf die Besonderheiten und Anforderungen der deduktiven Wissenschaften abgefaßt, ein anderer Teil mit der Orientierung auf die Spezifik der empirischen Wissenschaften. In der Geschichte der Logik findet man ganze Perioden, in denen die eine oder die andere Orientierung vorherrschte. Die Ausdrücke „Logik der deduktiven Wissenschaften" und „Logik der empirischen Wissenschaften" haben also einen gewissen Sinn als Angabe dieser oder jener Orientierung der Logik.

Die unterschiedliche Orientierung der Logik auf die Besonderheiten der deduktiven oder der empirischen Wissenschaften wirkt sich wesentlich auf den Charakter logischer Untersuchungen aus. So müssen in den deduktiven Wissenschaften Ort und Zeit (die Koordinaten) der Verwendung von Aussagen nicht berücksichtigt werden, da sich die Wahrheitswerte der in ihnen auftretenden Aussagen in Abhängigkeit von Ort und Zeit ihrer Verwendung nicht ändern. Deshalb werden beim Aufbau einer Theorie des logischen Schließens mit einer Orientierung auf die deduktiven Wissenschaften die Koordinaten von Aussagen überhaupt nicht beachtet. In den empirischen Wissenschaften hat man es jedoch auch mit Aussagen zu tun, deren Wahrheitswerte von dem Ort und der Zeit ihrer Verwendung abhängen. Und die Theorie des Schließens muß für sie so aufgebaut sein, daß die Rolle der

Koordinaten von Aussagen in expliziter Weise ausgedrückt ist (vgl. § 5 dieses Artikels).

Außerdem gibt es in der Logik Bereiche (und andere solche Bereiche sind möglich), von denen die einen vorwiegend oder sogar ausschließlich für die deduktiven Wissenschaften, die anderen für die empirischen Wissenschaften interessant sind. So ist etwa der detaillierte Aufbau der Theorie der rekursiven Definitionen ausschließlich für die deduktiven Wissenschaften wichtig und hat keinerlei Bedeutung für die empirischen Wissenschaften, während eine logische Theorie empirischer Zusammenhänge (insbesondere von Kausalzusammenhängen), der Veränderung, der Entwicklung, der Zeit usw., für die empirischen Wissenschaften wichtig und für die deduktiven gleichgültig ist.

Dieser Unterschied zwischen einer „Logik der deduktiven Wissenschaften" und einer „Logik der empirischen Wissenschaften" darf jedoch nicht als für die Logik unvermeidlich angesehen werden. Hier ist ein anderer Umstand weitaus interessanter, der in der modernen Logik zwar noch nicht immer klar erkannt wird, jedoch faktisch eine wichtigere Rolle spielt. Der Aufbau der Logik mit Orientierung auf die Interessen der empirischen Wissenschaften soll unter modernen Bedingungen dem Anliegen nach nicht einfach eine andere Darstellungsvariante der Logik neben anderen ihren Darstellungsvarianten für die deduktiven Wissenschaften liefern, sondern einen vollständigeren und detaillierteren Aufbau der Logik überhaupt (natürlich mit wesentlichen Modifikationen ihrer traditionellen Bereiche). Der Aufbau einer Theorie des Schließens für die deduktiven Wissenschaften wird dann nur zu einem Spezialfall der Theorie des Schließens in der Form, die sie für die empirischen Wissenschaften annehmen muß, – nämlich zu dem Spezialfall, wo beliebige Koordinaten von Aussagen angenommen werden oder wo diese gleichgültig sind. Unter diesem Gesichtspunkt muß die „Logik der empirischen Wissenschaften" die „Logik der deduktiven Wissenschaften" enthalten. Dies ist nicht zufällig so. Die deduktiven Wissenschaften sind vom logischen Standpunkt aus nur Hilfsmittel für die empirischen Wissenschaften. Auf Grund der sozialen Existenzbedingungen der Wissenschaft gewannen sie die allgemein bekannte Unabhängigkeit und Autonomie. Dieser Umstand hat aber keinen Einfluß auf ihren logischen Status. Die „Logik der deduktiven Wissenschaften" tritt also auch als ein historischer Zustand der Logik auf, der sich auf Grund der Besonderheiten ihrer Entwicklung im letzten Jahrhundert herausgebildet hat, während die „Logik der empirischen Wissenschaften" als eine Tendenz der modernen Logik zur Erweiterung des Untersuchungsbereichs der Logik und zu einer Modifikation ihrer Ergebnisse in diesem Zusammenhang auftritt.

§ 2. *Zur Struktur der Logik*

Um diese Tendenz der Logik klarer beschreiben zu können, betrachten wir kurz die Struktur der Logik, wie wir sie uns vorstellen. Das Fundament der Logik bilden die allgemeine Theorie (oder Basistheorie) des Schließens und die allgemeine Theorie (oder Basistheorie) der Termini. Die erste dieser Theorien legt die Eigenschaften von aussagenbildenden Operatoren und von Aussagen, die diese Operatoren enthalten, fest. Sie enthält eine Theorie der Operatoren der Konjunktion, Adjunktion, Negation, der Konditionalität, der Prädikation sowie der Quantoren und anderer, von den genannten abgeleiteter Operatoren. Die Grundbegriffe dieses Bereiches der Logik sind die Prädikate der logischen Folgebeziehung und der logischen Wahrheit (oder der entarteten Folgebeziehung). Bleibt der Aufbau der Aussagen unberücksichtigt, so besitzt das Prädikat der logischen Folgebeziehung nur folgende Eigenschaften: 1) wenn aus X logisch Y folgt, und dabei X als wahr angesehen (akzeptiert) wird, so muß auch Y als wahr angesehen (akzeptiert) werden; 2) wenn aus X logisch Y folgt, und dabei Y als unwahr angesehen wird, so muß auch X als unwahr angesehen werden; 3) wenn aus X logisch Y folgt und aus Y logisch Z folgt, so folgt aus X logisch Z.

Bleibt der Aufbau der Aussagen unbeachtet, so läßt sich das Prädikat der logischen Wahrheit folgendermaßen erklären: Wird dieses Prädikat einer Aussage zugeschrieben, so sagen wir damit, daß wir diese Aussage aus rein logischen Überlegungen (in der Logik) akzeptieren. In Verbindung mit dem Prädikat der logischen Folgebeziehung besitzt das Prädikat der logischen Wahrheit folgende Eigenschaften: 1) wenn aus X logisch Y folgt und X in der Logik akzeptiert wird, so muß Y in der Logik akzeptiert werden; 2) wenn aus X logisch Y folgt und Y nicht in der Logik akzeptiert wird (als logische Wahrheit verworfen wird), so darf auch X nicht in der Logik akzeptiert (muß als logische Wahrheit verworfen) werden. Alle übrigen Eigenschaften der Prädikate der logischen Folgebeziehung und der logischen Wahrheit hängen nicht von ihnen selbst ab, sondern vom Aufbau der Aussagen und Termini. Die entsprechenden Behauptungen der Logik mit diesen Prädikaten sind Definitionen der Eigenschaften logischer Operatoren und von Termini und Aussagen mit diesen Operatoren sowie Folgerungen aus solchen Definitionen. Die Theorie der Wahrheitswerte von Aussagen ist ein Teil der allgemeinen Theorie des logischen Schließens.

Die allgemeine Theorie (Basistheorie) der Termini schließlich legt die Eigenschaften von terminibildenden Operatoren und die Definitionsregeln für Termini fest. Grundbegriff dieses Bereiches der Logik ist das Prädikat des Bedeutungseinschlusses von Termini. Dieses Prädikat läßt sich in allgemeiner Form (abgesehen vom Aufbau der Termini) folgendermaßen erklären: der Terminus a ist der Bedeutung nach im Terminus b eingeschlossen (oder der Terminus b schließt der Bedeutung nach den Terminus a ein) genau dann, wenn jeder Gegenstand, der mit dem Terminus b bezeichnet wird, auch mit dem Terminus a bezeichnet wird. Für dieses Prädikat gilt ebenfalls folgende Regel: wenn a der Bedeutung nach in b eingeschlossen ist und b in c, so ist a auch der Bedeutung nach in c eingeschlossen. Die übrigen Eigenschaften des Prädikates des Bedeutungseinschlusses betreffen nicht dieses Prädikat selbst, sondern den Aufbau der Termini. Es wird für die Definition der Eigenschaften von terminibildenden Operatoren und von Termini mit solchen Operatoren, sowie allgemein als Mittel zur Definition von Termini verwendet (vgl. § 4 dieses Artikels). Die allgemeine Terminitheorie basiert auf der allgemeinen Theorie des Schließens und benutzt deren Apparat. Doch sie ist auch eine Erweiterung dieses Apparates, weil hierbei Schlußregeln für Aussagen aufgestellt werden, die den logischen Aufbau der in ihnen vorkommenden Termini und deren Bedeutungsbeziehungen berücksichtigen. Dies wirkt auf die allgemeine Theorie des Schließens zurück und führt zu ernsthaften Modifikationen im Aufbau der traditionellen mathematischen Logik. So gilt etwa in der traditionellen Quantorentheorie (im klassischen und intuitionistischen Prädikatenkalkül, interpretiert als Theorie des Schließens für Aussagen mit Quantoren) die folgende Regel: wenn der Terminus a nicht frei in der Aussage X vorkommt, so sind die Aussagen X und $(\forall a)X$ deduktiv äquivalent (aus der einen folgt die andere). Nach dieser Regel wird der Quantor $(\forall a)$ in solchen Fällen als entartet angesehen und kann weggelassen werden. Dies ist aber nur in den Fällen zulässig, wenn in X keine Termini vorkommen, die der Bedeutung nach von a abhängen (d. h. wenn in X kein solcher Terminus b vorkommt, daß a der Bedeutung nach b einschließt oder b der Bedeutung nach a einschließt). Im allgemeinen Fall ist also die betrachtete Regel nicht akzeptabel; in die allgemeine Terminitheorie muß deshalb statt dieser Regel eine Regel eingeführt werden, die in solchen Fällen die Bedeutungsabhängigkeit von Termini berücksichtigt. Wie wir sehen, wird damit einem Umstand Rechnung getragen, der in der allgemeinen Theorie des Schließens beachtet werden muß, und in der allgemeinen Terminitheorie wird deshalb eine Regel formuliert, die zwar Termini betrifft, jedoch eine Ergänzung zu den Regeln für Aussagen ist. Die vorgeschlagene Gliederung der Bereiche der Logik darf man also nicht als absolut ansehen. Sie ist jedoch wie jede orientierende Gliederung nützlich.

Auf der Grundlage der allgemeinen Theorie des Schließens und der Terminitheorie wird ein Bereich der Logik aufgebaut, in dem logische Regeln für verschiedenartige, allgemein verwendete sprachliche Ausdrücke aufgestellt werden (für Termini, für Teile von Termini, für Operatoren gemeinsam mit Termini und ihren Teilen usw.). Hier wird der Apparat der allgemeinen Theorie des Schließens und der Terminitheorie verwendet.

Da in den Definitionen dieser sprachlichen Ausdrücke die Zeichen der logischen Folgebeziehung, der entarteten Folgebeziehung und des Bedeutungseinschlusses von Termini verwendet werden, tritt dieser Bereich der Logik als eine solche Erweiterung der allgemeinen Theorie des Schließens und der Terminitheorie auf, in dem die konkrete Bedeutung einer Reihe von sprachlichen Ausdrücken berücksichtigt wird. Als Beispiel hierfür können bestimmte Aufbauten der modalen, der existentiellen, der normativen, der epistemischen Logik, sowie die Klassenlogik, die Logik des Vergleichs und der Ordnungsrelationen angesehen werden.

In diesem Bereich der Logik lassen sich die logischen Untersuchungen noch detaillierter aufgliedern, und sie umfassen dann noch eine Gesamtheit von sprachlichen Ausdrücken, die sich auf empirische Gegenstände beziehen und eine räumliche und zeitliche Charakteristik empirischer Gegenstände voraussetzen. Dies sind Ausdrücke wie „empirisches Individuum", „Anhäufung", „Veränderung", „Bewegung", „empirischer Zusammenhang", „Ursache", „Einwirkung", „Erzeugung", „Entwicklung", „Evolution", „Tendenz" usw. Viele dieser Ausdrücke werden in den Arbeiten [4, 5, 6, 8] betrachtet. Derartige sprachliche Ausdrücke umfassen auf diese oder jene Weise den gesamten Bereich der Methodologie der empirischen Wissenschaften. Wenn wir von der Methodologie der empirischen Wissenschaften als Bestandteil der Logik sprechen, so meinen wir gerade die Ermittlung des Sinnes solcher sprachlichen Ausdrücke mit den Mitteln der Logik und im Rahmen der Logik, d. h., wir meinen einen Bereich der Logik, der terminologisch mit dem Teil des geistigen Lebens der Gesellschaft zusammenhängt, den man gewöhnlich *Methodologie der Wissenschaften* (und darunter in erster Linie *Methodologie der empirischen Wissenschaften*) nennt. Dieser Bereich der Logik ist am charakteristischsten für die zeitgenössische Orientierung der Logik auf die Interessen der empirischen Wissenschaften.

Im weiteren betrachten wir einige allgemeine Fragen dieser Orientierung der Logik und geben eine Reihe von konkreten Ergänzungen zu den oben genannten Arbeiten, insbesondere zu [5, 6]. Der logische Apparat dieser Arbeiten wird hier vorausgesetzt. Da wir hier jedoch formale Fragen nicht ausführlich betrachten, dürfte es für das Verständnis des Wesens der Sache vollkommen ausreichen, wenn wir die verwendeten Symbole erklären.

§ 3. Technische Bemerkungen

Wir verwenden folgende Symbole:

1) Variablen für Subjekttermini (Subjektvariablen); Variablen für Prädikattermini (Prädikatenvariablen); Variablen für Aussagen (Aussagenvariablen);

2) $\wedge$, $\vee$, $\sim$, $\neg$, ?, $\rightarrow$ – entsprechend die aussagenbildenden Operatoren der Konjunktion („und"), der Adjunktion („oder", „oder/und"), der äußeren Negation („nicht so", „Es gilt nicht, daß"), der inneren Negation („nicht"), der Unbestimmtheit und der Konditionalität („wenn, so");

3) $\forall$, $\exists$ – die Quantoren „alle“ und „einige“;

4) $\downarrow$ – der terminibildende Operator „die Tatsache, daß“, „derart, daß“, „welcher“ (in Abhängigkeit von der Position);

5) $\vdash$ – das Prädikat der logischen Folgebeziehung und der logischen Wahrheit (in Abhängigkeit von der Position);

6) $\rightharpoonup$ – das Prädikat des Bedeutungseinschlusses;

7) E, M – die Prädikate „existiert“ und „möglich“;

8) $\|$ – das Prädikat der Berührung;

9) $\Rightarrow$ – das Prädikat der Veränderung;

10) $>$, $<$, $=$ – Ordnungsprädikate (entsprechend „übertrifft“, „untertrifft“ und „in der Ordnung gleich“).

Ein Verzeichnis der Variablen geben wir nicht an, da beliebige Buchstaben für diesen Zweck verwendet werden können. Aus dem Kontext ist jedesmal ersichtlich, um was für Variablen es sich jeweils handelt.

Für Variablen gelten folgende Regeln:

1) für eine beliebige Subjektvariable (Prädikatenvariable, Aussagenvariable) kann ein beliebiger Subjektterminus (Prädikatterminus, eine beliebige Aussage) eingesetzt werden;

2) die im Punkt 1 angegebene Einsetzung wird überall durchgeführt, wo die betreffende Variable in dem gegebenen Ausdruck vorkommt;

3) für verschiedene Subjektvariablen (Prädikatenvariablen, Aussagenvariablen) können sowohl verschiedene als auch gleiche Subjekttermini (Prädikattermini, Aussagen) eingesetzt werden.

Ausdrücke der Form $X \dashv\vdash Y$ verwenden wir als Abkürzungen für die beiden Ausdrücke $X \vdash Y$ und $Y \vdash X$ (d. h. als „Aus X folgt logisch Y und aus Y folgt logisch X“); $X \leftrightarrow Y$ als Abkürzung für $(X \rightarrow Y) \wedge (Y \rightarrow X)$ (gelesen als „X genau dann, wenn Y“); $a \rightleftharpoons b$ als Abkürzung für $(a \rightharpoonup b) \wedge (b \rightharpoonup a)$ (gelesen als „der Terminus a ist bedeutungsgleich mit dem Terminus b“).

Ein Schluß aus mehreren Voraussetzungen läßt sich nach folgendem Schema auf einen Schluß aus einer Voraussetzung zurückführen: Y folgt logisch aus $X^1, \ldots, X^n$ genau dann, wenn Y logisch aus $X^1 \wedge \ldots \wedge X^n$ folgt.

§ 4. Allgemeine Terminitheorie

In den Arbeiten [1, 4, 6] wurde eine allgemeine Terminitheorie formuliert, ohne den Anspruch auf deren Abgeschlossenheit zu erheben. Im vorliegenden Paragraphen beschreiben wir eine von A. A. Sinowjew wesentlich modifizierte und korrigierte Fassung dieser Theorie.

Als allgemeine logische Grundlage setzen wir hier die Theorien der logischen Folgebeziehung und konditionaler Aussagen sowie die Prädikations- und Quantorentheorie voraus, die in den oben angegebenen Arbeiten dargestellt sind. Die allgemeine Terminitheorie (ATT) betrachten wir als Ergänzung zu ihnen.

Das Alphabet der ATT:

1) Gegenstandsvariablen;
2) Terminivariablen;
3) Subjektvariablen;
4) Prädikatenvariablen;
5) S – das Prädikat des Bezeichnens;
6) $\rightharpoonup$ – das Prädikat des Bedeutungseinschlusses;
7) $\rightleftharpoons$ – das Prädikat der Bedeutungsgleichheit;
8) $\downarrow$ – der Operator „welcher", „derart, daß", „die Tatsache, daß";
9) $(\ldots)$ – der Operator eines n-Tupels (Paares, Tripels, ...) von Termini;
10) t – der Quasioperator eines Metaterminus;
11) s – der Terminus „Gegenstand";
12) p – der Terminus „Prädikat".

D1. Definition einer Subjektform (SF):

1) Subjektvariablen sind SF;
2) wenn $a^1, \ldots, a^n$ $(n \geqq 2)$ SF sind, so ist $(a^1, \ldots, a^n)$ eine SF;
3) wenn $a^1, \ldots, a^n$ SF sind, so sind $(a^1 \vee \ldots \vee a^n)$, $(a^1 \wedge \ldots \wedge a^n)$, $(\vee a^1 \ldots a^n)$ und $(\wedge a^1 \ldots a^n)$ SF;
4) wenn a eine SF ist, so ist $\sim a$ eine SF;
5) wenn a eine SF und b eine Prädikatform ist, so sind $a \downarrow \alpha b$ und $a \downarrow \sim \alpha b$ SF, wobei α das Vorhandensein von $\neg$ oder ? bedeutet oder leer ist;
6) wenn b eine Prädikatform ist, so sind $\downarrow \alpha b$ und $\downarrow \sim \alpha b$ SF;
7) wenn a eine SF und X eine Satzformel ist, so ist $a \downarrow X$ eine SF;
8) wenn X eine Satzformel ist, so ist $\downarrow X$ eine SF;
9) wenn a eine SF, eine Prädikatform oder Satzformel ist, so ist ta eine SF;
10) s ist eine SF;
11) wenn a eine SF ist, so ist ia eine SF $(i = 1, 2, 3, \ldots)$;
12) eine SF liegt nur vor, wenn es auf Grund von 1–11 der Fall ist.

D2. Definition einer Prädikatform (PF):

1) Prädikatenvariablen sind PF;
2) wenn $a^1, \ldots, a^n$ PF sind, so sind $(a^1 \wedge \ldots \wedge a^n)$, $(a^1 \vee \ldots \vee a^n)$, $(\wedge a^1 \ldots a^n)$ und $(\vee a^1 \ldots a^n)$ PF;
3) wenn a eine PF ist, so ist $\tilde{a}$ eine PF;
4) wenn a eine SF und b eine PF ist, so sind $b \downarrow \alpha a$ und $b \downarrow \sim \alpha a$ PF;
5) wenn a eine SF ist, so sind $\downarrow \alpha a$ und $\downarrow \sim \alpha a$ PF;
6) wenn a eine PF und X eine Satzformel ist, so ist $a \downarrow X$ eine PF;
7) wenn X eine Satzformel ist, so ist $X \downarrow$ eine PF;
8) S, $\rightharpoonup$, $\rightleftharpoons$ sind PF;
9) p ist eine PF;
10) eine PF liegt nur vor, wenn es auf Grund von 1–9 der Fall ist.

D3. Definition einer Gegenstandsvariablen: ia ist eine Gegenstandsvariable genau dann, wenn a eine Subjektvariable ist $(i = 1, 2, 3, \ldots)$.

D4. SF und PF und nur sie sind Terminiformen (TF).

D5. Ergänzung zur Definition einer Satzformel (*SaF*):

1) wenn *a* eine *SF* und *P* eine *PF* ist, so ist $\alpha P(a)$ eine *SaF* (α bedeutet das Vorhandensein von ⅂ oder ? oder ist leer);
2) *S*(*a*, *tb*) ist eine *SaF* genau dann, wenn *a* und *b* beide *SF* sind;
3) ⇀(*ta*, *tb*) und ⇌(*ta*, *tb*) sind *SaF* genau dann, wenn *a* und *b* beide *SF* oder beide *PF* sind.

Um die Schreibweise zu vereinfachen und anschaulicher zu gestalten, verwenden wir anstelle der Symbole ⇀(*ta*, *tb*) und ⇌(*ta*, *tb*) entsprechend *a*⇀*b* und *a*⇌*b*.

D6. Eine *TF* oder *SaF a* kommt in einer *TF* oder *SaF b* als *TF* oder *SaF* vor, wenn *a* ein graphischer Teil von *b* ist, mit Ausnahme folgender Fälle:

1) *a* ist kein Vorkommen als *TF* oder *SaF* in *ta*;
2) wenn *c* ein graphischer Teil von *a* ist, so ist *c* kein Vorkommen als *TF* oder *SaF* in *ta*.

Wir erklären die speziell in der Terminitheorie verwendeten Symbole:

1) *S*(*a*, *tb*) – „*a* wird mit dem Terminus *b* bezeichnet";
2) ⇀(*ta*, *tb*) – „Der Terminus *a* schließt bedeutungsmäßig den Terminus *b* ein" (oder „Alles, was mit dem Terminus *a* bezeichnet wird, wird auch mit dem Terminus *b* bezeichnet");
3) ⇌(*ta*, *tb*) – „Die Termini *a* und *b* sind bedeutungsgleich";
4) $(a^1, \ldots, a^n)$ – „das Paar (Tripel, Quadrupel usw., allgemein *n*-Tupel) von Gegenständen";
5) $(a \wedge b)$ – „ein Gegenstand (ein Merkmal), der (das) mit dem Terminus *a* und dem Terminus *b* bezeichnet wird";
6) $(a \vee b)$ – „ein Gegenstand (ein Merkmal), der (das) mindestens mit einem der Termini *a* und *b* bezeichnet wird";
7) $\sim a$ – „nicht-*a*" im Sinne von „ein Gegenstand (Merkmal), der (das) nicht mit dem Terminus *a* bezeichnet wird";
8) $(\wedge ab)$ – „jeder (jedes) von *a* und *b*";
9) $(\vee ab)$ – „mindestens einer (eines) von *a* und *b*";
10) $(\tilde{\wedge} ab)$ – „nicht jeder (jedes) von *a* und *b*";
11) $(\tilde{\vee} ab)$ – „nicht einer (eines) von *a* und *b*";
12) $\tilde{a}$ – „nicht-*a*" im Sinne von „nicht das Merkmal *a* besitzend";
13) $a{\downarrow}X$ – „*a* derart, daß *X*", „*a*, welcher *X*", „*a*, das *X* besitzt" usw.;
14) ${\downarrow}X$ – „die Tatsache, daß *X*", „*X* besitzend" usw.;
15) $X{\downarrow}$ – „derart, daß *X*", „dadurch charakterisiert, daß *X*" usw.

Gegenstandsvariablen sind Variablen für Subjekttermini, die aber folgende Eigenschaften besitzen: jedes der *ia* wird einzeln gelesen als „ein beliebiges *a*" („irgendein, aber gleichgültig, welches *a*" usw.); wenn *ia* und *ka* gemeinsam auftreten, so werden sie in bezug aufeinander als „ein beliebiges anderes *a*" gelesen.

Axiomenschemata der ATT:

I. 1. $\vdash S(a, ta)$

2. $\sim S(a, tb) \vdash \neg S(a, tb)$

II. 1. $(a \rightharpoonup b) \dashv \vdash (S(s, ta) \rightarrow S(s, tb))$,
wo a und b SF sind;

2. $(a \rightharpoonup b) \dashv \vdash (s{\downarrow}a \rightharpoonup s{\downarrow}b)$,
wo a und b PF sind;

3. $(a \rightleftharpoons b) \dashv \vdash (a \rightharpoonup b) \wedge (b \rightharpoonup a)$

III. 1. $\vdash a \rightleftharpoons s{\downarrow}S(s, ta)$

2. $S(s, t \sim a) \dashv \vdash \sim S(s, ta)$

3. $S(s, t\,(a^1 \wedge \ldots \wedge a^n)) \dashv \vdash S(s, ta^1) \wedge \ldots \wedge S(s, ta^n)$

4. $S(s, t(a^1 \vee \ldots \vee a^n)) \dashv \vdash S(s, ta^1) \vee \cdots \vee S(s, ta^n)$

IV. 1. $\alpha P(\wedge a^1 \ldots a^n) \dashv \vdash \alpha P(a^1) \wedge \cdots \wedge \alpha P(a^n)$

2. $\alpha(\wedge P^1 \ldots P^n)\,(a) \dashv \vdash \alpha P^1(a) \wedge \cdots \wedge \alpha P^n(a)$

3. $\alpha P(\vee a^1 \ldots a^n) \dashv \vdash \alpha P(a^1) \vee \cdots \vee \alpha P(a^n)$

4. $\alpha(\vee P^1 \ldots P^n)\,(a) \dashv \vdash \alpha P^1(a) \vee \cdots \vee \alpha P^n(a)$

5. $\alpha P(\tilde{\wedge} a^1 \ldots a^n) \dashv \vdash \sim \alpha P(\wedge a^1 \cdots a^n)$

6. $\alpha(\tilde{\wedge} P^1 \ldots P^n)\,(a) \dashv \vdash \sim \alpha(\wedge P^1 \cdots P^n)\,(a)$

7. $\alpha P(\tilde{\vee} a^1 \ldots a^n) \dashv \vdash \sim \alpha P(\vee a^1 \cdots a^n)$

8. $\alpha(\tilde{\vee} P^1 \ldots P^n)\,(a) \dashv \vdash \sim \alpha(\vee P^1 \cdots P^n)\,(a)$

9. $\tilde{P}(a) \dashv \vdash \sim P(a)$

V. 1. $(a^1, \ldots, a^n) \rightharpoonup (b^1, \ldots, b^n) \dashv \vdash (a^1 \rightharpoonup b^1) \wedge \ldots \wedge (a^n \rightharpoonup b^n)$

2. $(\forall(a^1, \ldots, a^n))\, X \dashv \vdash (\forall a^1)\, X \wedge \ldots \wedge (\forall a^n)\, X$

3. $(\exists(a^1, \ldots, a^n))\, X \dashv \vdash (\exists a^1)\, X \wedge \ldots \wedge (\exists a^n)\, X$

VI. 1. $\vdash a{\downarrow}\,(X \wedge Y) \rightleftharpoons (a{\downarrow}X) \wedge (a{\downarrow}Y)$

2. $\vdash a{\downarrow}\,(X \vee Y) \rightleftharpoons (a{\downarrow}X) \vee (a{\downarrow}Y)$

3. $\vdash (s{\downarrow} \sim X) \rightleftharpoons \sim (s{\downarrow}X)$

4. $({\downarrow}X \rightleftharpoons {\downarrow}Y) \dashv \vdash (X{\downarrow} \rightleftharpoons Y{\downarrow})$

5. $\vdash ((a{\downarrow}X){\downarrow}Y) \rightleftharpoons ((a{\downarrow}Y){\downarrow}X)$

6. $\vdash X \rightarrow (a{\downarrow}X \rightharpoonup a)$

7. $(\forall{\downarrow}X)\,(Y{\downarrow})\,({\downarrow}X) \dashv \vdash (X \rightarrow Y)$

8. $(\neg\forall{\downarrow}X)\,(Y{\downarrow})\,({\downarrow}X) \dashv \vdash (X\neg \rightarrow Y)$

VII. 1. $\vdash X \rightarrow (X{\downarrow})\,(a{\downarrow}X)$

2. $\vdash \alpha P(a) \rightarrow \alpha P(a{\downarrow}\alpha P(a))$

3. $\vdash \sim \alpha P(a) \rightarrow \sim \alpha P\,(a{\downarrow} \sim \alpha P(a))$,
wo α das Vorhandensein von $\neg$ oder ? bedeutet oder leer ist.

VIII. 1. $(\exists a)\, X \wedge ((b \rightharpoonup a) \rightarrow (a \rightharpoonup b)) \vdash X$

2. $X \wedge ((b \rightharpoonup a) \rightarrow (a \rightharpoonup b)) \vdash (\forall a)\, X$

3. $\sim (a \rightharpoonup b^1) \wedge \ldots \wedge \sim (a \rightharpoonup b^n) \wedge (\exists a)\, X \vdash (\forall a)\, X$,
wobei a nicht frei als SF in X vorkommt und $b^1, \ldots, b^n$ alle SF sind, die als SF frei in X vorkommen.

IX. 1. $(a \rightharpoonup b) \wedge (\forall b)\, X \vdash (\forall a)\, Y$, wobei Y aus X durch Ersetzen aller freien Vorkommen von b als SF in X durch a gebildet wird;

2. $(a \rightharpoonup b) \wedge (\exists a)\, X \vdash (\exists b)\, Y,$
wobei Y aus X durch Ersetzen aller freien Vorkommen von a als SF in X durch b gebildet wird;

3. $(a \rightleftharpoons b) \wedge X \vdash Y,$
wobei Y aus X durch Ersetzen eines oder mehrerer Vorkommen von a als TF in X durch b gebildet wird.

X. 1. $(\forall a)\, X \wedge (a \rightharpoonup b) \vdash (\forall a)\, Y,$
wobei Y aus X durch Ersetzen von b durch a überall, wo b in X als SF frei vorkommt, gebildet wird; in den folgenden Schemata 2–4 besteht eine analoge Beziehung zwischen X und Y;

2. $(\forall a)\, Y \wedge (a \rightharpoonup b) \vdash (\forall a)\, X$
3. $(\exists a)\, X \wedge (a \rightharpoonup b) \vdash (\exists a)\, Y$
4. $(\exists a)\, Y \wedge (a \rightharpoonup b) \vdash (\exists a)\, X$

XI. 1. $(\forall a)\, X \wedge (b \rightharpoonup a) \vdash (\forall b)\, X,$
wobei a in X nicht frei als SF vorkommt; in den folgenden Schemata 2–4 besteht eine analoge Beziehung von a und X;

2. $(\forall b)\, X \wedge (b \rightharpoonup a) \vdash (\forall a)\, X$
3. $(\exists a)\, X \wedge (b \rightharpoonup a) \vdash (\exists b)\, X$
4. $(\exists b)\, X \wedge (b \rightharpoonup a) \vdash (\exists a)\, X$

XII. 1. $(P \rightharpoonup Q) \wedge P(a) \vdash Q(a)$
2. $(P \rightharpoonup Q) \wedge \neg Q(a) \vdash \neg P(a)$
3. $(P \rightharpoonup Q) \wedge \sim Q(a) \vdash \sim P(a)$

XIII. 1. $\alpha P(a) \dashv\vdash S(a, t\, (s{\downarrow}\alpha P))$
2. $\sim \alpha P(a) \dashv\vdash S(a, t\, (a{\downarrow} \sim \alpha P))$
3. $(\forall a)\, \alpha P(a) \dashv\vdash (a \rightharpoonup s{\downarrow}\alpha P)$
4. $(\forall a) \sim \alpha P(a) \dashv\vdash (a \rightharpoonup s{\downarrow} \sim \alpha P)$
5. $(\exists a)\, \alpha P(a) \dashv\vdash (\exists\, (s{\downarrow}\alpha P))\, (\forall p{\downarrow}a)\, (p{\downarrow}a)\, (s{\downarrow}\alpha P)$
6. $(\exists a) \sim \alpha P(a) \dashv\vdash (\exists\, (s{\downarrow} \sim \alpha P))\, (\forall p{\downarrow}a)\, (p{\downarrow}a)\, (s{\downarrow} \sim \alpha P)$
7. $(\forall a)\, \alpha P(a) \dashv\vdash (\forall\, (s{\downarrow} \sim \alpha P))\, (\exists p{\downarrow}a) \neg (p{\downarrow}a)\, (s{\downarrow} \sim \alpha P)$
8. $(\forall a) \sim \alpha P(a) \dashv\vdash (\forall\, (s{\downarrow}\alpha P))\, (\exists p{\downarrow}a) \neg (p{\downarrow}a)\, (s{\downarrow}\alpha P)$

XIV. 1. $\vdash ({\downarrow}X \rightleftharpoons s{\downarrow}X)$
2. $\vdash (X{\downarrow} \rightleftharpoons p{\downarrow}X)$
3. $\vdash (\tilde{X}{\downarrow} \rightleftharpoons (\sim X){\downarrow})$
4. $\vdash a{\downarrow}\alpha P \rightleftharpoons a{\downarrow}\alpha P(a)$
5. $\vdash a{\downarrow} \sim \alpha P \rightleftharpoons a{\downarrow} \sim \alpha P(a)$
6. $\vdash P{\downarrow}\alpha a \rightleftharpoons P{\downarrow}\alpha P(a)$
7. $\vdash P{\downarrow} \sim \alpha a \rightleftharpoons P{\downarrow} \sim \alpha P(a)$
8. $\vdash {\downarrow}\alpha P \rightleftharpoons s{\downarrow}\alpha P$
9. $\vdash {\downarrow} \sim \alpha P \rightleftharpoons s{\downarrow} \sim \alpha P$
10. $\vdash {\downarrow}\alpha a \rightleftharpoons p{\downarrow}\alpha a$
11. $\vdash {\downarrow} \sim \alpha a \rightleftharpoons p{\downarrow} \sim \alpha a$

12. $(\forall a)\, \alpha P\, (a{\downarrow}X) \dashv\vdash (\forall a{\downarrow}X)\, \alpha P\, (a{\downarrow}X)$
13. $(\exists a)\, \alpha P\, (a{\downarrow}X) \dashv\vdash (\exists a{\downarrow}X)\, \alpha P\, (a{\downarrow}X)$

XV. 1. $\vdash S(a, ts)$,
wobei a eine SF ist, die s nicht enthält;
2. $\vdash S(s{\downarrow}a, t\,(s{\downarrow}p))$,
wobei a eine PF ist, die p nicht enthält;
3. $\vdash ia \rightharpoonup a$,
4. $(ia \rightleftharpoons ib) \dashv\vdash (a \rightleftharpoons b)$.

Schlußregeln der ATT:

1. Wenn $X \dashv\vdash Y$, so $\vdash a \rightleftharpoons b$, wobei b aus a durch Ersetzen von einem oder mehreren Vorkommen von X als SaF in a durch Y gebildet wird.
2. Wenn $\vdash({\downarrow}X \rightleftharpoons Y)$, so $X \dashv\vdash Y$.
3. Wenn $a \rightharpoonup b$ und $\vdash X$, so $\vdash(\exists ib)\ Y$, wobei Y aus X durch Ersetzen eines oder mehrerer freier Vorkommen von a als SF in X durch ib gebildet wird und ib nicht in X vorkommt.
4. Wenn $a \rightharpoonup b$ und $\vdash X$, so $\vdash(\forall ib)\ Y$, wobei Y aus X durch Ersetzen aller freien Vorkommen von a als SF in X durch ib gebildet wird und ib nicht in X vorkommt.

Wir führen einige Theoremschemata der ATT an:

1. $\vdash(a \rightharpoonup a)$
2. $(a \rightharpoonup b) \wedge (b \rightharpoonup c) \vdash (a \rightharpoonup c)$
3. $\vdash {\sim} a \rightleftharpoons s{\downarrow} {\sim} S(s, ta)$,
wobei a eine SF ist;
4. $\vdash {\sim} a \rightleftharpoons p{\downarrow} {\sim} S\,(s{\downarrow}p, ta)$,
wobei a eine PF ist;
5. $\vdash(a^1 \wedge \ldots \wedge a^n) \rightleftharpoons s{\downarrow}(S(s, ta^1) \wedge \ldots \wedge S(s, ta^n))$,
wobei $a^1, \ldots, a^n$ SF sind;
6. $\vdash(a^1 \wedge \ldots \wedge a^n) \rightleftharpoons p{\downarrow}(S((s{\downarrow}p), t\,(s{\downarrow}a^1)) \wedge \ldots \wedge S((s{\downarrow}p), t\,(s{\downarrow}a^n)))$,
wobei $a^1, \ldots, a^n$ PF sind;
7. $\vdash(a^1 \vee \ldots \vee a^n) \rightleftharpoons s{\downarrow}(S(s, ta^1) \vee \ldots \vee S(s, ta^n))$,
wobei $a^1, \ldots, a^n$ SF sind;
8. $\vdash(a^1 \vee \ldots \vee a^n) \rightleftharpoons p{\downarrow}(S((s{\downarrow}p), t\,(s{\downarrow}a^1)) \vee \ldots \vee S((s{\downarrow}p), t\,(s{\downarrow}a^n)))$,
wobei $a^1, \ldots, a^n$ PF sind;
9. $(a \rightharpoonup b) \vdash (\forall a)\ (\forall b)\ (a \rightharpoonup b)$
10. $\vdash {\sim}{\sim} a \rightleftharpoons a$
11. $\vdash (a \wedge b) \rightharpoonup a$
12. $\vdash (a \wedge b) \rightharpoonup (b \wedge a)$
13. $\vdash (a \wedge b \wedge c) \rightleftharpoons (a \wedge b) \wedge c$
14. $\vdash (a \vee b) \rightleftharpoons {\sim}({\sim} a \wedge {\sim} b)$
15. $\vdash {\sim}(a \wedge b) \rightleftharpoons ({\sim} a \vee {\sim} b)$
16. $\vdash (a \vee a) \rightleftharpoons a$
17. $\vdash (a \wedge a) \rightleftharpoons a$
18. $\vdash a \rightharpoonup (a \vee b)$

19. $(a \rightharpoonup b) \vdash (\sim b \rightharpoonup \sim a)$
20. $(a \rightharpoonup b) \wedge (a \rightharpoonup c) \vdash (a \rightharpoonup (b \wedge c))$
21. $(a \rightharpoonup b) \vee (a \rightharpoonup c) \vdash (a \rightharpoonup (b \vee c))$
22. $(\forall a)\ X \wedge (\forall a \downarrow X)\ (Y\downarrow)\ (\downarrow X) \vdash (\forall a)\ Y$
23. $(\exists a)\ X \wedge (\forall a \downarrow X)\ (Y\downarrow)\ (\downarrow X) \vdash (\exists a)\ Y$
24. $X \wedge (\forall a \downarrow X)\ (Y\downarrow)\ (\downarrow X) \vdash Y$
25. $\vdash (a\downarrow \sim P) \rightleftharpoons (a\downarrow \urcorner P) \vee (a\downarrow ?P)$
26. $\vdash a\downarrow \sim \sim P \rightleftharpoons a\downarrow P$
27. $\vdash P\ (a\downarrow P)$
28. $\vdash (a \rightleftharpoons b) \rightarrow (c \rightleftharpoons d)$,
    wobei d aus c durch Ersetzen von einem oder mehreren Vorkommen von a in c durch b gebildet wird.

Für den Beweis der Widerspruchsfreiheit der *ATT* wählen wir folgende Umformungsregeln sowie Regeln, nach denen den *SaF*, *SF* und *PF* Werte zugeschrieben werden.

Umformungsregeln ($A \Rightarrow B$ ist eine Abkürzung für „A wird in B umgeformt"):

1. $\urcorner P(a) \Rightarrow \sim P(a)$
2. $(\urcorner \forall a)\ X \Rightarrow \sim (\forall a)\ X$
3. $(\urcorner \exists a)\ X \Rightarrow \sim (\exists a)\ X$
4. $(X \urcorner \rightarrow Y) \Rightarrow \sim (X \rightarrow Y)$
5. $?P(a) \Rightarrow \sim P(a) \wedge P(a)$
6. $(?\forall a)\ X \Rightarrow \sim (\forall a)\ X \wedge (\forall a)\ X$
7. $(?\exists a)\ X \Rightarrow \sim (\exists a)\ X \wedge (\exists a)\ X$
8. $(X? \rightarrow Y) \Rightarrow \sim (X \rightarrow Y) \wedge (X \rightarrow Y)$
9. $(\forall a)\ X \Rightarrow X$
10. $(\exists a)\ X \Rightarrow X$
11. $X\downarrow \urcorner Y \Rightarrow X\downarrow \sim Y$
12. $X\downarrow \sim \urcorner Y \Rightarrow X\downarrow \sim \sim Y$
13. $X\downarrow ?Y \Rightarrow X\downarrow (\sim Y \wedge Y)$
14. $X\downarrow \sim ?Y \Rightarrow X\downarrow \sim (\sim Y \wedge Y)$
15. $\downarrow \urcorner X \Rightarrow \downarrow \sim X$
16. $\downarrow \sim \urcorner X \Rightarrow \downarrow \sim \sim X$
17. $\downarrow ?X \Rightarrow \downarrow (\sim X \wedge X)$
18. $\downarrow \sim ?X \Rightarrow \downarrow \sim (\sim X \wedge X)$
19. $\downarrow X \Rightarrow s\downarrow X$
20. $X\downarrow \Rightarrow p\downarrow X$
21. $a\downarrow \alpha P \Rightarrow a\downarrow \alpha P(a)$
22. $a\downarrow \sim \alpha P \Rightarrow a\downarrow \sim \alpha P(a)$
23. $P\downarrow \alpha a \Rightarrow P\downarrow \alpha P(a)$
24. $P\downarrow \sim \alpha a \Rightarrow P\downarrow \sim \alpha P(a)$
25. $(a^1, \ldots, a^n) \Rightarrow (a^1 \wedge \ldots \wedge a^n)$
26. $(\wedge a^1 \ldots a^n) \Rightarrow (a^1 \wedge \ldots \wedge a^n)$

27. $(\vee a^1 \dots a^n) \Rightarrow (a^1 \vee \dots \vee a^n)$
28. $(\tilde{\wedge} a^1 \dots a^n) \Rightarrow \sim (a^1 \wedge \dots \wedge a^n)$
29. $(\tilde{\vee} a^1 \dots a^n) \Rightarrow \sim (a^1 \vee \dots \vee a^n)$
30. $\tilde{X} \Rightarrow \sim X$
31. $ta \Rightarrow a$
32. $ia \Rightarrow a^i \wedge a$
33. $(X \rightarrow Y) \Rightarrow (\sim X \vee Y)$
34. $(X \vdash Y) \Rightarrow \vdash (\sim X \vee Y)$
35. $(a \rightleftharpoons b) \Rightarrow (a \rightharpoonup b) \wedge (b \rightharpoonup a)$
36. $(X \rightharpoonup Y) \Rightarrow (\sim X \vee Y)$
37. $X \downarrow Y \Rightarrow X \wedge Y$
38. $S(X, Y) \Rightarrow X \vee Y$
39. $X(Y) \Rightarrow \sim Y \vee X$.

Wir schreiben den *SaF*, *SF* und *PF* die Werte 1 und 0 nach folgenden Regeln zu:

1. *s* hat den Wert 1.
2. *p* hat den Wert 1.
3. Alle Subjekt- und Prädikatvariablen sind äquivalent.

4.

X	$\sim X$
1	0
0	1

5.

X	Y	$X \vee Y$	$X \wedge Y$
1	1	1	1
1	0	1	0
0	1	1	0
0	0	0	0

Den Formeln $\vdash X$ und $X \vdash Y$ schreiben wir die Werte v und f nach folgender Regel zu: $\vdash X$ hat den Wert v genau dann, wenn X^* immer den Wert 1 annimmt; $X \vdash Y$ hat den Wert v genau dann, wenn $\vdash \sim X^* \vee Y^*$ den Wert v hat. Hier sind X^* und Y^* die Ergebnisse der Umformung von X und Y.

T1. Wenn die Formel $X \vdash Y$ ein Theorem der *ATT* ist, so hat sie nach den akzeptierten Umformungsregeln und semantischen Regeln den Wert v.

T2. Wenn die Formel $\vdash X$ ein Theorem der *ATT* ist, so hat sie nach den akzeptierten Regeln den Wert v.

Die Theoreme *T1* und *T2* werden durch eine Durchsicht aller Axiomenschemata und Schlußregeln der *ATT* bewiesen. Aus ihnen folgt die Widerspruchsfreiheit der *ATT* im folgenden Sinne:

T3. Wenn $\vdash X$ ein Theorem der *ATT* ist, so ist $\vdash \sim X$ kein Theorem der *ATT*. Wenn $X \vdash Y$ ein Theorem der *ATT* ist, so ist $\vdash X \wedge \sim Y$ kein Theorem der *ATT*.

§ 5. *Koordinaten und Bedingungen von Aussagen*

Wir geben hier Ergänzungen zur allgemeinen Theorie des Schließens und zur Terminitheorie an, durch die diese Bereiche der Logik in expliziter Form für die Sprachen der empirischen Wissenschaften gelten.

Wenn X eine Aussage (oder ein Terminus) ist und α ein sprachlicher Ausdruck, der einen Raumbereich oder ein Zeitintervall (oder beides) bezeichnet, so sehen wir einen Ausdruck derForm „X in α" gleichfalls als eine Aussage (entsprechend als einen Terminus) an. Wir nennen α die Koordinaten von X. Abgekürzt schreiben wir Aussagen und Termini dieses Typs durch Symbole der Form $[X\alpha]$. Als Variable für Zeitkoordinaten verwenden wir die Buchstaben t, t^1, $t^2, \ldots$, für Raumkoordinaten die Buchstaben s, s^1, $s^2, \ldots$, für beliebige Koordinaten und ihre Kombinationen die Buchstaben v, v^1, $v^2, \ldots$ Zwischen X und α wird in $[X\alpha]$ keinerlei logischer Zusammenhang vorausgesetzt (obwohl ein solcher natürlich als Spezialfall nicht ausgeschlossen wird). Wir sagen, daß in $[X\alpha]$ die Aussage (oder der Terminus) X mit den Koordinaten α verknüpft ist. Für Koordinaten gelten folgende logischen Regeln:

1. $(X \vdash Y) \leftrightarrow ([Xv] \vdash [Yv])$
   $(X \vdash Y) \leftrightarrow (\forall v)\ (X \vdash Y)$
2. $(\vdash X) \leftrightarrow (\forall v)\ (\vdash X)$
3. $[[Xt^1]\ t^2] \dashv\vdash [Xt^1]$
   $[[Xs^1]\ s^2] \dashv\vdash [Xs^1]$
   $[[Xs]\ t] \dashv\vdash [[Xt]\ s]$
4. $[[Xv^1]\ v^2] \dashv\vdash [Xv^1v^2]$
5. $\vdash [Xt^1t^2] \rightleftharpoons [Xt^1]$
   $\vdash [Xs^1s^2] \rightleftharpoons [Xs^1]$
   $\vdash [Xst] \rightleftharpoons [Xts]$
6. $(\exists a)\ X \vdash (\exists v)\ [Xv]$
   $(\forall v)\ [Xv] \vdash (\forall a)\ X$
   $(\exists v)\ [Xv] \dashv\vdash (\exists v)\ X$
   $(\forall v)\ [Xv] \dashv\vdash (\forall v)\ X$
7. $M(\downarrow X) \vdash (\exists v)\ M(\downarrow [Xv])$
   $\urcorner M\ (\downarrow X) \vdash (\forall v) \urcorner M\ (\downarrow [Xv])$
8. $[(X \wedge Y)\ v] \dashv\vdash [Xv] \wedge [Yv]$
   $[(X \vee Y)\ v] \dashv\vdash [Xv] \vee [Yv]$
   $[(X \rightarrow Y)\ v] \dashv\vdash [Xv] \rightarrow [Yv]$
   $[(\sim X)\ v] \dashv\vdash \sim [Xv]$
   $[((\alpha \curlyvee a)\ X)\ v] \dashv\vdash (\alpha \curlyvee a)\ [Xv]$
   $(\alpha \curlyvee a)\ [Xv] \dashv\vdash (\alpha \curlyvee [av])\ X$
   $[\alpha P(b)\ v] \dashv\vdash \alpha [Pv]\ (b)$
   $[\alpha P(b)\ v] \dashv\vdash \alpha P([bv])$,

wobei α das Vorhandensein von $\urcorner$ oder ? oder das Fehlen beider bedeutet und $\curlyvee$ ein beliebiger der Quantoren $\forall$ oder $\exists$ ist.

Wir geben ein Beispiel für die Anwendung dieser Regeln an:

$$[Pt^1]\,(a) \vdash [P(a)\;t^1]$$
$$[P(a)\;t^1] \vdash [[P(a)\;t^1]\;t^1]$$
$$[[P(a)\;t^1]\;t^1] \vdash [P(a)\;t^1t^1]$$
$$[P(a)\;t^1t^1] \vdash [[Pt^1]\,(a)\;t^1]$$
$$[[Pt^1]\,(a)\;t^1] \vdash [Pt^1]\,([at^1])$$
$$[Pt^1]\,([at^1]) \wedge (b \rightleftharpoons [at^1]) \vdash [Pt^1]\,(b)$$
$$[Pt^1]\,(a) \wedge (b \rightleftharpoons [at^1]) \vdash [Pt^1]\,([at^1]) \wedge (b \rightleftharpoons [at^1])$$
$$[Pt^1]\,(a) \wedge (b \rightleftharpoons [at^1]) \vdash [Pt^1]\,(b)\,.$$

Die Behauptungen

$$[Pv^1]\,(a) \wedge \sim [Pv^2]\,(a)$$
$$P([av^1]) \wedge \sim P([av^2])$$
$$[Xv^1] \wedge \sim [Xv^2]$$
$$(\forall [av^1])\; X \wedge \sim (\forall [av^2])\; X$$
$$(\exists [av^1])\; X \wedge \sim (\exists [av^2])\; X$$
$$(\forall a)\; [Xv^1] \wedge \sim (\forall a)\; [Xv^2]$$
$$(\exists a)\; [Xv^1] \wedge \sim (\exists a)\; [Xv^2]$$

sind keine Kontradiktionen, und die Behauptungen

$$[Pv^1]\,(a) \vee \sim [Pv^2]\,(a)$$
$$P([av^1]) \vee \sim P([av^2])$$
$$[Xv^1] \vee \sim [Xv^2]$$
$$(\forall [av^1])\; X \vee \sim (\forall [av^2])\; X$$
$$(\exists [av^1])\; X \vee \sim (\exists [av^2])\; X$$
$$(\forall a)\; [Xv^1] \vee \sim (\forall a)\; [Xv^2]$$
$$(\exists a)\; [Xv^1] \vee \sim (\exists a)\; [Xv^2]$$

sind keine Tautologien.

Wir treffen folgende Definition: eine Aussage X nennen wir *lokal* genau dann, wenn

$$(\exists v)\; X \wedge (\exists v) \sim X,$$

und wir nennen sie *universal* genau dann, wenn

$$(\forall v)\; X \vee (\forall v) \sim X\,.$$

Wenn eine Aussage nicht lokal ist, so folgt daraus nicht, daß sie universal ist, da

$$\sim ((\exists v)\, X \wedge (\exists v) \sim X) \dashv\vdash ((\forall v)\, X \vee (\forall v) \sim X) \vee ((?\forall v)\; X \vee (?\forall v) \sim X).$$

Ebensowenig folgt aus der Negation der Universalität einer Aussage ihre Lokalität, da

$$\sim ((\forall v)\; X \vee (\forall v) \sim X) \dashv\vdash ((\exists v)\, X \wedge (\exists v) \sim X) \vee ((?\exists v)\; X \wedge (?\exists v) \sim X).$$

Es ist also der Fall möglich, daß man von einer Aussage weder sagen kann, sie sei universal, noch sie sei lokal. Dieser Fall liegt vor, wenn

$$((?\forall v)\; X \vee (?\forall v) \sim X) \wedge ((?\exists v)\; X \wedge (?\exists v) \sim X)\,.$$

Für die empirischen Wissenschaften bleibt also in diesem Fall eine Unbestimmtheit erhalten, die für die deduktiven Wissenschaften ausgeschlossen werden kann.

Wenn X eine Aussage oder ein Terminus und Y eine Aussage ist, so ist „X bei Y" (oder „X unter der Bedingung, daß Y") eine Aussage oder entsprechend ein Terminus. Wir nennen Y eine *Bedingung* von X. Der Kürze halber schreiben wir auch solche Aussagen und Termini in der Form $[XY]$. Wir sagen, daß X in $[XY]$ mit der Bedingung Y verknüpft ist. Als Variablen für Bedingungen verwenden wir die Buchstaben b, b^1, b^2, . . .

Zwischen X und Y wird in $[XY]$ im allgemeinen Fall kein logischer Zusammenhang vorausgesetzt, d. h. aus $[XY]$, wo X eine Aussage ist, folgen nicht die Aussagen $X \rightarrow Y$ und $Y \rightarrow X$. Wenn hingegen X ein Terminus ist, so ist das Fehlen eines logischen Zusammenhangs zwischen X und Y offensichtlich (da Y eine Aussage ist).

Für Bedingungen gelten Regeln, die den Regel für Koordinaten analog sind. Hier scheint die Regel

$$[Xb^1b^2] \dashv\vdash [Xb^1]$$

nicht gültig zu sein. Doch gilt diese Regel ohne Ausnahme. Der Anschein, sie sei nicht gültig, entsteht durch die Verwechslung mit der anderen Behauptung

$$[X\,(b^1 \wedge b^2)] \dashv\vdash [Xb^1]\ ,$$

die im allgemeinen wirklich nicht gilt (wenn b^2 aus b^1 folgt oder wenn b^1 und b^2 identisch sind, so ist auch sie gültig).

Für Bedingungen gilt außerdem die folgende Regel

9. $(b \rightarrow X) \vdash [Xb]\ .$

Es ist sinnvoll, für Bedingungen und Koordinaten zu untersuchen, welche neuen Regeln sich formulieren lassen, die von den Regeln 1–8 verschieden sind. Beispielsweise kann man folgende Regel akzeptieren:

$$\vdash (\exists a)\ X \rightarrow (\exists{\downarrow}b)\ (\forall a)\ M({\downarrow}[Xb])\ ,$$

wobei a eine Variable für empirische Individuen ist, die frei in X vorkommt. Mit Hilfe dieser Regel kann man die Folgerung erhalten: „Unter gewissen Bedingungen kann ein beliebiger Mensch russischer Imperator werden". Diese Folgerung scheint paradox zu sein. Wenn man aber versucht, die Bedingungen zu ermitteln, unter denen einige Menschen russische Imperatoren wurden, so entfällt der Anschein des Paradoxen. Außerdem wird hier nur von einer Möglichkeit gesprochen, die durchaus nicht immer realisiert wird.

Da zu ein und derselben Zeit und an ein und demselben Ort nicht verschiedene Bedingungen bestehen, gelten folgende Beziehungen:

10. $(\exists{\downarrow}b)\ X \dashv\vdash (\exists s)\ (\exists t)\ X$
$(\forall{\downarrow}b)\ X \dashv\vdash (\forall s)\ (\forall t)\ X$
$(\exists s)\ (\exists t)\ X \dashv\vdash (\exists{\downarrow}b)\ [Xb]\ .$

Betrachten wir die Behauptungen A:

$$(X \to Y) \vdash (\forall a)\,(X \to Y)$$
$$(\exists a) \sim (X \to Y) \vdash \sim (X \to Y).$$

Nach den Regeln für Koordinaten und Bedingungen erhalten wir aus ihnen die Behauptungen B:

$$[(X \to Y)\, v] \vdash (\forall a)\,[(X \to Y)\, v]$$
$$[(X \to Y)\, b] \vdash (\forall a)\,[(X \to Y)\, b]$$
$$(\exists a)\,[\sim (X \to Y)\, v] \vdash (\sim (X \to Y)\, v]$$
$$(\exists a)\,[\sim (X \to Y)\, b] \vdash [\sim (X \to Y)\, b]\,.$$

Und umgekehrt erhält man aus den Behauptungen B nach den gleichen Regeln die Behauptungen A. Wenn a kein Terminus von Koordinaten oder Bedingungen ist, so sind diese Behauptungen gültig. Da jedoch auch der Fall möglich ist, daß

$$(\exists v^1)\,(X \to Y) \wedge (\exists v^2) \sim (X \to Y)$$
$$(\exists{\downarrow}b^1)\,(X \to Y) \wedge (\exists{\downarrow}b^2) \sim (X \to Y)$$

gelten, sind die angeführten Behauptungen falsch, wenn a ein Terminus von Koordinaten oder Bedingungen ist. Im allgemeinen Fall gelten also die Behauptungen

$$(X \to Y) \vdash (\forall v)\,(X \to Y)$$
$$(X \to Y) \vdash (\forall{\downarrow}b)\,(X \to Y)$$
$$(\exists v) \sim (X \to Y) \vdash \sim (X \to Y)$$
$$(\exists{\downarrow}b) \sim (X \to Y) \vdash \sim (X \to Y)$$

nicht. Wenn man die Behauptungen A akzeptiert, muß man vereinbaren, daß a ein Subjektterminus ist, der frei in X und Y vorkommt.

§ 6. Logische Explikation von Termini

Die Aufgabe des Bereiches der Logik, von dem jetzt die Rede sein wird, besteht vor allem darin, eine Reihe von sprachlichen Ausdrücken zu explizieren, die sich auf empirische Gegenstände beziehen. Diese Explikation kann für ein und dieselben Ausdrücke verschiedene Form haben. Die verschiedenen Varianten einer Explikation sind dabei nicht immer deduktiv äquivalent, d. h. die Mengen der aus ihnen ableitbaren Folgerungen sind nicht immer gleich. Diese Tatsache spricht nicht unbedingt dafür, daß eine Explikation von sprachlichen Ausdrücken besser oder schlechter durchgeführt werden kann, sondern eher dafür, daß diese sprachlichen Ausdrücke in verschiedenen Bedeutungen verwendet werden, und durch die Explikation wird diese Mehrdeutigkeit offensichtlich.

Betrachten wir beispielsweise den Ausdruck „Der Raum ist nicht leer“. Er kann zumindest in folgender Weise expliziert werden: 1) „In jedem Raumbereich existiert zu einer beliebigen Zeit ein empirischer Gegenstand"; 2) „Für jeden Raumbereich findet sich ein solcher empirischer Gegenstand, daß sich dieser Raumbereich innerhalb dieses Gegenstandes befindet oder daß sie zusammenfallen (der Gegenstand deckt diesen Raumbereich)". Analog läßt sich der Ausdruck „Die Zeit ist nicht leer" zumindest in folgender Weise explizieren: 1) „Für jede Zeit und einen beliebigen Raumbereich findet sich eine solche empirische Veränderung, die sich in dieser Zeit in diesem Raumbereich vollzieht"; 2) „Für jede Zeit findet sich eine solche empirische Veränderung, die diese Zeit abdeckt". Der Ausdruck „Ein empirischer Körper entsteht nicht aus Nichts" läßt sich folgendermaßen explizieren: 1) „Wenn ein empirischer Körper entsteht, so verwandelt sich dabei ein anderer empirischer Körper in ihn"; 2) „Wenn $\neg Et^1(a) \wedge Et^2(a) \wedge (t^2 > t^1)$, so $(\exists b)$ $(Et^1(b) \wedge$ $\wedge \neg Et^2(b))$". Und der Ausdruck „Ein empirischer Körper verwandelt sich nicht in Nichts" läßt sich so explizieren:

1) „Wenn ein empirischer Körper vernichtet wird, so verwandelt er sich in einen anderen empirischen Körper";

2) „Wenn $\neg Et^1(a) \wedge Et^2(a) \wedge (t^1 > t^2)$, so $(\exists b)$ $(Et^1(b) \wedge \neg Et^2(b))$". Dabei können sich die Explikationen 1 und 2 in ihren möglichen Folgerungen in diesem oder jenem System von logischen Regeln unterscheiden.

Betrachten wir weiter folgende Gesamtheit von Sätzen:
1) wenn ein empirisches Individuum existiert, so entstand es vorher (und zu einer bestimmten Zeit vorher existierte es nicht); 2) wenn ein empirisches Individuum existiert, so wird es später vergehen (zu einer bestimmten späteren Zeit wird es nicht existieren); 3) die Existenzzeit eines empirischen Individuums ist endlich; 4) ein empirisches Individuum existiert nicht zweimal; 5) ein empirisches Individuum ist im Raum lokalisiert; 6) ein empirisches Individuum entsteht nicht aus Nichts; 7) ein empirisches Individuum verwandelt sich nicht in Nichts; 8) ein empirisches Individuum verändert sich ständig; 9) ein empirisches Individuum ist stabil. Diese Sätze lassen sich in der Sprache der Logik explizieren. Doch hier ist etwas anderes wichtig. Die angeführten Sätze sind wahr bezüglich der in unserer Erfahrung bekannten empirischen Individuen. In der Erfahrung kann kein Fall auftreten, der diesen Sätzen widersprechen würde, denn unsere Erfahrung ist immer in Raum und Zeit begrenzt. Sie sind also auf dem Erfahrungsweg nicht zu widerlegen. Doch auf diesem Wege lassen sie sich auch nicht beweisen. Wenn nun der Terminus „empirisches Indivuduum" unabhängig von diesen Sätzen 1–9 definiert ist, so können sie als außerlogische Annahmen bezüglich empirischer Individuen überhaupt akzeptiert werden. Wenn nicht die Möglichkeit von Fällen ausgeschlossen wird, die diesen Annahmen widersprechen, so hat ein Entdecken solcher Fälle nur zur Folge, daß der Geltungsbereich von 1–9 beschränkt wird.

Mit den Sätzen 1–9 kann man jedoch auch anders verfahren. Man kann sie einfach als Punkte einer impliziten Definition des Terminus „empirisches Individuum" oder des engeren Terminus „elementares empirisches Individuum" akzeptieren. Und dann treten sie als logische Folgerung aus der Definition dieses Terminus auf: Alles das, was ihnen nicht genügt, bezeichnet man dann eben nicht mit diesem Terminus.

Logisch sind diese beiden Wege äquivalent (bei sonst gleichen übrigen Merkmalen). Der zweite hat den Vorzug der logischen Klarheit und schließt jegliche Appellation aus. Das Problem einiger Grenzfälle, die zu logischen Schwierigkeiten führen, wird als rein technische Frage der Logik gelöst. Wir meinen dabei das Problem der Welt als Ganzem sowie solche Ereignisse, die durch Tautologien und Kontradiktionen fixiert werden. Technisch lassen sich die Definitionen eines elementaren empirischen Individuums und eines empirischen Individuums so aufbauen, daß diese Fälle ausgeschlossen sind und nicht zu Mißverständnissen führen. Das ist eine rein technische Frage der Logik (analog der Frage nach dem Schicksal der Paradoxien der materialen und der strengen Implikation).

§ 7. Empirische Körper

Wir betrachten einige Grundbegriffe der „Logik der empirischen Wissenschaften", die eine konkretere Vorstellung über den Charakter ihres Aufbaus gestatten.

Einen Gegenstand a nennen wir einen *empirischen Körper* genau dann, wenn für ihn folgende Behauptungen gelten (s, s^1, s^2, s^3 sind Variablen für Raumtermini; t, t^1, t^2, t^3 – Variablen für Zeittermini):

1. $\vdash E(a) \rightarrow (ls\{a, \alpha\} > 0)$
2. $\vdash E(a) \rightarrow (lt\{a, \alpha\} > 0)$
3. $\vdash Et^1(a) \rightarrow (\exists t^2)\ ((t^2 > t^1) \wedge \neg Et^2(a))$
4. $\vdash Et^1(a) \rightarrow (\exists t^2)\ ((t^2 < t^1) \neg Et^2(a))$
5. $\vdash Es^1(a) \rightarrow (\exists s^2)\ ((s^2 > \alpha s^1) \wedge \neg Es^2(a))$
6. $\vdash Es^1(a) \rightarrow (\exists s^2)\ ((s^2 < \alpha s^1) \wedge \neg Es^2(a))$
7. $\vdash Et^1(a) \wedge (\exists t^2)\ ((t^2 > t^1) \wedge \neg Et^2(a)) \rightarrow (\forall t^3)\ ((t^3 > t^2) \rightarrow \neg Et^3(a))$
8. $\vdash Et^1(a) \wedge (\exists t^2)\ ((t^2 < t^1) \wedge \neg Et^2(a)) \rightarrow (\forall t^3)\ ((t^3 < t^2) \rightarrow \neg Et^3(a))$
9. $\vdash Es^1(a) \wedge (\exists s^2)\ ((s^2 > \alpha s^1) \wedge \neg Es^2(a)) \rightarrow (\forall s^3)\ ((s^3 > \alpha s^2) \rightarrow \neg Es^3(a))$
10. $\vdash Es^1(a) \wedge (\exists s^2)\ ((s^2 < \alpha s^1) \wedge \neg Es^2(a)) \rightarrow (\forall s^3)\ ((s^3 < \alpha s^2) \rightarrow \neg Es^3(a))$
11. $\vdash Et^1(a) \wedge Et^2(a) \wedge (t^2 > t^1) \rightarrow (\exists P)\ (Pt^1(a) \wedge Pt^2(a))$
12. $\vdash Et^1(a) \wedge Et^2(a) \wedge (t^2 > t^1) \rightarrow (\exists P)\ (\neg Pt^1(a) \wedge Pt^2(a)) \wedge (\exists P)\ (Pt^1(a) \wedge \wedge \neg Pt^2(a))$.

Die Behauptung 1 besagt – „Ein empirischer Körper hat eine räumliche Ausdehnung", 2 – „Ein empirischer Körper existiert in der Zeit", 3 – „Ein empirischer Körper vergeht", 4 – „Ein empirischer Körper entsteht", 5 und

6 – „Ein empirischer Körper ist im Raum beschränkt", 7 und 8 – „Ein empirischer Körper ist unwiederholbar in der Zeit", 9 und 10 – „Ein empirischer Körper ist unwiederholbar im Raum", 11 – „Ein empirischer Körper ist stabil", 12 – „Ein empirischer Körper ist veränderlich". Aus der Definition folgt, daß nur eine solche Anhäufung von Körpern ein empirischer Körper ist, die im Raum und in der Zeit beschränkt ist. Die Frage, ob die Welt als Ganzes ein empirischer Körper ist oder nicht, entscheidet sich also in Abhängigkeit davon, ob die Behauptungen über die Unendlichkeit der Welt in Raum und Zeit akzeptiert werden oder nicht. Wenn sie akzeptiert werden, so ist die Welt definitionsgemäß kein empirischer Körper. Wenn sie nicht akzeptiert werden, so bleibt die Frage offen. Wenn X logisch wahr ist, d. h. wenn $\vdash X$ ein Theorem der Logik ist, so sind die mit den Termini $\downarrow X$ und $\downarrow \sim X$ bezeichneten Individuen keine empirischen Körper, da $(\forall t)\,(\forall s)\,E(\downarrow X)$ und $(\forall t)\,(\forall s) \neg E\,(\downarrow \sim X)$, d. h. das erste entsteht nicht und vergeht nicht und ist nicht im Raum begrenzt, während das zweite nicht entsteht und keine räumliche und zeitliche Ausdehnung besitzt.

§ 8. *Empirische Veränderung*

Der Ausdruck „empirischer Körper" ist ein Subjekt. Im Falle des Ausdrucks „empirische Veränderung" muß hingegen ein Prädikat definiert werden. Das Prädikat der Veränderung wird dabei für verschiedene logische Typen der Veränderung verschieden definiert. Diese Typen sind: 1) die Entstehung eines empirischen Körpers; 2) das Vergehen eines empirischen Körpers; 3) der Gewinn eines Merkmals bei einem empirischen Körper; 4) der Verlust eines Merkmals bei einem empirischen Körper; 5) die Verwandlung eines empirischen Körpers in einen anderen. Hier ist auch eine detailliertere Klassifikation möglich, wie sie beispielsweise in [3] durchgeführt wurde.

Wir führen die Explikationen der Ausdrücke 1–5 an (das Prädikat der Veränderung schreiben wir durch das Symbol $\Rightarrow$):

1. $(\neg E(a) \Rightarrow E(a))\,\{t^1, t^2\} \dashv\vdash ((t^2 > t^1) \wedge (t^1 \neg \parallel t^2) \wedge \neg Et^1(a) \wedge Et^2(a))$

   $(\neg E(a) \neg \Rightarrow E(a))\,\{t^1, t^2\} \dashv\vdash ((t^2 > t^1) \wedge (t^1 \neg \parallel t^2) \wedge \neg Et^1(a) \wedge \neg Et^2(a))$

2. $(E(a) \Rightarrow \neg E(a))\,\{t^1, t^2\} \dashv\vdash ((t^2 > t^1) \wedge (t^1 \neg \parallel t^2) \wedge Et^1(a) \wedge \neg Et^2(a))$

   $(E(a) \neg \Rightarrow \neg E(a))\,\{t^1, t^2\} \dashv\vdash ((t^2 > t^1) \wedge (t^1 \neg \parallel t^2) \wedge Et^1(a) \wedge Et^2(a))$

3. $(\neg P(a) \Rightarrow P(a))\,\{t^1, t^2\} \dashv\vdash ((t^2 > t^1) \wedge (t^1 \neg \parallel t^2) \wedge \neg Pt^1(a) \wedge Pt^2(a))$

   $(\neg P(a) \neg \Rightarrow P(a))\,\{t^1, t^2\} \dashv\vdash ((t^2 > t^1) \wedge (t^1 \neg \parallel t^2) \wedge \neg Pt^1(a) \wedge \neg Pt^2(a))$

4. $(P(a) \Rightarrow \neg P(a))\,\{t^1, t^2\} \dashv\vdash ((t^2 > t^1) \wedge (t^1 \neg \parallel t^2) \wedge Pt^1(a) \wedge \neg Pt^2(a))$

   $(P(a) \neg \Rightarrow \neg P(a))\,\{t^1, t^2\} \dashv\vdash ((t^2 > t^1) \wedge (t^1 \neg \parallel t^2) \wedge Pt^1(a) \wedge Pt^2(a))$

5. $(a \Rightarrow b)\,\{t^1, t^2\} \dashv\vdash (\exists c)\,((a \rightleftharpoons ct^1) \wedge (b \rightleftharpoons ct^2) \wedge (t^2 > t^1) \wedge (t^1 \neg \parallel t^2) \wedge$
   $\wedge Et^1(c) \wedge Et^2(c))$

   $(a \neg \Rightarrow b)\,\{t^1, t^2\} \dashv\vdash (\exists c)\,((a \rightleftharpoons ct^1) \wedge (b \rightleftharpoons ct^2) \wedge (t^2 > t^1)$
   $\wedge (t^1 \neg \parallel t^2) \wedge Et^1(c) \wedge \neg Et^2(c))$.

Die Definitionen 1–5 lassen sich etwas verändern, indem man im Teil links von $\dashv\vdash$ den Ausdruck $\{t^1, t^2\}$ wegläßt und rechts jeweils $(\exists t^1)$ $(\exists t^2)$ vorsetzt.

Existenzzeit von $X \Rightarrow Y$ nennen wir ein solches Zeitintervall $\{t^1, t^2\}$, daß

$$Et^1(X) \wedge Et^2(Y) \wedge (t^2 > t^1) \wedge (\forall t)\ ((t^2 > t) \wedge (t > t^1) \rightarrow \sim Et(X) \wedge \sim Et(Y)).$$

Räumlichen Existenzbereich von $X \Rightarrow Y$ nennen wir die Raumstruktur, innerhalb der sich die in $X \Rightarrow Y$ auftretenden Körper in der Existenzzeit von $X \Rightarrow Y$ befinden, wobei diese Körper sich zu dieser oder jener Zeit mit den Grenzpunkten dieser Struktur berühren.

Aus den Definitionen folgt:

1. $lt\ (a \Rightarrow b) > 0$
2. $ls\ (a \Rightarrow b) > 0$
3. $Et^1\ (a \Rightarrow b) \rightarrow (\forall t^2)\ ((t^2 > t^1) \vee (t^1 > t^2) \rightarrow \neg Et^2\ (a \Rightarrow b))$
4. $Es^1\ (a \Rightarrow b) \rightarrow (\forall s^2)\ ((s^2 > s^1) \vee (s^1 > s^2) \rightarrow \neg Es^2\ (a \Rightarrow b))$.

Betrachten wir die Behauptungen:

1. $(\neg E(a) \Rightarrow E(a))\ \{t^1, t^2\} \rightarrow (\exists b)\ (b \Rightarrow a)\ \{t^1, t^2\}$
2. $(E(a) \Rightarrow \neg E(a))\ \{t^1, t^2\} \rightarrow (\exists b)\ (a \Rightarrow b)\ \{t^1, t^2\}$
3. $(\neg P(a) \Rightarrow P(a))\ \{t^1, t^2\} \rightarrow (\exists Q)\ (Q(a) \Rightarrow \neg Q(a))\ \{t^1, t^2\}$
4. $(P(a) \Rightarrow \neg P(a))\ \{t^1, t^2\} \rightarrow (\exists Q)\ (\neg Q(a) \Rightarrow Q(a))\ \{t^1, t^2\}$.

Wir haben diese Behauptungen nicht mit in die Definition eines empirischen Körpers mit eingeschlossen. Man kann aber mit ihnen so verfahren, wie es in § 6 angegeben ist.

§ 9. Empirischer Zusammenhang

Wenden wir uns schließlich dem Begriff des empirischen Zusammenhangs zu. Hier haben wir es schon mit Definitionen ganz anderer Art als den früher betrachteten zu tun.

Erstens werden hier nicht einzeln genommene Termini oder logische Operatoren definiert, sondern Kombinationen von Termini und logischen Operatoren, von denen jeder für sich genommen bereits definiert ist. Zweitens wird hier nicht unmittelbar der Ausdruck „empirischer Zusammenhang" definiert, sondern eine Klasse von Aussagen, die als Aussagen über empirische Zusammenhänge angesehen werden. Es handelt sich dabei um Aussagen der Form $X \rightarrow (Rx)\ Y$, wobei X und Y lokale Aussagen sind, während R eine räumlich-zeitliche Beziehung von $\downarrow Y$ zu $\downarrow X$ bezeichnet, um die Negationen und unbestimmten Formen solcher Aussagen, sowie um von ihnen abgeleitete Konstruktionen, wie etwa

$$(X \rightarrow (Rx)\ Y) \wedge (Y \rightarrow (Ry)\ X)\ ,$$
$$X \wedge (Rx)\ Y \wedge (\sim X \rightarrow (R \sim x) \sim Y)\ .$$

Die Eigenschaften und Formen solcher Aussagen werden ausführlich in den oben erwähnten Arbeiten betrachtet.

Auf die Frage „Was ist ein empirischer Zusammenhang?" muß jetzt folgendermaßen geantwortet werden: wenn X eine Aussage über einen empirischen Zusammenhang ist, so ist der mit dem Terminus $\downarrow X$ bezeichnete Gegenstand (oder das, worüber in X gesprochen wird) ein empirischer Zusammenhang. Die Eigenschaften von empirischen Zusammenhängen werden vollständig durch die Regeln bestimmt, die für die entsprechenden Aussagen festgelegt sind. Hier sind gleichfalls außerlogische Annahmen möglich, die sich in einer Reihe von Fällen in einen Teil der Definition einzelner logischer Typen von Zusammenhängen verwandeln. Solche Behauptungen sind etwa

$$(\forall x)\,(\exists y)\,(\exists R)\,(X \rightarrow (Rx)\;Y)$$
$$(\forall x)\,(\exists y)\,(\exists R)\,(Y \rightarrow (Ry)\;X)\,.$$

Die Logik empirischer Körper, die Logik der Veränderung und die Logik empirischer Zusammenhänge bildet den Hauptbestandteil der „Logik der empirischen Wissenschaften". Eine Gesamtheit von sprachlichen Ausdrücken, die sich auf den Raum und die Zeit beziehen, wird in der Theorie empirischer Körper definiert. Es sind dies die Ausdrücke „Anhäufung", „geordnete Reihe empirischer Körper", „Intervall", „Struktur", „Berührung" usw. Eine Gesamtheit von sprachlichen Ausdrücken, die sich auf die Bewegung beziehen, wird in der Logik der Veränderung definiert. Es sind dies die Ausdrücke „Ortsveränderung", „Prozeß", „Geschwindigkeit", „Trajektorie" usw. In der Logik empirischer Zusammenhänge werden Probleme betrachtet, die mit der Kausalität und mit Systemen von Zusammenhängen verknüpft sind. Unter diesen Gesichtspunkten halten wir keine besondere Zeitlogik, keine Logik der Kausalität usw. für erforderlich.

§ 10. Induktive Methoden

Wenn die Logik sprachliche Ausdrücke definiert, so stellt sie damit gewisse Bedingungen für eine richtige Verwendung dieser Ausdrücke auf, sie liefert damit jedoch keine Regeln für die Entdeckung von Wahrheiten, die mit Hilfe dieser Ausdrücke formuliert werden. Wenn man etwa den Ausdruck „Ursache" (oder die Gesamtheit verschiedener Ausdrücke, die man bei der Verwendung dieses Wortes gewöhnlich durcheinanderbringt) definiert, so legt man damit den Sinn dieses Ausdrucks (dieser Ausdrücke) fest, d. h. man legt die Fälle fest, wo seine (ihre) Verwendung berechtigt ist und die sich hieraus ergebenden logischen Folgerungen. Doch die Logik stellt hierbei keinerlei Regeln auf, mit deren Hilfe man Kausalzusammenhänge von Gegenständen entdecken kann. Die bekannten Methoden von Bacon und Mill sind unter diesem Gesichtspunkt keine Entdeckungsmethoden, sondern nur Festlegungen für gewisse Verwendungsfälle des Wortes „Ursache". Es handelt sich hier nur um die Absicht (die Entscheidung, die Vereinbarung), in solchen Fällen Ausdrücke der Form „A ist Ursache von B" als Abkürzung für eine bestimmte geordnete Gesamtheit von Aussagen zu verwenden. Auf diesen Umstand haben wir bereits mehrfach hingewiesen (insbesondere auch in den erwähnten Arbeiten). Unter diesem Gesichtspunkt sind alle Versuche, die Induktionsmethoden mit dem Ziel zu verbessern, die Sicherheit der mit ihrer Hilfe gewonnenen Resultate zu erhöhen, dem Wesen der Sache nach zum Scheitern verurteilt. Sie rufen nur den Anschein eines Fortschritts hervor, der jedoch a priori (wegen der grundlegenden Abstraktionen der Logik) ausgeschlossen ist. Die „Wahrscheinlichkeitslogik", mit deren Hilfe man ebenfalls die „induktive Logik" verstärken oder präzisieren möchte, liefert wiederum eine Definition gewisser sprachlicher Ausdrücke und stellt damit eine Klasse von Deduktionsregeln auf.

Mit dem Gesagten wollen wir keineswegs bezweifeln, daß man gewisse methodologische Thesen bezüglich der Entdeckung von Wahrheiten in der empirischen Forschung formulieren kann. Wir sind nur der Ansicht, daß diese Thesen unter heuristischen Gesichtspunkten entweder banal oder unnütz sind. Einige dieser Thesen sind Definitionen, Teile von Definitionen oder Folgerungen aus Definitionen sprachlicher Ausdrücke. Zu ihnen gehören etwa solche Behauptungen, wie

$$X \vdash M(\downarrow X)\,,$$
$$X \vdash (\exists a)\, X\,,$$
$$(\forall \downarrow X)\,(Rx)\, Y \dashv\vdash (X \rightarrow (Rx)\, Y)\,.$$

Die erste Behauptung ist ein Teil der Definition des Prädikates „möglich". Die zweite ist ein Teil der Definition des Existenzquantors. Die dritte ist ein Teil der Definition der Eigenschaften von Aussagen des Typs $(Rx)\ Y$. Andere solche Thesen sind nur schematische Beschreibungen von praktisch anzutreffenden Fällen der Einführung allgemeiner Aussagen in den Sprachgebrauch. Hierzu gehören etwa die verschiedenen Arten der unvollständigen Induktion.

Man kann zwar logisch unanfechtbare Regeln zur Gewinnung von allgemeinen Aussagen in empirischen Untersuchungen aufstellen. Doch sie besitzen keinerlei heuristischen Wert. So kann man etwa die Behauptung

$$(\exists a)\, X \rightarrow (\exists \downarrow b)\, (\forall a)\, Xb$$

akzeptieren. Aber hierbei hängt die Bedingung b von einer Unmenge konkreter Umstände ab. Für sie existieren keinerlei allgemeine Kriterien. Und wenn unter den einen Bedingungen der Übergang zu $(\forall a)\ X$ berechtigt ist, unter anderen aber nicht, und wenn die ersteren sich nicht in der Sprache der Logik formulieren lassen, so ist es praktisch unmöglich, die betrachtete Regel anzuwenden.

Ebenso logisch unanfechtbar ist das Prinzip, nach dem

$$(\exists\downarrow b)\,(X \rightarrow (\forall a)\, X)$$

gilt, wobei a frei in X vorkommt; doch auf Grund der Unbestimmtheit von b hat es praktisch wiederum keinerlei Bedeutung. Kurz gesagt, eine „Logik der empirischen Wissenschaften“ ist als etwas Nichttriviales und wissenschaftlich Offenes nur als Vervollkommnung der Sprache im Interesse der empirischen Wissenschaften möglich. Als irgendeine „Logik der Entdeckung“ ist sie im besten Falle banal, ganz gleich, mit welchen gewaltigen Wortkonstruktionen sie ihre Banalität auch verbergen mag.

§ 11. Mathematisierung der empirischen Wissenschaften

Einen wesentlichen Platz in der Literatur zur Methodologie der empirischen Wissenschaften nimmt das Problem der Mathematisierung dieser Wissenschaften ein. Wir bezweifeln nicht die hervorragende Rolle der Mathematik in den modernen Erfahrungswissenschaften. Wir sind aber der Auffassung, daß die Bedeutung der mit dieser Tatsache zusammenhängenden methodologischen Probleme stark übertrieben wird. Die logische Analyse der Wissenschaftssprache kann ohne weiteres davon absehen, daß in ihr auch Zahlen verwendet werden, und die Sprache betrachten, ohne die Ergebnisse der Mathematik und die Resultate der Mathematisierung der Einzelwissenschaften zu berücksichtigen. Das ist deshalb berechtigt, weil die Verwendung von Zahlen und das Operieren mit ihnen für sich genommen keine neuen logischen Regeln hervorbringt und auch keine „alten“ außer Kraft setzt. Der logische Apparat der Wissenschaft hängt überhaupt nicht davon ab, ob Zahlen verwendet werden und ob mit ihnen operiert wird. Eine Aufhellung der Situation in den empirischen Wissenschaften, wie sie sich im Zusammenhang mit der Verwendung von rein formalen mathematischen Operationen spontan herausgebildet hat, erfordert also gerade ein Absehen von diesen formalen Operationen.

Außerdem beziehen sich die Regeln („Gesetze“) der Mathematik auf mathematische Objekte als eine besondere Art von sprachlichen Objekten. Hieraus folgt, daß sie nur in ihrem eigenen Bereich – im Bereich der Theorie mathematischer Objekte (in erster Linie der Zahlen) – Voraussagen ermöglichen. Sie sind kein Mittel der Voraussage in empirischen Wissenschaften, die Zahlen verwenden. Mittel der Voraussage sind in diesen Wissenschaften vielmehr die Behauptungen dieser Wissenschaften selbst. Physik, Biologie, Soziologie usw. gewinnen nicht auf Grund der Eigenschaften mathematischer Regeln richtige Ergebnisse, sondern auf Grund ihrer eigenen Annahmen bezüglich physikalischer, biologischer, soziologischer usw. Objekte. Die Illusion, die Mathematik sei ein Mittel der Voraussage in den empirischen Wissenschaften, entsteht deshalb, weil die Behauptungen der Einzelwissenschaften mit den Regeln der Mathematik in nicht offensichtlicher Form verknüpft werden.

Angenommen, die folgenden Aussagen seien gegeben: 1) „Wenn a sich m mal vergrößert, so vergrößert sich c n mal“; 2) „Wenn b sich k mal vergrößert, so verringert sich c l mal“. Es scheint so, als erhielte man aus diesen Aussagen nach den Regeln der Mathematik die Aussage: 3) „Wenn sich a m mal vergrößert und b sich k mal vergrößert, so verändert sich c $\frac{m}{l}$ mal“. In Wirklichkeit erfordert jedoch die Gewinnung der Aussage 3 aus den Aussagen 1 und 2 noch eine Annahme, der gemäß der Charakter der Einwirkung von a auf c (und von b auf c) nicht davon abhängt, ob gleichzeitig b auf c (entsprechend a auf c) einwirkt oder nicht. Und dies ist eine außermathematische Annahme; es ist eine Annahme derjenigen Einzelwissenschaft, die die Objekte a, b, c untersucht. In allen Fällen, in denen es so scheint, als ob irgendein konkreter Fakt der Wissenschaft rein mathematisch vorausgesagt würde, lassen sich gewisse versteckte Annahmen bezüglich der Gegenstände auffinden, die von dieser Wissenschaft untersucht werden. Diese Behauptung basiert auf der logischen Analyse mathematischer Objekte als sprachlicher Erscheinungen. Sie gilt a priori und erfordert keine Betrachtung der vielen diesbezüglichen Irrtümer.

Eine Besonderheit der Annahmen, von denen hier die Rede ist, besteht darin, daß sie vollständig in der Sprache der Logik expliziert werden können, obwohl sie sich auf physikalische, biologische, soziologische usw. Objekte beziehen. Die eigentlichen einzelwissenschaftlichen Annahmen sind schon in den Ausgangsdaten enthalten, mit denen der Wissenschaftler beginnt, formal zu operieren. Sie enthalten nichts Geheimnisvolles (sie sind üblich, wie beispielsweise die Abrundung oder die Durchschnittsbildung bei Meßresultaten). Für sie ist eine konkrete Terminologie erforderlich (es sind die Termini „Elektron“, „Positron“, „Zelle“, „Mensch“ usw. notwendig).

Die Annahmen hingegen, die man stillschweigend bei formalen Operationen mit den Ausgangsdaten voraussetzt, gewährleisten die rein deduktive Seite der Sache und benötigen nicht die spezielle Sprache der Einzelwissenschaften. Für sie sind allgemeine Ausdrücke, wie „Objekt“, „Merkmal“, „Relation“, „Abhängigkeit“ usw. ausreichend. Sie sind rein methodologische Annahmen.

Einen methodologischen Sinn haben also nur die Konstatierung der Tatsache selbst, daß Mathematik verwendbar wird, sowie die Explikation der Annahmen bezüglich empirischer Gegenstände, die unabhängig davon sind, ob bei ihrer Untersuchung Mathematik verwendet wird oder nicht.

In der philosophischen Literatur zur Physik und in der philosophierenden physikalischen Literatur wird häufig erklärt, im Bereich der Mikrophysik führten die Wissenschaftler verschiedenartige mathematische Berechnungen durch, erhielten richtige (durch Experimente bestätigte) Ergebnisse, doch wüßten sie dabei überhaupt nicht, was sie eigentlich tun. Hieran ist etwas Wahres. Doch betrifft dies nicht irgendeine mystische deduktive Kraft der Mathematik, sondern die versteckten Annahmen, die es gestatten, im gegebenen Wissensbereich zu deduzieren. Wenn die Wissenschaftler diese Annahme nicht kennen, so wissen sie wirklich nicht, wie sie diese oder jene Ergebnisse auf rein deduktivem Weg gewinnen konnten.

§ 12. Erklärung

In der traditionellen Methodologie der empirischen Wissenschaften nimmt das Problem der Erklärung von beobachtbaren Erscheinungen einen wesentlichen Platz ein. Wenn man von den Merkmalen konkreter Erklärungsoperationen absieht, die für die Psychologie, Pädagogik, Ideologie, Propaganda usw. interessant sind, und nur solche Merkmale beachtet, in deren Beschreibung Termini der Logik und der Epistemologie auftreten, so zeigt sich folgendes. Es gibt einfach keine besondere Operation der Erklärung, die sich von anderen Erkenntnisoperationen unterscheiden würde und die nicht auf diese zurückführbar wäre. Als Beispiele einer Erklärung werden immer solche Operationen angeführt, die unter anderen Bezeichnungen bekannt sind. Es sind dies der Aufbau von Theorien oder „Denkmodellen" („theoretische Erklärung"), die Suche nach den Ursachen gegebener Erscheinungen („Kausalerklärung"), die Beschreibung der Bedingungen und des Mechanismus der Entstehung der Erscheinungen („genetische Erklärung") usw. In analoger Weise kann man von einer „funktionalen", „strukturellen", „systemtheoretischen", „phänomenologischen" usw. Erklärung sprechen. Und unter den Beispielen von Erklärungen gibt es kein einziges, von dem man sagen könnte: das ist die Operation der Erklärung, die kein Aufbau einer Theorie, kein Auffinden der Ursachen, keine Beschreibung der Genesis usw. ist. Im praktischen Gebrauch sind Erklärungen nur verschiedenartige Erkenntnisoperationen und ihre Kombinationen unter unterschiedlichen sozialen Bedingungen der Menschen. In den meisten Fällen gebraucht man das Wort „Erklärung" nicht auf Grund von Merkmalen, die diesen Operationen als solchen eigen sind, sondern auf Grund ihnen äußerlicher Ziele und Absichten der Menschen.

Um in allgemeiner Form auf die Frage zu antworten „Wie erklären Wissenschaftler die von ihnen beobachteten Erscheinungen?", muß man sagen, was eine Theorie, ein Modell, eine Hypothese, eine Funktion, eine Struktur, eine Genesis usw. ist. Um das aber alles mehr oder weniger vollständig und präzise darzustellen, muß man zumindest die gesamte Logik und Methodologie der Wissenschaft darlegen, und zwar mit einer bestimmten Orientierung. Die Wissenschaftler erklären die von ihnen untersuchten Erscheinungen nämlich genau so, wie *sie* sie erkennen.

Jede Operation wird mit bestimmten Ergebnissen oder Produkten abgeschlossen. Die dinglichen Produkte einer Erklärungsoperation sind immer gewisse Gesamtheiten von Aussagen, d. h. sprachliche Konstruktionen. Die Regeln solcher sprachlichen Konstruktionen hängen aber offensichtlich nicht davon ab, mit welchem Ziel diese Konstruktionen aufgebaut werden – für eine Erklärung, eine Aufklärung, eine Überzeugung, eine Konstatierung von Fakten usw. Außerdem sind Regeln nicht davon abhängig, in welcher Kombination in der gegebenen sprachlichen Konstruktion diese oder jene sprachlichen Ausdrücke ausgewählt sind. Eine Gesamtheit von Aussagen erklärt nur (ist nur eine Produkt der Operation der Erklärung) in bezug auf eine andere Gesamtheit von Aussagen, in der die zu erklärenden Erscheinungen (das zu Erklärende) fixiert sind. Außerhalb einer solchen Beziehung ist sie bloß ein Spezialfall einer Gesamtheit von Aussagen. Eine Antwort auf die uns hier interessierende Frage vom Standpunkt der Produkte der Erklärung setzt ein Absehen von einer ganzen Reihe von Umständen voraus, darunter auch davon, daß die sprachlichen Ausdrücke als Mittel der Erklärung funktionieren.

Wenn man versucht, eine Erklärung allgemein zu beschreiben, so muß man sich mit dem folgenden dürftigen Bild begnügen: Es gibt eine Gesamtheit von Aussagen X über einen beobachtbaren Gegenstandsbereich. Aus irgendwelchen Gründen befriedigt sie eine bestimmte Gruppe von Personen nicht. Die Ursachen hierfür sind äußerst verschiedenartig: die Ungewöhnlichkeit dessen, worüber in X gesprochen wird; eine Nichtübereinstimmung von X mit einer traditionellen oder offiziellen Ideologie; Verständnisschwierigkeiten bei einem Studierenden; das Fehlen eines inneren Zusammenhangs in X; das Fehlen eines Zusammenhangs mit anderen Wissensbereichen usw. Weiter wird gefordert, eine solche Gesamtheit von Aussagen Y zu finden, die als Erklärung der Erscheinungen, von denen in X die Rede ist, angesehen wird. Für die geforderte Erklärung Y gibt es keinerlei apriorische Standorte und Kriterien; es gibt noch nicht einmal allgemein orientierende Hinweise. In der Wissenschaftspraxis findet man manchmal ein solches Y, das als Erklärung der in X fixierten Erscheinungen akzeptiert wird, und es tritt eine gewisse Beruhigung ein. Häufiger sucht man jedoch ein solches Y gar nicht, oder man findet eine Erklärung, die die einen befriedigt, aber die anderen nicht, oder man findet eine Erklärung, die zwar eine gewisse Zeit beruhigt, jedoch nach dem Auffinden einer passenderen Erklärung oder unter dem Einfluß einer allgemeinen Umwälzung des geistigen Lebens der Menschen wieder verworfen wird.

Das Problem der Erklärung wird besonders eingehend im Zusammenhang mit Fragestellungen der modernen Physik erörtert, denn eine Besonderheit der zeitgenössischen Physik besteht darin, daß man die Gesamtheit von Aussagen X über einen beobachtbaren Gegenstandsbereich vorbereitend in eine sprachliche Hülle Z einkleidet, die schon nicht mehr ein Beobachtungsresultat des erwähnten Gegegenstandsbereichs ist, sondern ein Ergebnis der komplizierten Geschichte der Zivilisation und der modernen Kultur. Die Bildung von Z ist eine sozial-historische Besonderheit der Physik und keine logische oder epistemologische Gesetzmäßigkeit der Erkenntnis. Dieses sprachliche Gebilde Z steht zwischen X und der gesuchten Erklärung Y, und faktisch wird jetzt nicht eine Erklärung der in X fixierten Erscheinungen gefordert, sondern eine Erklärung dessen, was in *Z* gesagt wird. Insofern *Z* die Aussagen *X* enthält, ist eine Erklärung des einen Typs erforderlich. Da aber *Z* Elemente einer qualitativ anderen Herkunft und mit anderen Funktionen enthält, wird auch eine Erklärung eines ganz anderen Typs gefordert. Dabei wird *Z* speziell mit der Absicht konstruiert, daß man ein gedankliches Bild des untersuchten Bereichs der Welt erhält, das möglichst weit von den üblichen Vorstellungen, dem gesunden Menschenverstand, den üblichen logischen Regeln usw. abweicht. Gleichzeitig wird jedoch eine Erklärung *Y* gefordert, die vollkommen mit diesen verachteten Elementen des gewöhnlichen Verstandes übereinstimmt.

§ 13. Die logische Normalität der Physik

Mit der modernen Physik entstand eine ideologische Erscheinung, deren Kern in dem Bewußtsein einer logischen Sonderstellung der modernen Physik und in der Unmöglichkeit besteht, ihre Entdeckungen mit dem gesunden Menschenverstand nachzuvollziehen. Eine Analyse der Natur logischer Regeln und der Situation in der Physik zeigt jedoch, daß die Physik im Vergleich zu anderen empirischen Wissenschaften keine logische Sonderstellung besitzt und im Prinzip auch nicht besitzen kann. Logische Regeln sind Regeln zum Operieren mit Termini, Aussagen und den in ihnen enthaltenen logischen Operatoren, d. h. mit einer bestimmten Art von sprachlichen Ausdrücken. Sie hängen nicht von den konkreten Eigenschaften dieser oder jener Sprache und deren Anwendungsbereich ab. Die Logik entdeckt ihre Regeln nicht in fertiger Form im spontanen Sprachgebrauch der Menschen; sie erfindet sie vielmehr nach ihren eigenen Gesetzen. Es lassen sich unzählige Beispiele von sprachlichen Ausdrücken angeben, für die logische Regeln überhaupt nicht oder nur teilweise aufgestellt sind. Die Sprache der Methodologie der modernen Physik besteht im wesentlichen aus solchen Ausdrücken.

Die Physik kann die Ausarbeitung bestimmter Bereiche der Logik stimulieren. Doch diese Bereiche werden damit nicht zu einem Privileg der Physik. So werden unter dem Einfluß der Physik in der Logik eine Definition von komplementären Aussagen und die entsprechenden Regeln für sie eingeführt. Diese Regeln sind jedoch in jedem beliebigen Bereich der Sprachpraxis anwendbar, in dem komplementäre Aussagen auftreten, d. h., solche Aussagen findet man auch außerhalb der Physik. Die Physik machte nur auf sie aufmerksam. Eine Analyse der konkreten Situation in der Mikrophysik zeigt, daß die Konzeption eines logischen Sonderstatus der Mikrophysik aus einer Entstellung der Natur logischer Regeln und aus logischen Fehlern resultiert (insbesondere einer Verwechslung von logischen Operatoren der zweiwertigen und der dreiwertigen Logik, die mit gleichen Symbolen bezeichnet werden).

Die Physik besitzt wirklich eine privilegierte Stellung unter den Wissenschaften. Die Ursache hierfür ist aber ihre praktische Wichtigkeit und ihr Einfluß auf das geistige Leben der Gesellschaft. Im Umkreis der Physik hat sich eine eigentümliche Schicht (Umwelt) herausgebildet, die sich für zuständig hält, die Erfahrungsdaten der Physik zu deuten. Sie entstand natürlich unter dem Einfluß der Erfahrungsdaten der Physik, hat jedoch auch andere historische und soziale Quellen. Die Physik bestimmte ihr Sujet und ihre Terminologie, und die Geschichte bestimmte ihr ideologisches Wesen. Das spezifische Bedürfnis nach Wundern, Geheimnissen, Unverständlichkeit für Uneingeweihte usw. wurde durch das bewußte Bestreben realisiert, die logischen Grundlagen der Wissenschaft zu zerstören. Die großen Entdeckungen der Physik wurden nicht nur als Umwälzungen in den Naturanschauungen (das verwundert heute schon niemand mehr!), sondern auch als Umwälzung in den logischen Prinzipien der Wissenschaft gedeutet. Die Idee einer besonderen Logik der Mikrophysik ist das offenkundigste, wenn auch durchaus nicht das einzige Anzeichen für eine antilogische Tendenz in der ideologischen Umwelt der Physik. Allgemein bekannt sind die unzähligen Spekulationen um die Relativitätstheorie, denen stets eine Verletzung der logischen Sprachnormen zugrunde liegt. Ein klassisches Beispiel einer solchen Spekulation liegt vor, wenn man dem Raum die Fähigkeit zuschreibt, sich zusammenzuziehen, sich auszudehnen, sich zu krümmen usw., oder der Zeit die Fähigkeit, langsamer oder schneller und sogar zurückzugehen. Es sind sogar Versuche bekannt, die beweisen sollen, daß für zwei verschiedene Objekte unter bestimmten Bedingungen eine unterschiedliche Quantität von Zeit in ein und derselben Zeit vergeht! Und als Argument verweist man dabei auf die Erfolge und die Ideen der modernen Logik.

Der Zustand der modernen Logik harmoniert vollkommen mit den oben genannten Erscheinungen. Die Annahme einer besonderen Logik der Mikrophysik ist ein Resultat der These von der Nichtuniversalität der Logik, die sich in der Logik unter dem Einfluß der intuitionistischen Logikkonzeption herausgebildet hat. Die verschiedenartigsten logischen Kalküle wurden von theoretisierenden Logikern so gedeutet, als ob die Wissenschaftler das Recht hätten, in Abhängigkeit von den Besonderheiten des jeweiligen Wissensbereiches diese oder jene Logik zu wählen. Diese Deutung verträgt sich durchaus mit der Meinung, daß die Logik nicht nur und nicht einmal in erster Linie auf die Wissenschaftssprache anwendbar sei, sondern auch auf den Gegenstandsbereich selbst, der von der betreffenden Wissenschaft untersucht wird. Ein Übermaß von Kalkülen erwies sich mit einer äußersten Einengung des Aufmerksamkeitsbereiches der Logik als verträglich. Faktisch wurde der Gegenstandsbereich der Logik auf eine geringe Zahl von Operatoren beschränkt, deren Theorie hypertrophisch entwickelt wurde. Im wesentlichen variierte man die logischen Kalküle in den Grenzen des Aussagen- und Prädikatenkalküls. Weite Kreise der wissenschaftlichen Intelligenz sind bis heute davon überzeugt, daß die Konjunktion, Adjunktion, Negation, Subjunktion, der Allquantor und der Existenzquantor die allein möglichen logischen Operatoren sind, und daß eine Theorie dieser Operatoren ein erschöpfendes Verzeichnis aller logischen Regeln liefere. Häufig versteht man die Logik überhaupt als Theorie nur dieser Operatoren. Die hier ausgearbeiteten logischen Forschungsmethoden wurden stereotypisiert für logische Untersuchungen überhaupt und zum Prokrustesbett für alle übrigen Probleme der Logik. Der Aufmerksamkeit der Logik entgingen viele Probleme, die für eine mathematische Darstellungsform zwar nicht sehr ergiebig, doch um so wichtiger für die Methodologie der Wissenschaften sind. Im Ergebnis erwies sich die Sprache, in der man sinnvoll und beweiskräftig zur Methodologie der modernen Physik sprechen kann, unter logischem Gesichtspunkt als unzureichend. In einem gewissen Sinne ist also die Logik mitschuldig an der Mystifikation der Ergebnisse der modernen Physik.

Die meisten Ausdrücke der Methodologie der Physik sind unbestimmt und mehrdeutig. Um diese Situation zu verbessern, ist allein der Wunsch, die Bedeutung dieser Ausdrücke zu verabreden, nicht ausreichend. Es ist vielmehr eine detaillierte logische Technik zur Einführung sprachlicher Ausdrücke und zum Operieren mit ihnen erforderlich. Außerdem ist nach den Regeln dieser Technik eine sorgsame Bearbeitung vieler Ausdrücke erforderlich – solcher, wie „empirisches Individuum", „Anhäufung", „Struktur", „geordnete Reihe", „Intervall", „Veränderung", „Berührung", „existiert", „endlich", „unendlich", „minimal", „maximal" usw. All dies erfordert aber eine wesentliche Überarbeitung aller traditionellen Bereiche der Logik und die Entwicklung einiger neuer.

Eine Logik mit einer solchen Orientierung aufzubauen, haben wir in einer Reihe von Arbeiten versucht, hauptsächlich in den oben erwähnten Büchern. Bei einem solchen Aufbau der Logik verändert sich als Folge ein ganzer Komplex von Begriffen der Methodologie empirischer Wissenschaften, und es ergibt sich eine Umwertung ihrer Problematik. Viele übliche sprachliche Ausdrücke entfallen dabei, weil sie nicht definiert werden können, überflüssig sind oder durch einen Komplex anderer genau definierter Ausdrücke ersetzt werden. Viele Probleme, die bisher als kompliziert und wichtig angesehen wurden, erweisen sich als banal und leer. Hierzu gehört auch das Problem der Erklärungsmethoden. Als Folgerungen aus den getroffenen Definitionen erhält man dabei Behauptungen, die rein physikalische Annahmen zu sein scheinen. Es erweist sich jedoch, daß das Rätselhafte und Paradoxe der Erscheinungen der modernen Physik eine Folge des Zustands der Sprache ist, in der man über diese Erscheinungen schreibt und spricht. Es verschwindet bei einer sorgsamen logischen Explikation. Viele solche Beispiele wurden in [2, 5] betrachtet. Wir sind deshalb nicht geneigt, das tieferliegende Wesen aller ernsthaften Probleme der Methodologie der modernen Physik in den einzigartigen Sonderbedingungen der Erkenntnis von Mikroobjekten und deren einzigartigen Eigenschaften im Vergleich zu Makroobjekten zu sehen, sondern wir sehen sie in den rein logischen (buchstäblich logisch-technischen) Problemen einer Präzisierung der Sprache.

§ 14. *Forscher und Forschungsgegenstand*

Bekanntlich kann man die Objekte der Mikrowelt nicht unmittelbar beobachten, sondern nur die Ergebnisse ihrer Einwirkung auf Makroobjekte (insbesondere auf Geräte). Unter dem Gesichtspunkt der logischen Technik zum Aufbau einer Terminologie ist dies nur ein Spezialfall der folgenden Situation. Angenommen, es werden die Objekte einer Klasse *A* (sagen wir, der Welt *A*) unter folgenden Bedingungen untersucht: 1) die Ergebnisse der Einwirkung der Objekte *A* auf die Objekte der Klasse *B* (der Welt *B*) oder die Ergebnisse der Wechselwirkung von *A* und *B* lassen sich beobachten; 2) diese Ergebnisse (sagen wir, die Spuren der Erscheinungen der Welt *A* in der Welt *B*) werden vom Forscher als Erscheinungen der Welt *B* beobachtet; 3) ohne die Welt *B* ist eine Beobachtung der Welt *A* unmöglich. Eine Gesamtheit von Termini für die Bezeichnung der Erscheinungen der Welt *B* und zum Aufbau von Aussagen über sie (eine Sprache für die Welt *B*) kann hier als gegeben vorausgesetzt werden. Eine Sprache für die Welt *A* wird logisch korrekt folgendermaßen aufgebaut: 1) elementare Subjekttermini (Bezeichnungen von Objekten von *A*) werden nach dem Schema eingeführt „Die Objekte von *A*, die die Spuren α in *B* haben, nennen wir β“; 2) elementare Prädikattermini (Bezeichnungen von Eigenschaften und Beziehungen der in Punkt 1 angegebenen Objekte) werden nach dem Schema eingeführt „Wir sagen, daß *Y* genau dann, wenn $Z^1, \ldots, Z^n$“, wobei *Y* eine Aussage mit dem zu definierenden Prädikat ist, während $Z^1, \ldots, Z^n$ Spuren von *A* in *B* beschreiben; 3) abgeleitete Termini werden mit Hilfe von elementaren Termini nach den üblichen logischen Regeln eingeführt; 4) die Meßergebnisse der Spuren von *A* in *B* gehören zu den Prädikaten der Sprache für die Welt *A* und sind damit Größenprädikate für Objekte von *A* (d. h. sind Meßergebnisse von Objekten aus *A*).

Auf Grund der logischen Eigenschaften der Definitionen von Termini und der logischen Regeln zur Einführung abgeleiteter Termini lassen sich die Aussagen der Sprache für die Welt *A* ohne Informationsverlust über die Welt *A* vollständig durch Aussagen der Sprache *B* ersetzen. Sie bleiben dabei Aussagen über die Welt *A*, da sie Spuren von *A* in *B* in der Sprache *B* beschreiben. Doch auch die Aussagen mit Termini der Welt *A* bleiben aus dem gleichen Grund Aussagen über die Welt *B*. Das Weltbild *A* als Bild der Spuren von *A* in *B* ist ein vollwertiges wissenschaftliches Weltbild *A*. Es erscheint nur vom Standpunkt einer voreingenommenen Konzeption als minderwertig.

Diese Situation hat nichts logisch Absonderliches. In der Alltagserfahrung trifft man derartige Fälle viel häufiger als in der Physik, doch da man hier an sie gewöhnt ist, rufen sie keine Verwunderung hervor.

Läßt sich aber beschreiben, was in der Mikrowelt „an sich“, ohne Bezug auf die Makrowelt, vor sich geht? Wenn die Beziehung zwischen der Mikro- und der Makrowelt vom Gesichtspunkt der Erkenntnis aus ein Spezialfall der Beziehung zwischen der Welt A und der Welt B im oben angeführten Schema ist, so ist die Antwort auf die Frage trivial. Sie besteht in der Formulierung der Bedingungen selbst: es läßt sich zwar nicht beobachten, doch das Sprechen zu diesem Thema ist nicht verboten. Man kann erraten, was dort vorgeht, doch das Wort „erraten" wird hier im Sinne von „sich ausdenken" verwendet. Und ein solches Erraten (Ausdenken) ist nur ein Spezialfall des folgenden Schemas.

Das Bedürfnis, ein wissenschaftliches Weltbild A an sich (unabhängig von seiner Wechselwirkung mit B) zu erfinden, hat bestimmte Ziele. Es kann sich dabei um innerwissenschaftliche oder um der Wissenschaft äußerliche (z. B. aufklärerische, propagandistische) Ziele handeln. Uns interessieren hier nur die inneren Ziele, und zu ihnen läßt sich folgendes sagen. Der Aufbau eines Weltbildes A an sich kann das Ziel haben, eine Theorie oder ein Denkmodell aufzustellen oder heuristische Prinzipien aufzufinden. Eine Theorie ermöglicht im gegebenen Wissenschaftsbereich die Deduktion und Voraussagen. Ein Denkmodell ist in solchen Fällen nur eine unklar formulierte Theorie. Heuristische Prinzipien liefern eine gewisse Orientierung in empirischen Untersuchungen.

Angenommen, X sei eine Theorie der Welt A als solche. Wie kann man sie als Mittel der Deduktion (der Vorhersage) in der Sprache der Welt B im Falle der Wechselwirkung mit A verwenden? Mit anderen Worten, wie erhält man aus gegebenen Aussagen Y in der Sprache der Welt B mit Hilfe von X ohne Hinwendung zur Erfahrung neue Aussagen Z in der gleichen Sprache? Logisch ist nur folgender Weg möglich: 1) nach besonderen Zuordnungsregeln werden die Aussagen Y in die Sprache übersetzt, in der X formuliert ist; 2) aus den gewonnenen Aussagen Y^* deduziert man mit Hilfe von X die Aussagen Z^*; 3) die letzteren werden nach den gleichen Zuordnungsregeln in die Sprache der Welt B übersetzt, und im Ergebnis erhält man die Aussagen Z. Wie wir sehen, haben wir es hier einfach mit einem Spezialfall der Erfindung und Verwendung einer Theorie zu tun, der keinerlei logischen Sonderstatus der Mikrophysik ausweist. Analog verhält es sich bei der Aufstellung von heuristischen Prinzipien.

Wenn hingegen das gesuchte Weltbild A nicht mit dem Ziel der Vorhersage und der Orientierung in der Forschung, wo eine Überprüfung der Prognosen und Annahmen möglich ist, geschaffen wird, sondern mit einem anderen Ziel, so wird seine Form von einer unübersehbaren Menge von Umständen bestimmt (einschließlich den subjektiven Wünschen und dem Vorstellungsvermögen seines Schöpfers). In der Alltagserfahrung müssen sich die Menschen häufig ein Bild von Erscheinungen machen, die sie nicht unmittelbar beobachten können, und in Übereinstimmung mit diesem Bild ihre Handlungen organisieren. In den einen Fällen bringen diese Handlungen Erfolg, in anderen nicht. Doch der Erfolg bestätigt nicht die Richtigkeit des ausgedachten Bildes, und der Mißerfolg widerlegt es nicht. Es handelt sich einfach um eine übliche und normale Form des Verhaltens in häufig anzutreffenden Situationen bestimmten Typs. In physikalischen Untersuchungen trifft man Fälle, wo in einem Prozeß zunächst ein Zustand fixiert wird und danach ein anderer, es bleibt aber unbekannt, was zwischen ihnen geschah. Es gibt schließlich Fälle, in denen unbekannt ist, was einem bestimmten Ereignis (unter einem bestimmten Gesichtspunkt) voranging oder warum es sich vollzog. Doch solche Fälle trifft man auch in jedem anderen Wissensgebiet. Eine andere Sache ist, wenn man hier von der prinzipiellen Unmöglichkeit spricht, festzustellen, was sich zwischen den gegebenen Ereignissen vollzog, was einem gegebenen Ereignis vorausging usw. Was bedeutet hier aber „prinzipiell unmöglich"? Offensichtlich *unmöglich unter beliebigen Umständen.* In diesem Sinne gibt es aber außer der logischen keine andere prinzipielle Unmöglichkeit. Die „prinzipielle" (d. h. logische) Unmöglichkeit ist nicht ein Ergebnis der Verallgemeinerung von Erfahrungsdaten oder eine Folgerung aus den Annahmen des vorliegenden Wissensbereichs. Sie muß vielmehr als Folgerung aus den getroffenen Definitionen sprachlicher Ausdrücke bewiesen werden. Und in diesem Falle ist sie eine allgemeine sprachliche Erscheinung und keine spezifische Besonderheit der Physik. In der Arbeit [5] ist gezeigt, in welchem Sinne die Existenz von minimalen Abständen, von minimalen Zeitintervallen und maximalen Geschwindigkeiten denkbar ist, wobei im Beweis nur Definitionen einer Reihe von Termini und allgemeine logische Regeln verwendet werden. Es läßt sich auch zeigen, daß die hier betrachtete prinzipielle Unmöglichkeit auch für die Fälle gilt, wo man es mit Abständen und Zeitintervallen zu tun hat, die den minimalen nahekommen. Doch auch in bezug auf Makroobjekte macht es eine Annäherung an minimale Zeitintervalle prinzipiell unmöglich zu erkennen, was sich dort in Wirklichkeit vollzieht. Minimale Längen und Zeiten sind in allgemeiner Form rein logische Erscheinungen. Und wenn man bezüglich gewisser empirischer Erscheinungen die Entscheidung trifft, sie als minimal ausgedehnt anzusehen, so ist diese Entscheidung der Entscheidung äquivalent, auf die Möglichkeit der Erkenntnis gewisser Erscheinungen zu verzichten. Die prinzipielle Unmöglichkeit der Beobachtung dieser Erscheinungen erweist sich als die eigene Entscheidung der Menschen, sich zu ihnen gerade so zu verhalten. Außerdem sind in solchen Fällen beliebige Erklärungen als Beschreibungen realer Erscheinungen sinnlos, weil man sie weder bestätigen noch widerlegen kann. Wenn sie hingegen den Charakter von theoretischen Mitteln der Prognose annehmen, so fallen sie unter die allgemeinen Bewertungskriterien solcher „technischer" Mittel der Wissenschaft. Kurz gesagt, welche Beziehung zwischen einem Forscher und dem Forschungsgegenstand unter dem Gesichtspunkt der Erkenntnismöglichkeiten auch bestehen mag, sie beeinflußt nicht die Gesetze der logischen Technik zum Aufbau von Sprachkonstruktionen und nicht die allgemeinen Eigenschaften der Wissenschaft als eines sprachlichen Gebildes.

§ 15. *Die Normalität von Mikroobjekten*

Es wird allgemein akzeptiert, daß die Mikrowelt im Vergleich zur Makrowelt ungewöhnliche Eigenschaften besitzt. Wenn man diesen Unterschied genauso verstehen würde, wie man den Unterschied zwischen Elefanten und Wanzen versteht, so wäre daran nichts Verwunderliches. Doch diesen Unterschied der Mikrowelt von der Makrowelt bläht man so auf, daß er sogar den Prinzipien der Logik widerspricht. Wir erwähnten schon die Idee einer besonderen Logik der Mikrophysik; sie ist bereits ausreichend kompromittiert, wir werden uns bei ihr nicht aufhalten. Wir führen nur Beispiele an, die unsere Grundthese illustrieren.

Die Vorstellung, daß in einem Individuum die Eigenschaften eines Teilchens (Korpuskels) und einer Welle unvereinbar sind, bildete sich auf Grund der Alltagserfahrung heraus. Danach ist ein Teilchen räumlich lokalisiert und kompakt, während man eine Welle als die Ausbreitung eines Prozesses im Raum ansieht. Wenn man jedoch versucht, die Termini „Welle" und „Korpuskel" zu definieren, so zeigt sich folgendes: 1) die Frage, ob ein Individuum gleichzeitig eine Welle und ein Korpuskel sein kann, wird in Abhängigkeit von der Definition der Termini „Welle" und „Korpuskel" entschieden; 2) diese Definitionen lassen sich so aufbauen, daß die Behauptung „Ein Individuum α ist eine Welle und ein Korpuskel" logisch widerspruchsfrei ist, wobei die Definitionen dem intuitiven Sinn der Worte „Welle" und „Teilchen" entsprechen.

Definition eines Teilchens: Ein empirisches Individuum α nennen wir ein *Teilchen* im Zeitintervall t genau dann, wenn eine solche Raumstruktur A bezüglich β möglich ist, daß sich das Individuum α zur Zeit t innerhalb von A bezüglich β befindet, und α sich mit Grenzpunkten von A bezüglich entsprechender zu β gehörender Feststellungsverfahren einer Ordnung berührt.

Definition einer Welle: Ein empirisches Individuum α nennen wir eine *Welle* im Zeitintervall t genau dann, wenn α ein solcher Prozeß in t ist, daß X eine Funktion f von Y ist, wobei X eine Variable für Zustände von α in t, Y eine Variable für Zeitintervalle, die Teile von t sind, und f eine bestimmte periodische Funktion ist.

Diese Definitionen setzen voraus, daß vorher die Ausdrücke „Intervall", „Struktur", „Individuum", „befindet sich innerhalb", „berührt sich", „Prozeß", „Funktion" usw. definiert wurden. In der Definition einer Welle gibt es keinen Verweis auf eine räumliche Lokalisierung. Das bedeutet aber nicht deren Negation, sondern nur, daß die Behauptung „Ein Individuum ist ein Teilchen und gleichzeitig eine Welle" nicht logisch widersprüchlich ist. Sie ist logisch erfüllbar. Außerdem ist sie für eine beliebiges Individuum sowohl der Mikrowelt als auch der Makrowelt logisch erfüllbar. Eine andere Sache ist, daß es nicht immer praktisch möglich und zweckmäßig ist, ein Individuum auf diese Weise zu betrachten. Für Mikroobjekte ist dies möglich und zweckmäßig, für Makroobjekte nicht. Jetzt erscheint es schon nicht mehr paradox, daß ein Individuum eine Welle und ein Teilchen ist, sondern paradox erscheint eher die Behauptung, daß irgendwelche Individuen es nicht sind. Die Behauptung „Das Individuum α ist eine Welle und ein Korpuskel" sieht nur deshalb widersprüchlich aus, weil in den Sinn der entsprechenden Termini implizit die Vereinbarung hineingelegt wird „Eine Welle ist kein Korpuskel" und „Ein Korpuskel ist keine Welle". Eine logische Explikation dieser Termini zeigt, daß ein Akzeptieren dieser Annahmen sonderbarer ist als ihr Fehlen.

Ausgehend von der Definition der Ausdrücke „minimale Länge" und „minimale Dauer" (und einer Reihe anderer Ausdrücke) kann man die Existenz einer minimalen Länge und Dauer beweisen. Mit Hilfe dieser Ergebnisse läßt sich beispielsweise erklären, warum der Begriff der Trajektorie auf Mikroobjekte nicht anwendbar ist.

Die Trajektorie der Bewegung eines Individuums α ist eine Funktion seiner Lage im Raum in Abhängigkeit von der Zeit. Angenommen, X sei die Lage von α im Raum zur Zeit t^1 und Y zu einer Zeit t^2 nach t^1. Das Intervall zwischen t^1 und t^2 ist nicht kleiner als das minimale. Angenommen, dieses Intervall sei ein minimales oder diesem nahe. Um die Lage des Individuums zu fixieren, benötigt der Beobachter eine Zeit t^3, die nicht kleiner als die minimale ist (denn dies ist ja auch ein empirisches Ereignis). Angenommen, diese Zeit sei minimal. Wenn der Beobachter die Lage von α in t^1 fixiert, benötigt er die Zeit t^3. Aber in dieser Zeit hat sich α von X nach Y bewegt. Will der Beobachter nun die Lage von α im weiteren (nach t^1) feststellen, so kann er schon nicht mehr die Lage in Y fixieren usw. Folglich verliert ein Wissenschaftler bei der Beobachtung von Individuen über Entfernungen und in Zeitintervallen, die annähernd ein Minimum sind, die Möglichkeit, die Abhängigkeit ihrer räumlichen Lage von der Zeit festzustellen. Und der Begriff der Trajektorie verliert dabei praktisch seinen Sinn.

Aus dem Gesagten folgt nicht, daß sich Mikroobjekte nicht auf Trajektorien bewegen. Es folgt nur, daß es in gleicher Weise sinnlos ist, ihnen eine solche Eigenschaft zu- oder abzusprechen. Solche Behauptungen können weder bestätigt noch widerlegt werden; sie sind unüberprüfbar.

Die logische Analyse vieler sprachlicher Ausdrücke, die in Gesprächen über Themen der modernen Physik verwendet werden, deckt einen sehr prosaischen Grund für das Geheimnisvolle und Ungewöhnliche der Objekte der Mikrowelt auf; diese sprachlichen Ausdrücke sind einfach nicht in passender Weise für solche Verwendungsfälle definiert, auf die die Physik ihre Aufmerksamkeit richtete. Wir wollen hier gar nicht die Fälle behandeln, in denen die Ableitung des Sonderstatus der Objekte der Mikrowelt auf elementaren logischen Fehlern beruht. Ein charakteristisches Beispiel hierfür ist die Verwechselung der arithmetischen Operation der Addition von Zahlen und die physische Vereinigung von Objekten und die sich hieraus ergebenden

Zweifel an der Universalität arithmetischer Regeln. So trifft man manchmal auf die Behauptung, „2 + 2 = 4" sei nicht immer gültig. Die Autoren solcher Erklärungen ignorieren dabei einen unter logischen Gesichtspunkten trivialen Umstand. Die Regel „2 + 2 = 4" bedeutet, daß die Ausdrücke „2 + 2" und „4" bedeutungsgleich sind. Diese Regel ist entweder eine Definition der Zahl „4" oder eine logische Folgerung aus Definitionen, und auf Grund des Aufstellungsverfahrens läßt sie keinerlei Ausnahmen zu. Sie ist eine Behauptung über sprachliche Ausdrücke, und nicht über Objekte der Physik, Chemie, Biologie usw. In der philosophierenden physikalischen Literatur findet man häufig solche Fehler.

§ 16. Methodologische und physikalische Behauptungen

Die Entwicklung der Logik in der hier betrachteten Richtung ermöglicht es, zwischen methodologischen und physikalischen Behauptungen in der Sprache der Physik zu unterscheiden und ihren logischen Zusammenhang zu ermitteln. Zur Illustration dieser These führen wir ein Beispiel an.

Wir treffen die Definition D: Ein Körper a entfernt sich kontinuierlich vom Körper b bezüglich des Verfahrens zur Feststellung der Ordnung α im Zeitintervall t mit der Geschwindigkeit v genau dann, wenn

$$(\forall t^1)\ (\forall t^2)\ ((t^2 > t^1) \rightarrow (lt^2\{a, b, \alpha\} = lt^1\{a, b, \alpha\} + vl\{t^1, t^2\})\ ,$$

wobei t^1 und t^2 Variablen für Zeitmonente im Intervall t sind, $(t^2 > t^1)$ wird gelesen als „t^2 ist später als t^1" (oder „t^2 übertrifft in der Ordnung t^1"), $lt^i\{a, b, \alpha\}$ ist die Größe des Abstandes zwischen a und b bezüglich α in t^i $(i = 1, 2)$, $l\{t^1, t^2\}$ ist die Größe des Zeitintervalls zwischen t^1 und t^2.

Aus D folgt logisch die Behauptung A: wenn $lt^i\{a, b, \alpha\} + lt^i\{b, c, \alpha\} = lt^i\{a, c, \alpha\}$, a sich von b mit der Geschwindigkeit v^1 entfernt und b sich von c mit der Geschwindigkeit v^2 entfernt, so entfernt sich a von c mit der Geschwindigkeit $v^1 + v^2$. Aus D folgt jedoch nicht die Behauptung B: wenn a sich von b mit der Geschwindigkeit v^1 entfernt und b sich von c mit der Geschwindigkeit v^2 entfernt, so entfernt sich a von c mit der Geschwindigkeit $v^1 + v^2$ (Additionsregel für Geschwindigkeiten). Wenn B für gewisse Ziele erforderlich ist, so muß es als physikalisches Postulat akzeptiert werden. Es ist jedoch auch ein anderer Weg möglich. Man kann nämlich die ebenfalls außerlogische Annahme C treffen:

$lt^i\{a, b, \alpha\} + lt^i\{b, c, \alpha\} = lt^i\{a, c, \alpha\}$ (Additionsregel für Entfernungen). Aus A und C folgt logisch B.

Die Hypothesen B und C sind nicht immer gültig. Angenommen, die Körper a, b und c sind Punkte auf einem Kreis, die in der Ordnung a, c, b in der Uhrzeigerrichtung angeordnet sind. Nun wird der Abstand zwischen ihnen durch eine Bewegung in Uhrzeigerrichtung gemessen, und man beginnt die Messung des Abstandes mit dem Punkt, der erster in der Ordnung genannt wird. In einem solchen Falle ist die Additionsregel für Entfernungen nicht gültig.

Es gibt logische Grenzen für ein Akzeptieren von Hypothesen des Typs *B* und *C*. Wenn etwa ein Akzeptieren von *B* oder *C* die Behauptung zur Folge hat „Die Geschwindigkeit $v^1 + v^2$ ist größer als die maximale“, so liegt mindestens eine der folgenden Möglichkeiten vor: 1) es gilt nicht, daß *a* sich von *b* mit der Geschwindigkeit v^1 entfernt; 2) es gilt nicht, daß *b* sich von *c* mit der Geschwindigkeit v^2 entfernt; 3) für die vorliegenden Körper gelten *B* und *C* nicht.

Dieses Beispiel ist charakteristisch. Die Behauptungen *B* und *C* scheinen logisch offensichtlich zu sein, während die Behauptung der Existenz einer maximalen Geschwindigkeit als rein physikalische erscheint. In Wirklichkeit sind die ersteren jedoch nicht logisch wahr, während die zweiten logische Folgerungen aus der Definition einer Reihe von sprachlichen Ausdrücken im Rahmen der Logik sind. Ein solches Auseinanderklaffen zwischen dem scheinbaren und dem realen Status von Behauptungen ist keine Ausnahme von der Regel. Mit den Mitteln der Logik und im Rahmen der Logik ist es möglich, eine logische Explikation allgemeiner sprachlicher Ausdrücke so durchzuführen, daß Sätze, die als Annahmen bezüglich empirischer Objekte erscheinen, sich als Elemente von Definitionen dieser sprachlichen Ausdrücke oder als Folgerungen aus solchen Definitionen erweisen. Dabei tragen die Erfolge der Physik in der Erkenntnis der Welt zu dem hier erhaltenen allgemeinen Weltbild nichts bei, was nicht schon in der gewöhnlichen Alltagserfahrung auftritt. Die Entwicklung der Physik, wie die jeder beliebigen anderen Wissenschaft, liefert nur Stimuli für die Arbeit in dieser Richtung und macht auf Tatsachen aufmerksam, die zwar auf der Hand liegen, denen man aber bisher keine Aufmerksamkeit schenkte. Doch die logische Arbeit in dieser Richtung hat als eine besondere Form der menschlichen Tätigkeit ihre eigenen Quellen, Mittel und Regeln, die unabhängig von den Erfolgen der Physik sind.

Quellennachweise

1. Зиновьев, А. А., Логика науки, Москва 1971.
2. Зиновьев, А. А., Логическая физика, Москва 1972.
3. Вессель, Х. А., О логической экспликации терминов развития, in: Теория логического вывода, Москва 1973.
4. Sinowjew, A. A., Komplexe Logik. Grundlagen einer logischen Theorie des Wissens, Berlin 1970.
5. Sinowjew, A. A., Logik und Sprache der Physik, Berlin 1975.
6. Sinowjew, A./Wessel, H., Logische Sprachregeln. Eine Einführung in die Logik, Berlin 1975.
7. Zinoviev, A. A./Wessel, H., Logic and Empirical Sciences, Studia Logica, XXXV, 1/1976.
8. Wessel, H., Logik und Philosophie, Berlin 1976.

Johannes Dölling

Definitionen in empirischen Wissenschaften

§ 1. Einleitung

Definitionen spielen in der Wissenschaft eine entscheidende Rolle. Wissenschaftler sind bestrebt, ihre Aussagen so klar wie möglich zu formulieren, um ihre eindeutige Überprüfung und sinnvolle Verwendung zu sichern. Eine Bedingung dafür ist, daß zur Formulierung dieser Behauptungen Termini benutzt werden, die eine hinreichend präzise Bedeutung besitzen. Diese Bedingung wird jedoch letztlich nur von solchen Termini erfüllt, die Teil einer logisch korrekt aufgebauten Terminologie sind. Das wichtigste Verfahren zum Aufbau einer derartigen Terminologie sind aber gerade Definitionen.

Definitionen verwendet man in allen Wissenschaftsbereichen. Nicht in jeder Wissenschaft ist es jedoch selbstverständlich, daß beabsichtigte Definitionen bestimmten logischen Forderungen genügen müssen, damit sie auch als Definitionen akzeptiert werden können. Häufig bezeichnet man Operationen als Definitionen, die in Wirklichkeit gar keine sind. Entweder handelt es sich dann um andere sprachliche Operationen, die nur gewisse Merkmale mit Definitionen gemein haben, oder es handelt sich um Scheindefinitionen, die als logisch unkorrekt verworfen werden müssen. Viele unfruchtbare Diskussionen und mancher unnötige Zeitaufwand sind eine Folge mangelhafter oder fehlender Definitionen. Und manches Problem ist nur deshalb scheinbar unlösbar, weil die verwendeten Termini nicht korrekt definiert und folglich mehrdeutig und verschwommen sind. Diese Schwierigkeiten sind nicht die einzigen, die in der Wissenschaft im Zusammenhang mit der Verwendung von Definitionen auftreten. Umgekehrt betrachtet man auch oft Behauptungen als intuitiv akzeptabel oder als empirische Hypothesen, obwohl es sich eigentlich um Teile von Definitionen der in ihnen vorkommenden Termini oder um Folgerungen aus solchen Definitionen handelt. Eine derartige Sprachverwirrung verhindert das Verständnis dieser Voraussetzungen und deren kritische Wertung. Die Beherrschung der logischen Definitionstechnik kann derartige Hemmnisse der wissenschaftlichen Erkenntnis vermeiden helfen. Dies setzt jedoch seinerseits eine gewisse elementare Kenntnis der Definitionstheorie voraus.

Im vorliegenden Artikel befassen wir uns mit einigen Aspekten der Definitionstheorie. Dabei konzentrieren wir uns vor allem auf solche Fragen, die für das Definieren in empirischen Wissenschaften von besonderer Wichtigkeit sind. Wir tun dies in der Absicht, dem logisch interessierten Einzelwissenschaftler Hinweise für den Aufbau korrekter Definitionen in seinem Arbeitsgebiet zu geben. Darüber hinaus beabsichtigen wir, bestimmte Mißverständnisse und Vorurteile in bezug auf Definitionen abzubauen, wie sie manchmal in logischen oder einzelwissenschaftlichen Arbeiten zu finden sind.

Nach dem oben über die Rolle von Definitionen Gesagten ist es nicht verwunderlich, daß bereits bei Aristoteles, dem Begründer der traditionellen Logik, das Definitionsproblem eine zentrale Stellung einnimmt. Von ihm und seinen Nachfolgern stammen auch die ersten Prinzipien zum Formulieren von Definitionen. Trotz mangelnder Präzision sind diese Prinzipien bis zum Entstehen der mathematischen Logik im wesentlichen akzeptiert worden. Erst die mathematische Logik hat die Mittel geliefert, die traditionellen Definitionslehren durch eine präzise begründete und in sich geschlossene Definitionstheorie zu ersetzen. G. Frege hat nicht nur Entscheidendes für die Entwicklung der modernen Logik überhaupt geleistet, sondern auch die Grundlagen ihrer Definitionstheorie geschaffen [6, 7, vgl. 11]. Die inzwischen auf diesen Grundlagen entstandene Definitionstheorie ist vor allem ein Ergebnis der Untersuchungen von St. Leśniewski, R. Carnap, A. Tarski, E. W. Beth, C. G. Hempel und P. Suppes. Dabei besteht Leśniewskis Beitrag hauptsächlich darin, daß er erstmals exakte Kriterien (die Kriterien der Eliminierbarkeit und der Nichtkreativität) aufgestellt hat, denen korrekte Definitionen zu genügen haben [vgl. 5 und 11]. Suppes hat auf dieser Grundlage präzise Regeln für den Aufbau von Definitionen formuliert [19]. Tarski und Beth haben wichtige Ergebnisse bei der Untersuchung der Definierbarkeit von Termini erzielt [vgl. 5]. Carnap und Hempel schließlich erwarben sich große Verdienste bei der Untersuchung spezieller Probleme des Definierens in den empirischen Wissenschaften [3, 8]. Die von Frege begründete Form der Definitionstheorie ist aber wie die mathematische Logik überhaupt zunächst entsprechend den Bedürfnissen der Mathematik ausgearbeitet worden. Das Hauptanwendungsgebiet dieser Definitionstheorie sind deshalb auch die mathematischen Wissenschaften, und hier ist das Operieren mit ihren Definitionsregeln bereits zu einer Selbstverständlichkeit geworden. Anders sieht jedoch die Situation in den empirischen Wissenschaften aus. Mit der zunehmenden Verwendung logischer Mittel bei der Lösung von Problemen dieses Wissenschaftsbereichs hat sich gezeigt, daß die Benutzung dieser klassischen Definitionstheorie häufig zu Schwierigkeiten und unnötigen Komplikationen führt. Und das ist eine Ursache dafür, daß viele Erfahrungswissenschaftler glauben, auf eine Kenntnis der Definitionstheorie verzichten und sich mit den traditionellen Definitionsprinzipien begnügen zu können.

Die genannten Mängel der klassischen Definitionstheorie sind einer der Gründe für die Neukonzipierung der Definitionstheorie durch A. A. Sinowjew im Rahmen seiner Logikauffassung. Seine Theorie berücksichtigt die Besonderheiten der empirischen Wissenschaften und zeichnet sich darüber hinaus bezüglich einer ganzen Reihe von entscheidenden Merkmalen gegenüber der klassischen Definitionstheorie aus. So wird die logische Struktur von Definitionen klarer herausgearbeitet, und es werden die logischen Beziehungen zwischen Definitionen und ihren Folgerungen präziser formuliert. Der folgenden Darstellung legen wir die vor allem in den Arbeiten [1, 15, 16, 17] konzipierte Definitionstheorie zugrunde. Wir verwenden dieselbe Symbolisierung und im wesentlichen auch die gleiche Terminologie [vgl. 18]. Soweit es erforderlich ist, ziehen wir auch Vergleiche zu in der logischen Literatur sonst üblichen Auffassungen. Detaillierte Untersuchungen in dieser Richtung müssen jedoch einer anderen Arbeit überlassen bleiben. Eine ausführliche Darstellung der klassischen Definitionstheorie findet der interessierte Leser in [5] und [11].

§ 2. Logische Verfahren zur Bildung von Termini

Jeder Wissenschaftler operiert mit Termini. Dabei sind Termini einzelne Worte, Wortgruppen, Symbole usw., die irgendwelche Gegenstände (im weitesten Sinne) bezeichnen oder Merkmale ausdrücken, d. h. eine Bedeutung besitzen [17]. So bezeichnet etwa der Terminus „Mensch" beliebige Menschen; die Bedeutung dieses Terminus besteht gerade darin, daß er Menschen und keine anderen Gegenstände bezeichnet. Analoges gilt beispielsweise auch für die Termini „Elektron", „Sauerstoff", „Mond", „paarhufiges Säugetier", „intelligent", „die Tatsache, daß eine Base rotes Lackmuspapier blau färbt" und „hat eine Temperatur von 21 °C".

Termini lassen sich bezüglich ihrer Bedeutung vergleichen. Wir sagen, daß ein Terminus a *der Bedeutung nach* den Terminus b *einschließt* (oder kürzer: a ist b) genau dann, wenn folgendes gilt: ein beliebiger Gegenstand, der mit dem Terminus a bezeichnet wird, kann mit dem Terminus b bezeichnet werden. Als Abkürzung dafür verwenden wir Symbole der Form $a \rightharpoonup b$. Gilt hingegen nicht, daß der Terminus a der Bedeutung nach den Terminus b einschließt, so schreiben wir $\sim(a \rightharpoonup b)$. Beispielsweise befinden sich die Termini „Sauerstoff" und „chemisches Element" oder die Termini „hat eine Temperatur von 21 °C" und „hat eine Temperatur" in der Beziehung des Bedeutungseinschlusses, während etwa die Termini „Sauerstoff" und „Mensch" einander nach ihrer Bedeutung nicht einschließen. Wir nennen zwei Termini a und b *bedeutungsgleich* genau dann, wenn sowohl $a \rightharpoonup b$ als auch $b \rightharpoonup a$. So sind definitionsgemäß die Termini „Lauftier" und „paarhufiges Säugetier" oder die Termini „Sauerstoff" und „chemisches Element, das die Ordnungszahl 8 und das Atomgewicht 15,9994 hat" bedeutungsgleich. Die Bedeutungsgleichheit von Termini wird mit Symbolen der Form $a \rightleftharpoons b$ ausgedrückt. Da man in der Sprachpraxis Aussagen über den Bedeutungseinschluß oder über die Bedeutungsgleichheit zumeist in der Form „a ist b"

schreibt, bleibt verborgen, daß es sich hier um Aussagen über Termini handelt. Solche Aussagen werden dann gewöhnlich als Behauptungen über die mit den jeweiligen Termini bezeichneten Gegenstände angesehen. Beispielsweise schreibt man etwa die Aussage „Der Terminus ‚Elektron' schließt der Bedeutung nach den Terminus ‚negativ geladenes Elementarteilchen' ein" in der Form „Ein Elektron ist ein negativ geladenes Elementarteilchen" und betrachtet sie als eine Behauptung über Elektronen. Durch die Beziehung des Bedeutungseinschlusses läßt sich folgende Beziehung zwischen Termini definieren: ein Terminus a heißt *allgemeiner (Gattungs-)Terminus* bezüglich b, und ein Terminus b heißt *spezieller (Art-)Terminus* bezüglich a genau dann, wenn $b \rightharpoonup a$ und $\sim(a \rightharpoonup b)$ gilt. Nach dieser Definition ist zum Beispiel „Elektron" ein Artterminus bezüglich „negativ geladenes Elementarteilchen", und letzterer ist ein Gattungsterminus in bezug auf den ersteren.

Aus gegebenen Termini lassen sich nach bestimmten logischen Regeln Aussagen bilden. Nach der Rolle, die Termini in Aussagen spielen, unterscheiden wir zwei Arten von Termini. Betrachten wir hierzu die Aussage „Eine Base färbt rotes Lackmuspapier blau". Diese Aussage besteht aus den Termini „Base", „rotes Lackmuspapier" und „färbt blau". Die ersten beiden Termini bezeichnen Gegenstände, über die in der vorliegenden Aussage gesprochen wird; der dritte dagegen bezeichnet das, was von diesen Gegenständen ausgesagt wird (nämlich eine Beziehung der Gegenstände). Termini der ersten Art nennen wir *Subjekte*, Termini der zweiten Art – *Prädikate*.

Bisher haben wir einfach vorausgesetzt, daß uns Termini irgendwie gegeben sind. Wir haben Typen von Termini unterschieden und erklärt, daß mit Hilfe von Termini Aussagen aufgebaut werden können. Aber Termini sind selbst das Ergebnis bestimmter sprachlicher Operationen. Und ein Großteil jener Sprachhandlungen, die ein Wissenschaftler vollzieht, dienen gerade der Bildung von Termini. Wir betrachten im folgenden einige solche Verfahren.

Wir unterscheiden zwischen logischen und außerlogischen Verfahren zur Bildung von Termini [1]. Außerlogische Verfahren sind beispielsweise die exemplarische Einführung und die Erläuterung von Termini. Für diese Verfahren gibt es keine logischen Regeln; vielmehr sind sie abhängig von den Situationen, in denen entsprechende Operationen vollzogen werden. Infolgedessen haben die mit ihnen gebildeten Termini auch nur eine mehr oder weniger klare Bedeutung. Das heißt aber nicht, daß diese Verfahren deshalb verworfen werden müßten. In vielen Fällen sind sie ausreichend und bedeutend bequemer als logische Verfahren. Häufig sind sie sogar die einzig möglichen Verfahren, um bestimmte Termini zu bilden.

Bei einer exemplarischen Einführung wird die Bedeutung des betreffenden Terminus durch Hinweis auf Beispiele und Gegenbeispiele angegeben. Eine elementare exemplarische Einführung eines Prädikates a hat folgende Struktur: Ein Gegenstand a wird zu einem Terminus bestimmt, indem auf

Gegenstände gezeigt und zugleich „Dieser Gegenstand ist a“ ausgesprochen wird und/oder indem auf andere Gegenstände gezeigt und „Dieser Gegenstand ist nicht a“ ausgesprochen wird [vgl. 10]. Nehmen wir einmal an, der Ausdruck „rot“ sei noch kein Terminus. Dann wird man „rot“ dadurch zu einem Terminus bestimmen, indem man ihn gewissen Gegenständen (und zwar gerade roten Gegenständen) zuspricht und anderen Gegenständen (den nicht-roten Gegenständen) abspricht. Analoges gilt für kompliziertere Fälle. Die Einführung eines Terminus a durch eine Erläuterung kann mittels einer Gesamtheit von Aussagen geschehen, die den mit a bezeichneten Gegenstand beschreiben. Da wir uns im vorliegenden Artikel nicht die Aufgabe stellen, außerlogische Bildungsverfahren zu analysieren, beschränken wir uns auf diese kurzen Bemerkungen. Es sei jedoch noch darauf verwiesen, daß die manchmal anzutreffenden Bezeichnungen „ostensive (oder hinweisende) Definition“ und „erläuternde Definition“ für die eben betrachteten Verfahren nicht korrekt sind. Dies rührt daher, weil man oft jede Terminuseinführung als Definition bezeichnet. Beide Verfahren lassen sich aber nicht ausschließlich mit logischen Mitteln beschreiben, und schon deshalb sind sie keine Definitionen.

Logische Verfahren zur Bildung von Termini nennen wir solche Verfahren, bei denen auf Grund bestimmter logischer Regeln aus gegebenen Termini und Aussagen neue Termini aufgebaut oder gegebene Termini und Aussagen bei der Einführung neuer Termini verwendet werden. Aus dieser Definition folgt, daß sich die logischen Bildungsverfahren in zwei Gruppen einteilen lassen. Die erste Gruppe bilden Verfahren, bei denen aus gegebenen Termini und Aussagen mittels besonderer logischer Operatoren – *terminibildende Operatoren* genannt – neue Termini aufgebaut werden. Solche Termini, die sich in andere Termini oder Aussagen und terminibildende Operatoren zergliedern lassen, nennen wir *logisch zusammengesetzt. Logisch einfach* nennen wir hingegen jene Termini, die sich nicht derart zergliedern lassen. Termini, die nach Verfahren der ersten Gruppe gebildet werden, sind folglich immer zusammengesetzte Termini. Im folgenden geben wir drei wichtige allgemeine Regeln zum Aufbau von Termini an [17].

Regel zum Aufbau von Termini aus Aussagen:

Wenn X eine Aussage ist, so ist $\downarrow X$ ein Subjekt.

Beispielsweise läßt sich mittels des $\downarrow$-Operators (gelesen als „die Tatsache, daß“) aus der Aussage „Ein Organismus befindet sich im Stoffwechsel mit seiner Umwelt“ der Terminus bilden: „die Tatsache, daß sich ein Organismus im Stoffwechsel mit seiner Umwelt befindet“.

Einschränkungsregeln:

Wenn a ein Subjekt und P ein Prädikat ist, so ist $a\downarrow P$ ein Subjekt;

wenn a ein Subjekt und X eine Aussage ist, so ist $a\downarrow X$ ein Subjekt.

Hier bezeichnet das Symbol $\downarrow$ den Einschränkungsoperator. Mit seiner

Hilfe werden Termini durch Einschränkung vorliegender Termini gebildet. $a\downarrow P$ wird gelesen als „a, das das Merkmal P hat" oder „a derart, daß P", und $a\downarrow X$ wird gelesen als „a derart, daß X gilt". Beispiele für eine Einschränkung sind die Termini „ein Säugetier, das paarhufig ist" (oder einfacher „paarhufiges Säugetier") und „ein Körper derart, daß der Körper magnetisch ist".

Wenden wir uns nun der zweiten Gruppe logischer Bildungsverfahren – den Verfahren zur Einführung von Termini in eine Sprache – zu. Hier wird ein Terminus a dadurch gebildet, daß man einen Gegenstand a auswählt und ihn dazu bestimmt, die Rolle eines Terminus zu übernehmen. Diese Entscheidung (Vereinbarung) formuliert man mittels solcher Ausdrücke, wie „a sei ein Terminus derart, daß ...", „Wir bestimmen a zu einem solchen Terminus, daß ..." usw. Im Unterschied zu den Verfahren der ersten Gruppe wird hier also ein Gegenstand gemäß einer Entscheidung zu einem Terminus bestimmt, der vor dieser Entscheidung kein Terminus in der jeweiligen Sprache war, aber als Gegenstand bereits vorher existiert hat. Das einfachste Verfahren einer solchen Einführung eines Terminus ist eine Verallgemeinerung.

Eine elementare Verallgemeinerung von Termini $a^1, \ldots, a^n$ (wobei $n \geqq 1$) vollzieht man nach folgendem Schema: „Wir bestimmen b zu einem Terminus derart, daß $(a^1 \rightharpoonup b), \ldots, (a^n \rightharpoonup b)$". Dabei wird nicht die Einschränkung gemacht, daß nur die Termini $a^1, \ldots, a^n$ Arttermini bezüglich b sind. Es ist also auch möglich, daß man später vereinbart, auch die Termini $c^1, \ldots, c^m$ als Arttermini in bezug auf b zu betrachten. Zur Verdeutlichung geben wir folgendes Beispiel einer Verallgemeinerung an. Angenommen, es seien die Termini „Familie", „Arbeitskollektiv", „religiöse Gemeinschaft" und „politische Partei" gegeben. Durch Verallgemeinerung dieser Termini kann man den Terminus „soziale Gruppe" einführen. Dabei ist die Bedeutung dieses Terminus gerade derart, daß die verallgemeinerten Termini Arttermini bezüglich „soziale Gruppe" sind. Es wird aber nicht ausgeschlossen, daß auch andere Termini (beispielsweise der Terminus „soziale Klasse") in der gleichen Beziehung zum eingeführten Terminus stehen. Trifft man hingegen noch die Entscheidung, daß der Terminus „soziale Gruppe" nur die Gegenstände bezeichnet, die mit den Termini „Familie", „Arbeitskollektiv", „religiöse Gemeinschaft" und „politische Partei" bezeichnet werden, so handelt es sich nicht mehr um eine bloße Verallgemeinerung, sondern bereits um eine Definition. Bevor wir die logische Struktur dieses wichtigsten Verfahrens zur Einführung von Termini in eine Sprache ausführlicher analysieren, betrachten wir einige traditionelle Definitionsauffassungen [vgl. 19, 11].

§ 3. Kritik einiger traditioneller Definitionsprinzipien

Eingangs haben wir darauf verwiesen, daß viele Erfahrungswissenschaftler nach wie vor ihre Definitionen gemäß den Prinzipien der traditionellen Logik aufbauen. So stützen sie sich häufig (bewußt oder unbewußt) auf das erstmals von Aristoteles formulierte Definitionsschema, nach dem ein Terminus durch Angabe der nächsthöheren Gattung (genus proximum) und des artspezifischen Unterschieds (differentia spezifica) definiert wird. Diesem Schema muß man zweifellos zugestehen, daß es bestimmte Hinweise zum Aufbau von Definitionen gibt. Tatsächlich lassen sich viele Definitionen in den empirischen Wissenschaften als Definitionen nach diesem Schema ansehen. Beispielsweise gilt dies auch für die Definitionen „Ein Lauftier ist ein paarhufiges Säugetier" oder „Sauerstoff ist ein chemisches Element, das die Ordnungszahl 8 und das Atomgewicht 15,9994 hat". Trotzdem ist das aristotelische Definitionsschema vom Standpunkt der modernen Logik aus nicht akzeptabel. Der hier verwendete Ausdruck „artspezifischer Unterschied" hat keine präzise Bedeutung, während sich der Ausdruck „nächsthöhere Gattung" überhaupt nicht logisch korrekt einführen läßt. Letzteres wird offensichtlich, wenn man sich folgendes überlegt. Angenommen, es sei ein Terminus a gegeben und es bestehe die Aufgabe, einen Terminus b derart zu finden, daß $a \rightharpoonup b$ und $\sim(b \rightharpoonup a)$, d. h. daß b Gattungsterminus bezüglich a ist. Nachdem dies erfolgt ist, läßt sich sicherlich nun auch ein Terminus c^1 derart finden, daß $a \rightharpoonup c^1$ und $c^1 \rightharpoonup b$, wobei $\sim(c^1 \rightharpoonup a)$ und $\sim(b \rightharpoonup c^1)$. Der Ausdruck c^1 ist dann Artterminus bezüglich b und Gattungsterminus bezüglich a. Für c^1 kann man aber wiederum ein c^2 derart finden, daß $a \rightharpoonup c^2$ und $c^2 \rightharpoonup c^1$, wobei $\sim(c^2 \rightharpoonup a)$ und $\sim(c^1 \rightharpoonup c^2)$. Und dies ließe sich ohne Ende weiterführen. Folglich hat der Ausdruck „nächsthöherer Gattungsterminus" keine Bedeutung. Später werden wir sehen, daß eine Explikation des aristotelischen Schemas möglich ist, die den Forderungen nach logischer Korrektheit Rechnung trägt. Jedoch kann auch dann nicht die traditionell und manchmal auch heute noch vertretene Auffassung akzeptiert werden, nach der jede Definition eine Definition durch Angabe von Gattung und artspezifischem Merkmal ist. Betrachten wir folgende Definition: „Ein Nukleon ist ein Proton oder ein Neutron". Hier wird das Subjekt „Nukleon" völlig korrekt definiert, obwohl die angeführte Definition eine andere Form hat. Während sich aber viele Subjekte mit Hilfe von Definitionen durch Angabe von Gattung und artspezifischem Merkmal definieren lassen, ist dies für Prädikate überhaupt unmöglich.

Aber nicht nur das genannte Definitionsschema dient vielen Wissenschaftlern als Grundlage ihrer Definitionen. Noch öfter findet man die Auffassung, daß eine Definition beispielsweise folgenden traditionellen Forderungen genügen muß: 1) Eine Definition muß das Wesen dessen angeben, was zu definieren ist; 2) eine Definition darf nicht zirkulär sein; 3) eine Definition darf nicht negativ sein; 4) eine Definition darf nicht in einer dunklen Sprache abgefaßt sein. Auch diese Prinzipien haben einen gewissen Nutzen, insofern sie gestatten, bestimmte Scheindefinitionen auszuschließen. So sind etwa „Ein Hecht ist ein Fisch, der ein Hecht ist" oder „Säure ist kein Salz" auf Grund von 2 bzw. 3 keine Definitionen. Ohne daß wir eine ausführliche Analyse dieser vier Forderungen vornehmen, läßt sich jedoch sagen, daß sie ebenso wie das Aristotelische Definitionsschema nicht akzeptabel sind, da die in ihnen vorkommenden Ausdrücke entweder mehrdeutig oder überhaupt sinnlos sind. Im folgenden Abschnitt betrachten wir eine Problematik, die mit der ersten der angeführten Forderungen zusammenhängt.

§ 4. Zur Unterscheidung von Nominal- und Realdefinitionen

Manchmal wird behauptet, in der Mathematik und in der Logik würden zwar Nominaldefinitionen verwendet, aber in den empirischen Wissenschaften sei die Mehrzahl der Definitionen Realdefinitionen. Dies wird meistens mit gewissen Besonderheiten der von den empirischen Wissenschaften untersuchten Gegenständen begründet. Im folgenden zeigen wir, daß diese Behauptung nicht ohne weiteres akzeptiert werden kann.

Da die Ausdrücke „Nominaldefinition“ und „Realdefinition“ auf eine in der traditionellen Logik übliche Unterscheidung zurückgehen, ist zunächst eine historische Betrachtung sinnvoll [vgl. 4]. Unter einer Nominaldefinition versteht man in den traditionellen Definitionslehren gewöhnlich ein Verfahren zur Einführung eines neuen Terminus. Hingegen soll eine sogenannte Realdefinition dazu dienen, einen Gegenstand oder gar sein Wesen zu bestimmen. Diese Verwendung des Terminus „Definition“ im Sinne einer Wesensbestimmung findet sich bereits bei Aristoteles; er und auch die Mehrheit der späteren traditionellen Logiker betrachten ausschließlich Realdefinitionen als „eigentliche“ Definitionen. Das von Aristoteles formulierte Definitionsschema soll gerade ein untrügliches Mittel sein, um das Wesen des zu definierenden Gegenstandes zu erfassen. Und auch die erste der oben angeführten Forderungen zielt auf Realdefinitionen hin. Doch nicht alle traditionellen Logiker teilen diesen Standpunkt. Vor allem die Vertreter des Nominalismus und des englischen Empirismus sind Gegner dieses Definitionsverständnisses. T. Hobbes [9] ist der erste Logiker, der konsequent die Auffassung vertritt, daß jede Definition eine Nominaldefinition ist. Dabei verwendet er den Ausdruck „Nominaldefinition“ vor allem im Sinne einer willkürlichen Festsetzung der Bedeutung eines neuen Terminus. Auch J. Locke und B. Pascal wenden sich entschieden gegen eine Unterscheidung von Nominaldefinitionen und sogenannten Realdefinitionen. Nach ihrer Auffassung handelt es sich nur bei Nominaldefinitionen um tatsächliche Definitionen [vgl. 11]. Einen dritten Standpunkt vertritt G. W. Leibniz [12]. Er verwirft zwar ein Verständnis von Definitionen als Wesensbestimmungen, behält aber den Ausdruck „Realdefinition“ in einem anderen Sinne bei. Nach seiner Auffassung unterscheidet sich eine Realdefinition dadurch von einer bloßen Nominaldefinition, daß für erstere zusätzlich die logische Widerspruchsfreiheit erwiesen ist und deshalb aus ihr die logische Existenz des jeweiligen Gegenstandes folgt. J. S. Mill [13] schließlich zeigt, daß jede Definition die

Definition eines Terminus ist und daß sich eine sogenannte Wesensbestimmung nicht von einer beliebigen anderen Aussage über den jeweiligen Gegenstand unterscheiden läßt. Das, was als Realdefinition bezeichnet wird, ist in Wirklichkeit nichts anderes als die Definition eines Terminus in Verbindung mit einer Aussage über die mögliche oder reale Existenz des mit diesem Terminus bezeichneten Gegenstandes.

Trotz dieser kritischen Einwände wird jedoch auch gegenwärtig noch zwischen Real- und Nominaldefinitionen unterschieden. Dabei werden dann solche Typen von Realdefinitionen aufgezählt, wie Definition durch die Bestimmung des Wesens, Definition durch Bestimmung der Ursache, genetische Definition, Definition durch Analyse eines Objektes auf seine Aspekte und Teile hin usw. Offensichtlich handelt es sich hierbei aber um eine unzulässige Vermischung unterschiedlicher logischer Operationen.

Es gehört zu den historischen Leistungen der mathematischen Logik, diese Verwirrung in der Verwendung des Terminus „Definition" beseitigt zu haben. Insbesondere im Anschluß an Überlegungen von Pascal begann Frege [6, 7], den Terminus „Definition" ausschließlich im Sinne einer Operation zur Einführung neuer Termini zu gebrauchen. Alle anderen Operationen, die traditionsgemäß als Definitionen bezeichnet werden, sind demnach keine Definitionen. Eine Unterscheidung zwischen Nominal- und Realdefinitionen wird infolgedessen überflüssig. Diese Entscheidung Freges hat sich als völlig zweckmäßig erwiesen, insofern sie eine detailliertere und exaktere Untersuchung sowohl der Definitionen als auch der traditionell als Definitionen bezeichneten Operationen ermöglicht hat. Die von Frege festgelegte Verwendungsweise ist heute in der mathematischen Logik üblich, und auch wir gebrauchen den Terminus „Definition" in diesem Sinne.

Es entsteht nun die Frage, ob man den traditionellen Ausdruck „Realdefinition" mit den Mitteln der modernen Logik explizieren kann. Dabei muß offensichtlich berücksichtigt werden, daß sogenannte Realdefinitionen immer irgendwelche Aussagen enthalten. Letztere unterscheiden sich aber gerade dadurch von Definitionen, daß alle in ihnen vorkommenden Termini bereits vor der Formulierung dieser Aussagen Termini sind. Ausgehend davon wird in der logischen Literatur vorgeschlagen, Realdefinitionen als Aussagen über die Bedeutung von Termini (Bedeutungsanalysen), als Explikationen oder als Aussagen über außersprachliche Gegenstände (empirische Aussagen oder Folgerungen aus Definitionen) zu deuten [8, 11, vgl. 2]. Auf das Verhältnis von Bedeutungsanalysen bzw. von Explikationen zu Definitionen gehen wir später ein. Eine andere mögliche Explikation beruht auf den oben angeführten Überlegungen von Mill. Danach nennt man eine Realdefinition eine Definition in Verbindung mit einer entsprechenden Existenzbehauptung.

Kehren wir nun zu unserer eingangs angeführten Behauptung zurück. Wenn hier „Realdefinition" im Sinne einer Bedeutungsanalyse, einer Aussage über außersprachliche Gegenstände oder einer Explikation gemeint ist, so ist diese

Behauptung offenbar falsch; denn Mathematik, Logik und empirische Wissenschaften lassen sich in dieser Hinsicht nicht unterscheiden. Meint man hingegen, daß in den empirischen Wissenschaften zusätzlich zur korrekt aufgebauten Definition auch die Existenz des jeweiligen Gegenstandes behauptet wird, so kann man dieser Behauptung zustimmen.

§ 5. Definition und Bedeutungsanalyse

Von Definitionen muß man Bedeutungsanalysen unterscheiden. Während erstere zur Einführung eines neuen Terminus dienen, geben letztere die Bedeutung eines bereits verwendeten Terminus an. Da Definitionen Entscheidungen (Festsetzungen) sind, sind sie weder wahr noch falsch, sondern höchstens korrekt oder unkorrekt, zweckmäßig oder unzweckmäßig. Definitionen werden entweder akzeptiert oder verworfen. Hingegen handelt es sich bei Bedeutungsanalysen um Aussagen, die sich bestätigen oder widerlegen lassen und folglich wahr oder falsch sind [7, 8, 11].

Bedeutungsanalysen werden in unterschiedlichen Situationen verwendet und dienen unterschiedlichen Zwecken. So will man etwa einen Terminus verwenden, der aber in verschiedenen Wissenschaftssprachen oder in verschiedenen Teilsprachen einer Wissenschaft bereits mit verschiedenen Bedeutungen vorkommt. Dann wird man gewöhnlich die unterschiedlichen Bedeutungen dieses Ausdrucks zunächst einmal analysieren. Beispielsweise wird der Terminus „soziale Gruppe“ unterschiedlich gebraucht. Bevor man eine der Gebrauchsweisen auswählt oder den Terminus neu einführt, ist es ratsam, eine Bedeutungsanalyse vorzunehmen. Ähnlich verhält es sich, wenn man die Bedeutung eines Terminus erklären muß, weil er anderen Personen völlig unbekannt ist. Mit diesem Fall haben wir es beispielsweise in der Lehre, bei Fachwörterbüchern usw. zu tun. Bedeutungsanalysen werden aber auch dann verwendet, wenn die analysierende Person selbst zunächst die Bedeutung eines Terminus nicht angeben kann. Das ist etwa dann der Fall, wenn man zu verstehen versucht, was eine andere Person mit einem Ausdruck gemeint haben könnte.

Bedeutungsanalysen lassen sich auch nach den in ihnen benutzten Mitteln unterscheiden. In Abhängigkeit davon, ob ausschließlich logische Mittel oder zusätzlich auch empirische Mittel verwendet werden, sprechen wir von *logischen* bzw. *empirischen Bedeutungsanalysen.* Die logische Bedeutungsanalyse eines Terminus folgt logisch aus einer Gesamtheit von Aussagen, in denen dieser Terminus vorkommt, während eine empirische Bedeutungsanalyse das Ergebnis linguistischer oder historisch-philologischer Untersuchungen ist.

Einige Bedeutungsanalysen sind Aussagen der Form $a \rightleftharpoons b$. Den Terminus a bezeichnet man dabei als *analysierten Terminus* oder als *Analysandum*, den

Terminus b als *analysierenden Terminus* oder *Analysans*. Da in der Sprachpraxis Definitionen häufig unvollständig formuliert werden und der Hinweis auf die Entscheidung weggelassen wird, gemäß der man einen Terminus einführt, werden manchmal Definitionen und Bedeutungsanalysen dieser Form verwechselt. Zuweilen nennt man solche Bedeutungsanalysen analytische Definitionen im Unterschied zu sogenannten synthetischen Definitionen (das sind Definitionen in unserem Sinne). Nach dem oben Gesagten ist diese Auffassung aber nicht akzeptabel.

§ 6. Elementare Definitionen

In der Sprachpraxis werden Definitionen gewöhnlich mit Hilfe von „ist", „wir nennen", „wir sagen", „wir nehmen an" usw. formuliert. Beispielsweise kann die Definition des Terminus „Lauftier" folgende Form haben: „Wir bezeichnen ein paarhufiges Säugetier als Lauftier", „Lauftier nennen wir ein paarhufiges Säugetier" oder auch einfach „Ein Lauftier ist ein paarhufiges Säugetier". Solche sprachlichen Ausdrücke betrachtet man dann häufig fälschlicherweise nicht als Definitionen, sondern als gewisse andere Sprachoperationen. Explizit und vollständig ausgedrückt hat die obige Definition jedoch folgende Struktur: es wird der Gegenstand „Lauftier" (das Wort „Lauftier") derart zu einem Terminus bestimmt, daß „Lauftier" $\rightleftarrows$ „paarhufiges Säugetier". Alle Variationen ändern nichts an der Tatsache, daß hier entschieden (vereinbart) wird, den Gegenstand „Lauftier" als einen solchen Terminus einzuführen, der mit dem gegebenen Terminus „paarhufiges Säugetier" bedeutungsgleich ist.

Im vorliegenden Falle handelt es sich um die einfachste Form einer Definition. Solche Definitionen werden nach folgendem Schema aufgebaut: „Wir bestimmen a zu einem Terminus derart, daß $a \rightleftarrows b$", wobei b ein Terminus ist. Abgekürzt schreibt man dies mit einem Symbol der Form $a = \mathrm{Df.}\ b$, das auch gelesen wird als: a ist definitionsgemäß ein Terminus, der mit dem Terminus b bedeutungsgleich ist. Hierbei wird a als *definierter Terminus* oder *Definiendum* und b *als definierender Terminus* oder *Definiens* bezeichnet [17]. Aus dem Definitionsschema wird offensichtlich, daß in einer Definition der Form $a = \mathrm{Df.}\ b$ der Ausdruck b vor dem Aufbau dieser Definition und unabhängig von ihr ein Terminus ist, während a vor dem Aufbau dieser Definition kein Terminus in der betreffenden Sprache war. Deshalb ist es sowohl unmöglich, daß ein Terminus mit verschiedenen Bedeutungen eingeführt wird, als auch unmöglich, daß ein Terminus durch sich selbst oder durch andere von ihm der Bedeutung nach abhängige Termini definiert wird. Wenn man das angeführte Definitionsschema zugrunde legt, sind die in der logischen Literatur formulierten Verbote von Mehrfachdefinitionen und von zirkulären Definitionen überflüssig [vgl. 5].

Definitionen der Form $a = \text{Df. } b$ gestatten es, a und b in den Kontexten, in denen sie als Termini vorkommen, gegenseitig zu ersetzen. Durch diese besondere Eigenschaft geben Definitionen die Möglichkeit, längere und kompliziertere Termini durch entsprechend kürzere und einfachere auszutauschen. Beispielsweise ist das Wort „Lauftier" kürzer und kann bequemer gehandhabt werden als die Wortgruppe „paarhufiges Säugetier". Solche Abkürzungen zu ermöglichen, ist eine Aufgabe vieler Definitionen. Und deshalb sind Definitionen der betrachteten Art nur dann praktisch zweckmäßig, wenn b ein zusammengesetzter Terminus, a hingegen ein einfacher Terminus ist oder einen neu eingeführten einfachen Terminus enthält. Die zuweilen etwas geringschätzige Behandlung der Abkürzungsfunktion von Definitionen ist völlig unbegründet. Nicht nur für die deduktiven Wissenschaften bilden Definitionen in dieser Hinsicht eine wichtige Voraussetzung der wissenschaftlichen Erkenntnis. Auch in jeder empirischen Wissenschaft wäre es ohne derartige Abkürzungen praktisch unmöglich, Wissen zu fixieren und mit ihm zu operieren. Bedenken wir etwa nur, welche unübersichtliche Form viele Behauptungen annehmen würden, wenn wir statt des Terminus „Fisch" jenen Terminus benutzen würden, der mit ihm definitionsgemäß bedeutungsgleich ist. Dann müßten wir in den Aussagen mit diesem Ausdruck anstelle von „Fisch" den folgenden Terminus schreiben: „Wirbeltier, das im Wasser lebt, das schuppenbedeckt und mit Flossen als Gliedmaßen versehen ist, durch Kiemen atmet, wechselwarmes Blut hat, sich durch Eier fortpflanzt, und dessen Herz nur eine Vor- und eine Herzkammer hat".

Definitionen der Form $a = \text{Df. } b$ lassen sich in Abhängigkeit vom logischen Aufbau des Definiens und des Definiendums in einzelne Arten untergliedern. Bei der oben als Beispiel angeführten Definition ist das Definiens ein zusammengesetzter Terminus der Form $b{\downarrow}P$ (nämlich der Terminus „Säugetier, das paarhufig ist", den wir vereinfacht als „paarhufiges Säugetier" geschrieben haben). Andere Beispiele für solche Definitionen sind: „Sauerstoff nennen wir ein chemisches Element, das die Ordnungszahl 8 und das Atomgewicht 15,9994 hat", „Elektron nennen wir ein Elementarteilchen, das stabil ist, eine negative Ladung und eine Ruhemasse von $0{,}91091 \cdot 10^{-27}$ g hat", „Krebs nennen wir eine Gewebewucherung, die sich ohne Rücksicht auf Organgrenzen ausbreitet", „Legierung nennen wir einen Stoff, der aus einem Metall und einem oder mehreren anderen Metallen besteht", „Kernreaktion nennen wir die Umwandlung von Atomkernen, die durch Wechselwirkung mit Elementarteilchen oder durch gegenseitige Wechselwirkung der Kerne hervorgerufen wird". Auch unsere Definition des Terminus „Fisch" gehört zu dieser Definitionsart. Definitionen der Form $a = \text{Df. } b{\downarrow}P$ kann man als *Definitionen durch Angabe einer Gattung und eines artspezifischen Merkmals* bezeichnen. Beispiele für Definitionen mit einem anderen Definiens sind die früher angegebene Definition des Terminus „Nukleon" oder die folgende Definition von „Halogen": „Halogen nennen wir Fluor, Chlor, Brom, Jod oder Astat“. Letztere Definition hat die Form $a = \text{Df.}\ b^1 \vee b^2 \vee b^3 \vee b^4 \vee b^5$, wobei $\vee$ der terminibildende Operator der Adjunktion ist. Weitere Definitionsarten sind Definitionen der Form $a = \text{Df.}\ b \downarrow X$ oder der Form $a = \text{Df.} \downarrow X$.

Wie schon gesagt, lassen sich die Definitionen des betrachteten Typs auch hinsichtlich der logischen Struktur des Definiendums untergliedern, und zwar in Definitionen, bei denen a ein einfacher Terminus ist, und in Definitionen, bei denen a ein zusammengesetzter Terminus ist, der einen neu eingeführten einfachen Terminus enthält. Die bisher angeführten Definitionen sind Beispiele für Definitionen der ersten Art. Folgende Definitionen sind Beispiele für die zweite Definitionsart: „Alkalische Flüssigkeit nennen wir eine Flüssigkeit, die rotes Lackmuspapier blau färbt“, „Ideales Gas nennen wir ein Gas, in dem keine intermolekularen Wechselwirkungskräfte auftreten und bei dem man das Volumen der einzelnen Moleküle als sehr klein ansehen kann“, „Männliches Lebewesen nennen wir ein Lebewesen, das eingeschlechtig und nicht weiblich ist“. Die letzte Definition hat die Form $a \downarrow P = \text{Df.}\ a \downarrow (Q^1 \wedge Q^2)$, wobei $\wedge$ der terminibildende Konjunktionsoperator und $\sim$ der terminibildende Negationsoperator ist. Hier wird der Terminus „männliches Lebewesen“ definiert, der den neu eingeführten einfachen Terminus „männlich“ enthält. Dabei ist der Ausdruck „Lebewesen“ bereits vor dieser Definition ein Terminus. Analoges gilt für die übrigen Beispiele.

Bisher haben wir ausschließlich elementare Definitionen unter Benutzung von $= \text{Df.}$ betrachtet. Ein anderer Typ elementarer Definitionen sind einfache Definitionen durch Aufzählung. Solche Definitionen werden nach folgendem Schema aufgebaut: „Wir bestimmen a zu einem Terminus derart, daß $(b^1 \rightharpoondown a) \wedge \ldots \wedge (b^n \rightharpoondown a) \wedge ((c \rightharpoondown a) \rightarrow (c \rightharpoondown b^i))$“, wobei $i = 1, \ldots, n$, $\wedge$ und $\rightarrow$ die aussagenbildenden Operatoren der Konjunktion und entsprechend der Konditionalität sind. Hier trifft man neben einer Verallgemeinerung der Termini $b^1, \ldots, b^n$ auch die Einschränkung, nach der außer $b^1, \ldots, b^n$ keine anderen Termini Arttermini bezüglich a sind. Die folgende Definition des Terminus „Wirbeltier“ ist eine Definition durch Aufzählung: „Ein Fisch ist ein Wirbeltier; ein Lurch ist ein Wirbeltier; ein Kriechtier ist ein Wirbeltier; ein Vogel ist ein Wirbeltier; ein Säugetier ist ein Wirbeltier; etwas ist nur in diesen 5 Fällen ein Wirbeltier“. Eine besondere Eigenschaft solcher Definitionen ist, daß sie sich immer auf Definitionen der Form $a = \text{Df.}\ b^1 \vee \ldots \vee b^n$ zurückführen lassen. Wir erhalten dann folgende Definition von „Wirbeltier“: „Wirbeltier nennen wir einen Fisch, einen Lurch, ein Kriechtier, einen Vogel oder ein Säugetier“. Aber nicht alle Definitionen durch Aufzählung haben einen solch elementaren Charakter. Eine kompliziertere Form derartiger Definitionen sind die sogenannten rekursiven Definitionen [vgl. 16]. Da diese für die empirischen Wissenschaften aber von untergeordneter Bedeutung sind, verzichten wir auf ihre Behandlung.

§ 7. *Definition von Prädikaten*

Bei der Definition von Prädikaten muß man eine Besonderheit der Prädikate gegenüber Subjekten berücksichtigen [16]. Da die mit Prädikaten bezeichneten Merkmale immer Merkmale von irgendwelchen Gegenständen sind und nicht gesondert und unabhängig von diesen existieren, können die Prädikate auch nicht für sich genommen definiert werden. So wird das Prädikat „männlich" dadurch definitorisch eingeführt, daß das Subjekt „männliches Lebewesen" (d. h. ein Terminus der Form $a \downarrow P$) definiert wird, in dem der neu eingeführte Terminus vorkommt. Prädikate werden auch nicht immer für beliebige Subjekte definiert. Das Prädikat „männlich" ist für Lebewesen definiert, während es für Säuren, Elektronen, Zahlen usw. nicht definiert ist. Deshalb hat beispielsweise der Ausdruck „männliches Elektron" keine Bedeutung und ist also kein Terminus. Außerdem kann man Prädikate für verschiedene Subjekte unterschiedlich definieren. Oben haben wir die Definition des Terminus „ideales Gas" angegeben. Hier wird das Prädikat „ideal" als Teil des Subjektes „ideales Gas" eingeführt, d. h. für Gase definiert. Wir wissen jedoch, daß das Wort „ideal" auch zusammen mit anderen Subjekten gebraucht wird. So verwendet man Ausdrücke wie „ideale Flüssigkeit", „ideale Bedingung", „ideale Lösung" usw. Offensichtlich hat dabei „ideal" eine andere Bedeutung als im Falle des Ausdrucks „ideales Gas". Beispielsweise wird der Terminus „ideale Flüssigkeit" wie folgt definiert: „Ideale Flüssigkeit nennen wir eine Flüssigkeit, bei der keine inneren Reibungen auftreten". Häufig werden die eben charakterisierten Eigenschaften von Prädikaten nicht beachtet, und dies führt mitunter zu ernsthaften Schwierigkeiten und Verwirrungen. So gibt es Fälle, in denen Ausdrücke als Subjekte definiert werden, obwohl sie eigentlich Prädikate sind, oder in denen man Prädikate mit Subjekten verknüpft, für die sie gar nicht definiert sind. Eine ausführliche Analyse solcher Fälle wird in [16, 17] vorgenommen.

Die bisher angeführten Definitionen von Prädikaten haben ein Definiendum der Form $a \downarrow P$. In der Sprachpraxis werden aber Prädikate häufig auch anders definiert. Zum Beispiel kann man an Stelle der oben angegebenen Definition des Terminus „alkalische Flüssigkeit" folgende Formulierungen finden: „Eine Flüssigkeit nennen wir alkalisch, wenn sie rotes Lackmuspapier blau färbt" oder „Eine Flüssigkeit ist alkalisch genau dann, wenn sie rotes Lackmuspapier blau färbt". Bei den so formulierten Definitionen handelt es sich um Modifizierungen eines anderen Definitionstyps. Prädikate werden nämlich nicht nur als Teile von zusammengesetzten Termini, sondern auch als Teile von Aussagen eingeführt. Bevor wir jedoch diesen Definitionstyp behandeln, treffen wir folgende Definitionen: Der *Sinn einer Aussage ist bekannt* genau dann, wenn die Bedeutung aller in ihr vorkommenden Termini und die Eigenschaften aller in ihr vorkommenden logischen Operatoren bekannt sind. *Zwei Aussagen X und Y sind sinngleich* genau dann, wenn

$\downarrow X \rightleftharpoons \downarrow Y$. Zur Darstellung der Sinngleichheit von Aussagen verwenden wir Symbole der Form $X \equiv Y$.

Definitionen mit Aussagen werden nach folgendem Schema aufgebaut: „Wir betrachten X als eine Aussage derart, daß $X \equiv Y$“, wobei Y eine gegebene Aussage oder Aussagengesamtheit ist. Abkürzend schreiben wir solche Definitionen mit Symbolen der Form $X \equiv \text{Df.}\ Y$, wobei X die definierte Aussage ist, die den neu eingeführten Terminus enthält, und Y die definierende Aussage ist. Unter Benutzung einer Definition des betrachteten Typs wird das Prädikat „männlich“ für Lebewesen wie folgt eingeführt: „Wir betrachten den Ausdruck ‚Ein Lebewesen ist männlich‘ als eine Aussage, die sinngleich ist mit der Aussage ‚Ein Lebewesen ist eingeschlechtig und nicht weiblich‘“. Diese Definition hat die Form $P(a) \equiv \text{Df.}\ Q^1(a) \wedge \neg Q^2(a)$, wobei $\wedge$ und $\neg$ die aussagenbildenden Operatoren der Konjunktion und entsprechend der inneren Negation sind. Solche Definitionen schreibt man gewöhnlich als Aussagen der Form „X genau dann, wenn Y“. Angewandt auf unser Beispiel erhalten wir: „Ein Lebewesen ist männlich genau dann, wenn es eingeschlechtig und nicht weiblich ist“. Hier wird der Hinweis auf die Entscheidung weggelassen und an Stelle des Prädikates $\equiv$ wird der Operator der gegenseitigen Konditionalität verwendet. Diese Schreibweise hat einerseits den Vorteil, daß sie einfacher ist und das Folgern aus Definitionen erleichtert, aber andererseits auch den Nachteil, daß dabei ihr Definitionscharakter verborgen bleibt und dies zu einer Vermischung unterschiedlicher logischer Operationen führt.

Eine Definition von Prädikaten mit Hilfe von Aussagen hat detaillierter gewöhnlich folgende Form: „Der Gegenstand a (oder die Gegenstände $a^1, \ldots, a^n$, wobei $n \geqq 2$) besitzt (besitzen) das Merkmal P genau dann, wenn $Y^1, \ldots, Y^m$ $(m \geqq 1)$“. Dabei ist die Bedeutung der Termini $a, a^1, \ldots, a^n$ und der Sinn der Aussagen $Y^1, \ldots, Y^m$ vor der Definition bekannt und die Termini $a, a^1, \ldots, a^n$ kommen in $Y^1, \ldots, Y^m$ vor. Vor dem Aufbau der Definition ist nur P kein Terminus [17].

Wir geben noch einige Beispiele für solche Definitionen an: „Ein elektrostatisches Feld ist homogen genau dann, wenn seine Feldstärke in allen Feldpunkten gleich groß ist“, „Eine Zelle ist Urzelle eines Organismus genau dann, wenn dieser Organismus aus Zellen besteht, die durch Teilung der betreffenden Zelle entstanden sind“, „Ein Körper heißt absolut schwarz genau dann, wenn er bei beliebiger Temperatur alle auf ihn einfallenden elektromagnetischen Wellen absorbiert“.

Für Definitionen der Form $X \equiv \text{Df.}\ Y$ gilt bezüglich der Ersetzbarkeit Analoges wie für Definitionen der Form $a = \text{Df.}\ b$.

§ 8. Folgerungen aus Definitionen

Oft findet man den Hinweis, daß irgendwelche Behauptungen die logische Folge gewisser Definitionen seien. Auch wir haben im Verlaufe unserer Darstellung von Folgerungen aus Definitionen gesprochen und selbst solche Folgerungen gewonnen. Nun ist uns aber bekannt, daß gemäß den Prinzipien der Theorie der logischen Folgebeziehung Aussagen sich nur aus anderen Aussagen folgern lassen. Definitionen aber sind keine Aussagen, da in ihnen immer mindestens ein Terminus vorkommt, der vorher noch kein Terminus war. So scheint es, als ob wir vor einer unüberwindbaren Schwierigkeit stünden. Diese vermeintliche Schwierigkeit läßt sich jedoch leicht beseitigen, wenn man folgendes berücksichtigt. Definitionen werden akzeptiert oder verworfen, je nachdem, ob sie bestimmten logischen oder außerlogischen Forderungen genügen oder nicht. Ein Akzeptieren einer Definition (d. h. das Aufschreiben oder Aussprechen dieser Definition) ist aber nicht nur ein Akt des Akzeptierens der entsprechenden Entscheidung, sondern auch ein Konstatieren der Tatsache, daß diese Entscheidung akzeptiert wurde. Unter diesem (und nur unter diesem) Gesichtspunkt sind also Definitionen Aussagen, und zwar darüber, daß die Entscheidung getroffen wurde, gewisse Gegenstände zu Termini mit einer bestimmten Bedeutung zu bestimmen. Und in diesem Sinne ist es zulässig, vom Gewinnen von Folgerungen aus Definitionen zu sprechen.

Betrachten wir als Beispiel unsere obige Definition „Lauftier nennen wir ein paarhufiges Säugetier“. Wenn man diese Definition akzeptiert, so wird man sicherlich auch die Behauptungen 1) „Ein Lauftier ist ein paarhufiges Säugetier“, 2) „Ein Lauftier ist ein Säugetier“ und 3) „Ein Lauftier ist paarhufig“ akzeptieren. Diese Behauptungen als wahr anzusehen, ist man nicht deshalb berechtigt, weil sie etwa das Ergebnis empirischer Untersuchungen sind, sondern vielmehr auf Grund dessen, weil es sich bei diesen Aussagen um Folgerungen aus der akzeptierten Definition handelt. Dabei unterscheiden sich die angeführten Behauptungen in ihrer logischen Form, was an der unterschiedlichen Funktion des Wortes „ist“ deutlich wird. In der ersten Behauptung spielt es die Rolle des Prädikates $\rightleftharpoons$, in der zweiten die Rolle des Prädikates $\rightharpoonup$ und in der dritten die des Prädikationsoperators. Während 1 und 2 also Aussagen über Bedeutungsbeziehungen der Termini „Lauftier“ und „paarhufiges Säugetier“ bzw. „Lauftier“ und „Säugetier“ sind, ist 3 eine Aussage über den mit dem Terminus „Lauftier“ bezeichneten Gegenstand. Ebenso wie diese Behauptungen werden in der Sprachpraxis viele andere Aussagen nur deshalb akzeptiert, weil sie Folgerungen aus entsprechenden Definitionen sind. Da aber die Regeln, nach denen man diese Folgerungen erhält, nicht explizit formuliert werden, bleibt meistens verborgen, weshalb man sie als wahr annehmen kann. Im folgenden untersuchen wir die logische Technik zum Gewinnen von Folgerungen aus Definitionen [17].

Es gelten folgende Regeln der Definitionstheorie:

R 1. Wenn $a = \text{Df. } b$, so $a \rightleftharpoons b$.
R 2. Wenn $X \equiv \text{Df. } Y$, so $X \dashv\vdash Y$,

wobei $\dashv\vdash$ das Zeichen der gegenseitigen logischen Folgebeziehung ist.

Auf Grund dieser Definitionsregeln und anderer logischer Regeln lassen sich aus Definitionen Folgerungen gewinnen. Wir geben einige solcher Regeln an, die wir im weiteren benutzen werden. Sie sind Gesetze verschiedener Bereiche der Logik, die wir im Rahmen des vorliegenden Artikels nicht betrachten.

R 3. $X \wedge Y \vdash X$.
R 4. $X \wedge Y \vdash Y$.
R 5. Wenn $X \vdash Y$ und $\vdash X$, so $\vdash Y$.
R 6. Wenn $\vdash X$ und $\vdash Y$, so $\vdash X \wedge Y$.
R 7. $(X \rightarrow Y) \wedge X \vdash Y$.
R 8. Wenn $X \dashv\vdash Y$, so $X \leftrightarrow Y$.
R 9. $X \leftrightarrow Y \vdash (X \rightarrow Y) \wedge (Y \rightarrow X)$.
R 10. Wenn $\vdash X$, so $\vdash (\forall a)\, X$.
R 11. $(\forall a)\, X \vdash X$.
R 12. $(a \rightleftharpoons b) \vdash (a \rightharpoonup b) \wedge (b \rightharpoonup a)$.
R 13. $(a \rightharpoonup b) \wedge (b \rightharpoonup c) \vdash (a \rightharpoonup c)$.
R 14. $\vdash (b{\downarrow}P \rightharpoonup b)$.
R 15. $\vdash P(b{\downarrow}P)$.
R 16. $X \wedge (a \rightleftharpoons b{\downarrow}P) \vdash X\, (a/b{\downarrow}P)$.
R 17. $(Q^1 \wedge Q^2)\,(a) \vdash Q^1(a) \wedge Q^2(a)$.

Wir zeigen nun, welche Aussagen man beispielsweise aus einer Definition der Form $a = \text{Df. } b{\downarrow}P$ erhalten kann. Wenn $a = \text{Df. } b{\downarrow}P$ akzeptiert wird, so folgt auf Grund von *R 1* die Behauptung

(1) $\vdash (a \rightleftharpoons b{\downarrow}P)$.

Nach den Regeln *R 12* und *R 3* erhalten wir aus (1)

(2) $\vdash (a \rightharpoonup b{\downarrow}P)$

und hieraus nach *R 13* auf Grund von *R 14* die Behauptung

(3) $\vdash (a \rightharpoonup b)$.

Schließlich wird die Behauptung $\vdash P(a)$ wie folgt gewonnen: Auf Grund von *R 15* und *R 10* gilt auch

(4) $\vdash (\forall b{\downarrow}P)\; P\,(b{\downarrow}P)$.

Ist X in *R 16* die Behauptung (4), so erhält man

(5) $(\forall b{\downarrow}P)\; P\,(b{\downarrow}P) \wedge (a \rightleftharpoons b{\downarrow}P) \vdash (\forall a)\; P(a)$.

Aus (1) und (4) erhalten wir nach *R 6*

(6) $\vdash (\forall b{\downarrow}P)\; P\,(b{\downarrow}P) \wedge (a \rightleftharpoons b{\downarrow}P)$.

Aus (5) und (6) folgt nun nach *R 5*

(7) $\vdash (\forall a)\, P(a)$,

woraus man nach *R 11* die Behauptung

(8) $\vdash P(a)$

erhält.

Da unsere Definition des Terminus „Lauftier“ eine Definition der Form $a = \text{Df. } b{\downarrow}P$ ist, sieht man sofort, daß die oben angeführten drei Behauptungen tatsächlich Folgerungen aus dieser Definition sind. Analog erhalten wir aus der früher angeführten Definition von „Sauerstoff“ die Behauptungen 1) „Sauerstoff ist ein chemisches Element, das die Ordnungszahl 8 und das Atomgewicht 15,9994 hat“, 2) „Sauerstoff ist ein chemisches Element“ und 3) „Sauerstoff hat die Ordnungszahl 8 und das Atomgewicht 15,9994“. Nach *R 17*, *R 3* und *R 4* folgt aus 3) außerdem 4) „Sauerstoff hat die Ordnungszahl 8“ und 5) „Sauerstoff hat das Atomgewicht 15,9994“.

Betrachten wir ein anderes Beispiel. Oben haben wir die Definition des Prädikates „männlich“ folgendermaßen angegeben: „Ein Lebewesen ist männlich genau dann, wenn es eingeschlechtig und nicht weiblich ist“. Dieser Ausdruck hat die Form $P(a) \leftrightarrow Q^1(a) \wedge \neg Q^2(a)$ und ist eigentlich eine Folgerung aus der Definition $P(a) \equiv \text{Df. } Q^1(a) \wedge \neg Q^2(a)$. Dies läßt sich wie folgt zeigen. Wenn $P(a) \equiv \text{Df. } Q^1(a) \wedge \neg Q^2(a)$ akzeptiert wird, so folgt nach *R 2* die Behauptung $P(a) \dashv\vdash Q^1(a) \wedge \neg Q^2(a)$. Nach *R 8* erhalten wir hieraus aber sofort $P(a) \leftrightarrow Q^1(a) \wedge \neg Q^2(a)$. Außerdem folgen aus unserer Definition dann unter Verwendung von *R 9* ebenfalls die Behauptung „Wenn ein Lebewesen männlich ist, so ist es eingeschlechtig und nicht weiblich“ und deren Umkehrung. Auch hier erhalten wir also aus einer Definition Aussagen über außersprachliche Gegenstände.

Offensichtlich hängt von den Definitionen einer Wissenschaft ab, welche ihrer Behauptungen aus den gewählten Definitionen folgen und welche von ihnen auf empirischem Wege bestätigt werden müssen. Betrachten wir als Beispiel unsere Definition von „Sauerstoff“. Während die angeführten fünf Behauptungen auf Grund dieser Definition akzeptiert werden, ist etwa die Aussage „Der Schmelzpunkt von Sauerstoff liegt bei −218,76 °C“ eine empirische Behauptung. Natürlich wäre es auch möglich, den Terminus „Sauerstoff“ gerade derart zu definieren, daß diese Behauptung gilt. Dann wäre ihre empirische Bestätigung überflüssig.

Wir haben zur Illustration nur triviale Beispiele betrachtet. Kompliziertere Fälle werden in [17] analysiert.

§ 9. Implizite Definitionen

Definitionen werden häufig in einer Form geschrieben, durch die ihr Definitionscharakter verborgen bleibt. So schreibt man beispielsweise die Definition von „Sauerstoff" als „Sauerstoff ist ein chemisches Element, das die Ordnungszahl 8 und das Atomgewicht 15,9994 hat", und die Definition von „männlich" als „Ein Lebewesen ist männlich genau dann, wenn es eingeschlechtig und nicht weiblich ist". Hier handelt es sich um einen Spezialfall sogenannter impliziter Definitionen. Bei einer impliziten Definition wird nicht explizit ausgedrückt, daß man eine Entscheidung trifft, gemäß der ein neuer Terminus eingeführt wird. Vielmehr werden die neu eingeführten Termini als intuitiv klar angenommen, und es werden bestimmte Behauptungen mit ihnen formuliert, die man als Axiome betrachtet. Dabei werden die Axiome so ausgewählt, daß folgendes gilt: Wenn man die neu eingeführten Termini durch explizit formulierte Definitionen einführen würde, so wären diese Axiome Folgerungen aus ihnen [17]. Betrachten wir ein weiteres Beispiel. Als eine implizite Definition des Terminus „Sauerstoff" können auch folgende drei Axiome angesehen werden: *A 1.* Sauerstoff ist ein chemisches Element; *A 2.* Sauerstoff hat die Ordnungszahl 8; *A 3.* Sauerstoff hat das Atomgewicht 15,9994. Wir wissen, daß diese Behauptungen Folgerungen aus einer explizit formulierten Definition von „Sauerstoff" sind.

Obwohl wir uns im Rahmen dieses Artikels nicht ausführlicher mit impliziten Definitionen befassen wollen, seien abschließend noch einige Bemerkungen zu der hier dargestellten Auffassung und zu dem in der modernen Definitionstheorie üblichen Verständnis von impliziten Definitionen gemacht. Das Problem der impliziten Definitionen gehört zu den schwierigsten Problemen der Definitionstheorie, und in der logischen Literatur werden hierzu konträre Standpunkte vertreten. Eine erste Auseinandersetzung über implizite Definitionen war die zwischen G. Frege und D. Hilbert [vgl. 7, 11]. Letzterer geht bei seinem Aufbau der Geometrie davon aus, daß sich bestimmte Termini, nämlich die Grundtermini, im Rahmen dieser Theorie nicht durch gewöhnliche Definitionen einführen lassen. Deshalb sollen die geometrischen Grundtermini, wie „Ebene", „Gerade", „Punkt" usw. nach Hilbert nur durch die Behauptungen charakterisiert werden, die in den Axiomen über sie gemacht werden. Hilbert gebraucht dabei die Formulierung, die Grundtermini würden durch die Axiome definiert. Dagegen wendet Frege ein, daß eine solche Vermischung von Definitionen und Axiomen unzulässig ist. Statt dessen vertritt er die Auffassung, daß die Bedeutung der Grundtermini außerhalb der Theorie mit Hilfe von Erläuterungen oder auf Grund von Definitionen innerhalb anderer Theorien angegeben wird. Auch in der gegenwärtigen Literatur kommt man kaum über diese beiden entgegengesetzten Standpunkte hinaus. Offensichtlich trägt die obige Analyse dazu bei, die Struktur von impliziten Definitionen aufzuklären.

§ 10. Operationale Definitionen

In den Arbeiten, die sich mit der logischen Untersuchung der empirischen Wissenschaften befassen, nimmt die Behandlung sogenannter operationaler Definitionen einen breiten Raum ein [vgl. 8, 14]. Einige operationale Definitionen haben die Form $X \equiv \mathrm{Df.}\ Y \rightarrow Z$, wobei X eine Aussage mit dem neu eingeführten Terminus, Y eine Beschreibung bestimmter Handlungen und Z eine Beschreibung des Resultats dieser Handlungen ist. Mit Hilfe von operationalen Definitionen lassen sich Größenprädikate (beispielsweise die Prädikate „hat ein Gewicht von α kg", „hat eine Länge von α cm", „hat eine Temperatur von α °C") und Bedingungsprädikate (beispielsweise die Prädikate „magnetisch", „intelligent", „wasserlöslich") definieren [17]. Auf eine ausführlichere Darstellung der damit verbundenen Fragen müssen wir jedoch verzichten, da hierzu die Kenntnis einiger Bereiche der Logik erforderlich ist, die wir nicht voraussetzen können. Es sei nur darauf verwiesen, daß in bezug auf operationale Definitionen viele Mißverständnisse und nichtakzeptable Auffassungen existieren. So wird manchmal behauptet, daß operationale Definitionen Realdefinitionen im traditionellen Sinne seien oder daß alle Prädikate nur mittels operationaler Definitionen korrekt eingeführt werden könnten. Außerdem vermischt man bei der Behandlung von operationalen Definitionen häufig zwei Fragen, nämlich die Frage nach der Einführung von Prädikaten mit Hilfe von operationalen Definitionen, und die Frage nach der Anwendbarkeit der so definierten Prädikate.

§ 11. Definition und Existenzbehauptung

Das hier zu behandelnde Problem ist offensichtlich für die empirischen Wissenschaften von besonderer Wichtigkeit. Dabei müssen verschiedene Aspekte beachtet werden.

Häufig findet man in Arbeiten zur Logik die Auffassung, daß nur solche Subjekte als sinnvoll angesehen werden können, die einen existierenden Gegenstand bezeichnen. Danach sind beispielsweise die Ausdrücke „ein Mensch, der im 3. Jahrtausend lebt" oder „Phlogiston" sinnlos, weil die jeweiligen Gegenstände nicht existieren. Jede Aussage mit solchen Ausdrücken (zum Beispiel „Ein Mensch, der im 3. Jahrtausend lebt, fliegt zum Mars" oder „Phlogiston ist brennbar") betrachtet man entweder als sinnlos oder als falsch. Im Rahmen dieser Auffassung ist es unmöglich, wahre Aussagen über nichtexistierende Gegenstände zu treffen. Nun werden aber in der Sprachpraxis oft Behauptungen über Gegenstände aufgestellt, die noch nicht existieren oder nicht mehr existieren oder deren Existenz logisch oder empirisch unmöglich ist. Und oft sind solche Aussagen sogar wahr. Beispielsweise spricht man von idealen Gasen und von materiellen Punkten, die bekanntlich nicht als empirische Gegenstände existieren, oder es werden Behauptungen über Gegenstände formuliert, deren Existenz man nur vermutet (so behauptet man etwa, daß ein Quarks eine elektrische Ladung hat). Schließlich sind alle prognostischen Aussagen Behauptungen über Gegenstände, die zur Zeit des Treffens dieser Aussagen nicht existieren. Also widerspricht die angeführte Auffassung unseren Sprachgewohnheiten und schränkt den Geltungsbereich der Logik unnötig ein. Die von uns dargestellte Konzeption führt nicht zu derartigen Schwierigkeiten.

Vereinbarungsgemäß sind Termini Ausdrücke, die eine bestimmte Bedeutung haben, d. h. irgendwelche Gegenstände (im weitesten Sinne) bezeichnen. Ausdrücke sind folglich nur dann keine Termini, wenn sie überhaupt keine Gegenstände bezeichnen. Damit ist aber nicht gesagt, daß die mit Termini bezeichneten Gegenstände auch existieren müssen. Wir führen folgende Unterscheidung ein: Einen Terminus a nennen wir *leer* genau dann, wenn a einen Gegenstand bezeichnet, der nicht existiert. Und einen Terminus a nennen wir *nichtleer* genau dann, wenn a einen existierenden Gegenstand bezeichnet [15]. Definitionsgemäß sind dann beispielsweise die Ausdrücke „Phlogiston", „ein Mensch, der im 3. Jahrtausend lebt", „Quarks" und „totes Lebewesen" leere Termini. Da sie aber Termini sind, haben sie eine Bedeutung, und mit ihnen lassen sich, ebenso wie mit nichtleeren Termini, sinnvolle und auch wahre Aussagen bilden.

Wenden wir uns nun dem Verhältnis von Definitionen und Existenzbehauptungen zu. In der logischen Literatur wird gewöhnlich an korrekte Definitionen von Subjekten die Forderung gestellt, daß die im jeweiligen Definiendum vorkommenden Subjekte nichtleer sind [vgl. 5, 11]. Wenn also ein Subjekt definiert werden soll, so muß vorher der Nachweis erbracht werden, daß die mit den definierenden Subjekten bezeichneten Gegenstände existieren. Folglich setzen nach dieser Auffassung Definitionen von Subjekten die Gültigkeit von Existenzbehauptungen voraus. Diese einschränkende Bedingung ist wegen der oben angeführten Gründe nicht berechtigt. Wie in dem vorangehenden Paragraphen dargestellt, wird in der von uns skizzierten Definitionstheorie keine derartige Bedingung formuliert. Ob die definierenden Termini leer oder nichtleer sind, hat keinerlei Einfluß auf die Korrektheit einer Definition. Sowohl nichtleere als auch leere Termini können dazu dienen, neue Termini definitorisch einzuführen. Als ein Verfahren zur Bildung von Termini sind Definitionen logisch unabhängig von der Wahrheit oder Falschheit irgendwelcher Existenzaussagen.

Oben haben wir gezeigt, daß man aus Definitionen nicht nur Behauptungen über Termini und Aussagen, sondern auch Behauptungen über außersprachliche Gegenstände als Folgerungen gewinnen kann. Solche Behauptungen werden auf Grund der getroffenen Definitionen als wahr angesehen. So folgt beispielsweise aus der Definition von „Sauerstoff" die Aussage „Sauerstoff hat das Atomgewicht 15,9994". Hier entsteht nun jedoch die

Frage, ob sich aus der angeführten Definition nicht auch die Behauptung „Sauerstoff existiert" folgern läßt. Bekanntlich folgt aus einer Aussage $P(a)$ die Aussage $(\exists a)\ P(a)$. Und wenn man letztere Aussage als eine Behauptung über die Existenz des Gegenstandes a ansieht (wie dies üblicherweise in der Logik getan wird), so muß man diese Frage bejahen. Aus den obigen Ausführungen geht aber hervor, daß Aussagen über Gegenstände nicht die Existenz dieser Gegenstände voraussetzen und sich deshalb aus solchen Aussagen nicht Behauptungen über die Existenz der jeweiligen Gegenstände gewinnen lassen. Folglich ist es völlig unberechtigt, Aussagen der Form $(\exists a)\ P(a)$ als Existenzaussagen anzusehen. Wir unterscheiden daher zwischen dem $\exists$-Quantor (gelesen als „einige") und dem Existenzprädikat E (gelesen als „existiert") [16, 17]. Da die Behauptungen $P(a) \vdash E(a)$ und $(\exists a)\ P(a) \vdash E(a)$ nicht gelten, folgt aus der Definition von „Sauerstoff" lediglich die Aussage „Einige Gegenstände, die als Sauerstoff bezeichnet werden, haben das Atomgewicht 15,9994", aber nicht die Aussage „Sauerstoff existiert". Letztere Aussage kann nur entweder als Folgerung aus anderen Existenzaussagen oder im Ergebnis einer empirischen Untersuchung gewonnen werden. Also lassen sich gewöhnlich aus Definitionen keine Behauptungen über die Existenz der mit den definierten Termini bezeichneten Gegenstände folgern. Eine Ausnahme bilden lediglich solche Definitionen, bei denen der jeweilige Terminus gerade derart eingeführt wird, daß der mit ihm bezeichnete Gegenstand existiert. So folgt beispielsweise aus einer Definition der Form $a = \text{Df.}\ b \downarrow E$ offensichtlich die Aussage $E(a)$.

Von der Existenz eines Gegenstandes läßt sich seine logische Existenz unterscheiden [17]. Ein Gegenstand a existiert logisch genau dann, wenn bei der Bildung des Terminus a die logischen Regeln befolgt werden und seine Verwendung nicht zu einem Widerspruch führt. Definitionsgemäß gilt: Wenn aus einer Definition von a ein Widerspruch folgt, so existiert der Gegenstand a logisch nicht. Außerdem gilt die Regel: Wenn ein Gegenstand a logisch nicht existiert, so existiert a nicht. Also lassen sich aus Definitionen, aus denen man einen Widerspruch erhält, Folgerungen über die Nichtexistenz des mit dem definierten Terminus bezeichneten Gegenstandes gewinnen.

§ 12. Definition und Explikation

Häufig verwendet man in den empirischen Wissenschaften Termini, deren Bedeutung als intuitiv klar und mehr oder weniger eindeutig angesehen wird. Gewöhnlich ist dies dann der Fall, wenn das betreffende Wissensgebiet relativ unentwickelt ist und sich seine Systematisierung noch in den Anfängen befindet. In einem solchen Stadium sind Definitionen oft unmöglich und zuweilen auch gar nicht zweckmäßig. Die jeweiligen Termini werden hier nach anderen Verfahren – beispielsweise durch exemplarische Einführung oder durch Erläuterung – gebildet. Dieser Zustand ist aber nicht befriedigend, und mit der Entwicklung des Wissensgebietes wird es notwendig, eine logisch korrekte Terminologie aufzubauen. Der Wissenschaftler steht dann vor der Aufgabe, an Stelle der unpräzisen Termini solche einzuführen, die eine eindeutig bestimmte Bedeutung haben. Die sprachliche Operation, bei der für einen Terminus a ein präziserer Terminus a' eingeführt wird, nennen wir *Explikation* von a [3, 17]. Den Terminus a nennen wir dabei *explizierter Terminus* oder *Explikandum*, und den Terminus a' nennen wir *Explikat*.

Der erste Schritt bei einer Explikation eines Terminus ist die Angabe der Bedeutung (oder der Bedeutungen), die er in seiner ursprünglichen Verwendung hat. Dies ist mittels einer Bedeutungsanalyse möglich, die gegebenenfalls mit einer exemplarischen Aufweisung verbunden sein kann. Da der zu explizierende Terminus unpräzise ist, wird man hier keine eindeutige Angabe seiner Bedeutung (oder Bedeutungen) erwarten können. Hat der gegebene Terminus mehrere Bedeutungen, so muß man sich entscheiden, in welcher Bedeutung er expliziert werden soll. Wir betrachten ein Beispiel. Angenommen, es soll eine Explikation des Terminus „Salz“ vorgenommen werden. Dieses Wort wird in unterschiedlichen Bedeutungen gebraucht. So nennt man Salz eine Substanz, die wasserlöslich ist, kristallisiert, einen bestimmten Geschmack hat und die üblicherweise im Haushalt verwendet wird. Oder man nennt Salz eine chemische Verbindung, die aus einer Säure und einer Base entsteht. Wird nun entschieden, den Terminus „Salz“ im ersten Sinne zu explizieren, so kann seine Explikation mit Hilfe des Terminus „Natriumchlorid“ erfolgen.

Der zweite Schritt bei einer Explikation ist die Definition des jeweiligen Explikats. Für eine solche Definition gelten nicht nur die entsprechenden Definitionsregeln, sondern von ihr müssen auch gewisse außerlogische Forderungen erfüllt werden. Da die Aufgabe einer Explikation darin besteht, an Stelle eines unpräzisen Explikandums ein streng definiertes Explikat einzuführen, wäre es natürlich sinnlos, eine Bedeutungsgleichheit von Explikat und Explikandum anzustreben. Aber es muß gefordert werden, daß zwischen dem Explikandum und dem Explikat eine Ähnlichkeit bezüglich ihrer Bedeutung besteht. Betrachten wir als Beispiel die Explikation des Terminus „Fisch“ . Beim Aufbau einer korrekten Terminologie der Zoologie wird der unpräzise Terminus „Fisch“ durch einen definierten Terminus ersetzt. Während das Explikandum „Fisch“ im Sinne von „Tier, das im Wasser lebt“ verwendet wird, definiert man das Explikat „Fisch“ wie folgt: „Fisch nennen wir ein Wirbeltier, das im Wasser lebt, schuppenbedeckt und mit Flossen als Gliedmaßen versehen ist, durch Kiemen atmet, wechselwarmes Blut hat, sich durch Eier fortpflanzt und dessen Herz nur eine Vor- und eine Herzkammer hat“. Wenn wir die Bedeutung des Explikats und die des Explikandums vergleichen, so stellen wir fest, daß sie sich unterscheiden.

Das Explikat „Fisch“ schließt der Bedeutung nach das Explikandum ein, aber nicht umgekehrt. Einige im Wasser lebende Tiere, die man vor der Explikation als Fische angesehen hat (wie beispielsweise Wale, Tintenfische, Seehunde usw.), sind nach der Explikation keine Fische mehr. Aber in den meisten Fällen, bei denen bisher der Terminus „Fisch“ verwendet worden ist, kann auch das Explikat gebraucht werden. Und in diesem Sinne besteht eine Ähnlichkeit bezüglich der Bedeutung beider Termini. In der logischen Literatur werden neben dieser Forderung nach Ähnlichkeit auch andere außerlogische (und ebenso vage) Forderungen formuliert. So wird von einem Explikat gefordert, daß es möglichst „einfach“ und „fruchtbar“ ist [3]. Wir verzichten auf eine Behandlung dieser Fragen.

§ 13. Schlußbemerkungen

In unserem Artikel haben wir Definitionen als ein logisches Verfahren charakterisiert und bestimmte Kriterien formuliert, um Definitionen von Scheindefinitionen und anderen sprachlichen Operationen zu unterscheiden. Dabei haben wir in der Regel davon abgesehen, daß Definitionen auch durch gewisse außerlogische Faktoren bedingt sind. Unter logischem Gesichtspunkt ist dies völlig berechtigt. Wie aber bereits aus dem vorangehenden Paragraphen hervorgeht, sind in der Sprachpraxis diese Faktoren wichtig. Die meisten Definitionen dienen dazu, unpräzise Termini zu explizieren oder früher definierte Termini durch neu definierte Termini zu ersetzen, weil die bisherigen Termini den Anforderungen der Wissenschaftsentwicklung nicht mehr genügen. Da man außerdem beabsichtigt, daß sich die getroffenen Definitionen durchsetzen, berücksichtigt man gewöhnlich den bisherigen Sprachgebrauch. Häufig werden dabei für die neuen Termini sogar die gleichen Worte, Wortgruppen oder Symbole benutzt, wie dies beispielsweise bei der obigen Explikation des Terminus „Fisch“ der Fall ist. Und unter diesem Gesichtspunkt ist es zulässig, davon zu sprechen, daß Definitionen zweckmäßig oder unzweckmäßig, adäquat oder inadäquat sind. Die Frage der Zweckmäßigkeit bzw. der Adäquatheit ist aber keine rein logische Frage, sondern sie ist häufig nur praktisch entscheidbar.

Aus dem Gesagten wird offensichtlich, daß die in Arbeiten zur Definitionstheorie manchmal vertretene Auffassung von der Willkürlichkeit der Definitionen in absoluter Form nicht akzeptabel ist. Dies ändert aber nichts am Entscheidungscharakter einer Definition und an der Möglichkeit verschiedener Definitionsvarianten. Unabhängig davon, ob eine Definition auf der Grundlage von Zweckmäßigkeits- bzw. Adäquatheitsüberlegungen erfolgt oder nicht, gilt immer das Prinzip der Definitionsfreiheit. Die Tatsache einer außerlogischen Bedingtheit von Definitionen ändert auch nichts daran, daß die Erfüllung der logischen Kriterien die Grundbedingung jeglichen Definierens ist.

Quellennachweise

1. Зиновьев, А. А., Логика науки, Москва 1971.
2. Ajdukiewicz, K., Abriß der Logik, Berlin 1958.
3. Carnap, R., Logical Foundations of Probability, Chicago 1951.
4. Dubislav, W., Über die Definitionen, Berlin 1927.
5. Essler, W. K., Wissenschaftstheorie Bd. I, Definition und Reduktion, München 1970.
6. Frege, G., Grundgesetze der Arithmetik, 2 Bde, Jena 1903.
7. Frege, G., Logik in der Mathematik, in: Frege, G., Schriften zur Logik. Aus dem Nachlaß, Berlin 1973.
8. Hempel, C. G., Fundamentals of Concept Formation in Empirical Science (International Encyclopedia of Unified Science II, 7), Chicago 1960.
9. Hobbes, T., Vom Körper, Berlin 1967.
10. Kamlah, W., Lorenzen, P., Logische Propädeutik, Mannheim 1967.
11. Kutschera, F. v., Elementare Logik, Wien-New York 1967.
12. Leibniz, G. W., Die kleinen philosophisch wichtigeren Schriften, Leipzig 1879.
13. Mill, J. S., System der deduktiven und induktiven Logik, 1. Bd., Leipzig 1872.
14. Przełęcki, M., О так называемых операционных определениях, in: Studia Logica, Warszawa 1955, vol. III.
15. Sinowjew, A. A., Komplexe Logik. Grundlagen einer logischen Theorie des Wissens, Berlin 1970.
16. Sinowjew, A., Wessel, H., Logische Sprachregeln. Eine Einführung in die Logik, Berlin 1974.
17. Sinowjew, A. A., Logik und Sprache der Physik, Berlin 1975.
18. Wessel, H., Methodologie der empirischen Wissenschaften als Bestandteil der Logik, im vorliegenden Band.
19. Suppes, P., Introduction to Logic, Princeton/N. J. 1957.

V. I. Loktionow

Eine funktionale Bedeutungstheorie für Termini

Die fortschreitende Mathematisierung der Wissenschaften und die Entwicklung einer zeitgemäßen Methodologie der Naturwissenschaften stellen uns die Aufgabe, die Sprache wissenschaftlicher Theorien zu analysieren. Unter anderem ist es insbesondere notwendig, das Bedeutungsproblem für Ausdrücke der modernen Wissenschaftssprache genauer zu untersuchen. Folgende Fragen und Probleme machen es erforderlich, unsere Vorstellungen über die Bedeutung von Zeichen und Zeichenausdrücken zu präzisieren: Die Frage nach dem Status rein theoretischer Konstruktionen in der Physik; das Fehlen klarer und fester Prinzipien, die es ermöglichen würden, den mathematisch-formalen mit dem empirischen Teil von Theorien zu verknüpfen; die sich deutlich abzeichnende Abhängigkeit zwischen dem Wahrheitsbegriff (sowie der Praxis als Kriterium der Wahrheit) und einem bestimmten Verständnis des Sinnes theoretischer Aussagen.

Wir stützen uns in diesem Artikel wesentlich auf Auffassungen zum Sinn- und Bedeutungsproblem, die in den Arbeiten [2, 3, 4, 16] dargelegt wurden. In erster Linie meinen wir damit das prinzipielle methodologische Herangehen an das Problem. Aber auch in einigen speziellen Fragen, wie der teilweisen Verwendung der Axiomatik und Symbolik, folgen wir diesen Arbeiten. Großen Einfluß auf die vorliegende Arbeit hatte auch der Artikel [10] von M. Bunge. Aus ihm übernahmen wir die allgemeine mathematische Form für die Darstellung der Bedeutungsfunktion. Bezugnahmen auf Arbeiten anderer Autoren werden an entsprechender Stelle vermerkt.

§ 1. Inhaltliche Voraussetzungen von Theorien

Wir betrachten die Wissenschaftssprache, um die es im weiteren geht, als lokalisierten oder lokalisierbaren Komplex von Aussagen und Texten. Die auf der Umgangssprache basierende Wissenschaftssprache ist in gewissem Maße frei von den der Umgangssprache eigenen Unbestimmtheiten und Mehrdeutigkeiten (wenigstens aber frei von Metaphern). Die Grenze zwischen der natürlichen Sprache und der Wissenschaftssprache ist bekanntlich historisch bedingt und oft sehr unbestimmt. Als Abstraktion im Rahmen der

Logik ist jedoch die Unterscheidung von Wissenschaftssprache und Umgangssprache sinnvoll, da die Wissenschaftssprache das empirische Material liefert, dessen Analyse der Ausgangspunkt jeder logischen Theorie ist. Eine Reihe von Termini, Aussagen und Operationsregeln der Wissenschaftssprache betrachten wir als primär gegeben und unterziehen sie deshalb keiner weiteren logischen Analyse. Das betrifft in erster Linie Termini wie „Zeichen", „Gegenstand", „Zuordnung" usw.

Wir berücksichtigen in unserer Theorie schließlich auch die Rolle des Wissenschaftlers, der diese Sprache verwendet. Hierbei handelt es sich nicht um einen gewissen Subjektivismus, wie er zuweilen durch Überbleibsel des Psychologismus in der Logik hervorgebracht wird – man ist ohnehin meist genötigt, die Rolle des eine Sprache gebrauchenden Wissenschaftlers implizit zu berücksichtigen – die explizite Einführung einer solchen Abstraktion weist nicht nur auf eine der wesentlichen Voraussetzungen einer Theorie hin, sondern sie gestattet auch, eine ganze Reihe ihrer Formulierungen stark zu vereinfachen. Die Tätigkeit eines Wissenschaftlers läßt sich außerdem objektiv betrachten, d. h. in der Form, wie sie von außerhalb beobachtet werden kann, ohne Berücksichtigung subjektiver Erlebnisse. Alle mit dem Begriff „Wissenschaftler" zusammenhängenden Abstraktionen und Hypothesen sind in [3] zu finden.

Einige Bemerkungen zur Verwendung von Termini. In der Umgangssprache kann man sagen, daß „Morgenstern" einen bestimmten Gegenstand (oder eine Gruppe von Gegenständen) *bezeichnet*. Stilistisch schlecht ist es zu sagen: „‚Napoleon' *bezeichnet* . . .". Dafür kann man aber sagen: „Napoleon *ist* der Eigenname eines Heerführers". Ebenso stilistisch schlecht ist: „‚Morgenstern' hat einen Sinn". Man kann jedoch sagen: „Der Ausdruck ‚Morgenstern' hat einen Sinn". Quelle dieser stilistischen Besonderheiten ist die Unbestimmtheit und funktionale Mehrdeutigkeit der betrachteten Termini. Durch den Terminus „bezeichnen" wird gewöhnlich die Bezeichnungsfunktion ausgedrückt. „Bezeichnen" heißt ein Name zu sein, d. h. eine Namensfunktion zu erfüllen. („Der Ausdruck X bezeichnet eine unbekannte Größe.") Der Terminus „bezeichnen" kommt jedoch nicht nur in der Bezeichnungsfunktion vor, sondern er verbindet diese mit der Funktion der Bedeutungs-(Sinn-)gebung. Im Ausdruck „Alle Metalle sind elektrische Leiter" erfüllt der Terminus „Metall" beispielsweise die Bezeichnungsfunktion, d. h., er wird im ersten Sinne verwendet; im Ausdruck „Kupfer ist ein Metall" *bezeichnet* der Terminus „Metall" schon *keinen Gegenstand* mehr, sondern trägt eine bestimmte Information in sich. Er hat also hier einen *Sinn*. In diesem Fall kann man ihn als *Begriff* betrachten, d. h. als durch vorherige Definition eingeführten Terminus, der eine *Abkürzung* für einen bestimmten Aussagenkomplex ist. Auch von diesem Gesichtspunkt aus bezeichnet er keinen Gegenstand (oder Gruppe von Gegenständen) mehr, sondern dient er als Name für eine bestimmte sprachliche Konstruktion, deren Abkürzung er selbst ist.

Von diesem Standpunkt aus sind nur singuläre Termini echte Namen (sie drücken niemals eine Begriffsfunktion aus), während sich allgemeine Termini (wie es Reichenbach [14] macht) besser als spezifizierte Variablen oder Begriffsformen betrachten lassen. (Leere Termini können auch als allgemeine oder singuläre Termini angesehen werden, wenn die Existenz der durch sie bezeichneten Gegenstände als abstrakte Objekte postuliert wird. Auf welche Weise Pegasus auch immer existieren mag, er existiert dann offenbar in der Einzahl. Genauso sollte man akzeptieren: wenn wenigstens ein rundes Quadrat existiert, so können verschiedene Exemplare von ihm existieren.)

Im folgenden verwenden wir die Termini „Bedeutung“ und „Bezeichnung“ entweder, um die Bezeichnungsfunktion auszudrücken oder, wie es üblich ist, die Bezeichnungsfunktion mit der Bedeutungs-(Sinn-)gebung zu verbinden. Für die Sinnfunktion verwenden wir den Ausdruck „Sinn haben“, und von singulären Termini sagen wir nicht, daß sie „bezeichnen“, sondern daß sie „sind“.

§ 2. Referentiale Bedeutung von Termini

D 1. Ein Terminus t hat *referentiale Bedeutung* genau dann, wenn ein Wissenschaftler auf irgendeine Art und Weise den Gegenstand (oder die Gruppe von Gegenständen), dessen Name der Terminus ist, aufweisen kann.

Ausdrücklich sei erwähnt, daß die referentiale Bedeutung eines Terminus weder mit den durch diesen Terminus benannten Gegenständen gleichzusetzen ist, noch mit einer Relation zwischen dem Terminus und diesen Gegenständen. Diese Definition ist vielmehr eine Antwort auf die Frage: „Was bedeutet der Ausdruck ‚Ein Terminus t hat referentiale Bedeutung‘?“.

Der Ausdruck „Der Terminus t hat referentiale Bedeutung“ ist eine Abkürzung für die Beschreibung einer bestimmten Zeichensituation, in der ein Wissenschaftler bestimmte Zeichen (Termini) verwendet und jedem dieser Zeichen (Termini) einen bestimmten Gegenstand (oder eine Gruppe von Gegenständen) zuordnen kann. Ein Terminus hat auch dann referentiale Bedeutung, wenn er der Name einer bestimmten sprachlichen Konstruktion ist (wenn der Terminus durch Definition, als Abkürzung für eine sprachliche Konstruktion, eingeführt wurde). Auf diese Weise werden viele Begriffe der Physik eingeführt, beispielsweise die Begriffe „Massenpunkt“, „Ideales Gas“ u. a. Für den Ausdruck „referentiale Bedeutung“ verwenden wir bis auf weiteres den Terminus „Bedeutung“. Wir charakterisieren die Bedeutung von Termini mit Hilfe des Begriffs des Bedeutungseinschlusses:

D 2. Ein Terminus t_1 *schließt der Bedeutung nach* den Terminus t_2 *ein* genau dann, wenn ein beliebiger Gegenstand, der mit dem Terminus t_1 bezeichnet wird, auch mit dem Terminus t_2 bezeichnet wird:

$$t_1 \rightarrow t_2$$

(so schließt der Terminus „gerade Zahl" der Bedeutung nach den Terminus „Zahl" ein).

Für die Terminimenge T definieren wir die Relation der Bedeutungsäquivalenz oder Bedeutungsgleichheit $t_1 \rightleftharpoons t_2 \equiv_{\mathrm{Df}} (t_1 \rightharpoonup t_2) \wedge (t_2 \rightharpoonup t_1)$, die folgende Eigenschaften besitzt:

1) $t \rightleftharpoons t$

2) $(t_1 \rightleftharpoons t_2) \rightarrow (t_2 \rightleftharpoons t_1)$

3) $(t_1 \rightleftharpoons t_2) \wedge (t_2 \rightleftharpoons t_3) \rightarrow (t_1 \rightleftharpoons t_3)$

für jedes $t \in T$.

D 3. Zwei und mehr Termini $t_1, \ldots, t_n$ $(n \geqq 2)$ sind der *Bedeutung nach vergleichbar* genau dann, wenn wenigstens ein solcher Terminus t existiert, daß

$$(t_1 \rightharpoonup t) \wedge (t_2 \rightharpoonup t) \wedge \ldots \wedge (t_n \rightharpoonup t);$$

d. h. mit anderen Worten, zwei verschiedene Termini sind der Bedeutung nach vergleichbar, wenn sie zum Bedeutungsbereich eines dritten Terminus gehören. Die Termini „irrationale Zahl" und „komplexe Zahl" sind beispielsweise bedeutungsmäßig vergleichbar, denn beide gehören zum Bedeutungsbereich des Terminus „Zahl".

Offenbar ist eine Menge ihrer Bedeutung nach vergleichbarer Termini partiell geordnet. Als Ordnungsrelation haben wir die Beziehung des Bedeutungseinschlusses, die folgende Eigenschaften besitzt:

1) $t \rightharpoonup t$

2) $(t_1 \rightharpoonup t_2) \wedge (t_2 \rightharpoonup t_1) \rightarrow (t_1 \rightleftharpoons t_2)$

3) $(t_1 \rightharpoonup t_2) \wedge (t_2 \rightharpoonup t_3) \rightarrow (t_1 \rightharpoonup t_3)$.

D 4. Referentiale Klasse oder *Referenzklasse* eines Terminus t nennen wir die Menge aller Termini, die der Bedeutung nach den Terminus t einschließen.

Die Referenzklasse des Terminus „Zahl" wird beispielsweise durch die Menge der Termini „einfache Zahl", „gerade Zahl", „imaginäre Zahl", „irrationale Zahl" usw. gebildet, die Referenzklasse des Terminus „Staat" durch die Termini „sozialistischer Staat", „Sklavenhalterstaat", „Römisches Imperium", „Großbritannien" u. a.

Es liegt nahe, die referentiale Klasse eines beliebigen Terminus als Menge zu betrachten, die durch die aktual existierenden Termini der entsprechenden Theorie begrenzt ist, obwohl man sie auch als potentiell unendlich ansehen kann.

Als zweite Charakteristik der referentialen Bedeutung von Termini führen wir den Begriff der referentialen Funktion oder Referenzfunktion ein. Diese Funktion stellt eine Zuordnung zwischen einem Terminus und seiner referentialen Klasse her:

D 5. $Ref\colon t \longrightarrow R(t)$, wo $R(t)$ die Referenzklasse des Terminus t ist.

Für die Menge Ω von referentialen Klassen der Termini $t \in T$ werden die üblichen mengentheoretischen Operationen definiert, d. h. die Vereinigung, der Durchschnitt und die symmetrische Differenz:

1) $t \in (A \cup B) \equiv_{\mathrm{Df}} (t \in A) \vee (t \in B)$

2) $t \in (A \cap B) \equiv_{\mathrm{Df}} (t \in A) \wedge (t \in B)$

3) $t \in (A \dot{-} B) \equiv_{\mathrm{Df}} (t \in A) \wedge (t \notin B) \vee (t \notin A) \wedge (t \in B)$,

wobei $A \in \Omega$ und $B \in \Omega$.

Wenn wir bestimmte mengentheoretische Relationen zwischen referentialen Klassen einiger bestimmter Termini herstellen, so können wir mit Hilfe der referentialen Funktion die Bedeutung der aus ihnen aufgebauten zusammengesetzten Termini charakterisieren. Die Bedeutung des Terminus „Morgenstern" kann man beispielsweise mit Hilfe der Referenzfunktion vom Durchschnitt der referentialen Klassen der vorkommenden Termini „Morgen" und „Stern" charakterisieren

$$Ref(t) = Ref(R(t_1) \cap R(t_2)),$$

wobei t der Terminus „Morgenstern" ist, $R(t_1)$ und $R(t_2)$ entsprechend die referentialen Klassen der Termini „Morgen" und „Stern" sind. Die Unterteilung von Termini in einfache und zusammengesetzte ist rein funktionaler Natur und betrifft faktisch die Methoden, mit denen man die Bedeutung eines Terminus feststellt. Wir akzeptieren folgende Annahmen, wie man die Bedeutung von Termini feststellt, die aus anderen Termini mit Hilfe besonderer sprachlicher Mittel (terminibildender Operatoren) aufgebaut wurden:

A 1. Um die Bedeutung eines zusammengesetzten Terminus festzustellen, ist es ausreichend, die Bedeutung aller in ihm vorkommenden einfachen Termini und die Eigenschaften aller in ihm vorkommenden terminibildenden Operatoren zu kennen.

A 2. Wenn man auf die in *A 1* angegebene Weise die Bedeutung eines gegebenen Terminus nicht feststellen kann, so wird er als strukturell einfach angesehen, und seine Bedeutung wird mit Hilfe außerlogischer Mittel festgestellt.

Um beispielsweise die Bedeutung des Terminus „Morgenstern" festzustellen, genügt es, die Bedeutung der Termini „Morgen" und „Stern" zu kennen. Die Bedeutung des Terminus „Aquamarin" können wir dagegen nicht feststellen, wenn wir nur von den Bedeutungen der in ihm vorkommenden Termini (aqua marina – lat. Meerwasser) und den entsprechenden Regeln der Wortbildung ausgehen. Deshalb betrachten wir den ersten Terminus als zusammengesetzt und den zweiten als strukturell einfach. Man kann die Bedeutung des Terminus „Morgenstern" aber auch mit bestimmten außerlogischen Mitteln feststellen. Wenn das der Fall ist, wird dieser Terminus faktisch als strukturell einfach betrachtet.[1])

[1]) Sinowjew hat völlig recht, wenn er schreibt, daß die Logik nicht kompetent ist zu entscheiden, welche Termini zusammengesetzt und welche einfach sind. Ob der Terminus „Elementarteilchen" einfach oder zusammengesetzt ist, ist eine außerlogische Frage (vgl. [4], S. 11).

§ 3. *Funktionale Bedeutung von Termini*

Möge $C(t)$ die Klasse aller möglichen Verwendungsweisen des Terminus t sein, die in einer bestimmten Theorie zugelassen sind. Die funktionale Bedeutung des Terminus t kann man als Funktion der Form

$$Sense\colon\ t \longrightarrow C(t)$$

definieren, die eine Zuordnung zwischen einem Terminus und der ihm entsprechenden Klasse von Verwendungsweisen herstellt. Haben wir es mit einer ausreichend entwickelten wissenschaftlichen Theorie zu tun (z. B. mit einer axiomatisierten Theorie), so definieren wir die Klasse $C(t)$ als Menge $\langle L, F, S\rangle$, die aus folgenden Teilmengen besteht:

1. der Menge L von Regeln der logischen Syntax (Axiome und Schlußregeln), die die Verwendungsregeln des Terminus t festlegen;
2. der Menge F der faktischen Behauptungen (Postulate) dieser Theorie, in denen t vorkommt;
3. der Menge S von semantischen Regeln, welche eine Zuordnung zwischen dem Terminus t und seinem außerlogischen Inhalt herstellen (Bedeutungspostulate). Es gilt also:

D 6. $Sense\,(t) = C(t)$, wobei $C(t) = \langle L, F, S\rangle$ eine Menge von entsprechenden Verwendungsregeln des Terminus t ist.

Obwohl die angeführten Mengen der Klasse $C(t)$ bestimmt werden können, sind sie natürlich innerhalb einer wissenschaftlichen Theorie nicht voneinander getrennt. So haben beispielsweise die semantischen Zuordnungsregeln unabhängig von den Regeln für die logische Syntax keinen Sinn. Genauso sind die faktischen Voraussetzungen einer Theorie nur im Zusammenhang mit den Deduktionsregeln sinnvoll.

Man kann aber die Klasse $C(t)$ auch anders definieren. Etwa im Sinne von S. A. Janowskaja und D. P. Gorski [7, 1] als Menge von Regeln für die Einführung und Beseitigung eines Terminus t, oder im Sinne von P. Bridgman [9] als Menge der entsprechenden Einführungs- und Beseitigungsoperationen.

§ 4. *Sinn (Bedeutung) von Termini*

T sei eine Terminimenge einer Theorie, Ω die Menge der referentialen Klassen der Termini $t \in T$ und Φ die Menge der in dieser Theorie zulässigen Verwendungsweisen der Termini von T. Für jeden Terminus $t \in T$ haben wir ein Paar $\langle C(t), R(t)\rangle$ definiert, welches aus der für diesen Terminus zulässigen Menge von Verwendungsweisen und seiner referentialen Klasse besteht.

D 7. Die Bijektion $Mean\colon\ T \longrightarrow \Phi \times \Omega$ derart, daß $Mean(t) = \langle C(t), R(t)\rangle$, nennen wir *Bedeutungsfunktion (Sinnfunktion)*. Die Bedeutung $Mean(t)$ von t

nennen wir *Bedeutung (Sinn)* des Terminus *t*.[2]) Die Bedeutung (der Sinn) eines Terminus, wie sie von uns hier definiert wurde, wird also nicht nur durch seine Verwendungsweise charakterisiert (worauf L. Wittgenstein bestand), sondern auch durch die Bezeichnungsfunktion. Anders ausgedrückt, um die Bedeutung eines Terminus zu verstehen, muß man nicht nur seine Verwendungsweisen kennen, sondern auch seine referentiale Bedeutung.

Eine erste Folgerung aus der Definition ist: Leere Termini haben immer referentiale Bedeutung (für jeden $t \in T$ gilt $R(t) \neq \varnothing$, Folgerung aus *D 2*), und sie besitzen unter der Bedingung, daß entsprechende Verwendungsregeln formuliert sind, auch eine funktionale Bedeutung. Das entspricht der tatsächlichen Verwendungsweise leerer Termini in der wissenschaftlichen Praxis: Leere Termini werden gewöhnlich als Abkürzungen für bestimmte Beschreibungen eingeführt. Folglich sind entsprechende Verwendungsregeln formuliert. Das Vorhandensein syntaktischer Verwendungsregeln ist eine hinreichende Bedingung für die Verwendung von leeren Termini. Eine zweite Folgerung aus der Definition ist die Behauptung, daß ein Terminus nur in einem einzigen Fall keine Bedeutung hat, und zwar dann, wenn er keine funktionale Bedeutung hat, d. h. wenn $C(t) = \varnothing$. Beide Komponenten der Bedeutung sind also in dem Sinne nicht gleichberechtigt, als das Vorhandensein von Verwendungsregeln eines Terminus eine notwendige und hinreichende Bedingung für das Funktionieren dieses Terminus in der Sprache ist. Die referentiale Bedeutung charakterisiert den Terminus noch zusätzlich. So ist Wittgensteins Forderung, daß nicht nach der Bedeutung, sondern nach der Verwendung gefragt werden soll, erfüllt.

Die angegebene Definition entspricht unserer Meinung nach aber nicht ganz der intuitiven Auffassung der Bedeutung. Wir zeigen das an folgendem Beispiel. Um die Bedeutung des Terminus „Zahl“ zu verstehen, genügt es nicht, diesen Terminus im realen Sprachgebrauch richtig zu verwenden (und seine referentiale Bedeutung zu kennen), sondern man muß auch verschiedene andere Termini aus dem Bedeutungsbereich dieses Terminus richtig verwenden können („imaginäre Zahl“, „Zahl, die durch Zwei teilbar ist“ usw.). Natürlich kann man diese Forderung als nicht notwendig ablehnen; tatsächlich verwenden die meisten Menschen den Terminus „Zahl“ richtig, nicht aber den Terminus „imaginäre Zahl“. Verstehen diese Leute die Bedeutung des Terminus „Zahl“ nicht? Ja und nein. Einerseits zeugt die richtige Verwendung dieses Terminus in verschiedenen Sprachsituationen davon, daß er in gewissem Sinne verstanden wird, und dieses Verständnis ist offensichtlich in den meisten Fällen völlig ausreichend. Andererseits erfordert das Verständnis des Terminus „Zahl“, beispielsweise von einem Mathematiker, die Beherrschung

[2]) Jetzt verwenden wir „Bedeutung“ als Terminus, der die Bezeichnungsfunktion in Verbindung mit der Sinngebung ausdrückt, d. h. als „Bedeutung“ im weiteren Sinne des Wortes.

der ganzen referentialen Klasse dieses Terminus, d. h. ein tieferes Verständnis der Dinge (eigentlich geht es hier um die Beherrschungsstufe des Begriffs „Zahl").

Die folgende Definition der *vollständigen Bedeutung* genügt der obigen Forderung.

D 8. Vollständige oder *begriffliche Bedeutung* eines Terminus t nennen wir folgende Funktion: $Compl.\ Mean(t) = \langle Ref(t),\ Sense(Ref(t))\rangle$, wobei $Sense(Ref(t))$ die Komposition der referentialen Funktion und der Bedeutungsfunktion des Terminus t ist.

Wenn $R'(t) \subset R(t)$ eine solche (nicht unbedingt echte) Teilmenge der referentialen Klasse des Terminus t ist, daß für jedes $t_i \in R'(t)$ $(1 \leqq i \leqq n$, wobei n die Zahl der Elemente der Klasse $R(t)$ ist), die Verwendungsregeln formuliert und dem Wissenschaftler bekannt sind, so kann der Vergleich der Umfänge der Klassen $R'(t)$ und $R(t)$ die Stufe ihrer Begriffsbeherrschung charakterisieren. Daraus wird ersichtlich, wie wichtig es ist, wie die referentiale Klasse $R(t)$ definiert wird, d. h. ob die Klasse $R(t)$ als endliche oder unendliche, als konstruktive oder nichtkonstruktive definiert wird (die Klasse $R'(t)$ kann durch einfache Aufzählung angegeben werden).

Genauso kann man, von *D 7* ausgehend, für einige Theorien (z. B. für axiomatisierte Theorien) den Wert der Funktion $Mean\ (\mathrm{t}) = \langle \mathrm{t}, \mathrm{C_0(t)}\rangle$ $(\mathrm{C_0(t)} \subseteqq C(t)$ sind die Axiome für t, und $R(t)$ wird gleich t gesetzt) als mögliche Approximation des Begriffs *wesentlicher Sinn* ansehen.

§ 5. Kontextuale Bedeutung und Synonymität

Gegeben sei ein fixierter Text τ, der sich auf ein bestimmtes Wissensgebiet bezieht, d. h. τ sei ein endlicher Komplex von Sätzen, die inhaltlich miteinander verbunden sind. Für einen bestimmten Satz p_i, der den Terminus t enthält, definieren wir die Menge $N = \{\ldots, p_{i-2}, p_{i-1}, p_i, p_{i+1}, p_{i+2}, \ldots\}$ als frei werdende, linear geordnete Folge von Sätzen, die p_i vorangehen und auf p_i folgen.

D 9. Wir nennen eine Familie von solchen frei werdenden Folgen $I(N)$, daß $p_i \in \bigcap_{i=1}^{n} N_i\ (n \geqq 1)$, einen *Kontext* $con(t)$ des Terminus t hinsichtlich eines fixierten Satzes p_i aus dem Text τ.

Anmerkung 1. In diesem Fall ist es völlig gleichgültig, wie die Glieder der Folge N festgelegt werden, mit Hilfe eines Gesetzes oder durch freie Auswahl. Der Gesetzesbegriff ist nur insofern wesentlich, als er die Möglichkeit unbegrenzter Fortführung der Folge garantiert. Das wird aber hier nicht gefordert, da wir es mit einer fixierten Menge τ zu tun haben [12].

Der Gedanke, den Kontext mit Hilfe des Begriffs einer frei werdenden Folge zu definieren, gestattet es, *D 9* so zu formulieren, daß der Kontext niemals fertig gegeben ist (seine Grenzen können nur vom betreffenden Wissenschaftler bestimmt werden). Diese Grenzen sind recht willkürlich, d. h. sie hängen von den Zielen und Aufgaben ab, die sich der Wissenschaftler stellt, und nur er kann im konkreten Fall feststellen, ob ein gegebener Kontext „ausreichend" ist.

Anmerkung 2. Aus *D 9* folgt, daß der Kontext im Grenzfall aus einem Satz p_i bestehen oder den ganzen Text τ einschließen kann.

Die folgende Definition führt den Begriff der kontextualen Bedeutung ein:

D 10. Wir nennen die Funktion *Con. Mean*: $Con(t)$, $Mean(t) \longrightarrow \langle R'(t), C_i(t) \rangle$, wobei $R'(t) \subseteqq R(t)$ und $C_i(t)$ eine bestimmte fixierte Verwendungsweise des Terminus t ist, *Kontextfunktion*. Den Wert *Con. Mean*(t) von t nennen wir *kontextuale Bedeutung* des Terminus t bezüglich eines fixierten Satzes p_i aus dem Text τ.

Die Kontextfunktion begrenzt also die referentiale Klasse eines Terminus und fixiert für ihn eine bestimmte Verwendungsweise. Dazu folgendes Beispiel: Wir betrachten die Bedeutung des Terminus „Zahl" bezüglich des Satzes „Für beliebige zwei Zahlen findet sich eine dritte Zahl, die die Summe zweier vorangegangener Zahlen ist". Die referentiale Klasse des Terminus „Zahl" ist recht groß. Sie umfaßt Termini wie: „natürliche Zahl", „gerade Zahl", „Bruchzahl", „reelle Zahl" usw. Betrachten wir jetzt die Bedeutung des gleichen Terminus in folgendem Kontext: „Für die Menge der natürlichen Zahlen werden die arithmetischen Operationen angegeben. Dann findet sich für beliebige zwei Zahlen eine dritte Zahl, die die Summe zweier vorangegangener Zahlen ist". In diesem Kontext ist die referentiale Klasse des Terminus „Zahl" bezüglich des angeführten Satzes wesentlich enger, da sie sich auf die referentiale Klasse des Terminus „natürliche Zahl" reduziert. Die Verwendungsweise des Terminus ist in beiden Fällen fixiert. Dazu muß folgendes bemerkt werden: Da ein minimaler Kontext aus einem Satz besteht, ist die Verwendungsweise eines Terminus immer im Satz fixiert. Die Bestimmtheit der Verwendungsweise eines Terminus hängt davon ab, wie die Klasse $C(t)$ gegeben wird und kann durch Aufzeigen ihrer syntaktischen Rolle im Satz oder ihrer logischen Funktion (ob sie z. B. die Bezeichnungsfunktion oder die Begriffsfunktion erfüllt) usw. charakterisiert werden. Die Verwendungsweise eines Terminus kann beispielsweise auch mit Hilfe der von Ajdukiewicz entwickelten Theorie der semantischen Kategorien präzisiert werden [8].

Der Begriff der kontextualen Bedeutung hilft uns, die Bedeutung eines Terminus als Klasse seiner verschiedenen *möglichen* Verwendungsweisen von der Bedeutung eines Terminus im Satz als bestimmte *Aktualisierung* dieser möglichen Bedeutung zu unterscheiden. Die mögliche Bedeutung wird ergänzt und erreicht vollständige Konkretheit nur als Bestandteil eines *bestimmten Kontextes*. Außerhalb eines Kontextes besitzt ein Terminus eigentlich nur potentielle Bedeutung. Russells und Quines Behauptung, daß ein Terminus nur als Bestandteil eines Satzes Bedeutung habe (diese Bedeutung muß noch durch Analyse des entsprechenden Kontextes präzisiert werden), besitzt also auch für unsere Theorie Gültigkeit.

Den Begriff der kontextualen Bedeutung benötigen wir auch, um den Synonymitätsbegriff zu definieren.

Mögen t_1 und t_2 zwei verschiedene Termini sein, die in einem fixierten Text τ verwendet werden, und mögen $Con.Mean(t_1)$ und $Con.Mean(t_2)$ für jedes p_i bzw. p_j definiert sein, in denen die Termini t_1 und t_2 enthalten sind. Wir definieren $Con(t_1, t_2)$ als Durchschnitt der Kontextfamilien für die Termini t_1 und t_2:

$Con(t_1, t_2) = \bigcap I(Con(t_1)), I(Con(t_2))$.

Es ist offensichtlich, daß man $I(Con(t_1))$ und $I(Con(t_2))$ immer so definieren kann, daß $Con(t_1, t_2) \neq \emptyset$.

Möge jetzt $R^*(t_1) = \bigcup_{i=1}^{n} R'_i(t)$ sein, wobei n die Zahl der den Terminus t_1 enthaltenden Sätze ist, und $R^*(t_2) = \bigcup_{j=1}^{l} R'_j(t_2)$, wobei l die Zahl der den Terminus t_1 enthaltenden Sätze ist. $R^*(t_1)$ und $R^*(t_2)$ nennen wir *referentiale Klassen der Termini t_1 bzw. t_2 bezüglich eines fixierten Kontextes $Con(t_1, t_2)$ aus dem Text τ*. Genauso definieren wir $C^*(t_1) = \bigcup_{i=1}^{n} C_i(t_1)$ und $C^*(t_2) = \bigcup_{j=1}^{n} C_j(t_2)$ als Klassen, die bezüglich des Kontextes $Con(t_1, t_2)$ der Verwendungsweisen von t_1 und t_2 fixiert sind.

D 11. Zwei Termini t_1 und t_2 sind *synonym* (gegenseitig ersetzbar) bezüglich eines fixierten Kontextes $Con(t_1, t_2)$ aus dem Text τ ($Con(t_1, t_2) \neq \emptyset$) genau dann wenn:

1⁰. $R^*(t_1) \dot{-} R^*(t_2) = \emptyset$

2⁰. $[\bigcup C^*(t_1), C^*(t_2)] \subset [\bigcap C(t_1), C(t_2)]$.

Mit anderen Worten, zwei Termini sind synonym bezüglich eines fixierten Kontextes genau dann, wenn ihre referentialen Klassen bezüglich des gegebenen Kontextes zusammenfallen und die Menge der fixierten Verwendungsweisen jedes Terminus Teilmenge der Menge der zulässigen Verwendungsweisen des anderen Terminus ist. Aus *D 11* folgt: Wenn t_1 und t_2 synonym bezüglich eines gegebenen Kontextes $Con(t_1, t_2)$ sind, so sind sie im gegebenen Kontext *überall* gegenseitig ersetzbar.

§ 6. Intensionale Kontexte

D 11 gestattet uns, den Begriff des intensionalen Kontextes zu präzisieren und Bedingungen für die gegenseitige Ersetzbarkeit in solchen Kontexten zu formulieren.

D 12. Ein fixierter Kontext eines Textes τ ist *intensional bezüglich der Termini* t_1 und t_2 (*Int. Con* (t_1, t_2)) genau dann, wenn:

1. $R^*(t_1) \dot{-} R^*(t_2) = \emptyset$
2. $[\bigcup C^*(t_1), C^*(t_2)] \not\subset [\bigcap C(t_1), C(t_2)]$,

d. h. wenn die referentialen Klassen der Termini zusammenfallen, wenn es aber wenigstens eine solche für den gegebenen Kontext fixierte Verwendungsweise eines der Termini t_1, t_2 gibt, die nicht zu den zulässigen Verwendungsweisen des anderen Terminus gehört.

Bedingung für die gegenseitige Ersetzbarkeit in intensionalen Kontexten: Die Termini t_1 und t_2 sind in einem fixierten intensionalen Kontext *Int. Con* (t_1, t_2) gegenseitig ersetzbar genau dann, wenn $R^*(t_1) \dot{-} R^*(t_2) = \emptyset$, und

$$[\bigcup C^*(t_1), C^*(t_2)] \cap [\bigcap C(t_1), C(t_2)] \neq \emptyset ,$$

wobei t_1 und t_2 nur in diesem Durchschnitt gegenseitig ersetzbar sind.

Diese Ersetzbarkeitsbedingung besagt folgendes: Wenn ein fixierter Kontext bezüglich der Termini t_1 und t_2 intensional ist, und wenn man innerhalb dieses Kontextes einen engeren Kontext auswählen kann, der bezüglich t_1 und t_2 nicht intensional ist, so sind t_1 und t_2 in diesem engeren Kontext überall gegenseitig ersetzbar.

Zum Schluß betrachten wir noch zwei Beispiele, welche die Regeln für die gegenseitige Ersetzbarkeit von Termini in intensionalen Kontexten betreffen und mit der Antinomie der Namensbeziehung zusammenhängen. Das erste Beispiel von B. Russell [15] charakterisiert die Verwendung von Termini in sogenannten Meinungssätzen: Georg IV. wollte wissen, ob Walter Scott der Autor des Romans „Waverley“ ist. Da die Namen „Walter Scott“ und „Autor des Romans ‚Waverley‘“ das gleiche Denotat besitzen (ein und dieselbe Person bezeichnen), kann nach dem Prinzip der gegenseitigen Ersetzbarkeit [11] jeder dieser Namen durch den anderen ersetzt werden, ohne daß sich die Wahrheit eines Satzes durch diese Ersetzung ändert. Nehmen wir aber diese Ersetzung vor, so erhalten wir aus dem wahren Satz „Georg IV. wollte wissen, ob Walter Scott der Autor des Romans ‚Waverley‘ ist“ den falschen Satz „Georg IV. wollte wissen, ob Walter Scott Walter Scott ist“. Wir könnten uns nun mit der Bemerkung begnügen, daß es verwunderlich wäre, wenn der Versuch, die reale lebendige Sprache in den Rahmen des Prinzips der Namensbeziehung zu zwängen, nicht zu solchen paradoxen Situationen führen würde. Diese Antinomie interessiert uns jedoch deshalb, weil wir den Mechanismus ihrer Entstehung in unserer Theorie analysieren wollen. Außerdem lehrt sie uns, daß ein Ignorieren der Rolle des Subjektes in derartigen Fällen zu einer völlig falschen Analyse einer Sprachsituation führen kann. Als Georg IV. fragte, ob Walter Scott der Autor des Romans ‚Waverley‘ ist (Walter Scott und der Autor des Romans ‚Waverley‘ sind ein und dieselbe Person), wußte er es nicht. Die Sprachsituation Georgs IV. ist von unserer Sprachsituation, da wir wissen, daß beide Namen ein und dieselbe

Person bezeichnen, völlig verschieden. Eine beliebige gegenseitige Ersetzung der Termini „Walter Scott“ und „Autor des Romans ‚Waverley‘“ ist deshalb nicht statthaft, da hierdurch eine Verwechselung völlig verschiedener Sprachsituationen entsteht.

Nehmen wir aber an, Georg IV. wußte, daß der Autor der Romane ‚Waverley‘ und ‚Ivanhoe‘ ein und dieselbe Person ist, er jedoch nicht wußte, daß Walter Scott diese Person ist. Ersetzen wir nun in dem Satz „Georg IV. wollte wissen, ob Walter Scott der Autor des Romans ‚Waverley‘ ist“ den Terminus „Autor des Romans ‚Waverley‘“ durch den Terminus „Autor des Romans ‚Ivanhoe‘“, so erhalten wir die Aussage „Georg IV. wollte wissen, ob Walter Scott der Autor des Romans ‚Ivanhoe‘ ist.“ Dieser Satz ist in der bestehenden Sprachsituation nicht nur wahr, sondern er hat sogar den gleichen Sinn wie der Ausgangssatz. Tatsächlich kann das, was Georg IV. wirklich wissen wollte, durch jeden dieser Sätze ausgedrückt werden.

Das folgende Beispiel von W. v. Quine [13] bezieht sich auf modale Kontexte. Wird in dem wahren Satz „Es ist notwendig, daß 9 größer ist als 7“ der Terminus „9“ durch den Terminus „Zahl der Planeten unseres Sonnensystems“ ersetzt (bekanntlich ist die Zahl der Planeten unseres Sonnensystems gleich 9), so erhält man den falschen Satz „Es ist notwendig, daß die Zahl der Planeten unseres Sonnensystems größer als 7 ist“. Zu diesem Beispiel muß bemerkt werden, daß es hier nicht evident ist, ob überhaupt eine paradoxe Situation vorliegt. Die scheinbare Widersprüchlichkeit dieses Beispiels hängt vor allem mit der Unbestimmtheit und Mehrdeutigkeit des modalen Terminus „notwendig“ zusammen. Es ist nicht klar, in welchem Sinn er hier eigentlich verwendet wird. Sinowjew bemerkt hierzu völlig richtig, daß man in den meisten Fällen, in denen modale Zeichen verwendet werden, im Prinzip auch ohne sie auskommen könnte ([16], S. 251). Man kann annehmen, daß „notwendig“ hier logische Notwendigkeit bedeutet. Dann heißt „Es ist notwendig, daß 9 größer als 7 ist“ nichts anderes als „Es ist beweisbar, daß 9 größer als 7 ist“. Wird nun der Terminus „beweisbar“ in einem größeren Kontext betrachtet (d. h. im gemeinsamen Kontext verschiedener Wissenschaften), so ist die Aussage „Es ist beweisbar, daß die Zahl der Planeten unseres Sonnensystems größer als 7 ist“ wahr und es kommt folglich kein Paradoxon zustande. Wird der Terminus „beweisbar“ jedoch in einem engeren Kontext verwendet (als Beweisbarkeit in der Arithmetik), so entsteht auf Grund der unberechtigten Ersetzung des Terminus „9“ durch den Terminus „Zahl der Planeten unseres Sonnensystems“ ein Paradoxon. Die Verwendungsweise des Terminus „9“ wird durch die formalen Regeln der Arithmetik bestimmt, während die Verwendungsweisen des Terminus „Zahl der Planeten unseres Sonnensystems“ im Kontext der formalen Arithmetik überhaupt nicht formuliert sind.

Zum Vergleich zeigen wir, wie Paradoxien dieser Art in der Semantik von Sinowjew gelöst werden. In [5] wird die Aussage „Georg IV. wollte wissen, ob

Walter Scott der Autor des Romans ‚Waverley' ist" als Aussage der Form $P(n, tx)$ betrachtet, wobei n der Name einer Person (eines Sprechers) ist, die es mit Aussagen zu tun hat, und tx der Terminus ist, der aus der Aussage X gebildet wurde. Die analysierte Aussage hat folgenden logischen Aufbau: Subjekte sind „Georg IV." und „die Aussage, Walter Scott ist der Autor des Romans ‚Waverley'", Prädikat ist „... wollte wissen, ob ... wahr ist". X kommt in tx aber nicht als Aussage vor und ist hier wie folgt aufgebaut: $ta \rightleftharpoons tb$, wobei a und b in ta bzw. tb nicht als Termini, sondern als Gegenstände (aufs Papier gedruckte, bestimmte Form habende usw.) vorkommen. So folgt aus $P(n, ta \rightleftharpoons tb)$ nicht $P(n, ta \rightleftharpoons ta)$, da solch eine Ersetzung für a und b nur dann zulässig ist, wenn sie in einem Satz als Termini vorkommen und nicht bloß als Gegenstände.

Folgende Lösung des Paradoxons von Quine wurde von Sinowjew in [6] gegeben: Der Ausdruck „Zahl der Planeten unseres Sonnensystems" läßt sich als „Klasse der Planeten unseres Sonnensystems" (α) explizieren. Dann ist der Ausdruck „α ist gleich 9" jedoch sinnlos, da α keine Zahl ist. Der obenstehende Ausdruck läßt sich auch als „Zahl, die gleich der Mächtigkeit der Planetenklasse unseres Sonnensystems ist" (β) explizieren. Dann ist aber der Ausdruck „Es ist notwendig, daß β größer als 7 ist" kein Paradoxon. Ausdrücke der Form „Die Klasse A hat die Mächtigkeit X" und „Die Mächtigkeit der Klasse A ist X" werden durch Definitionen der Form $W \equiv_{\mathrm{Df}} V$, in denen W und V Aussagen sind, als Ganzes expliziert. Nach diesen Definitionen kann man nur ganze Aussagen ersetzen, nicht aber Teile von Aussagen.

Übersetzt von K. Wuttich

Quellennachweise

1. Горский, Д. П., Проблема значения (смысла) знаковых выражений как проблема их понимания, in: Логическая семантика и модальная логика, Москва 1967.
2. Зиновьев, А. А., Основы логической теории научных знаний, Москва 1967.
3. Зиновьев, А. А., Логика науки, Москва 1971.
4. Зиновьев, А. А., Логическая физика, Москва 1972.
5. Зиновьев, А. А., Об одном классе предложений с точки зрения логики (Manuskript).
6. Зиновьев, А. А., Числа, величина, количество (Manuskript).
7. Яновская, С. А., Проблема введения и исключения абстракций более высоких (чем первый) порядков, in: С. А. Яновская, Методологические проблемы науки, Москва 1972.
8. Ajdukiewicz, K., Die syntaktische Konnexität, Studia Philosophica, vol. 1 (Lwow 1935).
9. Bridgman, P. W., The Logic of Modern Physics, New York 1927.
10. Bunge, M., Meaning in Science, in: Proceedings of the XVth World Congress of Philosophy, Sofia 1973.

11. Carnap, R., Meaning and Necessity. A Study in Semantics and Modal Logic, Chicago 1956.
12. Heyting, A., Intuitionism. An introduction, Amsterdam 1956.
13. Quine, W. v. O., Notes on existence and necessity, in: Journal of Philosophy, vol. 40, 1943.
14. Reichenbach, H., Elements of symbolic Logic, New York 1952.
15. Russell, B., On denoting, in: Mind, vol. 14, 1905.
16. Sinowjew, A. A., Komplexe Logik. Grundlagen einer logischen Theorie des Wissens, Berlin 1970.

Horst Wessel

Modalitäten in empirischen Wissenschaften

§ 1. Modalitäten

Unter *Modalitäten im engeren Sinne* (oder *alethischen Modalitäten*) versteht man die Worte „möglich", „notwendig", „unmöglich", „zufällig", „nicht zufällig", „wirklich" und von ihnen abgeleitete Worte. Dabei unterscheidet man zwischen *logischen* und *faktischen* (*ontologischen, empirischen, physischen, mellontischen, kausalen* usw.) *alethischen Modalitäten*. Als *Modalitäten im weiteren Sinne* sieht man außer den bereits angeführten noch die Worte „beweisbar", „widerlegbar", „unentscheidbar", „entscheidbar", „verifizierbar", „falsifizierbar", „überprüfbar", „unüberprüfbar" (*epistemische Modalitäten*) sowie die Worte „geboten" („obligatorisch"), „verboten", „erlaubt" (*deontische Modalitäten*) an. Manchmal nennt man auch etwas willkürlich Wertungsprädikate wie „gut", „schlecht", „besser", „gleichwertig", „schlechter" *axiologische Modalitäten* und Zeittermini wie „immer", „manchmal", „niemals", „früher", „später", „gleichzeitig" *zeitliche Modalitäten* [1, 8].

Wir betrachten hier die alethischen, epistemischen, logischen und deontischen Modalitäten. Bei den sogenannten axiologischen und zeitlichen Modalitäten handelt es sich unseres Erachtens nicht um Modalitäten, da die betreffenden Termini auf ganz andere Art in den Sprachgebrauch eingeführt werden als die übrigen Modalitäten [26, 27].

Die verschiedenen in der modernen Logik untersuchten Modalitäten lassen sich übersichtlich durch folgende Tabelle darstellen:

alethische Modalitäten		*deontische Modalitäten*
faktische alethische Modalitäten	logische alethische Modalitäten	
faktisch notwendig	logisch notwendig	geboten (obligatorisch)
faktisch zufällig	logisch zufällig	freigestellt (normativ indifferent)
faktisch unmöglich	logisch unmöglich	verboten
faktisch möglich	logisch möglich	erlaubt

epistemische Modalitäten

epistemische Wissensmodalitäten			epistemische Überzeugungsmodalitäten
theoretische epistemische Modalitäten	logische epistemische Modalitäten	empirische epistemische Modalitäten	
beweisbar	logisch beweisbar	verifizierbar	akzeptiert (geglaubt)
unentscheidbar	logisch unentscheidbar	unüberprüfbar	bezweifelt
widerlegbar	logisch widerlegbar	falsifizierbar	verworfen
verträglich	logisch verträglich		zulässig

Wir geben auch noch einen schematischen Überblick über die sogenannten axiologischen und zeitlichen Modalitäten, obwohl es sich bei ihnen unseres Erachtens um keine Modalitäten handelt:

axiologische Modalitäten		*zeitliche Modalitäten*	
absolute	relative	absolute	relative
gut	besser	immer	früher
axiologisch indifferent	gleichwertig	nur manchmal	gleichzeitig
schlecht	schlechter	niemals	später
		(manchmal)	

Zuweilen spricht man auch noch von sogenannten existentiellen Modalitäten [28].

existentielle Modalitäten
universal
existiert
leer.

Unseres Erachtens handelt es sich auch bei diesen Termini um keine Modalitäten.

Modale Termini werden in den empirischen Wissenschaften und in der Philosophie häufig verwendet. Aussagen, die modale Termini enthalten, nennen wir *modale Aussagen*. Wir führen einige Beispiele von modalen Aussagen an: „Es ist möglich, daß ich dich morgen besuche"; „Alle Mutationen sind zufällig"; „Die Oktoberrevolution vollzog sich mit historischer Notwendigkeit"; „Dieser Verkehrsunfall war nicht notwendig"; „Die gleichzeitige Existenz eines Sachverhaltes und des ihm entgegengesetzten Sachverhaltes ist unmöglich"; „Eine gerade Zahl ist notwendigerweise durch 2 teilbar".

Viele faktisch verwendeten modalen Aussagen lassen sich durch bedeutungsgleiche Aussagen ohne Modalitäten ersetzen. Insbesondere gilt dies für mathematische Aussagen, in denen alethische Modalitäten vorkommen. Unser letzter Beispielsatz etwa besagt nur, daß jede gerade Zahl durch 2 teilbar ist. Da die alethischen Modalitäten in der Mathematik überflüssig sind, wurde die Untersuchung ihrer logischen Eigenschaften bei der Herausbildung der modernen mathematischen Logik zunächst vernachlässigt. Typisch in dieser Hinsicht ist etwa die Auffassung G. Freges, der in seiner „Begriffsschrift" schreibt: „Das apodiktische Urteil unterscheidet sich vom assertorischen dadurch, daß das Bestehen allgemeiner Urteile angedeutet wird, aus denen der Satz geschlossen werden kann, während bei den assertorischen eine solche Andeutung fehlt. Wenn ich einen Satz als notwendig bezeichne, so gebe ich dadurch einen Wink über meine Urteilsgründe. *Da aber hierdurch der begriffliche Inhalt des Urteils nicht berührt wird, so hat die Form des apodiktischen Urteils für uns keine Bedeutung.*

Wenn ein Satz als möglich hingestellt wird, so enthält sich der Sprechende entweder des Urteils, indem er andeutet, daß ihm keine Gesetze bekannt seien, aus denen die Verneinung folgen würde; oder er sagt, daß die Verneinung des Satzes in ihrer Allgemeinheit falsch ist. Im letzteren Falle haben wir ein partikulär bejahendes Urteil nach der gewöhnlichen Bezeichnung. ‚Es ist möglich, daß die Erde einmal mit einem anderen Weltkörper zusammenstößt' ist ein Beispiel für den ersten und ‚eine Erklärung kann den Tod zur Folge haben' ist eine für den zweiten Fall" [6, S. 54/55].

§ 2. Zur Situation in der Modallogik

C. I. Lewis [12] versuchte, mit Hilfe von modalen Logiken das Problem der logischen Folgebeziehung befriedigend zu lösen. Wenn ihm dies auch nicht gelungen ist [3], so weckten seine Arbeiten doch das Interesse vieler Logiker an den Modalitäten. Heute gibt es eine Vielfalt von konkurrierenden Systemen der modalen Logik (ein Überblick wird in [24] gegeben, vgl. auch [5]). Von Einigkeit kann überhaupt keine Rede sein. Meist werden die Eigenschaften und Wechselbeziehungen der Modalitäten axiomatisch beschrieben, ohne daß gesagt würde, was die Modalitäten eigentlich bedeuten sollen. Wir wissen dann etwa: Wenn etwas notwendig ist, so ist es auch möglich und nicht zufällig. Was die Worte „notwendig“, „möglich“ und „zufällig“ aber bedeuten, das wissen wir nicht. Es wurden auch Semantiken für einige modallogische Systeme ausgearbeitet und sogar die Vollständigkeit gewisser Modalkalküle bezüglich dieser Interpretationen bewiesen [10, 20], doch zu einer Klärung dessen, was die Modalitäten eigentlich bedeuten, trug dies auch nicht bei. Dem Wesen nach handelt es sich bei diesen semantischen Interpretationen und den Vollständigkeitsbeweisen um nichts anderes als um eine Übersetzung der zunächst rein syntaktisch gegebenen Modalkalküle in die Sprache der Mengenlehre und um den schließlichen Nachweis der Korrektheit dieser Übersetzung.

Für den Einzelwissenschaftler bietet sich in der gegenwärtigen Modallogik folgendes Bild. In seiner Wissenschaft verwendet er modale Termini, vor allem faktische Modalitäten. In den meisten Modallogiken werden hingegen die logischen Eigenschaften faktischer Modalitäten überhaupt nicht betrachtet, man begnügt sich mit den logischen Modalitäten. Doch auch in bezug auf die logischen Modalitäten wird dem Einzelwissenschaftler keine Hilfe geleistet, da er über keine Kriterien verfügt, nach denen er aus der Vielfalt der modallogischen Systeme eines für seine Ziele passendes auswählen könnte. Der Hauptmangel aller dieser Systeme besteht darin, daß keine explizite Definition der modalen Termini gegeben wird. Bevor wir uns den wenigen Deutungsversuchen faktischer Modalitäten in der logischen Literatur zuwenden, geben wir zur Illustration der allgemeinen Situation in der Modallogik eine kritische Darstellung der Modallogik von J. Łukasiewicz.

§ 3. Die Modallogik von J. Łukasiewicz

Łukasiewicz ist bekanntlich der Begründer der mehrwertigen Logik. Und zu dieser Entdeckung führte ihn im Jahre 1917 eine Untersuchung der Modalitäten.[1]) Er faßte die modalen Termini „notwendig“ (N), „möglich“ (M) usw. als einstellige Operatoren (Wahrheitsfunktionen) auf, die aus Aussagen als ihren Argumenten wieder Aussagen bilden. Weiter bewies er, daß die modalen Operatoren keine Operatoren der zweiwertigen Logik sein können. In jeder modalen Logik muß mindestens die Formel $p \supset Mp$ akzeptiert werden,

[1]) Bei A. A. Sinowjew „Über mehrwertige Logik. Ein Abriß“, Berlin, Braunschweig, Basel 1968, S. 26 wird als Geburtsstunde der mehrwertigen Logik das Jahr 1920 angesehen. Das ist nicht ganz korrekt. Die erste Publikation von J. Łukasiewicz zur dreiwertigen Logik stammt zwar aus dem Jahre 1920 („O logice trójwartościowej“ in „Ruch Filozoficzny“ 5 (1920), pp. 170–171), doch bereits in seiner Abschiedsvorlesung an der Warschauer Universität am 7. März 1918 sagt er, daß er im vorigen Sommer (1917) ein System der dreiwertigen Logik konstruiert habe. (Farewell lecture delivered in the Warsaw University Lecture Hall on March 7, 1918, in: L. Łukasiewicz, Selected Works, Amsterdam, London, Warszawa 1970, S. 84ff.)

während die Formeln $Mp \supset p$ und Mp als logisch nicht gültig verworfen werden müssen. In der klassischen zweiwertigen Logik mit den Wahrheitswerten 1 und 0 gibt es aber nur die folgenden vier einstelligen Funktionen:

A	VA	SA	$\sim A$	FA
1	1	1	0	0
0	1	0	1	0

M kann nicht als V interpretiert werden, da Mp verworfen wird, während Vp eine Tautologie ist. M kann auch nicht als S gedeutet werden, da $Mp \supset p$ verworfen wird, während $Sp \supset p$ eine Tautologie ist. M kann schließlich auch nicht als $\sim$ oder F interpretiert werden, da $p \supset Mp$ in der Modallogik akzeptiert wird, während $p \supset \sim p$ und $p \supset Fp$ keine Tautologien sind.

Aus dieser Situation sah Łukasiewicz einen Ausweg in der Konstruktion einer dreiwertigen Logik [15]. Diese dreiwertige Modallogik von Łukasiewicz ist heute in erster Linie historisch interessant, da sie das erste mehrwertige Logiksystem überhaupt darstellt und eine ganz neue Richtung der logischen Forschung ins Leben rief. Als Modallogik hielt Łukasiewicz dieses dreiwertige Logiksystem später selbst für mißglückt. Setzt man die von Łukasiewicz gewählten Operatoren der dreiwertigen Logik anstelle der üblichen zweiwertigen Operatoren (die natürlich von den ersteren verschieden sind), so gelten nämlich gewisse Theoreme der klassischen Logik nicht mehr. Um die klassische Logik gültig zu erhalten, entwickelte Łukasiewicz später seine vierwertige Modallogik [16, 17] und gab für sie einen wahrheitsfunktionalen und einen axiomatischen Aufbau an. Wir stellen diese vierwertige Logik in ihren beiden Darstellungsarten kritisch dar, da wir sie keineswegs als ein Beispiel für eine gelungene und akzeptable Modallogik betrachten.

Łukasiewicz benutzt beim wahrheitsfunktionalen Aufbau der vierwertigen Modallogik die Methode der „Multiplikation" von Wahrheitstabellen („Matrizenmultiplikation"). Wir erklären kurz, wie man nach dieser Methode mehrwertige Wahrheitstabellen erhält. Man geht von den üblichen Wahrheitstabellen der zweiwertigen Logik aus. 1 und 0 mögen entsprechend die Wahrheitswerte „wahr" und „falsch" der zweiwertigen Logik sein. Für die Subjunktion und die Negation haben wir folgende Wahrheitstabellen:

$A \supset B$	1	0
1	1	0
0	1	1

Tabelle 1

A	$\sim A$
1	0
0	1

Tabelle 2

(In der senkrechten vorderen Spalte steht der Wahrheitswert von A, in der oberen waagerechten Zeile der Wahrheitswert von B, und in dem Quadrat steht der entsprechende Wahrheitswert von $A \supset B$.)

Durch „Multiplikation" der Tabellen 1 und 2 mit sich selber erhalten wir die entsprechenden 4-wertigen Tabellen. Dazu bilden wir zunächst alle möglichen geordneten Paare der Wahrheitswerte 1 und 0: (1, 1), (1, 0), (0, 1), (0, 0). Diese geordneten Paare bilden die Elemente der neuen Wahrheitstabellen. Die Wahrheitswerte für die Subjunktion und Negation werden nach folgenden Gleichungen ermittelt ((a, b) und (c, d) sind geordnete Paare von Wahrheitswerten): $(a, b) \supset (c, d) = ((a \supset c), (b \supset d))$,

$$\sim(a, b) = (\sim a, \sim b)\,.$$

Nach diesen Gleichungen erhalten wir die Tabellen:

$(A \supset B)$	(1, 1)	(1, 0)	(0, 1)	(0, 0)
(1, 1)	(1, 1)	(1, 0)	(0, 1)	(0, 0)
(1, 0)	(1, 1)	(1, 1)	(0, 1)	(0, 1)
(0, 1)	(1, 1)	(1, 0)	(1, 1)	(1, 0)
(0, 0)	(1, 1)	(1, 1)	(1, 1)	(1, 1)

Tabelle 3

A	$\sim A$
(1, 1)	(0, 0)
(1, 0)	(0, 1)
(0, 1)	(1, 0)
(0, 0)	(1, 1)

Tabelle 4

Wenn wir die geordneten Paare jetzt als neue Wahrheitswerte auffassen und folgende Abkürzungen wählen: (1, 1) = 1, (1, 0) = 2, (0, 1) = 3, (0, 0) = 0, so erhalten wir die Tabellen:

$A \supset B$	1	2	3	0
1	1	2	3	0
2	1	1	3	3
3	1	2	1	2
0	1	1	1	1

Tabelle 5

A	$\sim A$
1	0
2	3
3	2
0	1

Tabelle 6

In diesen Tabellen stellt – nach Łukasiewicz – 1 den Wahrheitswert „wahr", 0 den Wahrheitswert „falsch" dar, während die neuen Symbole 2 und 3 als zusätzliche Zeichen für die Wahrheit bzw. Falschheit interpretiert werden können. Wir geben hier nur die Meinung von Łukasiewicz wieder, eine kritische Einschätzung des Systems folgt später. Wenn man nur 1 als ausgezeichneten Wahrheitswert ansieht, so sind alle Tautologien der zweiwertigen Logik auch Tautologien in dieser vierwertigen Logik.

Die modalen Operatoren N und M werden durch folgende Wahrheitstabelle definiert:

A	NA	MA
1	2	1
2	2	1
3	0	3
0	0	3

Tabelle 7

Alle Tautologien des hier angegebenen wahrheitsfunktionalen Aufbaus der modalen Logik werden als modallogische Gesetze akzeptiert.

Bei der Darstellung des axiomatischen Aufbaus der vierwertigen Modallogik von Łukasiewicz verwenden wir eine andere Symbolik als Łukasiewicz und nehmen geringfügige Modifikationen vor, die aber nur die Darstellung, nicht das System selber betreffen.

Wir wählen folgendes Alphabet:

1. p, q, r ohne und mit Indizes – Aussagenvariablen;
2. $\supset$, $\sim$ – Subjunktion, Negation;
3. δ – einstellige Operatorenvariable;
4. N, M – Notwendigkeits- und Möglichkeitsoperator;
5. (,) – Klammern;
6. $\vdash$, $\dashv$ – Behauptungs- und Verwerfungszeichen.

Wir treffen folgende Formeldefinition:

1. Alleinstehende Aussagenvariablen sind Formeln.
2. Ist A eine Formel, so sind auch $\sim A$, δA, NA und MA Formeln.
3. Sind A und B Formeln, so ist auch $(A \supset B)$ eine Formel.

Eine behauptbare und eine verwerfbare Formel definieren wir wie folgt: Wenn A eine Formel ist, so ist $\vdash A$ eine behauptbare Formel und $\dashv A$ eine verwerfbare Formel.

Wir formulieren zwei äquivalente Axiomensysteme und benutzen dabei die üblichen Klammereinsparungen.

Axiome:

A 1.	$\vdash \delta p \supset (\delta \sim p \supset \delta q)$	*A 1*.*	$\vdash \delta p \supset (\delta \sim p \supset \delta q)$
A 2.	$\vdash p \supset Mp$	*A 2*.*	$\vdash Np \supset p$
A 3.	$\dashv Mp \supset p$	*A 3*.*	$\dashv p \supset Np$
A 4.	$\dashv Mp$	*A 4*.*	$\dashv \sim Np$
A 5.	$\dashv p$	*A 5*.*	$\dashv p$
A 6.	$\vdash \delta \sim M \sim p \supset \delta Np$	*A 6*.*	$\vdash \delta \sim N \sim p \supset \delta Mp$.

Łukasiewicz verwendet anstelle von *A 6* bzw. *A 6** entsprechende Definitionen mit der Operatorenvariablen δ. Ein solches Vorgehen würde aber längere Erklärungen über die Berechtigung und Handhabung solcher Definitionen erfordern, deshalb haben wir die Axiome *A 6* bzw. *A 6** gesetzt.

Bei der Formulierung der Schlußregeln benötigen wir folgende Symbolik: $A\{a/B\}$ bezeichnet die Formel, die man aus der Formel A erhält, wenn man in ihr die Aussagenvariable a an allen Stellen ihres Vorkommens durch die Formel B ersetzt. In dem Symbol $A\{\alpha/\delta\}$ sei α ein beliebiger, nicht unbedingt zusammenhängender, auch leerer graphischer Teil der Formel A derart, daß eine Ersetzung von α durch δ an Null oder mehr Stellen seines Vorkommens in A eine Formel ergibt (eine Zeichenreihe ergibt, die der Formeldefinition genügt). Das Symbol $A\{\alpha/\delta\}$ bezeichnet dann eine Formel, die man aus A erhält, wenn man α an Null oder mehr Stellen seines Vorkommens in A durch δ ersetzt.

Im hier dargestellten System gibt es zwei Gruppen von Schlußregeln, nämlich einmal Regeln zur Gewinnung von behauptbaren Formeln, und zum anderen Regeln zur Gewinnung verwerfbarer Formeln. Regeln zur Gewinnung von behauptbaren Formeln:

R 1. Aus $\vdash A$ erhält man $\vdash A\{a/B\}$.
R 2. Aus $\vdash A \supset B$ und $\vdash A$ erhält man $\vdash B$.
R 3. Aus $\vdash A\{\alpha/\delta\}$ erhält man $\vdash A$.

Regeln zur Gewinnung von verwerfbaren Formeln:

R 4. Aus $\dashv A\{a/B\}$ erhält man $\dashv A$.
R 5. Aus $\vdash A \supset B$ und $\dashv B$ erhält man $\dashv A$.
R 6. Aus $\dashv A$ erhält man $\dashv A\{\alpha/\delta\}$.

Dieses Axiomensystem ist vollständig in dem Sinne, daß für jede Formel entschieden werden kann, ob sie behauptbar oder verwerfbar ist. Es ist widerspruchsfrei in dem Sinne, daß keine Formel gleichzeitig behauptbar und verwerfbar ist. Außerdem sind die Axiome voneinander unabhängig.

Wir wollen dieses System der Modallogik hier nicht entwickeln, sondern nur darauf hinweisen, daß in ihm der Satz $\dashv NA$ beweisbar ist. Da A eine beliebige Formel ist, heißt das: Jeder apodiktische Satz muß verworfen werden.

Kritische Bemerkungen zur vierwertigen Modallogik von Łukasiewicz: Zunächst muß angemerkt werden, daß er die modalen Prädikate als logische Operatoren behandelt, die, auf Aussagen angewandt, wieder Aussagen ergeben. Doch dieser Mangel haftet sehr vielen Systemen der modalen Logik an.

Łukasiewicz behauptet, daß alle Axiome vollkommen offensichtlich seien und daß das Axiom *A 1* mit der Operatorenvariablen δ von allen Logikern akzeptiert werden müsse, die den klassischen Aussagenkalkül akzeptieren. Die eigentlich modallogischen Axiome *A 2*–*A 6* sind wirklich akzeptabel, und in den meisten Systemen der modalen Logik treten sie als Axiome oder Theoreme auf. Einen logischen Fehler begeht Łukasiewicz jedoch, wenn er Axiom 1 in der Modallogik akzeptiert, oder genauer gesagt, wenn er zuläßt, daß für δ die modalen Operatoren eingesetzt werden können. Logische Kalküle mit Operatorenvariablen wurden bekanntlich zuerst von dem polnischen Logiker St. Leśniewski aufgebaut und untersucht. In Leśniewskis Protothetik (so wird das entsprechende Logiksystem genannt) dürfen für die einstellige Operatorenvariable δ alle einstelligen Operatoren der zweiwertigen Logik eingesetzt werden. Und eine δ-Formel ist genau dann logisch wahr, wenn die Konjunktion der Formeln A, B, C und D logisch wahr ist, wobei man die Formeln A, B, C und D aus der ursprünglichen δ-Formel erhält, wenn man in ihr für δ entsprechend die einstelligen Operatoren der zweiwertigen Logik V, S, $\sim$ und F einsetzt, die wir zu Beginn dieses Paragraphen angegeben haben.

Legt man die klassische zweiwertige Logik zugrunde, so sind das Axiom *A 1* und die aus ihm ableitbaren Formeln ohne modale Operatoren logisch wahr. Geht man jedoch zu einer mehrwertigen Logik über, so muß zunächst erst die Gültigkeit des δ-Axioms nachgewiesen werden.

Die vierwertige Logik von Łukasiewicz ist ein funktional unvollständiges Teilsystem der vierwertigen Logik, d. h., in seinem System sind nicht alle möglichen vierwertigen Wahrheitsfunktionen definierbar. Zur Begründung seines vierwertigen Modalsystems hätte Łukasiewicz zumindest folgende Aufgaben lösen müssen:

Erstens muß bewiesen werden, daß *A 1* für das vorliegende Teilsystem der vierwertigen Logik gilt.

Zweitens muß eine vernünftige Deutung der Wahrheitswerte 1, 2, 3 und 0 gegeben werden.

Drittens muß die Auswahl der Wahrheitstabellen für die modalen Operatoren M, N usw. begründet werden. Die Auswahl der Wahrheitstabellen für diese Operatoren muß dabei in gewissem Grade der intuitiven Auffassung der Modalitäten entsprechen.

Die erste Aufgabe umgeht Łukasiewicz mit Schweigen. Sie läßt sich aber für sein Teilsystem der einstelligen Wahrheitsfunktionen positiv lösen. Durch Multiplikation der einstelligen Wahrheitsfunktionen untereinander und mit sich selbst erhält man nämlich nur 16 einstellige Wahrheitsfunktionen der vierwertigen Logik. Für diese 16 einstelligen vierwertigen Wahrheitsfunktionen läßt sich zeigen, daß *A 1* und auch das Extensionalitätsgesetz logisch wahr sind.

Wenden wir uns der zweiten Aufgabe zu. Wir sagten bereits, daß das Symbol 1 den Wahrheitswert „wahr" und 0 den Wahrheitswert „falsch" darstellen, während Łukasiewicz die zusätzlichen Symbole 2 und 3 entsprechend als zusätzliche Zeichen der Wahrheit und der Falschheit interpretiert sehen möchte. Doch diese Charakteristik ist unbefriedigend, denn die Bedeutung der Zeichen 2 und 3 ist vollkommen unklar. Außerdem sagt Łukasiewicz nicht explizit, welche Wahrheitswerte er als ausgezeichnete und welche er als nichtausgezeichnete ansieht. Wenn das Symbol 2 ein Zeichen der Wahrheit ist, so müßte 2 als ausgezeichneter Wahrheitswert auftreten. In Wirklichkeit wählt Łukasiewicz jedoch nur 1 als ausgezeichneten Wahrheitswert, denn sonst würde in seinem vierwertigen System nicht jede notwendige Aussage verworfen werden. Die Bedeutung der zusätzlichen Wahrheitswerte 2 und 3 ist jedoch wesentlich, da mit ihrer Hilfe die modalen Operatoren N, M usw. definiert werden. Die zweite Aufgabe wurde also von Łukasiewicz nicht gelöst. Dies aber ist eine Voraussetzung, um die dritte Aufgabe lösen zu können. Dem intuitiven Verständnis der modalen Termini entsprechend könnte man auf folgende Weise vier Wahrheitswerte einführen ($\downarrow$ ist der Operator „die Tatsache, daß ..."):

Eine Aussage X hat den Wahrheitswert 1 genau dann, wenn $X \wedge N{\downarrow}X$ gilt.

Eine Aussage X hat den Wahrheitswert 2 genau dann, wenn $X \wedge \sim N{\downarrow}X$ gilt.

Eine Aussage X hat den Wahrheitswert 3 genau dann, wenn $\sim X \wedge M{\downarrow}X$ gilt.

Eine Aussage X hat den Wahrheitswert 0 genau dann, wenn $\sim X \wedge \sim M{\downarrow}X$ gilt.

Setzen wir diese Definitionen der Wahrheitswerte voraus, so könnte man vierwertige Wahrheitstabellen für die Operatoren N und M aufstellen, die mit der intuitiven Auffassung der Modalitäten korrespondieren würden. Die von Łukasiewicz angegebenen Wahrheitstabellen für M und N entsprechen aber bei der von uns angegebenen Auffassung der vier Wahrheitswerte überhaupt nicht der Intuition. Vielmehr würden die folgenden Wahrheitstabellen für M und N der intuitiven Auffassung entsprechen:

A	NA	MA
1	1	1
2	0	1
3	0	1
0	0	0

Diese Wahrheitstabellen kann man nicht als Definitionen der Operatoren N und M ansehen, denn bei der Festlegung der Bedeutung der Wahrheitswerte 1, 2, 3, 0 wurden ja schon die modalen Termini benutzt. Trotzdem ist eine Aufstellung solcher Wahrheitstabellen nicht sinnlos. Man kann sie nämlich als heuristisches Mittel benutzen, um festzustellen, ob Formeln mit Modalitäten gültig sind oder nicht. Die Mehrzahl der existierenden modallogischen Systeme (z. B. die von Becker, Wright, Carnap) genügt unseren angegebenen Wahrheitstabellen. Die angegebenen Wahrheitstabellen für die Modalitäten entsprechen auch im folgenden Sinne der Intuition. Modale Termini werden vor allem deshalb in den Sprachgebrauch eingeführt, um über zukünftige Ereignisse intersubjektiv kontrollierbare Aussagen treffen zu können. Wenn wir nur in modalfreien Aussagen über zukünftige Ereignisse sprechen, so kommen wir bei der Wahrheitsbewertung solcher Aussage nicht mit zwei Wahrheitswerten aus. Eine Aussage X über ein zukünftiges

Ereignis $\downarrow X$ ist heute im allgemeinen weder wahr noch falsch, sondern unüberprüfbar, da das entsprechende Ereignis (noch) nicht existiert. Wenn wir hingegen Aussagen der Form $N\downarrow X$, $M\downarrow X$, $\sim M\downarrow X$ usw. über ein zukünftiges Ereignis $\downarrow X$ treffen, so kann ihnen in sehr vielen Fällen einer der Wahrheitswerte „wahr" oder „falsch" zugesprochen werden. Die modalen Termini haben in der Wissenschaftssprache die Aufgabe, die Anzahl der Wahrheitswerte der Aussagen zu verringern. Diese Forderung erfüllen auch die von uns angegebenen Wahrheitstabellen für M und N, nach denen das Argument vier Wahrheitswerte annehmen kann, während bei den modalen Aussagen nur noch die beiden Wahrheitswerte „wahr" und „falsch" auftreten.

Wählen wir nun die von Łukasiewicz angegebene vierwertige Negation und Subjunktion sowie unsere Wahrheitstabellen für die Modalitäten, so sind weder Axiom *A 1* noch das Extensionalitätsgesetz logisch gültig.

Wir geben eine Belegung der Aussagenvariablen mit Wahrheitswerten an, bei der diese Formeln einen nichtausgezeichneten Wahrheitswert annehmen:

$$Mp \supset (M \sim p \supset Mq) \qquad M(p \supset q) \supset (Mp \supset Mq)$$
$$1\,2\;0\;1\;2\,3\,0\,0\,0 \qquad 1\;2\;3\,0\;0\;1\,2\,0\,0\,0.$$

Wir können also feststellen: Wenn die vier Wahrheitswerte ungedeutet und die Wahrheitstabellen für die modalen Operatoren willkürlich ausgewählt sind, so sind die Axiome gültig. Wenn aber die vier Wahrheitswerte intuitiv akzeptabel gedeutet werden und die Auswahl der Wahrheitstabellen für die modalen Operatoren begründet ist, so ist das Axiom *A 1* nicht akzeptabel.[2])

Das funktional unvollständige Teilsystem der vierwertigen Logik von Łukasiewicz ist zwar ein interessanter Kalkül, er kann aber nicht als korrektes System der Modallogik angesehen werden, da er nicht interpretiert ist und der intuitiven Auffassung der Modalitäten widerspricht.

Der Beweis des Ausdrucks $\dashv NA$ ist zwar in diesem System korrekt. Doch bedeutet das ganz und gar nicht, daß jede apodiktische Aussage verworfen werden müßte. Der Beweis von $\dashv NA$ basiert auf *A 1*, und *A 1* gilt bloß für die willkürlich gewählten Definitionen der modalen Operatoren in der vierwertigen Logik von Łukasiewicz. Dabei ist die Definition von N so gewählt, daß ein Ausdruck NA nicht wahr sein kann. Es wird also faktisch in der Definition von N vorausgesetzt, was später bewiesen wird.

2) Manchmal wird in der Literatur gesagt, man erhalte das hier betrachtete System der Modallogik von Łukasiewicz, wenn man zu der klassischen Aussagenlogik die eigentlich modallogischen Axiome hinzufügt. Das ist nicht korrekt. Wesentlich ist *A*1 mit der Operatorenvariablen δ. Nur durch Einsetzung modaler Operatoren für δ erhält man beispielsweise die Folgerung $\dashv NA$, die man nicht gewinnt, wenn man zur klassischen Aussagenlogik nur die eigentlich modallogischen Axiome hinzufügt.

§ 4. Deutungsversuche faktischer Modalitäten und ihre Mängel

In [4] schlägt R. Carnap folgende Definition faktischer Modalitäten vor: Eine Aussage ist faktisch notwendig (in seiner Terminologie: kausal wahr) genau dann, wenn sie logisch aus der Klasse aller Grundgesetze folgt. Grundgesetze definiert er dabei als Behauptungen, die die logische Form von Gesetzesaussagen haben und wahr sind. Diese Auffassung der faktischen Modalitäten unterscheidet sich von der H. Reichenbachs [19] nur dadurch, daß dieser an die Grundgesetze (ursprüngliche nomologische Sätze) die strengere Forderung stellt, ihre Wahrheit müsse feststellbar sein. Eine ähnliche Auffassung vertreten andere Autoren [1, 21]. Aus der Literatur ist auch bekannt, daß die Verwendung modaler Aussagen vor allem für Prognosen (Aussagen über zukünftige Ereignisse) von Bedeutung ist. Aussagen über zukünftige Ereignisse kann man nicht unmittelbar durch Beobachtung überprüfen. Man kann nicht ohne weiteres feststellen, ob sie wahr sind oder nicht, da die Ereignisse, von denen die Rede ist, noch nicht existieren. Prognosen stellt man auf, indem man aus unserem gegenwärtigen Wissen auf das Auftreten oder Nichtauftreten zukünftiger Ereignisse schließt.

Es sei X eine beliebige empirische Aussage und $\downarrow$ der terminibildende Operator „die Tatsache, daß . . .“, der aus einer Aussage einen Ereignisterminus bildet. Man sagt dann, ein zukünftiges Ereignis $\downarrow X$ ist notwendig, wenn aus dem gegenwärtigen Wissen X logisch folgt, und ein zukünftiges Ereignis $\downarrow X$ ist unmöglich, wenn aus dem gegenwärtigen Wissen $\sim X$ logisch folgt. Legen wir die Carnapsche Auffassung der faktischen Modalitäten zugrunde, so kommen wir zu dem Ergebnis, daß kein individuelles Ereignis notwendig ist, ganz gleich, ob es sich um ein gegenwärtiges, zukünftiges oder vergangenes Ereignis handelt. Gesetze haben nach dieser Auffassung die logische Form einer formalen Implikation (obwohl nicht alle wahren formalen Implikationen Gesetze darstellen)

$$(\forall x)\ (A(x) \supset B(x))\,.$$

Als Folgerungen allein aus Formeln dieser Form erhalten wir niemals Formeln der Form $B(a)$, wo a eine Individuenkonstante ist, d. h. keine Aussagen über individuelle empirische Ereignisse. Die Carnapsche Auffassung der faktischen Modalitäten bricht zu stark mit dem im Alltag und in der Wissenschaft üblichen Sprachgebrauch und kann deshalb nicht akzeptiert werden.

Eine andere Deutung der Modalitäten schlägt P. Lorenzen vor [13, 14]. Zur Erläuterung seiner Auffassung der Modalitäten stellen wir uns folgende Situation vor. Eine bestimmte Menschengruppe hat ein bestimmtes System von Aussagen W als wahr akzeptiert. Von diesen Menschen werden dann auch alle Aussagen als wahr anerkannt, die logisch aus den Aussagen von W folgen. Jetzt läßt sich für eine modalfreie Aussage X der Terminus „notwendig bezüglich W“ wie folgt einführen: Eine Aussage X ist notwendig bezüglich W

genau dann, wenn X logisch aus den Aussagen von W folgt. Wenn wir für „notwendig bezüglich W“ das Symbol N_w benutzen, können wir diese Definition wie folgt schreiben: $N_w X \equiv_{\text{Def}} (W \vdash X)$.

Die anderen Modalitäten werden wie üblich definiert. Während Lorenzen in seinen inhaltlichen Ausgangsüberlegungen den Gebrauch von Modalitäten nur für Zukunftsaussagen als sinnvoll betrachtet, ergibt sich aus seiner Definition aber, daß alles, was wir wissen, bezüglich dieses Wissens notwendig ist. Wenn wir wissen, daß eine Erbsenschote fünf Erbsen und daß sie Eiweiß enthält, so sind nach der Auffassung von Lorenzen beide Aussagen notwendig, während man nach dem üblichen Sprachgebrauch nur die zweite als notwendig ansehen würde. War Carnaps Auffassung der Modalitäten zu eng, so ist die von Lorenzen offenbar zu weit. Außerdem führt sie zu der „fatalistischen“ Konsequenz: Alles, was wir wissen, ist notwendig.

Eine interessante und differenzierte Analyse der Modalitäten gibt A. A. Sinowjew [2, 22]. Doch seine Auffassung der Modalitäten führt ebenso wie die von Lorenzen zu gewissen „fatalistischen“ Konsequenzen. Er wählt folgende Definition des Prädikates M („möglich“) für individuelle Termini $\downarrow X$ (A ist eine Aussagenvariable):

$$M\downarrow X \equiv_{\text{Def}} (\forall\downarrow A)\,(A \rightarrow \sim(A \rightarrow \sim X))$$

$$\sim M\downarrow X \equiv_{\text{Def}} (\exists\downarrow A)\,(A \wedge (A \rightarrow \sim X)).$$

(Wir haben die Symbolik Sinowjews hier etwas geändert und betrachten nur den klassischen Fall, in dem die Unbestimmtheit ausgeschlossen ist; ($\forall$) ist der Allquantor, ($\exists$) der Existenzquantor, $\wedge$ die Konjunktion und $\rightarrow$ der Konditionalitätsoperator „wenn . . . , so . . .“.)

Weiter definiert er das Prädikat N folgendermaßen:

$$N\,(\downarrow X) \equiv_{\text{Def}} \sim M\,(\downarrow \sim X)\,.$$

Aus der Definition der Unmöglichkeit erhalten wir:

$$\sim M\downarrow \sim X \equiv (\exists\downarrow A)\,(A \wedge (A \rightarrow X))\,,$$

wobei $\equiv$ die Bisubjunktion (materiale Äquivalenz) ist.

Nehmen wir an, das Ereignis X vollzieht sich, dann gilt die Aussage X. In der Theorie konditionaler Aussagen gilt außerdem $X \rightarrow X$. Wir haben also $X \wedge (X \rightarrow X)$. Wenn wir für Termini des Typs $\downarrow A$ die folgende Einführungsregel des Existenzquantors $\exists$ akzeptieren:

$$\frac{Z[A/X]}{(\exists\downarrow A)\,Z}\,,$$

wobei $Z[A/X]$ das Ergebnis einer Einsetzung der Aussage X für die Aussagenvariable A in Z überall da ist, wo A frei in Z vorkommt, so erhalten wir aus $X \wedge (X \rightarrow X)$ die Formel $(\exists\downarrow A)\,(A \wedge (A \rightarrow X))$. Damit gilt aber die rechte Seite der Bisubjunktion, und wir erhalten $\sim M\downarrow \sim X$, was definitionsgemäß $N\,(\downarrow X)$ ergibt. Wir erhalten also: Wenn ein Ereignis geschieht, so ist es notwendig:

$$X \rightarrow N{\downarrow}X .$$

Streng genommen erhalten wir diese Folgerung in Sinowjews System nicht, da er vor den oben angegebenen Definitionen verbal die Einschränkung formuliert, daß X eine Zukunftsaussage ist und der Zustand ${\downarrow}X$ nicht existiert. Syntaktisch wird diese Einschränkung allerdings nicht berücksichtigt, und wenn man diese Bedingung akzeptiert, so muß sie für alle Regeln der modalen Logik akzeptiert werden. Das bedeutet aber, daß auch eine Regel wie $X \vdash M{\downarrow}X$ nicht uneingeschränkt verwendet werden kann. Wenn X wahr ist, d. h. wenn der Zustand ${\downarrow}X$ existiert, dann darf diese Regel nicht benutzt werden, da X keine Zukunftsaussage ist; wenn X aber eine Zukunftsaussage ist und die angegebene Regel also gültig ist, so können wir sie im allgemeinen nicht anwenden, da die Voraussetzung X nicht wahr ist. Die Regeln der modalen Logik werden mit solch einer generellen Einschränkung faktisch bedeutungslos, da die modale Logik dann nicht mehr gestattet, von Aussagen über gegenwärtige Ereignisse auf zukünftige Ereignisse zu schließen, sie stellt dann keine Beziehung mehr auf zwischen unserem gegenwärtigen Wissen und Aussagen über zukünftige Ereignisse. Um solche Konsequenzen zu vermeiden, schlagen wir eine andere Deutung der faktischen Modalitäten vor. Doch zunächst wollen wir uns die logische Struktur einfacher modaler Aussagen verdeutlichen.

§ 5. Die logische Struktur einfacher modaler Aussagen

Schon ein flüchtiger Blick in die Literatur zur modalen Logik genügt, um die unterschiedlichen Verwendungsweisen der Modalitäten zu verdeutlichen. Die Modalitäten werden als Operatoren, als Prädikattermini und als Subjekttermini (z. B. „die Möglichkeit") verwendet. Werden die Modalitäten als Operatoren verwendet, so werden wiederum verschiedenartige Argumente dieser Operatoren zugelassen. Bei den einen Autoren treten als Argumente modaler Operatoren Aussagen auf, bei anderen Termini. Ist das letztere der Fall, so werden wiederum entweder beliebige Termini oder aber nur bestimmte Arten von Termini (z. B. Ereignistermini) als Argumente zugelassen. Die gleiche Vielfalt haben wir bei einer Verwendung der Modalitäten als Prädikate. Eine Aufgabe der Logik besteht darin, in dieses Durcheinander Ordnung zu bringen, zu versuchen, möglichst viele dieser unterschiedlichen Verwendungsweisen der Modalitäten methodisch zu rechtfertigen und andere als unkorrekt nachzuweisen und zu verwerfen. Wir beschränken uns hier auf eine Verwendung der Modalitäten als Prädikate.

Betrachten wir zunächst die (faktischen und logischen) alethischen Modalitäten. Die alethischen Modalitäten N, M usw. sind Prädikate, und als Subjekte in modalen Aussagen mit diesen Prädikaten können nur Ereignistermini auftreten. Wenn X eine Aussage ist, so erhalten wir mit Hilfe des terminibildenden Operators $\downarrow$ („die Tatsache, daß ...") Subjekttermini der Form $\downarrow X$ („die Tatsache, daß X"). Wenn Q ein beliebiges alethisches modales Prädikat ist, so haben einfache modale Aussagen folgende Form:

$$Q(\downarrow X) .$$

In der Umgangssprache und in den Wissenschaftssprachen werden zwar auch strukturell einfache Ereignistermini wie „Autounfall", „Zusammenstoß", „Niederlage", „Geburt", „Tod", „Eheschließung", „Elfmetertor" usw. verwendet. Wenn a solch ein einfacher Ereignisterminus ist, werden auch modale Aussagen der Form $Q(a)$ gebildet. Es ist aber leicht einzusehen, daß solche Ereignistermini a nur als Abkürzung von Termini der Form $\downarrow X$ eingeführt werden. Einfache modale Aussagen mit den epistemischen Modalitäten „beweisbar", „widerlegbar" usw. haben eine andere logische Struktur. Die Modalitäten treten in ihnen zwar auch als Prädikate auf, sie sind aber nur auf Subjekte eines anderen Typs anwendbar. Wenn X wieder eine Aussage ist und t ein terminibildender Operator, der aus einer Aussage als Argument einen Namen dieser Aussage bildet (gewöhnlich verwendet man Anführungsstriche als Symbol für diesen Operator), so sind Termini der Form tX (gelesen als „die Aussage X") Subjekte in epistemischen modalen Aussagen. Ist Q ein beliebiges epistemisches modales Prädikat, so haben einfache modale Aussagen mit diesem Prädikat die Form

$$Q(tX) .$$

§ 6. Modalitäten und Wahrheitswerte

In der Geschichte der Philosophie und der Logik wurde dadurch große Verwirrung gestiftet, daß man die Modalitäten entweder direkt als eine Art von Wahrheitswerten betrachtete, oder sie aber analog wie Wahrheitswerte behandelte. Diese Begriffsverwirrung verhinderte lange Zeit eine vernünftige Begründung der modalen Logik, und dieser Zustand ist auch gegenwärtig noch keineswegs überwunden. So führte etwa Łukasiewicz in seiner dreiwertigen Logik einen Wahrheitswert „möglich" ein, Carnap identifizierte logische Wahrheit und logische Notwendigkeit, Lorenzen gebraucht „möglich" und „möglicherweise wahr" synonym usw. Wahrheitswerte sind, wenn sie nicht bloß als ungedeutete technische Hilfsmittel der Logik verwendet werden, spezielle logische Prädikate, die Aussagen zu- bzw. abgesprochen werden. Wenn V ein beliebiger Wahrheitswert ist, so haben Aussagen mit diesem Prädikat folgende logische Form

$$V(tX) .$$

Wenn v der Wahrheitswert „wahr" ist, so wird er nach folgendem Definitionsschema eingeführt:

$$v(tX) \equiv_{\text{Def}} X\ .$$

Hieraus ergibt sich die Bisubjunktion $v(tX) \equiv X$.

Der Unterschied zwischen alethischen Modalitäten und Wahrheitswerten ist offensichtlich, da alethische Modalitäten nur mit Subjekten der Form $\downarrow X$ und Wahrheitswerte nur mit Subjekten der Form tX zu Aussagen verknüpft werden. Der Unterschied von Wahrheitswerten und epistemischen Modalitäten, die beide Subjekten gleicher Form zugeschrieben werden, wird deutlich, wenn wir die Schemata zur Einführung der Wahrheitswerte mit den später angegebenen Schemata zur Einführung epistemischer Modalitäten vergleichen.

§ 7. Definitionsschemata zur Einführung faktischer Modalitäten

Wir verwenden folgende Symbolik: W sei ein bestimmtes Wissen, über das eine Menschengruppe verfügt. Unter *Wissen* verstehen wir dabei eine Aussage (eine Aussagengesamtheit, eine Konjunktion von Aussagen), über die diese Menschengruppe abrufbereit verfügt (d. h. die die Menschen dieser Gruppe im Gedächtnis gespeichert haben und auf Verlangen sagen oder schreiben können, die in Nachschlagewerken, auf Tonbändern aufgezeichnet sind usw.), und die außerdem *wahr* ist. Wir unterscheiden Wissen also vom vermeintlichen Wissen, vom bloßen Glauben oder von Überzeugungen, die bloß als wahr angenommen werden. Die Frage, wie man Wissen von Glauben und bloßen Überzeugungen unterscheiden kann, lassen wir hier offen, da sie für die folgende Problematik nicht wesentlich ist. Das Wissen W möge aus einem theoretischen Teil G (Verlaufsgesetze oder allgemein wissenschaftliche Gesetze, darunter logische Gesetze) und einem rein empirischen Teil R (Situationsbeschreibungen, Randbedingungen) bestehen, es möge W die Konjunktion $G \wedge R$ sein. Hierbei wird nicht vorausgesetzt, daß es ein allgemeines logisches Verfahren gibt, das es gestattet, Gesetzeswissen von rein empirischen Situationsbeschreibungen zu unterscheiden, sondern es wird nur vorausgesetzt, daß das in jedem konkreten Falle irgendwie möglich ist. Auf logischer Ebene können wir annehmen, daß es sich bei G um wahre Konditionalaussagen handelt. Da W wahr ist, ist es insbesondere logisch widerspruchsfrei, d. h. für eine beliebige Aussage X gilt $\sim(W \vdash X \wedge \sim X)$, ebenso gelten $\sim(G \vdash X \wedge \sim X)$ und $\sim(R \vdash X \wedge \sim X)$. Für die Notwendigkeit N eines Ereignisses $\downarrow X$ bezüglich des Wissens W wählen wir folgendes Definitionsschema:

D 1. $N_w \downarrow X \equiv_{\text{Def}} (G \vdash X) \vee (G \wedge R \vdash X) \wedge \sim(R \vdash X)$, wobei G, W und R konstante Aussagen darstellen, während $\vee$ die Adjunktion („oder"), $\wedge$ die Konjunktion und $\vdash$ das Zeichen der strengen logischen Folgebeziehung sind. (Da hier im Definiens über logische Folgebeziehungen gesprochen wird, hätten wir eigentlich zwischen logischen Operatoren einer Objektsprache und einer Metasprache unterscheiden müssen. Die in den eingeklammerten Formeln vorkommenden Operatoren wären dann Operatoren der Objektsprache und die übrigen Operatoren solche der Metasprache. Oder wir hätten das Zeichen der logischen Folgebeziehnung $\vdash$ durch den Konditionalitätsoperator $\rightarrow$ ersetzen und die Bedingung vorausschicken müssen, daß alle vorkommenden konditionalen Aussagen aus Aussagen über die Folgebeziehung gewonnen wurden. Doch kommt es hier aus Gründen der Einfachheit nicht auf letzte formale Strenge an, und praktisch können kaum Mißverständnisse entstehen.)

Die Möglichkeit eines Ereignisses $\downarrow X$ wird hier wie üblich definiert:

D 2. $M_w{\downarrow}X \equiv_{\text{Def}} \sim N_w{\downarrow} \sim X$.

Es lassen sich verschiedene Zufälligkeiten eines Ereignisses $\downarrow X$ definieren. Wir betrachten die folgenden:

D 3. $C^1_w{\downarrow}X \equiv_{\text{Def}} \sim N_w{\downarrow}X$,
D 4. $C^2_w{\downarrow}X \equiv_{\text{Def}} X \wedge M_w{\downarrow} \sim X$,
D 5. $C^3_w{\downarrow}X \equiv_{\text{Def}} M_w{\downarrow}X \wedge M_w{\downarrow} \sim X$.

Zur Vereinfachung der Schreibweise lassen wir im weiteren den Index w bei den Modalitäten weg. Wir setzen voraus, daß in einer Formel (oder einem Beweis) bei allen faktischen Modalitäten immer der gleiche Index w steht. Weiter schreiben wir anstelle von $\downarrow X$ überall x.

Bei den Definitionsschemata zur Einführung der faktischen Modalitäten handelt es sich nicht um Definitionen, da sie die außerlogischen Konstanten W, G und R enthalten, die nicht näher bestimmt sind. Es ist nicht Aufgabe der Logik, diese Konstanten zu präzisieren; vielmehr wird in jedem Wissensbereich (in jeder Einzelwissenschaft) gesondert festgelegt, was als W, G und R gewählt wird. Für die Logik ist nur wichtig, welche Beziehungen bei beliebigen W, G und R gelten.

Aus den angegebenen Definitionen ergeben sich als Folgerungen u. a. folgende Theoreme:

T 1. $Nx \supset Mx$,
T 2. $Nx \supset X$,
T 3. $X \supset Mx$.

Die Formeln $Mx \supset X$, $X \supset Nx$, $Mx \supset Nx$ sind hingegen keine Theoreme.

T 4. $\sim Mx \equiv N \sim x$,
T 5. $Nx \equiv \sim C^1 x$,
T 6. $\sim X \vee Nx \equiv \sim C^2 x$,
T 7. $N \sim x \vee Nx \equiv \sim C^3 x$.

Eine der Aufgaben der modalen Logik besteht darin, Regeln für solche Fälle aufzustellen, in denen sich die Modalitäten auf zusammengesetzte Ereignistermini beziehen. Wir betrachten einige solcher Regeln. Da wir die klassische Logik voraussetzen, gilt trivialerweise:

T 8. $Nx \equiv N \sim \sim x$,

T 9. $Mx \equiv M \sim \sim x$,

und analog für alle übrigen Modalitäten. Man kann sich leicht davon überzeugen, daß bei unserer Deutung der Modalitäten gilt:

T 10. $Nx \wedge Ny \supset N\,(x \wedge y)$.

Von einigen Autoren wird auch die Umkehrung dieses Theorems $N\,(x \wedge y) \supset \supset Nx \wedge Ny$ akzeptiert. Diese Formel ist bei unserer Deutung der Modalitäten kein Theorem. Aus *T 10* gewinnt man leicht:

T 11. $M\,(x \vee y) \supset Mx \vee My$.

Die Formel $N\,(x \vee y) \supset Nx \vee Ny$, die von einigen Autoren als Theorem der Modallogik akzeptiert, von anderen verworfen wird, ist bei unserer Deutung kein Theorem. Hieraus ergibt sich, daß auch die Formel $Mx \wedge My \supset M\,(x \wedge y)$ kein Theorem ist.

§ 8. Definitionsschemata zur Einführung epistemischer Wissensmodalitäten

Wir unterscheiden zwischen theoretischen und empirischen epistemischen Wissensmodalitäten. Als *theoretische epistemische Modalitäten* sehen wir die Prädikate „beweisbar", „unbeweisbar", „widerlegbar", „unwiderlegbar", „entscheidbar" und „unentscheidbar" an, während wir die Prädikate „verifizierbar", „nichtverifizierbar", „falsifizierbar", „nichtfalsifizierbar", „überprüfbar" und „unüberprüfbar" als *empirische epistemische Modalitäten* bezeichnen. Als Subjekte in epistemischen modalen Aussagen treten stets Subjekte der Form tX auf.

Aus dem Schema zur Einführung faktischer Modalitäten erhalten wir ein Schema zur Einführung von theoretischen epistemischen Modalitäten, wenn W nicht in G und R unterteilt ist, d. h. mit Hilfe der theoretischen epistemischen Modalitäten wird charakterisiert, ob aus einem gegebenen Wissen W (meist in Form eines Axiomensystems angegeben) eine Aussage X beweisbar, widerlegbar usw. ist. Wir schlagen folgende Definitionsschemata vor:

D 1. „tX ist beweisbar bezüglich W":

$$B_w tX \equiv_{\text{Def}} (W \vdash X);$$

D 2. „tX ist unbeweisbar bezüglich W":

$$\sim B_w tX \equiv_{\text{Def}} \sim (W \vdash X);$$

D 3. „tX ist widerlegbar bezüglich W“:
$Wi_w tX \equiv_{\text{Def}} (W \vdash \sim X)$;

D 4. „tX ist unwiderlegbar bezüglich W“:
$\sim Wi_w tX \equiv_{\text{Def}} \sim (W \vdash \sim X)$;

D 5. „tX ist unentscheidbar bezüglich W“:
$U_w tX \equiv_{\text{Def}} \sim (W \vdash X) \wedge \sim (W \vdash \sim X)$;

D 6. „tX ist entscheidbar bezüglich W“:
$\sim U_w tX \equiv_{\text{Def}} (W \vdash X) \vee (W \vdash \sim X)$.

In der Logik theoretischer epistemischer Modalitäten werden wiederum die logischen Beziehungen zwischen den modalen Prädikaten untersucht, die bei beliebigem W gelten. Eine solche Logik wurde beispielsweise von P. Lorenzen [13] aufgebaut, allerdings mit dem Anspruch eines allgemeinen Modalkalküls.

Da W als wahr angenommen wird, gilt offenbar folgende Beziehung zwischen der Beweisbarkeit und der Wahrheit einer Aussage:

$$BtX \supset v(tX),$$

während die umgekehrte Subjunktion im allgemeinen nicht gilt. Aus dem Schema zur Einführung der faktischen Modalitäten erhalten wir ein Schema zur Einführung der empirischen epistemischen Modalitäten, wenn G leer ist. Als Wissen werden hier also nur reine Situationsbeschreibungen und logische Regeln betrachtet. Wir erhalten dann folgende Definitionsschemata:

D 7. „tX ist verifizierbar bezüglich R“:
$Ve_r tX \equiv_{\text{Def}} (R \vdash X)$;

D 8. „tX ist nicht verifizierbar bezüglich R“:
$\sim Ve_r tX \equiv_{\text{Def}} \sim (R \vdash X)$;

D 9. „tX ist falsifizierbar bezüglich R“:
$Fa_r tX \equiv_{\text{Def}} (R \vdash \sim X)$;

D 10. „tX ist nicht falsifizierbar bezüglich R“:
$\sim Fa_r tX \equiv_{\text{Def}} \sim (R \vdash \sim X)$;

D 11. „tX ist überprüfbar bezüglich R“:
$\ddot{U}_r tX \equiv_{\text{Def}} (R \vdash X) \vee (R \vdash \sim X)$;

D 12. „tX ist unüberprüfbar bezüglich R“:
$\sim \ddot{U}_r tX \equiv_{\text{Def}} \sim (R \vdash X) \wedge \sim (R \vdash \sim X)$.

Epistemische Überzeugungsmodalitäten betrachten wir in der vorliegenden Arbeit nicht.

§ 9. *Definitionsschemata zur Einführung deontischer Modalitäten*

Wenn X eine empirische Aussage ist, so möge $!X$ die Aufforderung (den Imperativ) an eine Person darstellen, den Zustand $\downarrow X$ herzustellen. Wir betrachten hier nur Aufforderungen an alle (beliebige) Personen, deshalb brauchen wir keine Variablen für die Personen einzuführen, an die eine Aufforderung gerichtet ist. Offenbar ist eine Aufforderung $!X$ nur sinnvoll, wenn X eine Aussage über einen zukünftigen Zustand ist, der gegenwärtig nicht existiert.

Die logische Folgebeziehung $\vdash$ für Imperative führen wir folgendermaßen ein: Wir sagen $!X \vdash !Y$ gilt genau dann, wenn $X \vdash Y$ gilt, und $X \wedge !Y \vdash !Z$ genau dann, wenn $X \wedge Y \vdash Z$ gilt. Die Folgebeziehung für Imperativsätze wird also mit Hilfe der Folgebeziehung für Indikativsätze definiert.

Wir unterscheiden zwischen bedingten und unbedingten Imperativen. Ein unbedingter Imperativ hat die logische Form $!X$ und ein bedingter Imperativ die Form $X \twoheadrightarrow !Y$, wobei $\twoheadrightarrow$ der Konditionalitätsoperator „wenn ..., so ..." ist.

Aus dem Schema zur Einführung der faktischen alethischen Modalitäten erhalten wir ein Schema zur Einführung der deontischen Modalitäten „geboten" (oder „obligatorisch", O) „erlaubt" (P), „verboten" (F) und „freigestellt" („indifferent", I), wenn wir anstelle des Gesetzeswissens G einen Kodex K von bedingten und unbedingten Imperativen setzen. Wir setzen voraus, daß der Kodex K widerspruchsfrei ist, was natürlich bei einem faktischen Kodex durchaus nicht immer der Fall ist. (Genauso, wie die faktisch akzeptierten Gesetzesaussagen G im Falle der faktischen Modalitäten nicht immer wahr sind.)

Wir erhalten dann folgende Definitionsschemata für deontische Modalitäten:

D 1. $\quad O_k!X \equiv_{\text{Def}} (K \vdash !X) \vee (K \wedge R \vdash !X) \wedge \sim(R \vdash !X)$,

D 2. $\quad P_k!X \equiv_{\text{Def}} \sim O_k! \sim X$,

D 3. $\quad F_k!X \equiv_{\text{Def}} O_k! \sim X$,

D 4. $\quad I_k!X \equiv_{\text{Def}} P_k!X \wedge P_k! \sim X$.

In der deontischen Logik werden die logischen Beziehungen zwischen den Prädikaten O, P, F und I beschrieben, die für jeden beliebigen (widerspruchsfreien) Kodex K unter beliebigen Randbedingungen R gelten. Da K keine Aussagen enthält und folglich nicht wahr ist, sind in der deontischen Logik Formeln wie $O_k!X \supset X$, $X \supset P_k!X$, $F_k!X \supset \sim X$ usw. nicht beweisbar, deren alethische bzw. epistemische Analoga Theoreme sind.

Unsere Definitionsschemata vermeiden einige Paradoxe, die in anderen Systemen der deontischen Logik auftreten. Iwin schlägt beispielsweise ein deontisches System vor [8], in dem der Ausdruck $O(p/q)$ als „Stelle p her unter der Bedingung q" gelesen werden kann und *bedingte Verpflichtung* genannt wird. Zu den Tautologien und Definitionen der Aussagenlogik wird folgende Definition der bedingten Verpflichtung hinzugefügt:

$$O(p/q) \equiv_{\text{Def}} Z \wedge q \supset p \ ,$$

wobei Z eine Konstante ist. (Sie kann als Kodex gedeutet werden.) Aus der angeführten Definition erhalten wir, wenn wir für q die Variable p einsetzen und von der Kommutativität der Bisubjunktion Gebrauch machen, das folgende Theorem:

$$(Z \wedge p \supset p) \equiv O(p/q) \ .$$

Die Formel $Z \wedge p \supset p$ ist aber eine Tautologie der Aussagenlogik, ganz gleich, welche Formel Z ist, und nach der Abtrennungsregel für die Bisubjunktion erhalten wir als Theorem:

$$O(p/p) \ ,$$

d. h. den Satz „Stelle den Zustand p her unter der Bedingung p". Dieser Satz ist aber widersinnig und kann nicht als logisches Gesetz akzeptiert werden. Bei den von uns angegebenen Definitionsschemata der deontischen Modalitäten ist dieses Paradox ausgeschlossen.

§ 10. Definitionsschemata zur Einführung logischer Modalitäten

Aus dem Schema zur Einführung faktischer alethischer Modalitäten erhält man die logischen alethischen Modalitäten auf folgende Weise: In dem Definitionsschema für die faktische Notwendigkeit wird R gestrichen und G durch L ersetzt, wobei L die Gesetze (Theoreme, Tautologien, Regeln) der akzeptierten Logik sind, d. h., als Wissen, aus dem geschlossen wird, werden nur die Gesetze der Logik zugelassen. Wir erhalten dann zunächst folgende Definition der logischen alethischen Notwendigkeit:

D 1. $\quad N_l{\downarrow}X \equiv_{\text{Def}} (L \vdash X) \ .$

Da L jedoch als Logik akzeptiert ist, läßt sich diese Definition auch folgendermaßen schreiben:

D 1'. $\quad N_l{\downarrow}X \equiv_{\text{Def}} \ \vdash X \ ,$

wobei $\vdash$ das Zeichen der entarteten Folgebeziehung ist.

Die logische alethische Möglichkeit wird entsprechend definiert als:

D 2. $\quad M_l{\downarrow}X \equiv_{\text{Def}} \sim N_l{\downarrow} \sim X \ ,$

oder anders geschrieben:

D 2'. $\quad M_l{\downarrow}X \equiv_{\text{Def}} \sim (\ \vdash \ \sim X) \ .$

Die logische alethische Zufälligkeit definieren wir folgendermaßen:

D 3. $\quad C_l{\downarrow}X \equiv_{\text{Def}} \sim N_l{\downarrow}X \ .$

Aus den Definitionen ergeben sich u. a. folgende Theoreme (anstelle von X schreiben wir wieder x):

T 1. $N_l x \supset X$
T 2. $\sim X \supset \sim N_l x$
T 3. $N_l \sim x \supset \sim M_l x$
T 4. $X \supset M_l x$
T 5. $N_l x \equiv \sim C_l x$.

Da beim Aufbau jeder Wissenschaft eine Logik L vorausgesetzt und akzeptiert wird, gelten auf Grund der gewählten Definitionen folgende Beziehungen zwischen logischen und faktischen alethischen Modalitäten (die Indizes bei faktischen Modalitäten lassen wir wieder weg):

T 6. $N_l x \supset Nx$
T 7. $Mx \supset M_l x$
T 8. $\sim Nx \supset \sim N_l x$
T 9. $\sim M_l x \supset \sim Mx$.

Die letzten vier Theoreme zeigen, daß die logischen alethischen Modalitäten Grenzen für die faktischen Modalitäten festlegen. *T 6* besagt: was logisch notwendig ist, ist auch faktisch notwendig. *T 7* besagt: was faktisch möglich ist, ist auch logisch möglich. *T 8* besagt: was faktisch nicht notwendig ist, ist auch logisch nicht notwendig; während *T 9* besagt: was logisch unmöglich ist, ist auch faktisch unmöglich.

Aus den Definitionsschemata zur Einführung theoretischer epistemischer Modalitäten erhält man Schemata für die logischen epistemischen Modalitäten, wenn man W durch L ersetzt:

D 4. $B_l tX \equiv_{\mathrm{Def}} \vdash X$;
D 5. $\sim B_l tX \equiv_{\mathrm{Def}} \sim (\vdash X)$;
D 6. $Wi_l tX \equiv_{\mathrm{Def}} (\vdash \sim X)$;
D 7. $\sim Wi_l tX \equiv_{\mathrm{Def}} \sim (\vdash \sim X)$;
D 8. $U_l tX \equiv_{\mathrm{Def}} \sim (\vdash X) \wedge \sim (\vdash \sim X)$;
D 9. $\sim U_l tX \equiv_{\mathrm{Def}} (\vdash X) \vee (\vdash \sim X)$.

Wir sehen, daß die Behauptungen der logischen Beweisbarkeit, der logischen Notwendigkeit, der logischen Wahrheit einer Aussage (bzw. der durch die Aussage beschriebenen Sachlage) einerseits, sowie die der logischen Widerlegbarkeit, der logischen Unmöglichkeit und der logischen Falschheit andererseits äquivalent sind. Trotzdem müssen diese verschiedenen Behauptungen sehr wohl unterschieden werden. In der mangelnden Unterscheidung dieser verschiedenen Behauptungen liegt einer der Gründe für die fehlerhafte Deutung der Modalitäten als Wahrheitswerte.

§ 11. Absolute Modalitäten

Neben den bisher betrachteten relativen Modalitäten werden in der Wissenschaftssprache auch absolute Modalitäten verwendet. Um aus den Definitionsschemata für relative Modalitäten Definitionen zur Einführung absoluter Modalitäten zu erhalten, führen wir spezielle Variablen für Wissen (W), Gesetzeswissen (G), Randbedingungen (R) und Kodexe (K) ein. Wir verwenden entsprechend die kleinen lateinischen Buchstaben w, g, r und k als Variablen dieses Typs.

Den Ausdruck „$\downarrow X$ ist absolut notwendig" oder einfach „$\downarrow X$ ist notwendig" definieren wir wie folgt:

D 1. $N{\downarrow}X \equiv_{\mathrm{Def}} (\exists g)\,(\exists r)\,((g \vdash X) \vee ((g \wedge r \vdash X) \wedge \sim (r \vdash X)))$.

Die übrigen absoluten alethischen Modalitäten werden wie allgemein üblich definiert.

Den Ausdruck „tX ist beweisbar" definieren wir folgendermaßen:

D 2. $BtX \equiv_{\mathrm{Def}} (\exists w)\,(w \vdash X)$.

Die übrigen theoretischen epistemischen Modalitäten werden wie allgemein üblich definiert.

Den Ausdruck „tX ist verifizierbar" definieren wir wie folgt:

D 3. $VetX \equiv_{\mathrm{Def}} (\exists r)\,(r \vdash X)$.

Die übrigen empirischen epistemischen Modalitäten werden wie allgemein üblich definiert.

Absolute deontische Modalitäten könnte man nach folgender Definition einführen:

D 4. $O!X \equiv_{\mathrm{Def}} (\exists k)\,(\exists r)\,((k \vdash !X) \vee ((k \wedge r \vdash !X) \wedge \sim (r \vdash !X)))$.

Doch dieses Schema hat nur geringe Bedeutung, da es allein unter sehr starken Idealisierungen akzeptabel ist. Man kann dieses Schema nur akzeptieren, wenn alle konkreten Kodexe, die für die Variable k eingesetzt werden, miteinander verträglich sind. Faktisch tritt eine solche Situation nicht auf.

§ 12. Analyse einiger Paradoxien mit Modalitäten

Um gewisse Schwierigkeiten in seiner Bedeutungstheorie zu lösen, unterschied G. Frege in [7] zwischen einem *geraden* (gewöhnlichen) und einem *ungeraden Vorkommen* eines Wortes in einem Satz. Wir erklären an einem Beispiel diese Unterscheidung. Wenn wir in dem wahren Satz „Stendhal schrieb den Roman ‚Rot und Schwarz'" den Namen „Stendhal" durch den bedeutungsgleichen „Henry Beyle" ersetzen, erhalten wir den Satz „Henry Beyle schrieb den Roman ‚Rot und Schwarz'", der gleichfalls wahr ist. Nehmen wir hingegen die gleiche Ersetzung in dem als wahr angenommenen

Satz „Lieschen Müller weiß, das Stendhal den Roman ‚Rot und Schwarz' schrieb" vor, so muß der gewonnene Satz „Lieschen Müller weiß, daß Henry Beyle den Roman ‚Rot und Schwarz' schrieb" durchaus nicht wahr sein, da ja Lieschen Müller möglicherweise nicht weiß, daß Stendhal und Henry Beyle ein und dieselbe Person sind. Allgemein kann man sagen, ein Terminus a kommt in einer Aussage X gerade vor genau dann, wenn sich der Wahrheitswert der Aussage X nicht ändert, falls man in ihr den Terminus a durch einen beliebigen bedeutungsgleichen Terminus b ersetzt, und er kommt ungerade vor, wenn er vorkommt und nicht gerade vorkommt. Eben dieses Kriterium schlug Frege zur Abgrenzung zwischen geraden und ungeraden Vorkommen von Termini in Aussagen vor. Die meisten Vorkommen von Termini in Sätzen sind gerade. Ungerade Vorkommen von Termini hängen mit solchen Wendungen zusammen wie „weiß, daß", „glaubt, daß", „bezweifelt, daß", „ist überrascht, daß" und, wie wir sehen werden, auch mit modalen Termini. Kontexte, die ungerade Vorkommen von Termini enthalten, nennt man häufig auch *intensionale Kontexte.*

Solche intensionalen Kontexte bereiteten den Logikern immer Schwierigkeiten, da für sie die Extensionalitätsregel (Ersetzbarkeitsregel), der gemäß beliebige Termini (beliebige Aussagen) durch bedeutungsgleiche in beliebigen Aussagen ohne Änderung von deren Wahrheitswert ersetzt werden können, scheinbar nur eingeschränkt gilt. Unseres Erachtens hilft die Unterscheidung von extensionalen und intensionalen Kontexten bei der Lösung der anstehenden Probleme nicht weiter. Allein der Hinweis darauf, daß es sich um intensionale Kontexte handelt, nutzt gar nichts.

Überall, wo man in der Logik auf sogenannte Intensionen oder „inhaltliche" Fragen verweist, ist das nur ein Anzeichen dafür, daß die behandelten Probleme noch nicht auf logischer Ebene gelöst sind. Statt zu einer Lösung beizutragen, verleitet die sogenannte Intensionalität manchen Logiker sogar dazu, sich von dem jeweiligen Problem abzuwenden und für nicht zuständig zu erklären. So bezweifelt etwa W. Stegmüller überhaupt die Möglichkeit einer modalen Logik, da modale Kontexte intensionalen Charakter hätten [25]. Auch G. Klaus behauptet, für die Untersuchung der Modalitäten sei die (formale) Logik nicht zuständig, sondern sie würden, wie andere sogenannte intensionale Beziehungen, den Gegenstand einer dialektischen Logik bilden [9]. Auch solch ein Vorgehen trägt natürlich nicht zur Klärung der Modalitäten bei, denn im Rahmen der vorgeschlagenen dialektischen Logik bestünde natürlich die gleiche Problematik. Es sollte mit der Unsitte Schluß gemacht werden, nicht oder ungenügend gelöste Probleme als Dialektik auszugeben. Man sollte Lenins Ratschlag ernster nehmen: „Und ferner darf man diese große Hegelsche Dialektik nicht mit der abgeschmackten Lebensweisheit verwechseln, die in dem italienischen Sprichwort zum Ausdruck kommt — mettere la coda dove non va il capo (den Schwanz durchstecken, wo man den Kopft nicht durchzwängen kann)" [11, S. 417].

Allgemein läßt sich zu den sogenannten intensionalen Kontexten folgendes sagen: Man muß zwischen dem Vorkommen von Termini und Aussagen in sprachlichen Ausdrücken als Termini und Aussagen und als bloß physischen Dingen (Lauten, Linien) unterscheiden. Beispielsweise kommt die Aussage X in den Aussagen $\sim X$ und $X \wedge Y$ als Aussage vor, während sie in den Ausdrücken „die Aussage X" (symbolisch tX) und „die Tatsache, daß X" (symbolisch $\downarrow X$) bloß als physisches Ding, das die Form X hat, vorkommt. Deshalb muß in jedem Bereich der Logik genau definiert werden, was als ein Vorkommen eines Terminus oder einer Aussage anzusehen ist, und es genügt nicht, ein Vorkommen eines Terminus oder einer Aussage X in einem sprachlichen Ausdruck Y als graphischen Teil von Y zu definieren. Dies kann nämlich manchmal zu Mißverständnissen führen. Aus der Aussage „Lieschen Müller sagt die Aussage X" und aus $X \equiv Y$ folgt beispielsweise nicht „Lieschen Müller sagt die Aussage Y", weil X in der ersten Aussage nicht als Aussage, sondern nur als graphischer Teil vorkommt. Die Aussage „Lieschen Müller sagt die Aussage X" hat die logische Struktur $S(a, tX)$, wobei S das zweistellige Prädikat „das erste sagt das zweite", während a (Lieschen Müller) und tX (die Aussage X) die logischen Subjekte dieser Aussage sind. X kommt aber in tX nicht als Aussage, sondern nur als graphischer Teil vor. Wird dies nicht beachtet, so können Paradoxe entstehen. Dort, wo Frege von sogenannten ungeraden Vorkommen spricht, handelt es sich in Wirklichkeit also nicht um Vorkommen als Termini oder als Aussagen, sondern nur um Vorkommen als graphischer Teil. Das gilt sowohl für Wendungen, wie „a weiß, daß X", „a glaubt, daß X", „a bezweifelt, daß X" usw. als auch für modale Aussagen. Man kann deshalb nicht sagen, daß die Extensionalitätsregel hier nur eingeschränkt gilt, da sie hier überhaupt nicht anwendbar ist. Nach der Extensionalitätsregel können nur Vorkommen von sprachlichen Gebilden als Termini bzw. als Aussagen durch bedeutungsgleiche ersetzt werden, jedoch nicht beliebige graphische Teile.

Das Mißverständnis einer eingeschränkten Gültigkeit der Extensionalitätsregel für sogenannte intensionale Kontexte ergibt sich aus folgendem Umstand: Für einige der in Frage stehenden zweistelligen Prädikate in sogenannten intensionalen Kontexten gelten auf Grund ihrer Definitionen logische Regeln, die der Extensionalitätsregel sehr ähnlich sind und die es unter bestimmten zusätzlichen Bedingungen gestatten, auch bloße Vorkommen von graphischen Teilen durch bestimmte Termini und Aussagen zu ersetzen. Die Gültigkeit solcher zusätzlicher Regeln muß für jedes der in Frage stehenden Prädikate gesondert untersucht werden, in allgemeiner Form läßt sich hier nichts Verbindliches sagen. Das wird schon deutlich, wenn wir die Wendung „a sagt die Aussage X" untersuchen. Diese Wendung wird in zwei grundsätzlich verschiedenen Bedeutungen verwendet. Bei der einen Verwendungsart kommt es genau auf die Wort- und Buchstabenfolge dessen an, was a sagt. Offensichtlich kann X in diesem Falle durch keinerlei bedeutungsgleiche Aussagen ersetzt werden. (In der Umgangssprache wird dies durch Angabe dessen, was a sagt, in direkter Rede wiedergegeben.) Bei der anderen Verwendungsart von „a sagt die Aussage X" kommt es nicht auf die Wortfolge von X an, sondern auf die Information, die a mit der Aussage X gibt. In diesem Falle kann für X durchaus eine bedeutungsgleiche Aussage Y gesetzt werden. (In der Umgangssprache entspricht dem die Wiedergabe durch indirekte Rede.)

Wir wenden uns jetzt wieder den Modalitäten zu und betrachten einige von W. v. O. Quine erörterten Paradoxien, die sich bei einem unvorsichtigen Gebrauch von Modalitäten ergeben [18].

Zunächst stellen wir die Quinesche Argumentation dar und analysieren die Problematik dann unter dem Gesichtspunkt unserer Deutung der Modalitäten. Quine geht von folgenden wahren Beispielsätzen aus:

(1) Es ist notwendig, daß 9 größer als 7 ist.

(2) Es ist notwendig, daß es, wenn es auf dem Abendstern Leben gibt, auf dem Abendstern Leben gibt.

(3) Es ist möglich, daß die Zahl der Planeten kleiner als 7 ist.

Weiter setzt er voraus, daß die Termini „die Zahl der Planeten" und „9" sowie „Abendstern" und „Morgenstern" jeweils bedeutungsgleich sind und daß die Ersetzbarkeitsregel für bedeutungsgleiche Ausdrücke gilt. Er unterscheidet dabei nicht zwischen einem Vorkommen als Terminus und als bloß graphischem Teil. Nimmt man in den Sätzen 1–3 die entsprechenden Ersetzungen vor, so erhält man die folgenden drei falschen Sätze:

(4) Es ist notwendig, daß die Zahl der Planeten größer als 7 ist.

(5) Es ist notwendig, daß es, wenn es auf dem Abendstern Leben gibt, auf dem Morgenstern Leben gibt.

(6) Es ist möglich, daß 9 kleiner als 7 ist.

Quine und im Anschluß an ihn auch Stegmüller deuten alle in den Beispielsätzen vorkommenden Modalitäten als logische Modalitäten. Deshalb spricht Stegmüller dann auch von einer besonderen Bedeutung der Kopula „ist" (ohne diese allerdings anzugeben) und zweifelt an der Möglichkeit einer Modallogik. Um die Beispielsätze logisch zu analysieren, verwenden wir neben den bereits eingeführten folgende Abkürzungen und Symbole: $>$ für „größer als" $<$ für „kleiner als", a für „Abendstern", b für „Morgenstern", c für „Zahl der Planeten", P für „auf ... gibt es Leben" und $\rightleftharpoons$ für die Beziehung der Bedeutungsgleichheit von Termini. Die in den Aussagen von Quine vorkommenden Modalitäten können sowohl als alethische als auch als epistemische Modalitäten gedeutet werden. Ob es sich dabei um logische Modalitäten handelt oder nicht, lassen wir hier noch offen. Die Sätze 1–3 haben dann in unserer Symbolik folgende Form:

(1)	$N{\downarrow}(9>7)$	(1′)	$Bt\,(9>7)$
(2)	$N{\downarrow}(P(a)\rightarrow P(a))$	(2′)	$Bt\,(P(a)\rightarrow P(a))$
(3)	$M{\downarrow}(c<7)$	(3′)	$\sim Wit\,(c<7)$.

Hieraus erschließt Quine mit Hilfe von

$(a)\ ta \rightleftharpoons tb$,

$(b)\ tc \rightleftharpoons t\,9$

die Sätze 4–6:

(4)	$N\!\downarrow\!(c > 7)$	(4′)	$Bt\,(c > 7)$
(5)	$N\!\downarrow\!(P(a) \rightarrow P(b))$	(5′)	$Bt\,(P(a) \rightarrow P(b))$
(6)	$M\!\downarrow\!(9 < 7)$	(6′)	$\sim Wit\,(9 < 7)$.

Dieser Schluß ist aber nicht korrekt, denn die Ersatzbarkeitsregel (ER) für bedeutungsgleiche Termini lautet:

$$\frac{\begin{array}{c}X\\ ta \rightleftharpoons tb\end{array}}{X[a/b]}\ ,$$

wobei das Symbol $X[a/b]$ einen beliebigen Ausdruck bezeichnet, den man aus X durch Ersetzen von Null oder mehr Vorkommen von a als Terminus in X durch b erhält. In den Beispielen von Quine wird aber ein Ausdruck ersetzt, der nicht als Terminus, sondern bloß als graphischer Teil eines zusammengesetzten Terminus vorkommt. Der Anschein der Korrektheit entsteht deshalb, weil sich für einige Modalitäten eine der Ersetzbarkeitsregel ähnliche Regel beweisen läßt, nach der auch Vorkommen als bloß graphische Teile ersetzt werden können. Für theoretische epistemische Modalitäten gilt beispielsweise folgende Regel:

$$\frac{\begin{array}{c}B_w tX\\ B_w t\,(ta \rightleftharpoons tb)\end{array}}{B_w t(X[a/b])}\ .$$

Beweis:

1.	$B_w tX$	Annahmen
2.	$B_w t\ (ta \rightleftharpoons tb)$	
3.	W	
4.	$W \vdash X$	(1, Def)
5.	$W \vdash (ta \rightleftharpoons tb)$	(2, Def)
6.	X	(3, 4)
7.	$ta \rightleftharpoons tb$	(3, 5)
8.	$X[a/b]$	(6, 7, ER)
9.	$W \vdash (X[a/b])$	(3, 8)
10.	$B_w t(X[a/b])$	(9, Def) .

Auch für logische alethische Modalitäten gilt:

$$\frac{\begin{array}{c}N_l\!\downarrow\! X\\ N_l\!\downarrow\!(ta \rightleftharpoons tb)\end{array}}{N_l\!\downarrow\!(X[a/b])}\ .$$

Der Beweis läßt sich analog führen.

Die folgende analoge Regel für faktische alethische Modalitäten ist hingegen nicht akzeptabel:

$$\frac{\begin{array}{l} N_w{\downarrow}X \\ N_w{\downarrow}(ta \rightleftharpoons tc) \end{array}}{N_w{\downarrow}(X[a/b])}\ .$$

Hiervon kann man sich leicht überzeugen. Wir müßten aus den Voraussetzungen

1. $G \wedge R$
2. $(G \vdash X) \vee (G \wedge R \vdash X) \wedge \sim(R \vdash X)$
3. $(G \vdash (ta \rightleftharpoons tb)) \vee (G \wedge R \vdash (ta \rightleftharpoons tb)) \wedge \sim(R \vdash (ta \rightleftharpoons tb))$

die Formel

$$(G \vdash (X[a/b])) \vee (G \wedge R \vdash (X[a/b])) \wedge \sim(R \vdash (X[a/b]))$$

ableiten. Dies gelingt aber nicht. Wir betrachten nur einen der wegen 2 und 3 erforderlichen vier Fälle des verzweigten Beweises:

1. $G \wedge R$
2. $G \vdash X$
3. $(G \wedge R \vdash (ta \rightleftharpoons tb)) \wedge \sim(R \vdash (ta \rightleftharpoons tb))$.

In diesem Fall erhalten wir zwar $G \wedge R \vdash (X[a/b])$, aber $\sim(R \vdash (X[a/b]))$ läßt sich nicht ableiten. Es ist nämlich durchaus möglich, daß $\sim(R \vdash X)$ und $\sim(R \vdash (ta \rightleftharpoons tb))$ gelten, während $R \vdash (X[a/b])$ gilt, wenn b etwa ein Terminus einer Beobachtungssprache und a ein Terminus einer umfassenderen theoretischen Sprache ist.

Kehren wir nun zu Quines Beispielen zurück. Wenn wir die auftretenden Modalitäten als epistemische Modalitäten deuten und die Voraussetzungen (a) $ta \rightleftharpoons tb$ und (b) $tc \rightleftharpoons t9$ zu (a') $B_w t\,(ta \rightleftharpoons tb)$ und (b') $B_w t\,(tc \rightleftharpoons t9)$ verschärfen, so können wir die oben bewiesene Regel anwenden, und die Sätze (4')–(6') enthalten nichts Paradoxes. Wenn wir die auftretenden Modalitäten als logische alethische Modalitäten deuten, so wären die verschärften Voraussetzungen (a'') $N_l{\downarrow}(ta \rightleftharpoons tb)$ und (a'') $N_l{\downarrow}(tc \rightleftharpoons t9)$ falsch, und es ist nichts Paradoxes, wenn man aus falschen Voraussetzungen falsche Folgerungen erhält. Deuten wir die auftretenden Modalitäten als faktische alethische Modalitäten, so dürfen wir selbst bei den entsprechend verschärften Voraussetzungen die entsprechenden Ersetzungen nicht vornehmen.

Für theoretische epistemische und für logische alethische Modalitäten lassen sich auch die folgenden zusätzlichen Ersetzungsregeln für bedeutungsgleiche Aussagen beweisen:

$$\frac{\begin{array}{l} B_w tX \\ B_w t\,(Y \equiv Z) \end{array}}{B_w t(X[Y/Z])} \qquad \frac{\begin{array}{l} N_l{\downarrow}X \\ N_l{\downarrow}(Y \equiv Z) \end{array}}{N_l{\downarrow}(X[Y/Z])}\ .$$

Für faktische alethische Modalitäten gilt die entsprechende Regel wiederum nicht.

Die Regeln für theoretische epistemische Modalitäten lassen sich in folgender Weise verallgemeinern. Angenommen, $W_1, \ldots, W_n$ ($n \geqq 1$) sei eine Wissenshierarchie derart, daß gilt:

$$B_{w_1}tX \rightarrow B_{w_2}tX\ ,$$
$$B_{w_2}tX \rightarrow B_{w_3}tX\ ,$$
$$\vdots$$
$$B_{w_{n-1}}tX \rightarrow B_{w_n}tX\ ,$$

während die Umkehrungen dieser Konditionalsätze nicht gelten.

Unter diesen Bedingungen gilt:

$$\frac{\begin{array}{l} B_{wi}tX \\ B_{wj}t\,(ta \rightleftharpoons tb) \end{array}}{B_{wi}t(X[a/b])}\ ,$$

wobei $i = 1, \ldots, n$, $j = 1, \ldots, n$ und $j \leqq i$. Eine entsprechende Regel gilt auch für bedeutungsgleiche Aussagen.

Auch für einige andere von Quine angeführten „intensionalen" Kontexte lassen sich analoge zusätzliche Regeln formulieren. Das gilt insbesondere für Kontexte mit „weiß, daß" und „glaubt, daß". Kehren wir zu dem zu Beginn dieses Paragraphen formulierten Beispiel zurück. Wir hatten dort festgestellt, daß aus den Sätzen „Lieschen Müller weiß, daß Stendhal den Roman ‚Rot und Schwarz' schrieb" und „Die Termini ‚Stendhal' und ‚Henry Beyle' sind bedeutungsgleich" logisch nicht der Satz folgt „Lieschen Müller weiß, daß Henry Beyle den Roman ‚Rot und Schwarz' schrieb". Ersetzen wir aber die zweite Voraussetzung durch „Lieschen Müller weiß, daß die Termini ‚Stendhal' und ‚Henry Beyle' bedeutungsgleich sind", so erhalten wir den zuletzt genannten Satz als logische Folgerung aus den beiden ersten. Wenn wir das Symbol $W(p, \downarrow X)$ als Abkürzung für den Satz „Die Person p weiß, daß X" verwenden, so lassen sich folgende Ersetzbarkeitsregeln für bedeutungsgleiche Termini bzw. Aussagen formulieren:

$$\frac{\begin{array}{l} W(p, \downarrow X) \\ W(p, \downarrow (a \rightleftharpoons b)) \end{array}}{W(p, \downarrow X[a/b])}$$

und

$$\frac{\begin{array}{l} W(p, \downarrow X) \\ W(p, \downarrow (Y \equiv Z)) \end{array}}{W(p, \downarrow X[Y/Z])}\ .$$

Allerdings gelten diese Regeln nur, wenn wir einen logisch idealen Wissenden p annehmen, der ein ausreichend gutes Gedächtnis hat, streng logisch folgerichtig ist und alle logischen Operationen in einer ausreichend kurzen Zeit durchführt. Ohne solche Idealisierung ließe sich aber noch nicht einmal eine solche einfache Regel wie die folgende für das Prädikat W formulieren:

$$\frac{\begin{array}{l} W(p, \downarrow(X \supset Y)) \\ W(p, \downarrow(Y \supset Z)) \end{array}}{W(p, \downarrow(X \supset Z))}\,.$$

Solche Annahmen sind aber im Rahmen der Logik durchaus zulässig, da sie ja nicht beanspruchen, den psychischen Prozeß des Wissens zu beschreiben. Unter der Annahme eines logisch idealen Gläubigen gelten die angegebenen zusätzlichen Ersetzbarkeitsregeln auch, wenn man W als „glaubt, daß" deutet.

Quellennachweise

1. Ивин, А. А., Логика норм, Москва 1973.
2. Зиновьев, А. А., Логическая физика, Москва 1973.
3. Зиновьев, А. А., Логическое следование, in: Проблемы логики и теории познания, Москва 1968.
4. Carnap, R., Philosophical Foundations of physics. An introduction of the philosophy of science, New York, London 1966.
5. Feys, R., Modal Logics, Paris 1965.
6. Frege, G., Begriffsschrift, in: K. Berka/L. Kreiser, Logik-Texte, Berlin 1971.
7. Frege, G., Sinn und Bedeutung, Ztschr. für Philosophie und philos. Kritik, NF 100, 1892, S. 25–50.
   Wiederabdruck in: Frege, G., Funktion, Begriff, Bedeutung. Fünf logische Studien, Göttingen 1962.
8. Iwin ,A. A., Grundprobleme der deontischen Logik, in: Quantoren, Modalitäten, Paradoxien, Berlin 1972.
9. Klaus, G., Moderne Logik, Berlin 1964.
10. Kripke, S. A., A Completeness Theorem in Modal Logic, in: Journal of Symbolic Logic, vol. 24, 1959, S. 1–14.
11. Lenin, W. I., Werke, Bd. 7, Berlin 1956.
12. Lewis, C., Langford, C. H., Symbolic Logic, New York 1959[2].
13. Lorenzen, P., Einführung in die operative Logik und Mathematik, Berlin, Heidelberg, New York 1969[2].
14. Lorenzen, P., Schwemmer, O., Konstruktive Logik, Ethik und Wissenschaftstheorie, Mannheim, Wien, Zürich 1973.
15. Łukasiewicz, J., Philosophische Bemerkungen zu mehrwertigen Systemen des Aussagenkalküls, Comptes Rendus de la Société des Sciences et des Lettres de Varsovie, Cl. III, XXIII, 1930, S. 51–77.
16. Łukasiewicz, J., A System of Modal Logic, in: Selected Works, Amsterdam, London, Warszawa 1970.
17. Łukasiewicz, J., Aristotle's Syllogistic from the Standpoint of Modern Formal Logic, Oxford 1951.

18. Quine, W. v. O., Reference and Modality, in: From a logical point of view. Logico-philosophical essays, New York 1961².
19. Reichenbach, H., Nomological Statements and admissible Operations, Amsterdam 1954.
20. Schütte, K., Vollständige Systeme modaler und intuitionistischer Logik, Berlin, Heidelberg, New York 1963.
21. Serebrjannikov, O. F., Heuristische Prinzipien und logische Kalküle, Berlin 1973.
22. Sinowjew, A. A., Logik und Sprache der Physik, Berlin 1975.
23. Sinowjew, A., Wessel, H., Logische Sprachregeln. Eine Einführung in die Logik, Berlin 1975.
24. Slinin, J. A., Die Modalitätentheorie in der modernen Logik, in: Quantoren, Modalitäten, Paradoxien, Berlin 1972.
25. Stegmüller, W., Der Phänomenalismus und seine Schwierigkeiten. Sprache und Logik, Darmstadt 1969.
26. Wessel, H., Logik und Philosophie, Berlin 1976.
27. Wessel, H., Vorwort des Herausgebers zu: A. A. Iwin, Grundlagen der Logik von Wertungen, Berlin 1975.
28. Wright, G. H. von, An Essay in Modal Logic, Amsterdam 1951.

Wolfram Heitsch

Ein Normenkalkül mit semantisch definierter Satzmenge

§ 1. *Aufforderungen und Normen*

Aufforderungen entstehen infolge einer vielseitigen Kommunikation der Menschen im Arbeits- und Lebensprozeß. Sie haben einerseits eine Aufforderungssituation und andererseits ein Aufforderungsverhältnis zur Voraussetzung. Während eine Aufforderungssituation stets objektiv existiert, besteht ein Aufforderungsverhältnis erst, wenn zwei nicht notwendig voneinander verschiedene Subjekte als aufforderndes und aufgefordertes Subjekt einander zugeordnet sind. Als Subjekt kann dabei ein einzelner Mensch, eine Gruppe von Menschen oder die menschliche Gesellschaft erscheinen.

Eine Aufforderung ist eine Handlung, die der Auffordernde durch eine sprachliche Äußerung vollzieht und durch die vom Aufgeforderten eine Handlung verlangt wird. Dabei wird die Herbeiführung eines Sachverhaltes (Herstellung eines Zustandes) auch als Handlung aufgefaßt. Schließlich erscheint die Unterlassung einer Handlung ebenfalls als Handlung.

Es ist zu beachten, daß eine Aufforderung nur dann sinnvoll ist, wenn folgende Bedingungen erfüllt sind:

1. Die Aufforderung als Handlung geht der durch sie verlangten Handlung zeitlich voran, und die durch die Aufforderung verlangte Handlung ist in die Zukunft gerichtet.
2. Die Ausführung der durch die Aufforderung verlangten Handlung ist prinzipiell möglich, aber nicht notwendig.
3. Der Aufgeforderte ist in der Lage (besitzt die Fähigkeit), die durch die Aufforderung verlangte Handlung auszuführen.

Handlungen können unter Verwendung von Handlungsprädikaten durch Aussagen beschrieben werden. Eine Handlungsbeschreibung ist wahr genau dann, wenn die beschriebene Handlung ausgeführt wird. Auf diese Weise können auch Aufforderungen als Handlungen unter Verwendung des dreistelligen prädikativen Ausdrucks $A(x, y, h)$ beschrieben werden. Der Ausdruck $A(x, y, h)$ bedeutet: x fordert y auf, die durch h beschriebene Handlung auszuführen. Dabei sind x und y beliebige Personen, die in einem vorausgesetzten Kommunikationszusammenhang stehen, und h ist die Beschreibung einer beliebigen Handlung, die für die entsprechende Kommunikationssituation relevant ist. In besonderen Fällen kann die durch h beschriebene Handlung wieder eine Aufforderung sein, die an eine dritte Person gerichtet ist. Ein solcher besonderer Fall liegt z. B. im Rechtswesen vor, wenn Anordnungen den Instanzenweg gehen. Becker hat bereits bei seiner normativjuristischen Deutung des Modalkalküls darauf aufmerksam gemacht [2, S. 40–50]. In der vorliegenden Abhandlung werden aber derartige Fälle nicht in Betracht gezogen.

Wer nun eine Aufforderungslogik (Logik der Aufforderungen) entwickeln will, der muß die logischen Eigenschaften des dreistelligen Aufforderungsprädikates studieren, wobei er sich prädikatenlogischer Kenntnisse bedienen kann. Eine Aufforderungslogik kann daher bei der hier vorgenommenen Bestimmung des Begriffs der Aufforderung nur eine angewandte Prädikatenlogik sein. In diesem Rahmen lassen sich dann u. a. die Begriffe des Auffordernden, des Aufgeforderten, des Aufforderungsverhältnisses, des Aufforderungsinhaltes, der Aufforderungsindifferenz und des widerspruchsfrei Auffordernden durch Zurückführung auf den dreistelligen Aufforderungsbegriff, der dabei als undefinierter Grundbegriff erscheint, exakt definieren. Stelzner hat eine Reihe solcher Begriffe auf den Aufforderungsbegriff zurückgeführt [11, S. 97–100]. In der vorliegenden Abhandlung wird dieses Anliegen jedoch nicht verfolgt.

Bisher wurde davon ausgegangen, daß Aufforderungen besondere Handlungen sind. Jetzt wird in den Mittelpunkt der Betrachtungen gerückt, daß durch Aufforderungen Normen gesetzt werden, worauf auch v. Kutschera hingewiesen hat [7, S. 11–14]. Gebote, Verbote, Erlaubnisse und Freistellungen von Handlungen sind Normen. Auch Normen können unter Verwendung normativer Operatoren durch Aussagen beschrieben werden. Eine Normbeschreibung ist wahr genau dann, wenn die beschriebene Norm gilt. Die normativen Operatoren G (Gebotsoperator), V (Verbotsoperator), E (Erlaubnisoperator) und F (Freistellungsoperator) können nun auf verschiedene Weise als Bestandteile der entsprechenden Normbeschreibungen $G(h)$, $V(h)$, $E(h)$ und $F(h)$ definitorisch auf den Aufforderungsbegriff zurückgeführt werden. Dabei bedeutet z. B. der Ausdruck $G(h)$: Es ist geboten, die durch h beschriebene Handlung auszuführen, bzw. die durch h beschriebene Handlung ist geboten. Es soll hier nur eine Variante der Zurückführung der normativen Operatoren auf den Aufforderungsbegriff angegeben werden:

(1) $G(h)$ genau dann, wenn es Personen x und y gibt, so daß gilt: $A(x, y, h)$.

(2) $V(h)$ genau dann, wenn es Personen x und y gibt, so daß gilt: $A(x, y, \sim h)$.

(3) $E(h)$ genau dann, wenn für alle Personen x und y gilt: nicht $A(x, y, \sim h)$.

(4) $F(h)$ genau dann, wenn für alle Personen x und y gilt: nicht $A(x, y, h)$ und nicht $A(x, y, \sim h)$.

Die Mängel dieser wie aller anderen Varianten der Definition normativer Operatoren durch Zurückführung auf den Aufforderungsbegriff liegen auf der Hand:

1. Es kann der Fall eintreten, daß eine Handlung sowohl geboten als auch verboten ist, was sich als ein normenlogischer Widerspruch erweist.

2. Es besteht keine Möglichkeit, das normenlogische Folgern zu begründen.

Auch durch die zusätzliche Forderung, daß eine Norm erst auf Grund der Anordnungs- bzw. Weisungsbefugnis des Auffordernden in Geltung gesetzt wird, die v. Kutschera zum Ausdruck bringt [7, S. 13], werden die genannten Mängel einer derartigen Definition der normativen Operatoren nicht überwunden.

Aus den letzten Ausführungen kann man die Schlußfolgerung ziehen, daß die Entwicklung einer Normenlogik (Logik normativer Operatoren) nicht von auf das Aufforderungsverhältnis bezogenen Definitionen normativer Operatoren ihren Ausgang nehmen kann. Eine Normenlogik kann vielmehr nur entwickelt werden, wenn die normativen Operatoren so definiert werden, daß das Gelten oder Nichtgelten einer Norm auf Grund der objektiven Aufforderungssituation und nicht auf Grund des Aufforderungsverhältnisses entschieden werden kann. Diese Auffassung steht im Gegensatz zur Ansicht Stelzners [11, S. 101].

Ist unter Bezugnahme auf objektive Aufforderungssituationen eine Normenlogik entwickelt worden, dann werden rationale auffordernde Subjekte nicht gegen normenlogische Gesetze verstoßen, wenn sie durch Aufforderungen Normen setzen, und normenlogische Folgerungen aus von ihnen gesetzten Normen akzeptieren. Bei den Normsetzungen durch Aufforderungen können dann auch verschiedene Modi der Aufforderung unterschieden werden, die durch Aufforderungsverben zum Ausdruck kommen, die den normativen Operatoren direkt entsprechen. Wenn sich allerdings ein Subjekt in einer objektiven Aufforderungssituation befindet, dann ist ein aufforderndes Subjekt überflüssig, da die in der objektiven Situation geltenden Normen bereits Anforderungen an das Subjekt darstellen. Jedenfalls ist eine Normenlogik, die auf dem Begriff der objektiven Gültigkeit (Geltung) von Normen beruht, von grundlegender Bedeutung für die Analyse und Synthese von Normensystemen empirischer Wissenschaften.

Um zu einer Normenlogik zu gelangen, müssen zunächst für verschiedene Arten von Normen die objektiven Situationen näher charakterisiert werden, bezüglich derer sie gelten oder nicht gelten. Unter diesem Gesichtspunkt werden moralische Normen, juristische Normen und methodische Regeln betrachtet. Bezüglich der moralischen Normen bringt Noack klar zum Ausdruck, daß unter „der objektiven Situation einzelner Individuen oder der Angehörigen bestimmter Gruppen“ deren „objektiver Handlungsspielraum in seiner objektiven . . . Bedeutsamkeit für die Befriedigung ihrer Bedürfnisse“ zu verstehen ist [9, S. 190]. Bezüglich der juristischen Normen kommt nach Ansicht von Rödig die objektive Situation in der „positiven oder negativen Bewertung“ von „zum selben Verhaltensspielraum gehörenden Verhaltensweisen“ unter „dem Gesichtspunkt des vorgesetzten Rechtswerts“ zum Tragen [10, S. 89/90]. Bezüglich der methodischen Regeln kann man hinzufügen, daß die objektive Situation durch ein gesetztes Ziel und einen hinsichtlich der Nützlichkeit für die Realisierung des gesetzten Zieles geordneten Handlungsspielraum bestimmt ist.

Verallgemeinernd kann man sagen, daß in jeder objektiven Aufforderungssituation ein Handlungsspielraum vorliegt. Sind n mögliche, aber nicht notwendige elementare Handlungen bekannt, so wird der Handlungsspielraum durch 2^n Handlungszustände konstituiert, die sich paarweise ausschließen und insgesamt alle Möglichkeiten erschöpfen. Je größer n ist, um so feiner (differenzierter) ist die Untergliederung des Handlungsspielraums. Außerdem wird in jeder objektiven Aufforderungssituation aus der Menge aller den vorliegenden Handlungsspielraum konstituierenden Handlungszustände eine nichtleere ausgezeichnete Teilmenge von Handlungszuständen ausgesondert. Während im Falle der moralischen Normen die ausgezeichnete Teilmenge alle diejenigen Handlungszustände enthält, die für die Befriedigung der Bedürfnisse am bedeutsamsten sind, enthält die ausgezeichnete Teilmenge im Falle der juristischen Normen alle diejenigen Handlungszustände, die unter dem Gesichtspunkt des vorgesetzten Rechtswerts positiv bewertet werden. Schließlich enthält im Falle der methodischen Regeln die ausgezeichnete Teilmenge alle diejenigen Handlungszustände, die für die Realisierung des gesetzten Zieles am nützlichsten sind.

Eine objektive Aufforderungssituation ist erkannt, wenn sowohl die Menge aller den vorliegenden Handlungsspielraum konstituierenden Handlungszustände als auch die ausgezeichnete Teilmenge dieser Menge bekannt ist. Ist eine objektive Aufforderungssituation erkannt, dann können die in der erkannten Aufforderungssituation geltenden Normen aufgestellt werden. Bei der Aufstellung dieser Normen erfolgt eine normative Bewertung aller Handlungen über dem vorliegenden Handlungsspielraum. Um bereits hier anzudeuten, wie diese normative Bewertung erfolgt, werden die normativen Operatoren als Bestandteile der entsprechenden Normbeschreibungen definitorisch auf die nichtleere ausgezeichnete Teilmenge Hz der Menge aller Handlungszustände und auf die aussagenlogische Folgebeziehung Fl zurückgeführt. Dabei wird der ausgezeichneten Menge Hz von Handlungszuständen umkehrbar eindeutig die Menge Hb der Beschreibungen der Handlungszustände aus Hz zugeordnet. Es besteht u. a. folgender Zusammenhang: Die durch h beschriebene Handlung wird bei jedem Handlungszustand aus Hz ausgeführt genau dann, wenn für jede Handlungszustandsbeschreibung h' aus Hb gilt: $\{h'\}\ Fl\ h$. Unter Beachtung derartiger Zusammenhänge wird nun definiert:

(1) $G(h)$ genau dann, wenn für jedes h' aus Hb gilt: $\{h'\}\ Fl\ h$.
(2) $V(h)$ genau dann, wenn für jedes h' aus Hb gilt: $\{h'\}\ Fl \sim h$.
(3) $E(h)$ genau dann, wenn es ein h' aus Hb gibt, so daß gilt: $\{h'\}\ Fl\ h$.
(4) $F(h)$ genau dann, wenn es ein h' aus Hb gibt, so daß gilt: $\{h'\}\ Fl\ h$, und ein h' aus Hb gibt, so daß gilt: $\{h'\}\ Fl \sim h$.

Während die früher angegebenen Definitionen der normativen Operatoren auf das Aufforderungsverhältnis bezogen sind, sind die zuletzt angegebenen Definitionen der normativen Operatoren auf die Aufforderungssituation bezogen. Die zuletzt angegebenen Definitionen der normativen Operatoren werden aus schon genannten Gründen dem Aufbau der Normenlogik zugrunde gelegt.

Es ist nun bemerkenswert, daß die meisten der in der Literatur zu findenen Definitionen der normativen Operatoren mit den hier zuletzt angegebenen Definitionen gleichwertig sind. Um dies an einigen Beispielen zu demonstrieren, werden noch einige Abkürzungen eingeführt. Unter der Standardalternative einer Menge M von Handlungszustandsbeschreibungen ($Sa(M)$) wird die kanonisch geklammerte Alternative aller Handlungszustandsbeschreibungen aus M in lexikographischer Anordnung verstanden. $\overline{Hb}$ ist die Komplementmenge von Hb bezüglich der Menge aller Handlungszustandsbeschreibungen. Schließlich ist $\check{A}q$ die aussagenlogische Äquivalenzbeziehung.

Es werden zunächst Definitionen normativer Operatoren mit Hilfe von Konstanten betrachtet.

Anderson hat folgende Definition für den Gebotsoperator angegeben [6, S. 467]:

$G(h)$ genau dann, wenn gilt: $\{\sim h\}$ Fl s.

Durch s wird dabei diejenige Handlung beschrieben, die eine Sanktion (Bestrafung oder Verschlechterung) nach sich zieht. Wird s mit $Sa(\overline{Hb})$ identifiziert, so gilt:

$\{\sim h\}$ Fl s genau dann, wenn für jedes h' aus Hb gilt: $\{h'\}$ Fl h. Damit ist die Definition von Anderson auf die hier angegebene Definition für den Gebotsoperator zurückgeführt.

Prior hat folgende Definition für den Gebotsoperator angegeben [6, S. 472]:

$G(h)$ genau dann, wenn gilt: $\{e\}$ Fl h.

Durch e wird dabei diejenige Handlung beschrieben, die eine Sanktion (Bestrafung oder Verschlechterung) vermeidet. Wird e mit $Sa(Hb)$ identifiziert, so gilt:

$\{e\}$ Fl h genau dann, wenn für jedes h' aus Hb gilt: $\{h'\}$ Fl h. Damit ist die Definition von Prior auf die hier angegebene Definition für den Gebotsoperator zurückgeführt.

Es werden nun Definitionen normativer Operatoren unter Bezugnahme auf Kodizes (Rechtskodizes oder Moralkodizes) betrachtet.

Lorenzen hat unter Bezugnahme auf einen Kodex $\{G(h^1), \ldots, G(h^k)\}$ folgende Definition für den Gebotsoperator angegeben [8, S. 90]:

$G(h)$ genau dann, wenn gilt: $\{h^1, \ldots, h^k\}$ Fl h.

Die Menge $\{h^1, \ldots, h^k\}$ stellt dabei den Inhalt des Kodexes $\{G(h^1), \ldots, G(h^k)\}$ dar. Wird vorausgesetzt, daß der Inhalt $\{h^1, \ldots, h^k\}$ des Kodexes widerspruchsfrei ist und daß dem Inhalt des Kodexes n mögliche, aber nicht notwendige elementare Handlungen zugrunde liegen, so gilt:

Es gibt genau eine nichtleere Menge M von Handlungszustandsbeschreibungen, so daß gilt: $\bigwedge_{i=1}^{k} h^i \, \ddot{A}q \; Sa(M)$.

Wird diejenige Menge M von Handlungszustandsbeschreibungen, für die gilt: $\bigwedge_{i=1}^{k} h^i \, \ddot{A}q \; Sa(M)$, mit Hb bezeichnet, so gilt schließlich: $\{h^1, \ldots, h^k\} \; Fl \; h$ genau dann, wenn für jedes h' aus Hb gilt: $\{h'\} \; Fl \; h$.

Damit ist die Definition von Lorenzen auf die hier angegebene Definition für den Gebotsoperator zurückgeführt.

Es ist nun noch zu beachten, daß es von den in der objektiven Aufforderungssituation vorhandenen Bedingungen abhängen kann, welche Handlungszustände aus der Menge aller den vorliegenden Handlungsspielraum konstituierenden Handlungszustände zu der ausgezeichneten Menge von Handlungszuständen zusammengefaßt werden. So kann es von den vorhandenen Bedingungen abhängen, welche Handlungszustände für die Befriedigung der Bedürfnisse am bedeutsamsten sind bzw. welche Handlungszustände unter dem Gesichtspunkt des vorgesetzten Rechtswerts positiv bewertet werden bzw. welche Handlungszustände für die Realisierung des gesetzten Zieles am nützlichsten sind. Sind m mögliche, aber nicht notwendige elementare Sachverhalte bekannt, so wird das Feld möglicher Bedingungen durch 2^m Wirklichkeitszustände konstituiert, die sich paarweise ausschließen und insgesamt alle Möglichkeiten erschöpfen. Je größer m ist, um so feiner (differenzierter) ist die Untergliederung des Feldes möglicher Bedingungen. Dabei ist zu beachten, daß natürlich auch Sachverhalte durch Aussagen beschrieben werden können. Eine Sachverhaltsbeschreibung ist wahr genau dann, wenn der beschriebene Sachverhalt besteht. Schließlich muß noch erwähnt werden, daß gelegentlich nicht nur Sachverhalte über dem Feld möglicher Bedingungen, sondern auch Handlungen über dem vorliegenden Handlungsspielraum als Bedingungen aufgefaßt werden.

Hängt es von den vorhandenen Bedingungen ab, welche Handlungszustände zu der ausgezeichneten Menge von Handlungszuständen zusammengefaßt werden, so hängt es auch von den vorhandenen Bedingungen ab, welche Normen gelten. Bei der definitorischen Einführung der normativen Operatoren als Bestandteile der entsprechenden Normbeschreibungen wurde nämlich angegeben, wann die Normbeschreibungen wahr sind, und damit auch, wann die beschriebenen Normen gelten. Dabei stellte sich heraus, daß es allein von der ausgezeichneten Menge von Handlungszuständen abhängt, ob eine Norm gilt oder nicht gilt.

Normen, die nur unter bestimmten Bedingungen gelten, werden bedingte Normen genannt. Erscheint das Bestehen oder das Nichtbestehen eines Sachverhaltes als Bedingung, so liegt eine sachverhaltsbedingte Norm vor. Eine handlungsbedingte Norm liegt dagegen vor, wenn die Ausführung oder die Nichtausführung (Unterlassung) einer Handlung als Bedingung erscheint. Normen, die keine bedingten Normen sind, werden unbedingte Normen genannt. In dieser Abhandlung werden bei der Untersuchung von Normensystemen nur sachverhaltsbedingte und unbedingte Normen in Betracht gezogen.

An dieser Stelle sei noch darauf hingewiesen, daß man die Ausführung einer Handlung als Sachverhalt und die Herbeiführung eines Sachverhalts als Handlung auffassen kann. Um dieser Problematik zu entgehen, werden in der vorliegenden Abhandlung Handlungen von Sachverhalten dadurch unterschieden, daß Handlungen einer normativen Bewertung zugänglich sind, Sachverhalte dagegen nicht. Ferner sei darauf hingewiesen, daß auf Grund des Zusammenhangs der Wahrheit einer Normbeschreibung mit der Gültigkeit (Geltung) der beschriebenen Norm in der Sprache der Normenlogik nicht Normen, sondern Normbeschreibungen ausgedrückt werden. Dadurch wird erreicht, daß alle Ausdrücke der Sprache der Normenlogik bei einer normenlogischen Interpretation einen Wahrheitswert annehmen.

Mit der vorliegenden Abhandlung werden zwei Ziele realisiert:

1. Es wird ein Normenkalkül mit semantisch definierter Satzmenge (mit semantisch definiertem Gesetzesbegriff) aufgebaut. Beim Aufbau und bei der Interpretation der Sprache des Normenkalküls wird auf die bereits herausgearbeiteten Bestimmungsstücke einer objektiven Aufforderungssituation Bezug genommen. Dabei werden Gedanken von Kripke berücksichtigt, die sich bei der Interpretation von Kalkülen der Modallogik bewährt haben [7, S. 52/53]. Was im Zusammenhang mit der Interpretation von Kalkülen der Normenlogik bei Cresswell als „die Menge aller guten Welten" [3, S. 180], bei Føllesdal und Hilpinen als die Menge aller „deontisch perfekten Welten" oder die Menge aller „idealen Welten" [4, S. 17] und schließlich bei v. Kutschera als die Menge aller Welten, „die besser sind als die . . . wirkliche Welt" [7, S. 53], erscheint, das erscheint bei unserer Interpretation als die Menge aller Handlungszustände, die für die Befriedigung eines bestimmten Bedürfnisses am bedeutsamsten sind, bzw. als die Menge aller Handlungszustände, die bei einem vorgegebenen Rechtswert positiv bewertet werden, bzw. als die Menge aller Handlungszustände, die für die Realisierung eines gesetzten Zieles am nützlichsten sind. Hieraus wird ersichtlich, daß unser Aufbau des Normenkalküls in semantischer Hinsicht nicht nur frei ist von jeglicher Spekulation, sondern auch auf eine vielseitige Anwendung orientiert ist.

2. Es werden Entscheidungsverfahren für normenlogische Gesetze entwickelt, die auch bei der Überprüfung von Regeln des normenlogischen Schließens hinsichtlich ihrer Gültigkeit anwendbar sind. Nach der Formalisierung von Normensystemen im Normenkalkül werden in Übereinstimmung mit Alchourrón und Bulygin die Begriffe der Konsistenz und der Vollständigkeit eines Normensystems definiert [1, S. 186]. Schließlich wird ein Entscheidungsverfahren für die Konsistenz und die Vollständigkeit eines Normensystems begründet und ein Verfahren zur Vervollständigung eines konsistenten Normensystems charakterisiert.

§ 2. Aufbau des Normenkalküls

1) Es wird das Alphabet der Sprache des Normenkalküls angegeben und eine Vereinbarung getroffen.

(1) Das Alphabet der Sprache des Normenkalküls umfaßt folgende Grundzeichen:

a) Sachverhaltsvariablen: $s_1, s_2, \ldots, s_m$.

b) Handlungsvariablen: $h_1, h_2, \ldots, h_n$.

c) Normative Operatoren: G, V, E, F.

d) Aussagenlogische Funktoren: $\sim$, $\wedge$, $\vee$, $\supset$, $\equiv$.

e) Technische Zeichen: (,).

(2) Es wird folgendes vereinbart:

a) $p = 2^m$ und $q = 2^n$.

b) $r = 2^q$.

2) Unter den Zeichenreihen über dem Alphabet werden die Ausdrücke des Normenkalküls durch eine induktive Definition ausgesondert.

Definition 1:

a) Induktive Definition der Sachverhaltsausdrücke (S-Ausdrücke):

(1) Die Sachverhaltsvariablen sind S-Ausdrücke.

(2) a) Wenn S_0 ein S-Ausdruck ist, dann ist auch $\sim S_0$ ein S-Ausdruck.

b) Wenn S_1 und S_2 S-Ausdrücke sind, dann sind auch $(S_1 \wedge S_2)$, $(S_1 \vee S_2)$, $(S_1 \supset S_2)$ und $(S_1 \equiv S_2)$ S-Ausdrücke.

(3) Eine Zeichenreihe ist nur dann ein S-Ausdruck, wenn dies auf Grund von (1) und (2) der Fall ist.

b) Induktive Definition der Handlungsausdrücke (H-Ausdrücke):

(1) Die Handlungsvariablen sind H-Ausdrücke.

(2) a) Wenn H_0 ein H-Ausdruck ist, dann ist auch $\sim H_0$ ein H-Ausdruck.

b) Wenn H_1 und H_2 H-Ausdrücke sind, dann sind auch $(H_1 \wedge H_2)$, $(H_1 \vee H_2)$, $(H_1 \supset H_2)$ und $(H_1 \equiv H_2)$ H-Ausdrücke.

(3) Eine Zeichenreihe ist nur dann ein H-Ausdruck, wenn dies auf Grund von (1) und (2) der Fall ist.

c) Induktive Definition der reinen Normenausdrücke (N-Ausdrücke):

(0) Wenn H ein H-Ausdruck ist, dann ist $G(H)$ ein Gebotsausdruck, $V(H)$ ein Verbotsausdruck, $E(H)$ ein Erlaubnisausdruck und $F(H)$ ein Freistellungsausdruck.

(1) Die Gebotsausdrücke, Verbotsausdrücke, Erlaubnisausdrücke und Freistellungsausdrücke sind N-Ausdrücke.

(2) a) Wenn N_0 ein N-Ausdruck ist, dann ist auch $\sim N_0$ ein N-Ausdruck.
b) Wenn N_1 und N_2 N-Ausdrücke sind, dann sind auch $(N_1 \wedge N_2)$, $(N_1 \vee N_2)$, $(N_1 \supset N_2)$ und $(N_1 \equiv N_2)$ N-Ausdrücke.
(3) Eine Zeichenreihe ist nur dann ein N-Ausdruck, wenn dies auf Grund von (1) und (2) der Fall ist.

d) Induktive Definition der Ausdrücke:
(0) Die Sachverhaltsvariablen, Handlungsvariablen, Gebotsausdrücke, Verbotsausdrücke, Erlaubnisausdrücke und Freistellungsausdrücke sind aussagenlogisch unzerlegbare Ausdrücke.
(1) Die aussagenlogisch unzerlegbaren Ausdrücke sind Ausdrücke.
(2) a) Wenn A_0 ein Ausdruck ist, dann ist auch $\sim A_0$ ein Ausdruck.
b) Wenn A_1 und A_2 Ausdrücke sind, dann sind auch $(A_1 \wedge A_2)$, $(A_1 \vee A_2)$, $(A_1 \supset A_2)$ und $(A_1 \equiv A_2)$ Ausdrücke.
(3) Eine Zeichenreihe ist nur dann ein Ausdruck, wenn dies auf Grund von (1) und (2) der Fall ist.

3) Es werden nun besondere Ausdrücke charakterisiert.

(1) a) Wenn in einem Ausdruck A an keiner Stelle ein normativer Operator vorkommt, dann wird der Ausdruck A ein *normfreier Ausdruck* genannt.
b) Wenn in einem Ausdruck A an einer Stelle ein normativer Operator vorkommt, dann wird der auf diese Stelle folgende in Klammern eingeschlossene Teilausdruck von A *der zu dieser Stelle gehörende Wirkungsbereich dieses Operators im Ausdruck A* genannt.

(2) a) Eine Implikation der Gestalt $(A_1 \supset A_2)$, in der das Vorderglied A_1 ein normfreier Ausdruck und das Hinterglied A_2 ein N-Ausdruck ist, wird ein *bedingter N-Ausdruck* genannt.
b) Eine Implikation der Gestalt $(A_1 \supset A_2)$, in der A_1 ein S-Ausdruck und A_2 ein N-Ausdruck ist, wird ein *S-bedingter N-Ausdruck* genannt.
c) Eine Implikation der Gestalt $(A_1 \supset A_2)$, in der A_1 ein H-Ausdruck und A_2 ein N-Ausdruck ist, wird ein *H-bedingter N-Ausdruck* genannt.

(3) a) Eine irgendwie geklammerte k-gliedrige Konjunktion (Alternative) der Ausdrücke $A_1, \ldots, A_k$, in der diese Ausdrücke in der angegebenen Reihenfolge vorkommen, wird durch *Kon*$(A_1, \ldots, A_k)$ (*Alt*$(A_1, \ldots, A_k)$) angedeutet.
b) Die kanonisch geklammerte k-gliedrige Konjunktion
$((\ldots((A_1 \wedge A_2) \wedge A_3) \wedge \ldots \wedge A_{k-1}) \wedge A_k)$ wird durch $\bigwedge_{i=1}^{k} A_i$ und die kanonisch geklammerte k-gliedrige Alternative
$((\ldots((A_1 \vee A_2) \vee A_3) \vee \ldots \vee A_{k-1}) \vee A_k)$ durch $\bigvee_{i=1}^{k} A_i$ abgekürzt.
c) Wenn $k=1$ ist, dann wird sowohl mit $\bigwedge_{i=1}^{k} A_i$ als auch mit $\bigvee_{i=1}^{k} A_i$ der Ausdruck A_1 gemeint.

(4) a) Wenn $U_1, \ldots, U_k$ paarweise voneinander verschiedene aussagen-

logisch unzerlegbare Ausdrücke sind, dann wird ein Ausdruck der Gestalt $\bigwedge_{i=1}^{k} A_i$, in dem für jedes i mit $1 \leqq i \leqq k$ A_i entweder der Ausdruck U_i oder der Ausdruck $\sim U_i$ ist, eine *Elementarkonjunktion bezüglich des geordneten k-Tupels* $[U_1, \ldots, U_k]$ genannt.

b) Wenn $U_1, \ldots, U_k$ paarweise voneinander verschiedene aussagenlogisch unzerlegbare Ausdrücke sind und g eine beliebige natürliche Zahl mit $1 \leqq g \leqq 2^k$ ist und $g-1 = \sum_{i=1}^{k} v_i(g) \cdot 2^{k-i}$ die dyadische Entwicklung von $g-1$ ist, dann ist *die g-te Elementarkonjunktion bezüglich* $[U_1, \ldots, U_k]$ der Ausdruck $\bigwedge_{i=1}^{k} A_i^g$, wobei für jedes i mit $1 \leqq i \leqq k$ gilt: wenn $v_i(g) = 0$ ist, dann ist A_i^g der Ausdruck U_i; und wenn $v_i(g) = 1$ ist, dann ist A_i^g der Ausdruck $\sim U_i$.

c) Für jedes g mit $1 \leqq g \leqq p$ wird die g-te Elementarkonjunktion bezüglich $[s_1, \ldots, s_m]$ mit S^g bezeichnet.

d) Für jedes g mit $1 \leqq g \leqq q$ wird die g-te Elementarkonjunktion bezüglich $[h_1, \ldots, h_n]$ mit H^g bezeichnet.

e) Für jedes g mit $1 \leqq g \leqq r$ wird die g-te Elementarkonjunktion bezüglich $[E(H^1), \ldots, E(H^q)]$ mit N^g bezeichnet.

(5) a) Ein Ausdruck der Gestalt $\bigvee_{i=1}^{k} S^{j_i}$ mit $1 \leqq k \leqq p$ und $1 \leqq j_1 < j_2 < \ldots < j_k \leqq p$ wird eine *kanonische alternative S-Normalform* genannt.

b) Ein Ausdruck der Gestalt $\bigvee_{i=1}^{k} H^{j_i}$ mit $1 \leqq k \leqq q$ und $1 \leqq j_1 < j_2 < \ldots < j_k \leqq q$ wird eine *kanonische alternative H-Normalform* genannt.

c) Ein Ausdruck der Gestalt $\bigvee_{i=1}^{k} N^{j_i}$ mit $1 \leqq k \leqq r-1$ und $1 \leqq j_1 < j_2 < \ldots < j_k \leqq r-1$ wird eine *kanonische alternative N-Normalform* genannt.

(6) a) Ein Ausdruck der Gestalt $\bigvee_{i=1}^{k} A_i$, in dem für jedes i mit $1 \leqq i \leqq k$ A_i entweder ein Erlaubnisausdruck oder die Negation eines Erlaubnisausdrucks ist, und in dem für wenigstens ein i mit $1 \leqq i \leqq k$ A_i ein Erlaubnisausdruck und für wenigstens ein i mit $1 \leqq i \leqq k$ A_i die Negation eines Erlaubnisausdrucks ist, wird eine *E-V-Alternative* genannt.

b) Ein Ausdruck der Gestalt $\bigwedge_{i=1}^{k} A_i$, in dem für jedes i mit $1 \leqq i \leqq k$ A_i eine *E-V*-Alternative ist, wird eine *konjunktive N-Normalform* genannt.

c) Ein Ausdruck der Gestalt $\bigwedge_{i=1}^{k} ((S_i \wedge H_i) \supset N_i)$, in dem für jedes i mit $1 \leqq i \leqq k$ S_i ein S-Ausdruck, H_i ein H-Ausdruck und N_i ein N-Ausdruck ist, wird eine *konjunktive A-Normalform* genannt.

4) Es wird noch erklärt, wann beliebige Ausdrücke A_1, A_2, A_3, A_4 in der Ersetzungsrelation stehen und was unter einer Ausdrucksmenge und einer S-N-Ausdrucksmenge zu verstehen ist.

(1) Die Ausdrücke A_1, A_2, A_3, A_4 stehen in der angegebenen Reihenfolge in der *Ersetzungsrelation* ($[A_1, A_2, A_3, A_4] \in Ers$) genau dann, wenn man A_4 dadurch aus A_1 erhalten kann, daß man in A_1 an beliebig vielen (nicht notwendig allen, eventuell gar keinen) Stellen, an denen A_2 als Teilausdruck in A_1 vorkommt, A_2 durch A_3 ersetzt.

(2) a) M ist eine *Ausdrucksmenge* genau dann, wenn M eine Menge von Ausdrücken ist.

b) Die leere Ausdrucksmenge wird mit $\emptyset$ bezeichnet.

(3) a) M ist eine *S-N-Ausdrucksmenge* genau dann, wenn M eine Menge von S-bedingten N-Ausdrücken ist.

b) Eine S-N-Ausdrucksmenge der Gestalt $\{(S^1 \supset N_1), \ldots, (S^p \supset N_p)\}$, in der für jedes i mit $1 \leqq i \leqq p$ N_i entweder eine kanonische alternative N-Normalform oder der N-Ausdruck N^r ist, wird eine *S-N-Standardausdrucksmenge* genannt.

5) Die folgenden Begriffe werden bei der Interpretation der Ausdrücke des Normenkalküls verwendet.

(1) $\{w, f\}$ ist die Menge der Wahrheitswerte w (wahr) und f (falsch).

(2) non, et, vel, seq und äq sind die klassischen zweiwertigen Wahrheitsfunktionen, die durch folgende Wertetabellen definiert werden:

	non
w	f
f	w

	et	vel	seq	äq
w, w	w	w	w	w
w, f	f	w	f	f
f, w	f	w	w	f
f, f	f	f	w	w

(3) a) Bs ist eine *Belegung der Sachverhaltsvariablen* mit Wahrheitswerten (Bs ist eine *S-Belegung*) genau dann, wenn Bs eine Funktion von der Menge der Sachverhaltsvariablen in die Menge der Wahrheitswerte ist.

b) Bh ist eine *Belegung der Handlungsvariablen* mit Wahrheitswerten (Bh ist eine *H-Belegung*) genau dann, wenn Bh eine Funktion von der Menge der Handlungsvariablen in die Menge der Wahrheitswerte ist.

c) Mb ist eine *Belegungsmenge* (Mb ist eine *B-Menge*) genau dann, wenn Mb eine nichtleere Menge von H-Belegungen ist.

(4) a) I ist eine *aus Bs, Bh und Mb bestehende Interpretation* (I ist eine *Bs-Bh-Mb-Interpretation*) genau dann, wenn $I = [Bs, Bh, Mb]$ ist und Bs eine S-Belegung, Bh eine H-Belegung und Mb eine B-Menge ist.

b) I ist eine *Interpretation* genau dann, wenn es eine S-Belegung Bs, eine H-Belegung Bh und eine B-Menge Mb gibt, so daß I eine Bs-Bh-Mb-Interpretation ist.

6) Der Begriff des Wertes eines Ausdrucks A bei einer Bs-Bh-Mb-Interpretation I wird durch eine induktive Definition eingeführt.

Definition 2:

a) Induktive Definition des Wertes eines S-Ausdrucks S bei einer S-Belegung Bs ($W_1(S, Bs)$) unter Bezugnahme auf beliebige S-Ausdrücke S_0, S_1, S_2:

(1) Für jede Sachverhaltsvariable s_i mit $1 \leqq i \leqq m$ ist $W_1(s_i, Bs) = Bs(s_i)$.

(2) a) $W_1(\sim S_0, Bs) = \text{non}(W_1(S_0, Bs))$.

b) $W_1((S_1 \wedge S_2), Bs) = \text{et}(W_1(S_1, Bs), W_1(S_2, Bs))$;
$W_1((S_1 \vee S_2), Bs) = \text{vel}(W_1(S_1, Bs), W_1(S_2, Bs))$;
$W_1((S_1 \supset S_2), Bs) = \text{seq}(W_1(S_1, Bs), W_1(S_2, Bs))$;
$W_1((S_1 \equiv S_2), Bs) = \text{äq}(W_1(S_1, Bs), W_1(S_2, Bs))$.

b) Induktive Definition des Wertes eines H-Ausdrucks H bei einer H-Belegung Bh ($W_2(H, Bh)$) unter Bezugnahme auf beliebige H-Ausdrücke H_0, H_1, H_2:

(1) Für jede Handlungsvariable h_j mit $1 \leqq j \leqq n$ ist $W_2(h_j, Bh) = Bh(h_j)$.

(2) a) $W_2(\sim H_0, Bh) = \text{non}(W_2(H_0, Bh))$.

b) $W_2((H_1 \wedge H_2), Bh) = \text{et}(W_2(H_1, Bh), W_2(H_2, Bh))$;
$W_2((H_1 \vee H_2), Bh) = \text{vel}(W_2(H_1, Bh), W_2(H_2, Bh))$;
$W_2((H_1 \supset H_2), Bh) = \text{seq}(W_2(H_1, Bh), W_2(H_2, Bh))$;
$W_2((H_1 \equiv H_2), Bh) = \text{äq}(W_2(H_1, Bh), W_2(H_2, Bh))$.

c) Induktive Definition des Wertes eines N-Ausdrucks N bei einer B-Menge Mb ($W_3(N, Mb)$) unter Bezugnahme auf einen beliebigen H-Ausdruck H und beliebige N-Ausdrücke N_0, N_1, N_2:

(1) a) Wenn für jedes Bh mit $Bh \in Mb$ $W_2(H, Bh) = w$ ist, dann ist $W_3(G(H), Mb) = w$; und wenn nicht für jedes Bh mit $Bh \in Mb$ $W_2(H, Bh) = w$ ist, dann ist $W_3(G(H), Mb) = f$.

b) Wenn für jedes Bh mit $Bh \in Mb$ $W_2(H, Bh) = f$ ist, dann ist $W_3(V(H), Mb) = w$; und wenn nicht für jedes Bh mit $Bh \in Mb$ $W_2(H, Bh) = f$ ist, dann ist $W_3(V(H), Mb) = f$.

c) Wenn es ein Bh mit $Bh \in Mb$ gibt, so daß $W_2(H, Bh) = w$ ist, dann ist $W_3(E(H), Mb) = w$; und wenn es kein Bh mit $Bh \in Mb$ gibt, so daß $W_2(H, Bh) = w$ ist, dann ist $W_3(E(H), Mb) = f$.

d) Wenn es ein Bh mit $Bh \in Mb$ gibt, so daß $W_2(H, Bh) = w$ ist, und ein Bh mit $Bh \in Mb$ gibt, so daß $W_2(H, Bh) = f$ ist, dann ist $W_3(F(H), Mb) = w$; und wenn es kein Bh mit $Bh \in Mb$ gibt, so daß $W_2(H, Bh) = w$ ist, oder kein Bh mit $Bh \in Mb$ gibt, so daß $W_2(H, Bh) = f$ ist, dann ist $W_3(F(H), Mb) = f$.

(2) a) $W_3(\sim N_0, Mb) = \text{non}(W_3(N_0, Mb))$.

b) $W_3((N_1 \wedge N_2), Mb) = \text{et}(W_3(N_1, Mb), W_3(N_2, Mb))$;
$W_3((N_1 \vee N_2), Mb) = \text{vel}(W_3(N_1, Mb), W_3(N_2, Mb))$;
$W_3((N_1 \supset N_2), Mb) = \text{seq}(W_3(N_1, Mb), W_3(N_2, Mb))$;
$W_3((N_1 \equiv N_2), Mb) = \text{äq}(W_3(N_1, Mb), W_3(N_2, Mb))$.

d) Induktive Definition des Wertes eines Ausdrucks A bei einer *Bs-Bh-Mb*-Interpretation I ($W(A, I)$) unter Bezugnahme auf beliebige Ausdrücke A_0, A_1, A_2:

(1) a) Für jede Sachverhaltsvariable s_i mit $1 \leqq i \leqq m$ ist $W(s_i, I) = W_1(s_i, Bs)$.

b) Für jede Handlungsvariable h_j mit $1 \leqq j \leqq n$ ist $W(h_j, I) = W_2(h_j, Bh)$.

c) Für jeden H-Ausdruck H ist $W(G(H), I) = W_3(G(H), Mb)$.

d) Für jeden H-Ausdruck H ist $W(V(H), I) = W_3(V(H), Mb)$.

e) Für jeden H-Ausdruck H ist $W(E(H), I) = W_3(E(H), Mb)$.

f) Für jeden H-Ausdruck H ist $W(F(H), I) = W_3(F(H), Mb)$.

(2) a) $W(\sim A_0, I) = \text{non}(W(A_0, I))$.

b) $W((A_1 \wedge A_2), I) = \text{et}(W(A_1, I), W(A_2, I))$;
$W((A_1 \vee A_2), I) = \text{vel}(W(A_1, I), W(A_2, I))$;
$W((A_1 \supset A_2), I) = \text{seq}(W(A_1, I), W(A_2, I))$;
$W((A_1 \equiv A_2), I) = \text{äq}(W(A_1, I), W(A_2, I))$.

7) In den folgenden Theoremen werden einfache Schlußfolgerungen aus den bisherigen Definitionen zum Ausdruck gebracht.

Theorem 1:
Für einen beliebigen Ausdruck A gilt:

a) A ist ein S-Ausdruck genau dann, wenn in A keine Handlungsvariable vorkommt.

b) A ist ein H-Ausdruck genau dann, wenn in A weder eine Sachverhaltsvariable noch ein normativer Operator vorkommt.

c) A ist ein N-Ausdruck genau dann, wenn in A keine Sachverhaltsvariable vorkommt und jede in A vorkommende Handlungsvariable an jeder Stelle ihres Vorkommens in A im Wirkungsbereich eines normativen Operators steht.

d) Wenn A ein S-Ausdruck ist, dann ist A ein normfreier Ausdruck.

e) Wenn A ein H-Ausdruck ist, dann ist A ein normfreier Ausdruck.

Theorem 2:
Für eine beliebige S-Belegung Bs, eine beliebige H-Belegung Bh, eine beliebige B-Menge Mb und eine beliebige Interpretation I gilt:

a) Wenn I eine *Bs-Bh-Mb*-Interpretation ist, dann ist für jeden S-Ausdruck S $W(S, I) = W_1(S, Bs)$.

b) Wenn I eine Bs-Bh-Mb-Interpretation ist, dann ist für jeden H-Ausdruck H $W(H, I) = W_2(H, Bh)$.
c) Wenn I eine Bs-Bh-Mb-Interpretation ist, dann ist für jeden N-Ausdruck N $W(N, I) = W_3(N, Mb)$.

Theorem 3:
Für einen beliebigen S-Ausdruck S, einen beliebigen H-Ausdruck H und einen beliebigen N-Ausdruck N gilt:
a) Für jede Interpretation I ist $W(S, I) = w$ genau dann, wenn für jede S-Belegung Bs $W_1(S, Bs) = w$ ist.
b) Für jede Interpretation I ist $W(H, I) = w$ genau dann, wenn für jede H-Belegung Bh $W_2(H, Bh) = w$ ist.
c) Für jede Interpretation I ist $W(N, I) = w$ genau dann, wenn für jede B-Menge Mb $W_3(N, Mb) = w$ ist.

Theorem 4:
a) Zu jeder S-Belegung Bs gibt es genau einen S-Ausdruck S^i mit $1 \leqq i \leqq p$, so daß $W_1(S^i, Bs) = w$ ist; und zu jedem S-Ausdruck S^i mit $1 \leqq i \leqq p$ gibt es genau eine S-Belegung Bs, so daß $W_1(S^i, Bs) = w$ ist.
b) Zu jeder H-Belegung Bh gibt es genau einen H-Ausdruck H^j mit $1 \leqq j \leqq q$, so daß $W_2(H^j, Bh) = w$ ist; und zu jedem H-Ausdruck H^j mit $1 \leqq j \leqq q$ gibt es genau eine H-Belegung Bh, so daß $W_2(H^j, Bh) = w$ ist.
c) Zu jeder B-Menge Mb gibt es genau einen N-Ausdruck N^k mit $1 \leqq k \leqq r-1$, so daß $W_3(N^k, Mb) = w$ ist; und zu jedem N-Ausdruck N^k mit $1 \leqq k \leqq r-1$ gibt es genau eine B-Menge Mb, so daß $W_3(N^k, Mb) = w$ ist.
d) Zu jeder Interpretation I gibt es genau einen S-Ausdruck S^i mit $1 \leqq i \leqq p$, so daß $W(S^i, I) = w$ ist, und genau einen H-Ausdruck H^j mit $1 \leqq j \leqq q$, so daß $W(H^j, I) = w$ ist, und genau einen N-Ausdruck N^k mit $1 \leqq k \leqq r-1$, so daß $W(N^k, I) = w$ ist.

8) Mit der Einführung der folgenden semantischen Begriffe wird der Aufbau des Normenkalküls abgeschlossen.

Definition 3:
a) Eine Interpretation I erfüllt einen Ausdruck A (I Erf A) genau dann, wenn $W(A, I) = w$ ist.
b) Eine Interpretation I ist ein Modell für eine Ausdrucksmenge M (I Mod M) genau dann, wenn für jedes A mit $A \in M$ gilt: I Erf A.

Definition 4:
a) Ein Ausdruck A ist erfüllbar (Ef A) genau dann, wenn es eine Interpretation I gibt, so daß gilt: I Erf A.
b) Ein Ausdruck A ist eine Kontradiktion (Kt A) genau dann, wenn es keine Interpretation I gibt, so daß gilt: I Erf A.
c) Ein Ausdruck A ist ein Gesetz (Gs A) genau dann, wenn für jede Interpretation I gilt: I Erf A.

Definition 5:

a) Ein Ausdruck A_1 ist mit einem Ausdruck A_2 äquivalent (A_1 Äq A_2) genau dann, wenn für jede Interpretation I gilt: I Erf A_1 genau dann, wenn I Erf A_2.

b) Aus einer Ausdrucksmenge M folgt ein Ausdruck A (M Fl A) genau dann, wenn für jede Interpretation I gilt: wenn I Mod M, dann I Erf A.

Es werden noch folgende Vereinbarungen getroffen:

(1) Die Menge aller Gesetze wird mit Gz bezeichnet ($Gz = \{A \mid \text{Gs}\, A\}$).

(2) Die Menge aller Ausdrücke, die aus einer Ausdrucksmenge M folgen, wird *die Folgerungsmenge von M* genannt und mit $Fg(M)$ bezeichnet ($Fg(M) = \{A \mid M \text{ Fl } A\}$).

§ 3. *Sätze der Normenlogik*

1) Auf Grund der angegebenen Definitionen können für beliebige Ausdrücke $A, A_1, \ldots, A_k$ und für beliebige Ausdrucksmengen M, M_1, M_2 folgende Sätze wie die entsprechenden Sätze der Aussagenlogik bewiesen werden:

(1) a) Kt A genau dann, wenn Gs $\sim A$.
b) Ef A genau dann, wenn nicht Gs $\sim A$.
c) A_1 Äq A_2 genau dann, wenn Gs $(A_1 \equiv A_2)$.
d) $\{A_1, \ldots, A_k\}$ Fl A genau dann, wenn Gs $\left(\bigwedge_{i=1}^{k} A_i \supset A\right)$.

(2) a) A Äq A.
b) Wenn A_1 Äq A_2, dann A_2 Äq A_1.
c) Wenn A_1 Äq A_2 und A_2 Äq A_3, dann A_1 Äq A_3.
d) Wenn $[A_1, A_2, A_3, A_4] \in Ers$ und A_2 Äq A_3, dann A_1 Äq A_4.

(3) a) $Fg(\emptyset) = Gz$.
b) $M \subseteqq Fg(M)$.
c) Wenn $M_1 \subseteqq M_2$, dann $Fg(M_1) \subseteqq Fg(M_2)$.
d) $Fg(Fg(M)) \subseteqq Fg(M)$.
e) $A_2 \in Fg(M \cup \{A_1\})$ genau dann, wenn $(A_1 \supset A_2) \in Fg(M)$.

(4) a) Wenn Gs $(A_1 \supset A_2)$ und Gs A_1, dann Gs A_2.
b) Wenn Gs A_1 und Gs A_2, dann A_1 Äq A_2.

2) Für beliebige Ausdrücke $A, A_1, \ldots, A_k, A_{11}, \ldots, A_{1l_1}, \ldots, A_{k1}, \ldots, A_{kl_k}$ und für eine beliebige Permutation $A_{j_1}, \ldots, A_{j_k}$ der Ausdrücke $A_1, \ldots, A_k$ werden nun Sätze angegeben, die wie die entsprechenden aussagenlogischen Sätze bewiesen werden können.

(1) a) Gs $\sim(A \wedge \sim A)$.
b) Gs $(A \vee \sim A)$.

(2) a) Gs $((A_1 \supset A_2) \supset ((A_2 \supset A_3) \supset (A_1 \supset A_3)))$.
b) Gs $\left(A_1 \supset \bigvee_{i=1}^{k} A_i\right)$.

(3) a) $\sim\sim A$ Äq A.
b) $(A \wedge A)$ Äq A.
c) $(A \vee A)$ Äq A.

(4) a) $(A_1 \supset A_2)$ Äq $(\sim A_2 \supset \sim A_1)$.
b) $(A_1 \supset (A_2 \supset A_3))$ Äq $((A_1 \wedge A_2) \supset A_3)$.

(5) a) $(A_1 \supset A_2)$ Äq $(\sim A_1 \vee A_2)$.
b) $(A_1 \equiv A_2)$ Äq $((\sim A_1 \vee A_2) \wedge (A_1 \vee \sim A_2))$.

(6) a) $Kon(A_1, \ldots, A_k)$ Äq $\bigwedge_{i=1}^{k} A_i$.
b) $Alt(A_1, \ldots, A_k)$ Äq $\bigvee_{i=1}^{k} A_i$.

(7) a) $\bigwedge_{i=1}^{k} A_i$ Äq $\bigwedge_{i=1}^{k} A_{j_i}$.
b) $\bigvee_{i=1}^{k} A_i$ Äq $\bigvee_{i=1}^{k} A_{j_i}$.

(8) a) $\sim \bigwedge_{i=1}^{k} A_i$ Äq $\bigvee_{i=1}^{k} \sim A_i$.
b) $\sim \bigvee_{i=1}^{k} A_i$ Äq $\bigwedge_{i=1}^{k} \sim A_i$.

(9) a) $\bigwedge_{i=1}^{k} A_i$ Äq $\left(\left(\bigwedge_{i=1}^{k} A_i \wedge A\right) \vee \left(\bigwedge_{i=1}^{k} A_i \wedge \sim A\right)\right)$.
b) $\bigvee_{i=1}^{k} A_i$ Äq $\left(\left(\bigvee_{i=1}^{k} A_i \vee A\right) \wedge \left(\bigvee_{i=1}^{k} A_i \vee \sim A\right)\right)$.

(10) a) $\left(A \supset \bigwedge_{i=1}^{k} A_i\right)$ Äq $\bigwedge_{i=1}^{k} (A \supset A_i)$.
b) $\left(A \supset \bigvee_{i=1}^{k} A_i\right)$ Äq $\bigvee_{i=1}^{k} (A \supset A_i)$.

(11) a) $\left(\bigwedge_{i=1}^{k} A_i \supset A\right)$ Äq $\bigvee_{i=1}^{k} (A_i \supset A)$.
b) $\left(\bigvee_{i=1}^{k} A_i \supset A\right)$ Äq $\bigwedge_{i=1}^{k} (A_i \supset A)$.

(12) a) $\bigwedge_{i=1}^{k} \bigvee_{j_i=1}^{l_i} A_{ij_i}$ Äq $\bigvee_{j_1=1}^{l_1} \cdots \bigvee_{j_k=1}^{l_k} \bigwedge_{i=1}^{k} A_{ij_i}$.
b) $\bigvee_{i=1}^{k} \bigwedge_{j_i=1}^{l_i} A_{ij_i}$ Äq $\bigwedge_{j_1=1}^{l_1} \cdots \bigwedge_{j_k=1}^{l_k} \bigvee_{i=1}^{k} A_{ij_i}$.

(13) a) Wenn Gs A_1, dann $(A_1 \wedge A_2)$ Äq A_2.
b) Wenn Kt A_1, dann $(A_1 \vee A_2)$ Äq A_2.

(14) a) Wenn Gs A_1, dann $(A_1 \vee A_2)$ Äq A_1.
b) Wenn Kt A_1, dann $(A_1 \wedge A_2)$ Äq A_1.

3) Unter Verwendung bereits angegebener Definitionen können für beliebige H-Ausdrücke $H, H_1, \ldots, H_k$ folgende Sätze bewiesen werden:

(1) a) $G(H)$ Äq $\sim E(\sim H)$.
b) $V(H)$ Äq $\sim E(H)$.
c) $F(H)$ Äq $(E(H) \wedge E(\sim H))$.
(2) a) $V(H)$ Äq $G(\sim H)$.
b) $E(H)$ Äq $\sim G(\sim H)$.
c) $F(H)$ Äq $(\sim G(H) \wedge \sim G(\sim H))$.
(3) a) $E\left(\bigvee_{i=1}^{k} H_i\right)$ Äq $\bigvee_{i=1}^{k} E(H_i)$
b) $G\left(\bigwedge_{i=1}^{k} H_i\right)$ Äq $\bigwedge_{i=1}^{k} G(H_i)$.
(4) a) Gs $(G(H) \supset E(H))$.
b) Gs $(G((H_1 \supset H_2)) \supset (G(H_1) \supset G(H_2)))$.
(5) a) Gs $(E(H) \vee E(\sim H))$.
b) Gs $((G(H) \vee V(H)) \vee F(H))$.
(6) a) Gs $\sim (G(H) \wedge V(H))$.
b) Gs $\sim (G(H) \wedge F(H))$.
c) Gs $\sim (V(H) \wedge F(H))$.
(7) a) Wenn Gs H, dann Gs $G(H)$.
b) Wenn Kt H, dann Gs $V(H)$.

4) Die folgenden Sätze stellen einfache Schlußfolgerungen aus bereits angegebenen Definitionen dar.

(1) a) Gs $\bigvee_{i=1}^{p} S^i$.
b) Gs $\bigvee_{i=1}^{q} H^i$.
c) Gs $\bigvee_{i=1}^{r-1} N^i$.
d) Gs $\sim N^r$.
(2) a) Gs $E\left(\bigvee_{i=1}^{q} H^i\right)$.
b) Gs $\sim E\left(\sim \bigvee_{i=1}^{q} H^i\right)$.
(3) a) Für alle i und j mit $1 \leqq i < j \leqq p$ gilt: Gs $\sim (S^i \wedge S^j)$.
b) Für alle i und j mit $1 \leqq i < j \leqq q$ gilt: Gs $\sim (H^i \wedge H^j)$.
c) Für alle i und j mit $1 \leqq i < j \leqq r-1$ gilt: Gs $\sim (N^i \wedge N^j)$.

5) Die folgenden Theoreme, die unter Verwendung bereits angegebener Definitionen und Sätze bewiesen werden können, ermöglichen die Zurückführung von Entscheidungsverfahren für normenlogische Gesetze auf Entscheidungsverfahren für aussagenlogische Gesetze.

Theorem 5:
Für beliebige Ausdrücke A_1 und A_2 gilt:
Wenn A_1 Äq A_2, dann gilt: Gs A_1 genau dann, wenn Gs A_2.

Theorem 6:
Für beliebige Ausdrücke $A_1, \ldots, A_k$ gilt:

Gs $\bigwedge_{i=1}^{k} A_i$ genau dann, wenn für jedes A_i mit $1 \leqq i \leqq k$ gilt: Gs A_i.

Theorem 7:
Für einen beliebigen S-Ausdruck S, einen beliebigen H-Ausdruck H und einen beliebigen N-Ausdruck N gilt:
Gs $((S \wedge H) \supset N)$ genau dann, wenn Gs $\sim S$ oder Gs $\sim H$ oder Gs N.

Theorem 8:
Für eine beliebige E-V-Alternative A gilt:
A ist ein Gesetz genau dann, wenn wenigstens eine Implikation, deren Vorderglied ein Wirkungsbereich des Operators E in einem negiert in A vorkommenden Erlaubnisausdruck ist und deren Hinterglied eine Alternative aller Wirkungsbereiche des Operators E in den unnegiert in A vorkommenden Erlaubnisausdrücken ist, ein Gesetz ist.

Theorem 9:
Zu jedem Ausdruck A gibt es eine konjunktive A-Normalform A' mit A' Äq A.

Theorem 10:
Zu jedem N-Ausdruck N gibt es eine konjunktive N-Normalform N' mit N' Äq N.

Theorem 11:
a) Zu jedem erfüllbaren S-Ausdruck S gibt es genau eine kanonische alternative S-Normalform S' mit S' Äq S.
b) Zu jedem erfüllbaren H-Ausdruck H gibt es genau eine kanonische alternative H-Normalform H' mit H' Äq H.
c) Zu jedem erfüllbaren N-Ausdruck N gibt es genau eine kanonische alternative N-Normalform N' mit N' Äq N.

6) Unter Verwendung eines auf den Theoremen 5 bis 10 basierenden Entscheidungsverfahrens für normenlogische Gesetze kann der Nachweis erbracht werden, daß folgendes gilt:

(1) Die Theoreme des alten monadischen deontischen Systems P von v. Wright [6, S. 443/444] sind normenlogische Gesetze.
(2) a) Wenn $G(H_2/H_1)$ durch $(H_1 \supset G(H_2))$ ersetzt wird, dann sind die Theoreme des neuen dyadischen Systems der deontischen Logik von v. Wright [6, S. 491] normenlogische Gesetze.
   b) Wenn $G(H_2/H_1)$ durch $G((H_1 \supset H_2))$ ersetzt wird, dann sind die Theoreme des neuen dyadischen Systems der deontischen Logik von v. Wright [6, S. 491] normenlogische Gesetze.
(3) Die im Existenzkalkül des Imperativ-Systems von Frey [5, S. 373/374] beweisbaren Theoreme sind normenlogische Gesetze.

(4) Da sich bereits unter den Axiomen der dyadischen deontischen W-Systeme von Iwin [6, S. 496/497] Ausdrücke befinden, die keine normenlogischen Gesetze sind, sind nicht alle Theoreme der W-Systeme normenlogische Gesetze.

§ 4. Regeln des normenlogischen Schließens

1) Eine Formalisierung normenlogischer Schlüsse im Normenkalkül ermöglicht eine Überprüfung normenlogischer Schlüsse hinsichtlich ihrer Korrektheit.

(1) Ein normenlogischer Schluß ist korrekt genau dann, wenn die Schlußregel, die durch das bei der Formalisierung des Schlusses entstehende Schlußschema zum Ausdruck gebracht wird, gültig ist.

(2) Eine durch ein Schema der Gestalt $A_1, \ldots, A_k \Rightarrow A$ zum Ausdruck gebrachte Schlußregel besagt: Man darf aus der Wahrheit der Prämissen $A_1, \ldots, A_k$ mit Sicherheit auf die Wahrheit der Konklusion A schließen.

Definition 6:

Eine durch ein Schema der Gestalt $A_1, \ldots, A_k \Rightarrow A$ zum Ausdruck gebrachte Schlußregel ist gültig genau dann, wenn für jede Interpretation I gilt: Wenn für jedes A_i mit $1 \leqq i \leqq k$ $W(A_i, I) = w$ ist, dann ist $W(A, I) = w$.

Theorem 12:

Für beliebige Ausdrücke $A, A_1, \ldots, A_k$ gilt:

Eine durch ein Schema der Gestalt $A_1, \ldots, A_k \Rightarrow A$ zum Ausdruck gebrachte Schlußregel ist gültig genau dann, wenn der Ausdruck $\left(\bigwedge_{i=1}^{k} A_i \supset A\right)$ ein Gesetz ist.

2) Auf Grund von Theorem 12 kann ein auf den Theoremen 5 bis 10 basierendes Entscheidungsverfahren für normenlogische Gesetze zur Überprüfung von Regeln des normenlogischen Schließens hinsichtlich ihrer Gültigkeit herangezogen werden.

Eine Überprüfung der von Weinberger angegebenen [12, S. 189–249] und von Rödig diskutierten [10, S. 79–93] Regeln des normenlogischen Schließens, die mit der „Abtrennungsregel der Normenlogik" im Zusammenhang stehen, hat folgendes ergeben:

(1) a) Die durch das 1., 2., 3., 5. und 8. Schema zum Ausdruck gebrachten Schlußregeln sind gültig.

b) Die durch das 4., 6., 7. und 9. Schema zum Ausdruck gebrachten Schlußregeln sind im allgemeinen nicht gültig.

(2) a) Die durch das 2. Schema zum Ausdruck gebrachte gültige Schlußregel hält Weinberger für nicht gültig, Rödig dagegen für diskutabel.

b) Die durch das 3. Schema zum Ausdruck gebrachte gültige Schlußregel hält Weinberger für problematisch, Rödig dagegen für unter gewissen Voraussetzungen zwingend.

c) Die durch das 7. Schema zum Ausdruck gebrachte im allgemeinen nicht gültige Schlußregel hält Weinberger für ziemlich überzeugend, Rödig dagegen für offenbar ungültig.

§ 5. Konsistenz und Vollständigkeit von Normensystemen

1) Eine Formalisierung von Normensystemen im Normenkalkül ermöglicht eine Überprüfung von Normensystemen hinsichtlich ihrer Konsistenz und Vollständigkeit.

(1) Die Folgerungsmenge einer Normenmenge ist ein deduktiv abgeschlossenes Normensystem.

(2) Da eine unbedingt geltende Norm eine unter allen Bedingungen geltende Norm ist, entsteht bei der Formalisierung einer Normenmenge eine S-N-Ausdrucksmenge.

Definition 7:
Eine S-N-Ausdrucksmenge M ist konsistent genau dann, wenn es zu jedem S-Ausdruck S^i mit $1 \leqq i \leqq p$ höchstens einen N-Ausdruck N^j mit $1 \leqq j \leqq r-1$ gibt, so daß gilt: M Fl $(S^i \supset N^j)$.

Definition 8:
Eine S-N-Ausdrucksmenge M ist vollständig genau dann, wenn es zu jedem S-Ausdruck S^i mit $1 \leqq i \leqq p$ wenigstens einen N-Ausdruck N^j mit $1 \leqq j \leqq r-1$ gibt, so daß gilt: M Fl $(S^i \supset N^j)$.

Theorem 13:
Zu jeder S-N-Ausdrucksmenge M gibt es genau eine S-N-Standardausdrucksmenge M' mit $Fg(M') = Fg(M)$.

Theorem 14:
Für eine beliebige S-N-Standardausdrucksmenge M gilt:

a) M ist konsistent genau dann, wenn in keiner Implikation aus M das Hinterglied der N-Ausdruck N^r ist.

b) M ist vollständig genau dann, wenn in jeder Implikation aus M das Hinterglied ein N-Ausdruck N^k mit $1 \leqq k \leqq r$ ist.

c) M ist konsistent und vollständig genau dann, wenn in jeder Implikation aus M das Hinterglied ein N-Ausdruck N^k mit $1 \leqq k \leqq r-1$ ist.

Theorem 15:
Zu jeder konsistenten S-N-Standardausdrucksmenge M gibt es eine konsistente und vollständige S-N-Standardausdrucksmenge M' mit $Fg(M) \subseteqq Fg(M')$.

2) Die Theoreme 13 bis 15 geben Anlaß zu folgenden Feststellungen:

(1) Auf den Theoremen 13 und 14 basiert ein Entscheidungsverfahren für die Konsistenz und die Vollständigkeit einer S-N-Ausdrucksmenge.

(2) Die Theoreme 13 bis 15 stecken den Rahmen für verschiedene Verfahren ab, die von einer konsistenten *S*-*N*-Ausdrucksmenge *M* ausgehend zu einer konsistenten und vollständigen *S*-*N*-Ausdrucksmenge *M'* führen und dabei garantieren, daß die Folgerungsmenge von *M* in der Folgerungsmenge von *M'* als Teilmenge enthalten ist.

3) Durch die folgenden Theoreme werden die Definitionen der Begriffe der Konsistenz und der Vollständigkeit einer *S*-*N*-Ausdrucksmenge motiviert.

Theorem 16:
Für eine beliebige *S*-*N*-Ausdrucksmenge *M* gilt:
Wenn *M* konsistent ist, dann gibt es keinen Ausdruck *A*, so daß gilt: Kt *A* und *M* Fl *A*.

Theorem 17:
Für eine beliebige *S*-*N*-Ausdrucksmenge *M* gilt:
Wenn *M* nicht konsistent ist, dann gibt es einen *S*-Ausdruck *S*, so daß gilt: nicht Kt *S* und nicht Gs *S* und *M* Fl *S*.

Theorem 18:
Für eine beliebige *S*-*N*-Ausdrucksmenge *M* gilt:
M ist konsistent und vollständig genau dann, wenn für jeden *S*-Ausdruck S^i mit $1 \leqq i \leqq p$ und für jeden *H*-Ausdruck *H* gilt: entweder *M Fl* $(S^i \supset G(H))$ oder *M* Fl $(S^i \supset V(H))$ oder *M* Fl $(S^i \supset F(H))$.

4) Die Einführung starker und schwacher, bedingter und unbedingter, auf eine *S*-*N*-Ausdrucksmenge *M* bezogener Gebots- und Erlaubnisoperatoren durch Alchourrón und Bulygin [1, S. 191/192] erweist sich als überflüssig, da folgendes gilt:

(1) Wenn die *S*-*N*-Ausdrucksmenge *M* sowohl konsistent als auch vollständig ist, dann fällt das schwache Gebot mit dem starken Gebot und die schwache Erlaubnis mit der starken Erlaubnis zusammen.
(2) Wenn die *S*-*N*-Ausdrucksmenge *M* konsistent, aber nicht vollständig ist, dann geht zwar das schwache Gebot über das starke Gebot und die schwache Erlaubnis über die starke Erlaubnis hinaus, aber es zeichnet sich kein akzeptierbares Verfahren zur Vervollständigung des entsprechenden Normensystems ab.
(3) Es wurden bereits akzeptierbare Verfahren charakterisiert, die ausgehend von einer konsistenten *S*-*N*-Ausdrucksmenge *M* zu einer konsistenten und vollständigen *S*-*N*-Ausdrucksmenge *M'* führen.

Quellennachweise

1. Alchourrón, C. E., Bulygin, E., Normative Systems, Wien, New York 1971.
2. Becker, O., Untersuchungen über den Modalkalkül, Meisenheim/Glan 1952.
3. Cresswell, M. J., Some further semantics for deontic logic, in: Logique et analyse, N. 38, 1967.

4. FØLLESDAL, D., HILPINEN, R., Deontic Logic: An Introduction, in: Deontic Logic: Introductory and Systematic Readings, Dordrecht-Holland 1970.
5. FREY, G., Imperativ-Kalküle, in: The Foundation of Statements and Decisions, Warschau 1961.
6. IWIN, A. A., Grundprobleme der deontischen Logik, in: Quantoren, Modalitäten, Paradoxien, Berlin 1972.
7. KUTSCHERA, F. v., Einführung in die Logik der Normen, Werte und Entscheidungen, Freiburg/München 1973.
8. LORENZEN, P., SCHWEMMER, O., Konstruktive Logik, Ethik und Wissenschaftstheorie, Mannheim 1973.
9. NOACK, K.-P., Zu einer möglichen Explikation des Begriffs der Moralbegründung, in: Rostocker Philosophische Manuskripte, Heft 13, Teil 2, 1974.
10. RÖDIG, J., Kritik des Normlogischen Schließens, in: Theory and Decision, Vol. 2, No. 1, 1971.
11. STELZNER, W., Zu einigen Aspekten von Aufforderungen, in: Teorie a Metoda, VI/3, 1974.
12. WEINBERGER, O., Rechtslogik, Wien, New York 1970.

Evelyn Dölling

Einige Aspekte einer Logik empirischer Zusammenhänge

§ 1. Einleitung

In der logischen Literatur gibt es zahlreiche Versuche, den Sinn solcher sprachlichen Ausdrücke, wie „Kausalität", „Ursache", „Wirkung", „Determinismus", „Indeterminismus" u. a. zu explizieren.

Bereits in der antiken und mittelalterlichen Philosophie war eine Analyse solcher Termini spezieller Gegenstand logischer Untersuchungen. Bemerkenswerte Resultate wurden von den Stoikern, den Megarikern [16] und Vertretern der arabischen Logikerschule [15] erzielt.

Mit der Entwicklung der Naturwissenschaften im 16. bis 18. Jahrhundert wurde die logische Analyse der oben erwähnten sprachlichen Ausdrücke zu einem zentralen Thema vieler Philosophen, wie beispielsweise von F. Bacon, T. Hobbes, D. Hume und I. Kant.

Als die mathematische Logik sich herauszubilden begann, gerieten diese Untersuchungen jedoch in Vergessenheit. Die Methoden der mathematischen Logik wurden zwar in einigen wissenschaftlichen Disziplinen erfolgreich bei der Lösung bestimmter Probleme angewandt, aber die Sprache dieser Logik war noch zu wenig ausdrucksfähig, um Prozesse, Kausalzusammenhänge usw. zu beschreiben. Das Bestreben einiger Logiker, gewisse Einseitigkeiten der mathematischen Logik zu überwinden, führte zur Ausarbeitung neuer Zweige der Logik. So wurden spezielle Kausallogiken, Logiken der Determiniertheit und Theorien kontrafaktualer Aussagen entwickelt. Beispiele solcher Forschungen sind Untersuchungen von nomologischen Aussagen durch H. Reichenbach [13, 14], von Kausalaussagen durch A. W. Burks [4], von kontrafaktualen Aussagen durch R. Chisholm [5], N. Goodman [7] u. a. sowie Arbeiten von J. Łukasiewicz [12] und A. A. Iwin [3, 10] zur logischen Analyse des Determinismus und P. Suppes [21] zur Entwicklung einer Kausalalgebra.

Bei der Ausarbeitung dieser Logiksysteme werden verschiedene Verfahren verwendet. In den einen Fällen werden Lösungen im Rahmen der klassischen Logik gegeben, in anderen werden modale Logiken, Systeme der strikten Implikation, die Wahrscheinlichkeitstheorie usw. benutzt. Allen diesen Arbeiten ist gemeinsam, daß in ihnen Aussagen vom Typ „Wenn X, so Y" sowie Aussagen, die sich durch sprachliche Transformationen in einer solchen Form schreiben lassen, untersucht werden. Beispiele solcher Aussagen sind:

„Wenn die Temperatur einer gegebenen Gasmenge erhöht wird, so erhöht sich (falls die übrigen Bedingungen konstant bleiben) der Druck“, „Wenn durch einen elektrischen Leiter Strom geschickt wird, so bildet sich um ihn ein Magnetfeld“, „Wenn Metall erwärmt wird, so dehnt es sich aus“.

A. A. Sinowjew entwickelte eine einheitliche logische Theorie empirischer Zusammenhänge [19]. In ihr wird der Sinn verschiedenartiger sprachlicher Ausdrücke, die empirische Zusammenhänge bezeichnen, expliziert. Beispiele solcher Ausdrücke sind nicht nur die Termini „Kausalität“, „Ursache“, „Determinismus“ und „Indeterminismus“, sondern auch die Termini „Abhängigkeit“, „Zusammenhang“, „Einwirkung“, „Wechselwirkung“, „Erzeugung“, „Einfluß“, „Verträglichkeit“ u. a. Eine Analyse solcher Ausdrücke führt zu dieser oder jener Kombination von Aussagen des Typs $X \rightarrow (Rx)Y$, wobei X und Y lokale Aussagen sind, $\rightarrow$ der Konditionalitätsoperator und R eine raum-zeitliche Relation ist [20]. Unter diesem Gesichtspunkt halten ist keine besondere Kausallogik, Logik der Determiniertheit, Logik der Zeit und des Raumes u. ä. erforderlich. Aussagen über Kausalzusammenhänge usw. erweisen sich als Spezialfälle von Aussagen über empirische Zusammenhänge.

Im vorliegenden Artikel stellen wir nicht philosophische Theorien von Zusammenhängen dar, sondern wir betrachten nur den terminologischen Aspekt von Zusammenhängen. Mit anderen Worten, wir analysieren Sprachen, mit deren Hilfe sich logisch korrekt über die Eigenschaften verschiedener Arten empirischer Zusammenhänge sprechen läßt. Wenn wir uns nicht nur auf die Beschreibung von Kausalzusammenhängen beschränken, sondern darüber hinaus eine Sprache betrachten, in der sich Arten empirischer Zusammenhänge beschreiben lassen, so entspricht dies vollkommen der These von W. I. Lenin, daß der Kausalzusammenhang „ein kleines Teilchen des universellen Zusammenhangs, aber (materialistische Ergänzung) ein Teilchen nicht des subjektiven, sondern des objektiven Zusammenhangs“ [11, S. 151] ist.

Auf den engen Zusammenhang zwischen Kausalität und Wechselwirkung hat auch F. Engels hingewiesen, wenn er schreibt: „Wechselwirkung ist das erste, was uns entgegentritt, wenn wir die sich bewegende Materie ... betrachten. Erst von der universellen Wechselwirkung kommen wir zum wirklichen Kausalitätsverhältnis. Um die einzelnen Erscheinungen zu verstehen, müssen wir sie aus dem allgemeinen Zusammenhang reißen, sie isoliert betrachten, und da erscheinen die wechselnden Bewegungen, die eine als Ursache, die andere als Wirkung“ [6, S. 499]. Und gegen den Humeschen Skeptizismus gerichtet, schreibt Engels: „Wir finden aber nicht nur, daß auf eine gewisse Bewegung eine andre folgt, sondern wir finden auch, daß wir eine bestimmte Bewegung hervorbringen können, indem wir die Bedingungen herstellen, unter denen sie in der Natur vorgeht ... Hierdurch, durch die Tätigkeit des Menschen, begründet sich die Vorstellung von Kausalität ...

Die regelmäßige Aufeinanderfolge gewisser Naturphänomene allein kann zwar die Vorstellung der Kausalität erzeugen: die Wärme und das Licht, die mit der Sonne kommen; aber hierin liegt kein Beweis, und sofern hätte der Humesche Skeptizismus recht zu sagen, daß das regelmäßige post hoc nie ein propter hoc begründen könne. Aber die Tätigkeit des Menschen macht die Probe auf die Kausalität" [6, S. 497/498].

Da wir uns im vorliegenden Artikel auf logische Untersuchungen beschränken, verweisen wir den an der philosophischen Theorie des Determinismus interessierten Leser auf Arbeiten von H. Hörz [8, 9].

§ 2. Kontrafaktuale Konditionalaussagen

In der logischen Literatur über Konditionalaussagen sind viele Arbeiten einer Analyse kontrafaktualer Konditionalaussagen (irrealer Konditionalaussagen) gewidmet. Im Rahmen des vorliegenden Artikels können wir diese Arbeiten nicht ausführlich auswerten [2]. Wir betrachten nur kurz einige Fragen.

Kontrafaktuale Konditionalaussagen sind Aussagen des Typs: „Wenn X wäre, so wäre Y", „Wenn X gewesen wäre, so wäre Y", „Wenn X sein würde, so würde Y sein", „Wenn es wahr wäre, daß X, so wäre es wahr, daß Y" usw., in denen X falsch ist. Beispiele solcher Aussagen sind: „Wenn das Wasser auf 100 °C erhitzt worden wäre, so wäre es verdampft", „Wenn das Eisstückchen auf 0 °C erwärmt werden würde, so würde es schmelzen".

Die Aufgabe bei der Untersuchung kontrafaktualer Aussagen sehen Goodman, Chisholm u. a. darin, Regeln zur Unterscheidung zwischen Gesetzesaussagen und Nichtgesetzesaussagen und ein Wahrheitskriterium für solche Aussagen zu formulieren. Beide Aufgabenstellungen sind bisher nicht gelöst.

Unseres Erachtens ist für die Logik bei der Untersuchung kontrafaktualer Aussagen nur interessant, nach Möglichkeiten zum Aufbau kontrafaktualer Aussagen zu suchen. H. Wessel hat in [22] gezeigt, daß es unmöglich ist, ein einheitliches allgemeines Schema zum Aufbau kontrafaktualer Aussagen anzugeben. Er weist darauf hin, daß vor allem die Arten konditionaler Aussagen [18] unterschieden werden müssen, mit denen die kontrafaktualen Aussagen assoziiert sind. So ist etwa zwischen den kontrafaktualen Aussagen „Wenn N die Straßenverkehrsregeln beachtet hätte, so wäre er nicht überfahren worden" (1) und „Wenn in der intuitionistischen Logik die Formel $\sim(\sim X \wedge X) \supset \sim Y \vee Y$ beweisbar wäre, so wäre in ihr auch die Formel $\sim Y \vee Y$ beweisbar" (2) zu unterscheiden. Viele der vor Goodman, Chisholm und einigen anderen Logikern stehenden Schwierigkeiten treten bei dem von Wessel formulierten Zugang zu einer Analyse kontrafaktualer Aussagen nicht auf.

§ 3. Nomologische Aussagen

Reichenbach entwickelt in [13, 14] eine Theorie nomologischer Aussagen. Er unterscheidet zwischen analytischen nomologischen Aussagen (logischen Gesetzen) und synthetischen nomologischen Aussagen (Naturgesetzen). Beispiele für Naturgesetze sind folgende Aussagen: „Wenn Metall erwärmt wird, so dehnt es sich aus“, „Wenn durch einen elektrischen Leiter Strom geschickt wird, so bildet sich um ihn ein Magnetfeld“. Nach ihrer formalen Struktur gliedert Reichenbach die nomologischen Aussagen in die Klasse der ursprünglichen nomologischen Aussagen und in die Klasse der abgeleiteten nomologischen Aussagen. Die Hauptverknüpfungen in nomologischen Aussagen nennt er „nomologische Operatoren“.

Wir betrachten im folgenden nur synthetische nomologische Implikationen, da Reichenbach seine Theorie vor allem für empirische Gesetzesaussagen entwickelt hat. Solche Konditionalaussagen werden in der mathematisch-logischen Literatur gewöhnlich mit Hilfe des Operators der materialen Implikation (klassischen Subjunktion) dargestellt. In vielen Fällen ist dies aber nicht korrekt, da bei einer solchen Schreibweise Paradoxien auftreten. Um die Paradoxien der materialen Implikation auszuschließen, hat B. Russell zur Darstellung von Konditionalaussagen formale Implikationen der Form $(\forall x)\ (f(x) \supset g(x))$ benutzt. Gleichzeitig jedoch hat er darauf verwiesen, daß bei einer solchen Schreibweise Paradoxien der formalen Implikation auftreten, und zwar dann, wenn bei beliebiger Interpretation das Antezedent immer falsch oder das Konsequent immer wahr ist. In solchen Fällen sind die Implikationsaussagen immer wahr.

Reichenbach knüpft an die Überlegungen von B. Russell an und bemerkt, daß sich empirische Gesetzesaussagen als formale Implikationen schreiben lassen, daß aber nicht jede formale Implikation eine Gesetzesaussage ausdrückt. In seiner Theorie nomologischer Aussagen sind die von Russell entdeckten Paradoxien der formalen Implikation als „sinnlose“ Aussagen auszuschließen. So waren beispielsweise zu der Zeit, als Reichenbach seine Theorie entwickelte, die folgenden Aussagen immer wahre Aussagen: 1) „Für jedes x gilt, wenn x ein Mensch ist, der jetzt auf dem Mond lebt, so trägt x eine rote Krawatte“, 2) „Für jedes x gilt, wenn x ein Mensch ist, der jetzt auf dem Mond lebt, so trägt x ein Sauerstoffgerät“. Beide Aussagen sind auf Grund dessen wahr, daß es zum Zeitpunkt des Aussprechens der Aussagen keinen auf dem Mond lebenden Menschen gab, und somit sind die Antezedente beider Aussagen falsch. Nun sieht Reichenbach aber nicht beide Aussagen gleichermaßen als paradox und damit als „sinnlos“ an. Aussage (2) betrachtet er im Unterschied zu (1) als „sinnvoll“, da zwischen ihrem Antezedent und Konsequent der für eine synthetische nomologische Implikation geforderte „inhaltliche Zusammenhang“ besteht. Aus wissenschaftlichen Untersuchungen ist bekannt, daß es auf dem Mond keine Atmosphäre gibt und daß folglich ein Mensch, wenn er auf dem Mond leben würde, ein Sauerstoffgerät tragen müßte. Diesen Überlegungen gemäß stellt Reichenbach an nomologische Aussagen entsprechende Forderungen.

Eine zweite Schwierigkeit bei der Interpretation von Naturgesetzen als formale Implikationen sieht Reichenbach in folgendem: Wenn wir gemischte Fälle betrachten, d. h. Fälle, in denen das Antezedent nicht immer falsch und das Konsequent nicht immer wahr ist, erhalten wir sinnlose Implikationen [13, S. 358]. Wir betrachten folgendes Beispiel. Angenommen, eine Person N habe zwei Hunde, die weiße Flecke auf ihren Vorderpfoten haben, und angenommen, diese Person N habe nur zwei Hunde. Dann ist die Implikation „x ist N's Hund impliziert x hat einen weißen Fleck auf seiner Vorderpfote" wahr für alle x. Reichenbach sieht eine solche Implikation nicht als ein Naturgesetz an, sondern als eine Aussage, die rein zufällig wahr ist, denn ein eventueller dritter Hund dieser Person N hätte solche weißen Flecke wahrscheinlich nicht. Jedoch wäre folgende Implikation „sinnvoll": „Für alle x gilt, wenn x N's Hund ist, so hat x ein Herz". Diese Implikation sieht Reichenbach deshalb als „sinnvoll" an, weil wir wissen, daß sie auch für einen dritten Hund wahr sein würde.

Diese Schwierigkeiten, die sowohl bei einer Darstellung der synthetischen nomologischen Implikation durch die materiale als auch durch die formale Implikation entstehen, will Reichenbach in seiner Theorie nomologischer Aussagen beseitigen. Dazu entwickelt er Regeln für einen „sinnvollen" Gebrauch der Redewendung „wenn ..., so ..." und formuliert bestimmte Forderungen. Er charakterisiert eine *ursprüngliche nomologische Aussage* durch neun Forderungen. Wir beschränken uns hier auf einige dieser Forderungen.

Erste Forderung (*R1*): Eine ursprüngliche nomologische Aussage A muß verifizierbar wahr sein, d. h. sie muß zu irgendeiner Zeit t in der Vergangenheit, Gegenwart oder Zukunft der Menschheitsgeschichte derart sein, daß A in t als praktisch wahr und in keiner Zeit nach t als falsifiziert betrachtet wird [14].

Mit „praktischer Verifizierbarkeit" meint Reichenbach, daß es eine Methode gibt, mit der die Wahrheit der Aussage A bewiesen werden kann. Es ist jedoch nicht notwendig, daß dieser Beweis tatsächlich erbracht worden ist. Ist er erbracht, so wissen wir, daß die Aussage A nomologisch ist; es kann jedoch – nach Reichenbach – nomologische Aussagen geben, die nicht als solche erkannt worden sind.

Mit *R1* wird nur die Möglichkeit des Beweises der Wahrheit einer Aussage gefordert; mit anderen Worten, hier wird auf einen modalen Begriff Bezug genommen, den, neben anderen nomologischen Modalitäten, Reichenbach erst mit Hilfe nomologischer Aussagen zu präzisieren versucht.

Durch die Forderung *R1* sollen solche Aussagen aus dem Bereich der nomologischen Aussagen ausgeschlossen werden, die zwar (offensichtlich) wahr sind, aber nicht als wahr bewiesen werden können. So ist etwa die Aussage „Alle Goldstücke sind kleiner als ein Kubikkilometer" offensichtlich wahr. Da ihre Wahrheit aber nicht bewiesen werden kann, gehört sie nicht zu den ursprünglichen nomologischen Aussagen. Ferner sollen durch *R1* solche Aussagen ausgeschlossen werden, die rein zufällig wahr sind.

Zweite Forderung (*R2*): Eine ursprüngliche nomologische Aussage *A* muß universal sein [14, S. 40]. Eine synthetische Aussage ist universal, wenn sie nicht in einer reduzierten Form geschrieben werden kann, die einen individuellen Terminus enthält. Ein individueller Terminus ist ein Terminus, der in bezug auf einen bestimmten Raum-Zeit-Bereich definiert wird [14, S. 32]. Dieser Terminus kann ein Eigenname oder eine bestimmte Kennzeichnung sein.

Durch *R2* werden solche synthetischen nomologischen Aussagen ausgeschlossen, die sich nur auf einen begrenzten Raum-Zeit-Bereich beziehen, wie etwa „Alle Bücher, die im oberen Regal stehen, sind deutschsprachig".

Dritte Forderung (*R3*): Eine ursprüngliche nomologische Aussage *A* muß eine Allaussage sein, d. h. eine Aussage, die mit einem Allquantor beginnt [14, S. 40].

Vierte Forderung (*R4*): Eine ursprüngliche nomologische Aussage *A* muß vollständig exhaustiv sein [14, S. 40].

Mit vollständiger Exhaustion ist folgendes gemeint: Jede Aussage läßt sich durch tautologische Umformungen in einer vollständigen alternativen Normalform darstellen, d. h. als Alternative von Elementarkonjunktionen. Das nennt Reichenbach Auflösung in elementare *W*-Fälle. Eliminiert man aus der Auflösung eine oder einige Elementarkonjunktionen, so bezeichnet er das Übrigbleibende als Restsatz. Eine Aussage ist hinsichtlich ihrer Auflösung in elementare *W*-Fälle exhaustiv, wenn keiner der Restsätze wahr ist. Analog wird der Begriff der Exhaustion hinsichtlich der Auflösung in wesentliche *W*-Fälle eingeführt. Wenn eine Formel eine Negation oder Konjunktion als letzte Operation enthält, so ist sie selbst eine Auflösung in wesentliche *W*-Fälle; wenn die letzte Operation eine andere ist, so wird die Auflösung in bezug auf die anschließenden Unterformeln der Formel durchgeführt. Vollständig exhaustiv ist ein Satz, der sowohl hinsichtlich seiner Auflösung in elementare als auch in wesentliche *W*-Fälle exhaustiv ist. Diese Methode ist mit einigen Ergänzungen, die das Vorkommen von Quantoren betreffen, auch im Prädikatenkalkül anwendbar.

Mit *R4* werden aus der Menge der ursprünglichen nomologischen Aussagen Aussagen mit immer falschem Antezedent oder immer wahrem Konsequent eliminiert, wie etwa „Alle Nixen sind blond".

Aussagen, die durch Deduktion aus ursprünglichen nomologischen Aussagen gewonnen werden, nennt Reichenbach *abgeleitete nomologische Aussagen*. Unter ihnen können Aussagen vorkommen, die alle Forderungen für ursprüngliche nomologische Aussagen erfüllen, aber auch solche, die keine oder nur einige dieser Forderungen erfüllen.

Die von Reichenbach konzipierte Theorie nomologischer Aussagen ist insofern interessant, als sie auf Probleme aufmerksam macht, die mit einem sinnvollen Gebrauch der Redewendung „wenn ..., so ...“ verbunden sind. Reichenbachs Leistung besteht vor allem darin, daß er sich als erster Logiker umfassend mit einer logischen Analyse empirischer Gesetzesaussagen befaßt hat. Er hat aber nicht erkannt, daß es nicht Aufgabe der Logik ist, Kriterien zu formulieren, nach denen allein sich von einer gegebenen Allaussage entscheiden läßt, ob sie eine Gesetzesaussage ist oder nicht. Da Reichenbach außerdem den Rahmen der klassischen Logik nicht überschreitet, führen seine an nomologische Aussagen gestellten Forderungen zu unnötigen Komplikationen. Seine Theorie ist deshalb kaum praktikabel. Einige dieser Schwierigkeiten lassen sich dadurch vermeiden, daß für konditionale Aussagen ein spezieller Operator eingeführt wird. Eine solche Darstellung von Konditionalaussagen betrachten wir später.

§ 4. Kausale, materiale und strikte Implikation

A. W. Burks ist der erste Logiker, der in [4] eine Sprache entwickelt, in der sich verschiedene Typen kausaler Aussagen (kontrafaktuale Aussagen, Aussagen über Kausalgesetze, Behauptungen der kausalen Notwendigkeit und der kausalen Möglichkeit) formulieren lassen. Diese Sprache nennt er „Logik von Kausalaussagen“. Sie wird in zwei Etappen entwickelt: Auf der ersten Etappe werden verschiedene Typen kausaler Aussagen betrachtet und einige ihrer Eigenschaften fixiert. Um die Darlegung zu vereinfachen und die Mehrdeutigkeit der Wörter der Umgangssprache zu beseitigen, wird eine besondere Symbolik eingeführt. Danach werden die logischen Prinzipien formuliert, von denen es abhängt, welche Schlüsse aus den kausalen Aussagen gezogen werden dürfen. Einige dieser Prinzipien werden als intuitiv klar und evident angenommen, andere werden aus ihnen abgeleitet. Es werden auch Aussagen angegeben, die nicht akzeptabel sind und folglich verworfen werden.

Auf der zweiten Etappe wird ein formales System konstruiert, das der auf der ersten Etappe ausgearbeiteten intuitiven Basis entspricht.

Wir betrachten zunächst einige Probleme, deren Lösung sich Burks auf der ersten Etappe seiner Untersuchungen zuwendet. Burks geht wie Reichenbach von der Überlegung aus, daß eine Darstellung von Konditionalaussagen durch die materiale Implikation nicht immer korrekt ist. Er wählt zu ihrer Darstellung aber nicht die formale, sondern die kausale Implikation, und unterscheidet kausale singuläre Aussagen der Form $f(a) c g(a)$, wobei c der Operator der kausalen Implikation ist, und kausale universelle Aussagen der Form $(\forall x)\ (f(x)\ c g(x))$. Letztere sind häufig Kausalgesetze. Jedoch sind nicht alle kausalen universellen Aussagen Kausalgesetze (ebenso wie in der Theorie von Reichenbach nicht alle Allaussagen Gesetzesaussagen sind).

Zu den auf der ersten Etappe aufgestellten logischen Prinzipien gehören beispielsweise folgende: $(pcq) \supset (p \wedge rcq)$, $(pcq) \wedge (qcr) \supset (pcr)$, $(pcq) \supset (\sim qcp)$, wobei das Zeichen der materialen Implikation als Zeichen der logischen Folgebeziehung (zumindest in Ausdrücken, wo es das Hauptverknüpfungszeichen ist) oder als „wenn . . ., so . . .“ gedeutet wird. Die obigen Aussagen sind im Kalkül von Burks beweisbar, jedoch betrachtet er sie nicht als Aussagen über Kausalzusammenhänge, da sie nicht immer dem intuitiven Verständnis des Terminus „Ursache“ entsprechen.

Eine kausale Implikation wird von Burks nur unter der Voraussetzung akzeptiert, daß die Bedingungen, die durch das Antezedent der kausalen Implikation formuliert werden, kausal hinreichend sind, um das Konsequent wahr zu machen. Unter kausal hinreichenden Bedingungen werden solche Bedingungen verstanden, die ausreichend sind, um den durch das Konsequent ausgedrückten Zustand zu erzeugen. Mit anderen Worten, um den durch das Konsequent einer kausalen Implikation beschriebenen Zustand zu erzeugen, sind keine anderen als die im Antezedent formulierten Bedingungen erforderlich. Im Antezedent einer kausalen Implikation können allerdings auch irrelevante Bedingungen vorkommen, die nicht für das Auftreten des im Konsequent beschriebenen Ereignisses erforderlich sind. Sie ändern aber nichts daran, daß immer mit dem im Antezedent beschriebenen Zustand auch der im Konsequent formulierte Zustand auftritt. Aus diesem Grunde ist im Kalkül von Burks auch der Ausdruck $pcq \supset (p \wedge rcq)$ beweisbar. So folgt zwar, falls man „wenn . . . , so . . .“ kausal deutet, aus der Aussage „Wenn Wasser auf 100 °C erhitzt wird, so geht Wasser in Dampf über“ nicht die Aussage „Wenn Wasser auf 100 °C erhitzt und der Preis der Nahrungsmittel erhöht wird, so geht Wasser in Dampf über“, aber auf Grund der Bestimmung dessen, was unter einer „kausal hinreichenden Bedingung“ zu verstehen ist, ist eine solche Aussage im Kalkül von Burks akzeptabel. Denn für die Tatsache, daß Wasser in Dampf übergeht, ist es ausreichend, daß das Wasser auf 100 °C erhitzt worden ist.

Betrachten wir das Gesetz der Kontraposition der kausalen Implikation. Es ist zwar im Kalkül von Burks beweisbar, aber er macht selbst darauf aufmerksam, daß es auch nicht dem intuitiven Verständnis des Terminus „Ursache“ entspricht. Aus rein intuitiven Überlegungen ist offensichtlich, daß man von pcq nicht immer auf $\sim qc \sim p$ schließen kann, und das bedeutet, daß $(pcq) \vdash (\sim qc \sim p)$ keine Regel sein kann. So folgt aus der Aussage „Die Erhitzung des Wassers auf 100 °C ist die Ursache dafür, daß das Wasser in Dampf übergeht“ nicht die Aussage „Die Tatsache, daß das Wasser nicht in Dampf übergeht, ist die Ursache dafür, daß es nicht auf 100 °C erhitzt worden ist“. Bei folgender Interpretation ist das Kontrapositionsgesetz der kausalen Implikation aber akzeptabel: „Wenn pcq, so, wenn $\sim q$, so $\sim p$“. Beispiel: „Wenn das Wasser nicht in Dampf übergeht, so hat man es nicht auf 100 °C erhitzt“.

In der Kausallogik von Burks sind auch folgende Aussagen beweisbar: $(pcq) \supset (p \supset q)$ und $(p \prec q) \supset (pcq)$, wobei $\prec$ das Zeichen der strikten Implikation ist. Beide Aussagen unterscheiden sich insofern, als die erste im Unterschied zur zweiten eine Aussage über einen Kausalzusammenhang ist, wenn man sie auf folgende Weise interpretiert: „Wenn pcq, so, wenn p, so q“. Nebenbei bemerkt ist zur Beschreibung solcher Aussagen der Konditionalitätsoperator ein völlig ausreichendes logisches Mittel.

Da Burks die Aussage $(p \prec q) \supset (pcq)$ akzeptiert, ist er auch gezwungen, Paradoxien der kausalen Implikation zu akzeptieren, die aus denen der strikten Implikation ableitbar sind. Beispiel: Da die Aussage $p \wedge \sim p \prec q$ wahr ist, ist auch die Aussage $p \wedge \sim pcq$ wahr.

Ferner treten im System von Burks auch Paradoxien der kausalen Implikation auf, die nicht aus denen der strikten Implikation ableitbar sind, obgleich sie ihnen in gewisser Hinsicht entsprechen. Analog den Paradoxien mit logisch unmöglichen Antezedenten sind im Kalkül von Burks kausale Implikationen mit kausal unmöglichen Antezedenten beweisbar, und analog den strikten Implikationen mit logisch notwendigen Konsequenten gibt es kausale Implikationen mit kausal notwendigen Konsequenten. Es werden also folgende paradoxe Behauptungen akzeptiert: Ein kausal unmögliches Antezedent impliziert kausal ein beliebiges Konsequent und ein kausal notwendiges Konsequent folgt kausal aus einem beliebigen Antezedent.

Wir haben zwar zu Beginn dieses Paragraphen darauf verwiesen, daß Burks der erste Logiker ist, der ein System entwickelt, in dem sich verschiedene Arten kausaler Aussagen formulieren lassen. Aber dieses System weist doch erhebliche Mängel auf. Da Burks als Grundlage der von ihm konzipierten Logik von Kausalaussagen die paradoxen Systeme der materialen Implikation und der strikten Implikation wählt, ist er auch gezwungen, Paradoxien der kausalen Implikation zu akzeptieren. Bereits bei den dem Kalkülaufbau vorangehenden Betrachtungen akzeptiert Burks Behauptungen, die intuitiv nicht akzeptabel sind. Er weist zwar selbst auf die Notwendigkeit hin, paradoxe und entartete Fälle der kausalen Implikation auszuschließen, er gibt aber kein System an, in dem dieser Ausschluß realisiert wird.

§ 5. Konditionale Aussagen

Wir stellen in den folgenden Paragraphen einige Ergebnisse von A. A. Sinowjew dar, die er bei der Entwicklung einer Logik empirischer Zusammenhänge erzielt hat. Wir stützen uns insbesondere auf seine Arbeiten [17, 19].

Sinowjews Konzeption unterscheidet sich von den Logikkonzeptionen der in den vorangehenden Paragraphen genannten Logiker [20]. Die Logik empirischer Zusammenhänge baut er durch gewisse Ergänzungen und Einschränkungen auf der Theorie der logischen Folgebeziehung und der Theorie konditionaler Aussagen auf.

Konditionale Aussagen sind Aussagen der Form „Wenn X, so Y", oder Aussagen, die durch sprachliche Umformungen auf diese Form gebracht werden können. Symbolisch werden sie mit Hilfe des Konditionalitätsoperators $\rightarrow$ wie folgt geschrieben: $X \rightarrow Y$. In $X \rightarrow Y$ wird die Aussage X *Antezedent* und die Aussage Y *Konsequent* genannt. Als Abkürzung für $(X \rightarrow Y) \wedge (Y \rightarrow X)$ wird die Schreibweise $(X \leftrightarrow Y)$ verwendet, was als „X genau dann, wenn Y" gelesen wird.

Konditionale Aussagen gewinnt man auf folgende Art und Weise:

(1) durch das Setzen von Axiomen oder Postulaten,

(2) aus Definitionen,

(3) aus anderen Aussagen nach logischen Regeln,

(4) aus Aussagen über die logische Folgebeziehung,

(5) als Ergebnis empirischer Untersuchungen [18].

Beispiele für Aussagen der letzten Art sind: „Wenn durch einen Leiter Strom geschickt wird, so bildet sich um ihn ein Magnetfeld", „Wenn ein Metallstab erhitzt wird, so dehnt er sich aus".

Ob eine gegebene Aussage eine konditionale Aussage ist oder nicht, wird mit außerlogischen Mitteln entschieden. Für die Logik gilt hier das Prinzip: Wenn eine Aussage eine konditionale Aussage ist, so besitzt sie die im vorliegenden Bereich der Logik betrachteten Eigenschaften [18].

Wir hatten im dritten Paragraphen bemerkt, daß in der mathematisch-logischen Literatur Konditionalaussagen häufig mit Hilfe des Operators der materialen Implikation dargestellt werden, und daß eine solche Darstellung in vielen Fällen nicht korrekt ist. Auf Komplikationen, die bei einer solchen Schreibweise entstehen, haben wir hingewiesen.

In [18] wird nachgewiesen, daß die Identifizierung von $\rightarrow$ und $\supset$ in der Logik eine Folge davon ist, daß in der Mathematik, für die die mathematische Logik ausgearbeitet wurde, die Antezedente und Konsequente von Konditionalaussagen universale Aussagen sind. *Universale Aussagen* sind solche Aussagen, deren Wahrheitswerte sich nicht in Abhängigkeit von Bedingungen, Ort und Zeit ändern. Beispiele universaler Aussagen sind: „Alle geraden Zahlen sind durch 2 teilbar", „$5 > 3$", „Ein Elektron ist positiv geladen", „Der Mensch ist sterblich". Außerdem werden in der Mathematik Konditionalaussagen allein aus Definitionen nach logischen Regeln gewonnen. Die Definitionen werden dabei gerade so gewählt, daß der Wahrheitswert mathematischer Aussagen unabhängig von Ort, Zeit und Bedingungen ist.

Die faktisch verwendeten Konditionalaussagen enthalten aber häufig Antezedente und Konsequente, deren Wahrheitswerte sich in Abhängigkeit von Ort, Zeit und Bedingungen ändern. Solche Aussagen werden auch häufig nicht aus einer Folgebeziehung, sondern aus Beobachtungen und Experimenten gewonnen. Aussagen, deren Wahrheitswerte sich in Abhängigkeit von Ort, Zeit und Bedingungen ändern, werden *lokale Aussagen* genannt. Ein Beispiel für lokale Aussagen ist die Aussage „Das Fenster ist geöffnet", die in bezug auf ein Fenster wahr und in bezug auf ein anderes (geschlossenes) Fenster falsch ist.

Ein weiterer Unterschied zwischen der materialen Implikation und dem Konditionalitätsoperator besteht darin, daß die materiale Implikation ein wahrheitsfunktionaler Operator ist, d. h. der Wahrheitswert einer materialen Implikation $X \supset Y$ ist definitionsgemäß eindeutig durch die Wahrheitswerte von X und Y bestimmt, während eine konditionale Aussage keine wahrheitsfunktionale Aussage ist. Wenn eine Aussage $X \rightarrow Y$ gegeben ist und es festzustellen gilt, ob sie wahr ist oder nicht, so genügt es nicht, den Wahrheitswert von X und Y zu ermitteln (wie im Falle von $X \vee Y$, $X \wedge Y$, $X \supset Y$ usw.), sondern vor allem muß festgestellt werden, auf welche Weise sie gewonnen wurde bzw. zu welcher der oben betrachteten Arten sie gehört [17, 18]. Wenn sie auf empirischem Wege gewonnen wurde, so wird die Frage durch Verwendung bestimmter Methoden des Experiments und der Beobachtung entschieden. Wenn sie aus einer logischen Folgebeziehung gewonnen wurde, so wird sie als wahr angesehen, wenn $X \vdash Y$ gilt, und als falsch, wenn aus X logisch Y nicht folgt. Wenn sie aus anderen Aussagen abgeleitet wurde, so wird die Frage nach ihrer Wahrheit in Abhängigkeit von der Einhaltung der Schlußregeln und der Wahrheit der Voraussetzungen entschieden.

Wenn die Wahrheitswerte von X und Y bekannt sind, so ist diese Kenntnis nur in einem einzigen Falle ausreichend, um den Wahrheitswert von X und Y festzustellen. Und zwar gilt: Wenn X wahr und Y falsch ist, so ist $X \rightarrow Y$ falsch. Dieser Fall ist dadurch bedingt, daß man eine Aussage $X \rightarrow Y$ gemäß der Definition des Operators $\rightarrow$ nur unter der Bedingung akzeptiert, daß eine Anerkennung der Wahrheit von $X \rightarrow Y$ und der Wahrheit von X dazu verpflichtet, Y anzuerkennen. $X \rightarrow Y$ ist jedoch keine Wahrheitsfunktion von X und Y, deshalb kann $X \rightarrow Y$ sowohl wahr als auch falsch sein, wenn X und Y beide wahr oder beide falsch sind [17, S. 297f.].

Der Operator $\rightarrow$ unterscheidet sich also prinzipiell von den Operatoren der Aussagenlogik ($\sim$, $\wedge$, $\vee$, $\supset$, ...) und läßt sich durch keine Kombination dieser Operatoren definieren.

§ 6. *Physische Folgebeziehung*

Eine konditionale Aussage der Form $X \rightarrow (Rx)\ Y$, wobei X und Y lokale Aussagen über empirische Objekte sind, ist eine Aussage über eine physische (oder empirische) Folgebeziehung (*D 1*) [17, S. 294]. Eine Aussage über eine physische Folgebeziehung wird also explizit durch eine konditionale Aussage mit einer Ordnungsrelation definiert. Beispiele für Aussagen der genannten Art sind: „Wenn durch einen Leiter elektrischer Strom geschickt wird, so entsteht gleichzeitig (oder sofort danach) um ihn ein Magnetfeld", „Wenn ein Metallstab erwärmt wird, so dehnt er sich aus".

Im Unterschied zu Reichenbach, Burks u. a. lassen sich hier verschiedene Verfahren zur Gewinnung der physischen Folgebeziehung unterscheiden. Aussagen über die physische Folgebeziehung werden gewonnen: (1) als ursprüngliche Konventionen (Postulate) nach logischen Regeln, (2) aus anderen analogen Aussagen und (3) aus Beobachtungen. Wir betrachten das dritte Verfahren. Nach folgendem Schema lassen sich Aussagen über die physische Folgebeziehung aufbauen [17, S. 294]:

1. Es wird sX beobachtet, wobei s der terminibildende Operator „die Tatsache, daß" ist.
2. Es wird sY in der raum-zeitlichen Relation R zu sX beobachtet.
3. Das in den Punkten 1 und 2 Gesagte gilt jedesmal, d. h. für alle sX.
4. Das in den Punkten 1–3 Gesagte gilt unter ein und den gleichen Bedingungen V.
5. Eine Abkürzung für das unter 1–4 Gesagte ist $(X \to (Rx)\, Y)/v$ oder $X/v \to$ $\to (Rx)\ Y/v$.

Ein Spezialfall des angeführten Schemas ist: für alle $s\neg X \Rightarrow sX$ wird $s\neg X \Rightarrow sX$ beobachtet und in der Relation R zu $s\neg X \Rightarrow sX$ wird $s\neg Y \Rightarrow sY$ beobachtet; dies wird zu der Aussage $(s\neg X \Rightarrow sX) \to (Rx)\,(s\neg Y \Rightarrow sY)$ abgekürzt, wobei $\neg$ das Zeichen für die innere Negation und $\Rightarrow$ das zweistellige Prädikat der Veränderung sind. Die Beziehung der betrachteten Aussagen wird durch folgende Behauptung definiert:

$$((s\neg X \Rightarrow sX) \to (Rx)\,(s\neg Y \Rightarrow sY)) \to (X \to (Rx)Y)\ [17, \text{S. } 295].$$

Wir betrachten jetzt ein anderes Verfahren zur Gewinnung von Aussagen über die physische Folgebeziehung. In [19] wird folgende Regel angegeben:

Eine Aussage A über die physische Folgebeziehung wird so aufgebaut, daß sich aus Aussagen X^i rein logische Aussagen Y^i derart gewinnen lassen, daß $sX^i \in KsX$ und $sY^i \in KsY$, und X, Y und R in A vorkommen, wobei $\in$ das Prädikat des Einschlusses von Individuen in eine Klasse und K ein klassenbildender Operator ist. Mit anderen Worten, A wird so aufgebaut, daß gilt:

$$X^i \wedge (sX^i \in KsX) \wedge A \vdash (Rx^i)\ Y^i\,.$$

Deshalb kann man A als eine besondere Regel ansehen, nach der sich aus vorliegenden Aussagen andere Aussagen gewinnen lassen. Sie ist aber keine logische Regel (die sich auf Eigenschaften der Sprache bezieht), sondern eine Regel, die sich auf diesen oder jenen Gegenstandsbereich bezieht. Nach der oben angenommenen Regel gewinnt man beispielsweise aus den Aussagen

„Wenn Metall erwärmt wird, so dehnt es sich aus“ und „Kupfer ist ein Metall“ und „Kupfer wird erwärmt“ rein logisch die Aussage, daß sich Kupfer bei Erwärmung ausdehnt.

Wir hatten im fünften Paragraphen Definitionen von Wahrheitswerten für konditionale Aussagen betrachtet. Für Aussagen über die physische Folgebeziehung läßt sich folgende Definition angeben: $X \rightarrow (Rx)Y$ ist wahr genau dann, wenn jedesmal, wenn X wahr ist, auch Y in der Relation R zu sX wahr ist. $X \rightarrow (Rx)Y$ wird jedoch keineswegs deshalb als wahr akzeptiert, weil alle Fälle betrachtet wurden, in denen X wahr ist und in denen man sich davon überzeugt hat, daß Y dabei an den entsprechenden Stellen wahr ist. Es ist bisweilen ausreichend, einen einzigen Fall zu betrachten, in dem X wahr ist, und die konditionale Aussage wird für eine beliebige Zahl von Fällen gültig. Wenn nach ihrer Setzung die Aussage in einer großen Zahl von Fällen bestätigt wird, so bedeutet das nicht, daß die Frage nach ihrer Wahrheit wenigstens a posteriori endgültig entschieden werden könnte. In [17] wird gezeigt, daß sich die Definitionen der Wahrheitswerte für die physische Folgebeziehung auf verschiedene Weise aufbauen lassen. Wir betrachten sie hier nicht weiter.

§ 7. *Einwirkung*

Es lassen sich verschiedene logische Typen von Zusammenhängen unterscheiden. Wir betrachten im folgenden einige solcher bereits untersuchten Typen.

Angenommen, α sei die Aussage

$$P^1(a) \Rightarrow P^2(a)$$

und β die Aussage

$$Q^1(b) \Rightarrow Q^2(b) \, ,$$

wobei $\Rightarrow$ das zweistellige Prädikat der Veränderung ist. a wirkt auf b ein genau dann, wenn

$$\alpha \rightarrow (R\alpha)\,\beta \, ,$$

wobei R die Zeitrelation „danach“ ist und das Zeitintervall zwischen $s\alpha$ und $s\beta$ endlich ist. Diese Relation ist transitiv.

In [19] wird zwischen mittelbaren und unmittelbaren Einwirkungen unterschieden. Angenommen, γ^i sei die Aussage

$$T^{i1}(c^i) \Rightarrow T^{i2}(c^i) \, ,$$

wobei c^i ($i = 1, 2, \ldots$) eine Individuenvariable ist. Eine Einwirkung von a auf b ist eine *bezüglich einer Klasse A unmittelbare Einwirkung* genau dann, wenn

$$(\neg \exists c^i)\ ((c^i \in A) \wedge (\alpha \rightarrow (R\alpha)\ \gamma^i) \wedge (\gamma^i \rightarrow (R\gamma^i)\ \beta))\ .$$

Eine Einwirkung von a auf b ist eine *bezüglich einer Klasse A mittelbare Einwirkung* genau dann, wenn

$$(\exists c^1) \ldots (\exists c^n)\ ((c^1 \in A) \wedge \ldots \wedge (c^n \in A) \wedge (\alpha \rightarrow (R\alpha)\ \gamma^1) \wedge \\ \wedge \ldots \wedge (\gamma^n \rightarrow (R\gamma^n)\ \beta)))\ .$$

Die Individuen $c^1, \ldots, c^n$ sind Vermittler der Einwirkung von a auf b. Im Falle $n \geqq 1$ wird $\gamma^1, \ldots, \gamma^n$ *Einwirkungsmechanismus* von a auf b genannt.

Betrachten wir nun den Begriff der Wechselwirkung. Darunter versteht man, daß a auf b und b auf a einwirkt. Jedoch sei hier darauf hingewiesen, daß in einer derartigen Formulierung einige wichtige logische Details nicht sichtbar werden.

Wenn $s\alpha$ und $s\beta$ individuelle Ereignisse sind, so

$$(\alpha \rightarrow (R\alpha)\ \beta) \vdash\ \sim (\beta \rightarrow (R\beta)\ \alpha)\ ,$$

da $s\alpha$ einmalig ist (auf Vergangenes einzuwirken, ist unmöglich), mit anderen Worten, wenn a auf b einwirkt, so folgt daraus, daß b nicht auf a einwirkt.

Wenn b umgekehrt auf a einwirkt, so gilt

$$\beta \rightarrow (R\beta)\ \alpha^*,$$

wobei α^*

$$P^3(a) \Rightarrow P^4(a)$$

ist. Dabei vollzieht sich $s\alpha^*$ nach $s\beta$ und folglich (wegen der Transitivität von R) auch nach $s\alpha$. Die Auffassung von einer gleichzeitigen Einwirkung von a auf b und von b auf a, bei der ein und dieselbe Einwirkung erfolgt, entsteht durch die Verwendung allgemeiner Ereignistermini [19]. Betrachten wir beispielsweise die Behauptung „Eine Beschleunigung von a führt zu einer Beschleunigung von b und gleichzeitig führt eine Beschleunigung von b ihrerseits zu einer Beschleunigung von a“. Hier ist der Ausdruck „Beschleunigung von a“ ein allgemeiner Terminus derart, daß sowohl α als auch α^* seine Spezialfälle sein können; der Ausdruck „Beschleunigung von b“ kann β als das Resultat der Einwirkung von a auf b und irgendein Ereignis β^* bedeuten, das eine Veränderung von b mit einem anderen Ursprung ist.

Für einige empirische Wissenschaften ist nun interessant, daß sich unter Verwendung der eingeführten Termini auch Termini von Kräften, Massen usw. explizieren lassen [19]. Angenommen, a und b seien Individuenvariable, Q sei das Prädikat einer bestimmten Veränderung und P ein Prädikat, das speziell zur Einführung der erwähnten Ausdrücke gewählt wurde. Termini von Kräften können als eine Abkürzung für Ausdrücke der Form $a\downarrow(\exists b)\ (X \wedge \wedge Y \wedge P(b))$ eingeführt werden, wobei X die Aussage „a wirkt auf b ein“ und Y die Aussage „$sQ(b)$ ist eine Folge von sX“ ist. In Abhängigkeit von der Art der Merkmale P und Q wird die Kraftart definiert. Der Ausdruck „Auf b wirkt eine Kraft α ein" ist dabei eine Abkürzung für $(\exists a)(X \wedge Y \wedge P(b))$. Folglich ist die Kraft ein Gegenstand, der in bestimmter Weise auf einen anderen Gegenstand einwirkt, der ein bestimmtes vorgegebenes Merkmal besitzt [19].

Es sei auf folgenden interessanten Umstand hingewiesen. Resultat einer Einwirkung ist immer eine Veränderung irgendwelcher Individuen, die in b als einer Anhäufung vorkommen, beispielsweise ein Verschieben im Raum, ein Zerfall, ein Entstehen usw. Unter diesem Gesichtspunkt lassen sich Einwirkungen bezüglich der Geschwindigkeit entsprechender Prozesse unterscheiden (z. B. Ortsveränderungen mit minimaler oder maximaler Geschwindigkeit).

§ 8. *Ursache*

Der in der Philosophie häufig verwendete Terminus „Ursache" ist nicht eindeutig. Dies führt zu vielen unfruchtbaren Diskussionen. Es wäre allerdings auch völlig aussichtslos, nach dem einzig richtigen Verständnis des Terminus „Ursache" suchen zu wollen – dieser Terminus wird verschieden verwendet.

Im folgenden betrachten wir einige Behauptungen, die sich auf eine Gesamtheit von Problemen beziehen, an denen irgendwie das Wort „Ursache" beteiligt ist. Dabei ist zu berücksichtigen, daß es verschiedene Erkenntnissituationen gibt, zu deren Fixierung eine Terminologie erforderlich ist. So trifft man auf eine Relation von Zuständen derart, daß

$$X \rightarrow (Rx)\ Y\ ,$$

und derart, daß

$$X \wedge (Rx) Y \wedge ({\sim} X \rightarrow (R \sim x) \sim Y)\ ,$$

wobei R „danach" bezeichnet. Als Abkürzung für den ersten Ausdruck läßt sich der Ausdruck

$$sXC^1sY$$

einführen, und als Abkürzung für den zweiten Ausdruck

$$sXC^2sY\ .$$

Hier sind C^1 und C^2 besondere zweistellige Prädikate [19]. Keiner der beiden obigen Ausdrücke kann als ein besseres oder schlechteres Mittel zur Explikation des Terminus „Ursache" angesehen werden. Wesentlich ist vor allem hier, daß man, selbst wenn eine streng definierte Verwendung des Wortes „Ursache" akzeptiert wird, noch keine Garantie dafür hat, daß Wissenschaftler bei der Feststellung von Ursachen ein und derselben Ereignisse ein und dieselben Ursachen finden werden. Man kann zwar vereinbaren, als Ursache eines bestimmten Zustandes sY einen solchen Zustand anzusehen, der alleinige Ursache von sY ist (d. h. kein anderer Zustand, der sich von ihm unterscheidet, ist Ursache von sY). Aber die Definition des Terminus „Ursache" und das Auffinden von Ursachen konkreter Zustände sind verschiedene Probleme. Wenn man in der Erkenntnispraxis zu der einmütigen Auffassung gelangt, ein ganz bestimmtes Ereignis a als Ursache eines gewissen Ereignisses b anzusehen, beispielsweise, daß die Erwärmung eines Eisstückchens über 0 °C die Ursache für das Schmelzen des Eises ist, so erfolgt dies nicht auf Grund der Definition des Terminus „Ursache". Hier handelt es sich vielmehr um eine implizite Vereinbarung, gerade a als Ursache von b anzusehen, da das Verhältnis von a und b der Definition des Terminus „Ursache" und bestimmten anderen Forderungen genügt, die nicht in dieser Definition vorkommen (z. B. führt unter gewissen Bedingungen ein Auftreten von a immer zu b und ein Nichtauftreten von a führt unter denselben Bedingungen nicht zu b).

Bisher haben wir Fälle betrachtet, in denen vom Wort „Ursache" als einem Teil des Prädikates „. . .Ursache . . ." gesprochen wurde. In [19] werden auch Verwendungsweisen dieses Wortes als Teil von Subjekten des Typs „Ursache eines Ereignisses x", „Ursache von sX", „Ursache dessen, daß X" usw. angegeben. In dieser Verwendungsweise wird es als ein vom Prädikat „Ursache" abgeleiteter Terminus folgendermaßen definiert (sX und sY sind hierbei Variablen für Zustandstermini)! „Ursache von sX" $\equiv$ Df. „Zustand sY derart, daß sY Ursache von sX ist" (d. h. Ursache irgendeines Zustandes ist ein anderer Zustand derart, daß er dessen Ursache ist) [19].

Häufig glaubt man, daß die bekannten induktiven Methoden zur Feststellung eines Kausalzusammenhangs (Bacon-Millschen Methoden) Untersuchungsverfahren sind, die voraussetzen, daß der Terminus „Ursache" vor ihrer Anwendung und unabhängig von ihnen definiert wird. Sie sind jedoch als eine implizite Definition verschiedener Fälle der Verwendung des Terminus „Ursache" zu betrachten.

Aus dem oben Gesagten ist auch folgendes deutlich geworden: Wenn a Ursache von b ist, so geht das Auftreten von a dem Auftreten von b in der Zeit voran. Die Zeitbeziehung von a und b ist eines der Merkmale der Kausalbeziehung, die an ihrer Definition teilhaben. Die gesamte Zeitterminologie wird unabhängig vom Terminus „Ursache" in den Gebrauch eingeführt, aber nicht umgekehrt [19].

§ 9. Arten von Kausalzusammenhängen

Wenn man die Fälle vergleicht, in denen der Ausdruck „sX ist Ursache von sY" verwendet wird, so zeigt sich folgendes: in den einen Fällen wird vorausgesetzt, daß aus X nicht logisch Y folgt, in den anderen Fällen wird diese Voraussetzung nicht gemacht; in den einen Fällen wird vorausgesetzt, daß aus „sX ist Ursache von sY“ und X logisch Y folgt, in den anderen wird dies nicht vorausgesetzt; in den einen Fällen wird vorausgesetzt, daß aus „sX ist Ursache von sY“ und $\sim X$ logisch $\sim Y$ folgt, und in den anderen nicht; in den einen Fällen wird die Transitivität der Kausalbeziehung vorausgesetzt, in den anderen nicht usw.

Aus diesem Grunde lassen sich verschiedene Arten von Kausalzusammenhängen unterscheiden. Zu ihnen gehören insbesondere folgende:

$$X \to (R^1 x)\, X$$
$$Y \to (R^2 y)\, X$$
$$\sim X \to (R^1 \sim x) \sim Y$$
$$\sim Y \to (R^2 \sim y) \sim X$$
$$(X \to (R^1 x)\, Y) \wedge Y \wedge (R^2 y)\, X$$
$$(Y \to (R^2 y)\, X) \wedge X \wedge (R^1 x)\, Y$$
$$(\sim X \to (R^1 \sim x) \sim Y) \wedge X \wedge (R^1 x)\, Y$$
$$(\sim Y \to (R^2 \sim y) \sim X) \wedge X \wedge (R^1 x)\, Y$$
$$(X \to (R^1 x)\, Y) \wedge (Y \to (R^2 y)\, X)\,,$$

wobei $R^1 a$ als „nach a“ und $R^2 a$ als „vor a“ gelesen wird. All diesen Behauptungen ist das Vorhandensein einer Konditionalbeziehung von Aussagen, die Zustände beschreiben, und das Vorhandensein einer Zeitbeziehung „nach diesem“ oder „vor diesem“ gemeinsam, und die Eigenschaften dieser Relationen werden vollkommen durch die Eigenschaften entsprechender Aussagen definiert. Insbesondere gelten die Behauptungen [19]:

$$(X \to (R^1 x) Y) \vdash (\sim Y \to (R^2 \sim y) \sim X)$$
$$(X \to (R^1 x)\, Y) \wedge (Y \to (R^1 y)\, Z) \vdash (X \to (R^1 x)\, Z)\,.$$

Wenn sX und sY individuelle Termini sind, so definieren wir den Terminus „Ursache“ folgendermaßen:

„sX ist Ursache von sY“ $\dashv\vdash (sX \rightharpoondown a) \wedge (sY \rightharpoondown b) \wedge$ „a ist Ursache von b“ (d. h. sX ist Ursache von sY genau dann, wenn sX ein Zustand a, sY ein Zustand b und a Ursache von b ist), wobei $\rightharpoondown$ das Zeichen des Bedeutungseinschlusses von Termini ist. Hier wird vorausgesetzt, daß man den Terminus „Ursache“ zunächst für allgemeine Termini definiert hat, und danach definiert man ihn für individuelle Termini. Dies ist insofern berechtigt, als für allgemeine Termini die Kausalbeziehung durch eine Konditionalbeziehung von Aussagen definiert wird und letztere Verallgemeinerungen voraussetzt. Insbesondere setzt sie voraus, daß

$$(X \to (Rx)\ Y) \dashv\vdash (\forall sX)\ (Rx)\ Y.$$

Spezialfälle von Kausalbeziehungen zwischen sX und sY sind solche, in denen die Wahrscheinlichkeit von Ereignissen berücksichtigt wird. Wir betrachten sie hier nicht weiter [17, 19].

§ 10. Determinismus und Indeterminismus

Der Terminus „Determinismus“ und seine Negation „Indeterminismus“ sind ebenfalls nicht eindeutig. Wir geben einige Determinismusprinzipien an, wie sie in der hier dargestellten Logik empirischer Zusammenhänge formuliert werden:

1. Für jeden empirischen Zustand (jedes empirische Ereignis) gibt es einen bestimmten anderen Zustand, der seine Ursache ist (alles Bestehende hat eine Ursache oder nichts besteht ohne Ursache).

2. Für jeden empirischen Zustand läßt sich ein anderer Zustand finden, der seine Ursache ist (für alles läßt sich eine Ursache finden). Diese Annahme erkennt nicht nur die Existenz von Ursachen beliebiger Zustände an, sondern auch die Möglichkeit ihres Auffindens. Sie ist offensichtlich eine stärkere Annahme.

3. Die Annahmen vom Typ 1 und 2 gelten für alle oder für einige räumliche oder zeitliche Beziehungen von Ereignissen, für alle oder für einige Zeiten, Raumbereiche und Bedingungen.

Logisch ist eine ziemlich große Zahl verschiedener solcher Annahmen möglich. Und wenn man berücksichtigt, daß verschiedene Varianten der Definition des Terminus „Ursache“ möglich sind, so wächst ihre Zahl noch merklich an. Solche Annahmen und ihre Kombinationen werden *Determinismusprinzipien* genannt.

Der Indeterminismus wird als Negation der oben angeführten Prinzipien verstanden [1]. Dabei bedeutet die Negation des ersten Prinzips eine Annahme von Zuständen, die keine Ursache haben (ein Ereignis ohne Ursache). Die Negation des zweiten Prinzips bedeutet hingegen nur die Annahme dessen, daß es in einigen Fällen unmöglich ist, Ursachen von Ereignissen zu finden.

Der Determinismus wird auch als eine Annahme verstanden, gemäß der es für jeden empirischen Zustand sX einen Zustand sY derart gibt, daß $Y \rightarrow (Ry)\ X$ mit der Wahrscheinlichkeit 1 gilt, wobei R eine bestimmte Zeitbeziehung ist [1, 19]. Wenn a und b Variable für Aussagen über empirische Gegenstände sind, so läßt sich diese Annahme folgendermaßen schreiben:

$$(\forall a)\ (\exists b)\ (b \rightarrow (Rb)\ a)\ .$$

Eine Verschärfung dieser Annahme wäre, wenn wir voraussetzten, daß es für jeden empirischen Zustand sX nicht nur einen oben angegebenen Zustand sY gibt, sondern daß er auch auffindbar ist [1].

§ 11. Schlußbemerkungen

In dem vorliegenden Artikel wurden einige Ergebnisse dargestellt, die bei einer Analyse empirischer Zusammenhänge erzielt worden sind. Wir haben gezeigt, daß in den Arbeiten von Goodman, Chisholm, Reichenbach und

Burks keine einheitlichen logischen Theorien empirischer Zusammenhänge ausgearbeitet werden, sondern daß nur bestimmte Arten empirischer Zusammenhänge untersucht werden.

Die hier referierten Untersuchungen empirischer Zusammenhänge unterscheiden sich von denen der oben genannten Logiker vor allem dadurch, daß sie verschiedene Arten empirischer Zusammenhänge in einer einheitlichen logischen Theorie darstellen. Deshalb sind beispielsweise keine besonderen Logiken der Kausalität oder Logiken der Determiniertheit erforderlich. Im Unterschied zu den meisten Vorgehensweisen wird eine explizite Definition von sprachlichen Ausdrücken gegeben, die empirische Zusammenhänge bezeichnen. Gegenüber bisherigen Konzeptionen stellt diese Theorie eine weitaus ausdrucksreichere Sprache zur Verfügung, um philosophische und einzelwissenschaftliche Thesen über empirische Zusammenhänge logisch zu explizieren.

Logische Untersuchungen über Arten von Zusammenhängen bilden eine wichtige Voraussetzung für die weitere Bearbeitung von Problemen des dialektischen Determinismus. Der Beitrag der Logik empirischer Zusammenhänge bei der Behandlung konkreter philosophischer Probleme besteht darin, daß mit ihrer Hilfe Vorschläge für eine präzise philosophische Terminologie ausgearbeitet werden. Mit Hilfe der in diesem Bereich der Logik ausgearbeiteten Terminologie lassen sich philosophische Thesen des dialektischen Materialismus über die Kausalität, den Determinismus u. a. exakt formulieren.

Quellennachweise

1. Зиновьев, А. А., О принципах детерминизма, in: Вопросы философии, 9/1970.
2. Солодухин, Ю. Н., Высказывания о законах природы и их логический анализ, in: Проблемы логики и теории познания, Москва 1968.
3. Ивин, А. А., О логическом анализе принципов детерминизма, in: Вопросы философии, 10/1969.
4. Burks, A. W., The Logic of Causal Propositions, in: Mind, 1951, Vol. 60.
5. Chisholm, R. M., Law Statements and Counterfactual Inference, in: Analysis, 1955, Vol. 15.
6. Engels, F., in: K. Marx/F. Engels, Werke, Bd. 20, Berlin 1968.
7. Goodman, N., Fact, Fiction, and Forecast, Indianapolis 1965.
8. Hörz, H., Physik und Weltanschauung, Leipzig-Jena-Berlin 1968.
9. Hörz, H., Marxistische Philosophie und Naturwissenschaften, Berlin 1974.
10. Iwin, A. A., Wahrheit und Zeit, im vorl. Sammelband.
11. Lenin, W. I., Werke Bd. 38, Berlin 1968.
12. Łukasiewicz, J., On Determinism, in: Selected Works, Amsterdam, London, Warszawa 1970.
13. Reichenbach, H., Elements of Symbolic Logic, New York 1947.
14. Reichenbach, H., Nomological Statements and Admissible Operations, Amsterdam 1954.

15. RESCHER, N., Avicenna on the Logic of „Conditional“ Propositions, in: Studies in the History of Arabic Logic, Pittsburgh 1963.
16. SCHENK, G., Zur Geschichte der logischen Form, Berlin 1973.
17. SINOWJEW, A. A., Komplexe Logik. Grundlagen einer logischen Theorie des Wissens, Berlin 1970.
18. SINOWJEW, A., WESSEL, H., Logische Sprachregeln. Eine Einführung in die Logik, Berlin 1975.
19. SINOWJEW, A. A., Logik und Sprache der Physik, Berlin 1975.
20. WESSEL, H., Methodologie der empirischen Wissenschaften als Bestandteil der Logik, im vorl. Sammelband.
21. SUPPES, P., A Probabilistic Theory of Causality, Amsterdam 1970.
22. WESSEL, H., Logik und Philosophie, Berlin 1976.

H. Wessel/K. Wuttich

Ein System der epistemischen Logik

§ 1. Intuitive Grundlagen der epistemischen Logik

In der vorliegenden Arbeit beschreiben wir das System der epistemischen Logik SE^1 aus [1] und beweisen im Anschluß daran die Widerspruchsfreiheit und Unabhängigkeit der Axiomenschemata dieses Systems. Als allgemeine logische Grundlage setzen wir die Systeme der Theorie der logischen Folgebeziehung und der Prädikationstheorie voraus, die in den Arbeiten [2, 3] formuliert wurden.

Die Personen, die es mit Aussagen zu tun haben, werden *Sprecher* genannt. Angenommen, a sei der Name eines Sprechers (ein Terminus, der einen Sprecher bezeichnet), und X sei eine Aussage. Jede Aussage ist ein besonderer wahrnehmbarer (sichtbarer, hörbarer usw.) Gegenstand, hat einen Sinn und einen Wahrheitswert. Zu den *epistemischen Aussagen* werden nur solche Aussagen gerechnet, in denen über die Beziehung eines Sprechers a zu einer Aussage X in diesen drei Aspekten gesprochen wird. Hierzu gehören folgende Aussagen.

Ein Sprecher a ist mit einer Aussage X als einen wahrnehmbaren Gegenstand bekannt, wenn er X aussprechen oder aufschreiben kann, X hörte oder sah, sich an X erinnert usw. Aussagen, in denen dies fixiert wird, werden schematisch in der Form „a hat X" (oder „a besitzt X") geschrieben und *Besitzaussagen* genannt. Das Besitzen einer Aussage ist eine Fähigkeit oder ein Zustand des Sprechers. Ein Sprecher kann eine Aussage besitzen, ohne deren Sinn und Wahrheitswert zu kennen.

Ein Sprecher a ist mit dem Sinn einer Aussage X bekannt (versteht den Sinn von X), wenn ihm die Bedeutung aller in X vorkommenden Termini und die Eigenschaften aller in X vorkommenden logischen Operatoren bekannt sind. Offenbar gibt es verschiedene Stufen und Formen des Verständnisses des Sinnes einer Aussage, die vom Niveau und Charakter der Bildung, von Redegewohnheiten usw. abhängen, die aber hier keine Rolle spielen. Für die interessierende logische Problematik genügt es zu akzeptieren: Wenn der Sprecher mit der Bedeutung der in X vorkommenden Termini und den Eigenschaften der in X vorkommenden Operatoren in einer Stufe und Form bekannt ist, die in einem bestimmten Personenkreis üblich ist, so ist er auch mit dem Sinn von X bekannt (so versteht er auch X) vom Standpunkt dieses Personenkreises aus. Um den Sinn von X zu verstehen, muß man diese Aussage auf diese oder jene Weise besitzen. Aussagen, die fixieren, daß a den Sinn der Aussage X kennt, werden schematisch in der Form „a versteht X“ geschrieben und *Verstehensaussagen* genannt.

Der Ausdruck „a versteht X nicht“ ist in der Umgangssprache zweideutig. In einem Sinne bedeutet er, daß a zwar die Aussage X besitzt, aber die Bedeutung irgendwelcher in X vorkommenden Termini oder die Eigenschaften von in X vorkommenden logischen Operatoren nicht kennt. In einem anderen Sinne bedeutet er, daß es nicht richtig ist, zu sagen, a versteht X. Und der Grund für diese Negation kann nicht nur darin liegen, was für den ersten Fall gesagt wurde, sondern auch darin, daß a die Aussage X überhaupt nicht besitzt. Es ist hier also erforderlich, zwei Formen der Negation zu unterscheiden.

Wenn ein Sprecher a meint (denkt, behauptet usw.), daß die Aussage X wahr ist (oder daß der Sachverhalt wirklich so ist, wie in X behauptet wird), so wird gesagt, daß a die Aussage X akzeptiert (oder anerkennt). Aussagen, die dies fixieren, werden *Akzeptationsaussagen* (oder *Anerkennungsaussagen*) genannt und schematisch in der Form „a akzeptiert (oder anerkennt) X“ geschrieben.

Bei Akzeptationsaussagen wird nicht vorausgesetzt, daß die akzeptierte Aussage wahr ist. Der Sprecher kann eine Aussage als wahr akzeptieren, die in Wirklichkeit nicht wahr ist. Ein Akzeptieren einer Aussage X durch einen Sprecher a ist eine Handlung von a. Insbesondere können dies Handlungen wie die folgenden sein: a erklärt anderen Personen oder sich selbst, daß er X akzeptiert (als wahr ansieht); auf die Frage, ob a die Aussage X akzeptiert oder nicht, antwortet er mit „ja“, nickt mit dem Kopf u. a. Akzeptationsaussagen fixieren solche Handlungen des Sprechers. Diese Handlungen sind verschiedenartig. Es wird vereinbart, daß a die Aussage X akzeptiert genau dann, wenn er unter bestimmten Bedingungen (beispielsweise auf Verlangen, unter Zwang oder auf eigenen Wunsch) eine Handlung durchführt oder durchführen kann, die man zur Klasse der Anerkennungshandlungen von Aussagen rechnen kann.

Die Negation der Aussage „a akzeptiert X“ ist ebenfalls zweideutig. Sie wird im aktiven Sinne verwendet, d. h. als „a akzeptiert nicht-X“, und im passiven Sinne, d. h. als „a führt keinerlei Handlung durch, die eine Anerkennung von X ist“. Hier wird sie im zweiten Sinne verwendet.

Die Handlungen zur Anerkennung von Aussagen sind verschiedenartig. Es sind also Fälle möglich (und man trifft sie wirklich an), in denen der Sprecher auf die eine Weise X akzeptiert (er sagt beispielsweise zu sich selbst oder zu einem Gesprächspartner, daß er X für wahr hält), es jedoch auf eine andere Weise nicht tut, insbesondere erklärt er für eine bestimmte Personengruppe, daß er X nicht akzeptiert. Auf Grund der getroffenen Vereinbarung bezüglich des passiven Sinnes der Negation des Akzeptierens einer Aussage enthält diese Tatsache nichts Widersprüchliches. Wenn der Sprecher erklärt, daß er X nicht akzeptiert, so bedeutet dies im angegebenen Sinne nur, daß er X auf eine bestimmte Weise (durch offizielle Erklärung der Anerkennung) nicht akzeptiert, was nicht ausschließt, daß er X auf eine andere Weise akzeptiert. Der Sprecher läßt nur in dem Fall einen logischen Widerspruch zu, wenn er X akzeptiert und gleichzeitig nicht-X akzeptiert.

Um X als Aussage zu akzeptieren, muß der Sprecher sie verstehen. Es sind hier also wiederum zwei Negationen der Aussage „a akzeptiert X" möglich: 1) a versteht X, führt jedoch nicht die Handlung zu ihrer Anerkennung durch; 2) man kann nicht sagen, daß a die Aussage X akzeptiert, und der Grund hierfür kann nicht nur der in Punkt 1 angegebene, sondern auch ein Unverständnis von X sein.

Mit den Akzeptationsaussagen sind die *Verwerfungs-* und *Gleichgültigkeitsaussagen* verknüpft. Die ersten werden in der Form „a verwirft X" geschrieben. Sie sind Abkürzungen oder Ersatz für Aussagen der Form „a akzeptiert nicht-X". Die zweiten werden in der Form „a ist gleichgültig (indifferent) gegenüber X" geschrieben. Sie sind Abkürzungen für Aussagen der Form „a akzeptiert nicht X und a akzeptiert nicht nicht-X".

Schließlich gehören zu den epistemischen Aussagen solche, in denen gesagt wird, daß dem Sprecher a bekannt ist, daß die Aussage X wahr ist (a ist darüber informiert, daß X; a weiß, daß X). Solche Aussagen werden *Informiertheits-* oder *Wissensaussagen* genannt und schematisch in der Form „a weiß, daß X" geschrieben.

Bei Informiertheitsaussagen wird vorausgesetzt, daß X wahr ist und a dies auf irgendeine Weise akzeptiert (und folglich die Aussage X besitzt und versteht). Ein Spezialfall solcher Aussagen sind Aussagen der Form „a errät, daß X", „a hörte, daß X" usw. Allgemein gesagt, gibt es gewisse Zustände von Sprechern, die in Informiertheitsaussagen fixiert werden.

Für Informiertheitsaussagen ist es gleichfalls wesentlich, zwei Formen der Negation zu unterscheiden, sonst erhält man paradoxe Folgerungen. Wenn man sagt „a weiß, daß X", so wird die Wahrheit von X vorausgesetzt. Die Wahrheit von X wird aber auch in dem Fall vorausgesetzt, wenn man sagt „a weiß nicht, daß X". Dieser logische Zusammenhang der Sätze läßt sich mit Hilfe des Konditionalitätsoperators folgendermaßen schreiben: 1) wenn a weiß, daß X, so X; 2) wenn a nicht weiß, daß X, so X. Aus der ersten Behauptung erhält man nach der Kontrapositionsregel: 3) wenn nicht-X, so weiß a nicht, daß X. Aus den Behauptungen 2 und 3 erhält man aber nach der Transitivitätsregel: 4) wenn nicht-X, so X. Es gilt die Behauptung: 5) wenn X, so X. Aus 4 und 5 erhält man: 6) wenn X oder nicht-X, so X. Da der Ausdruck „X oder nicht-X" logisch wahr ist, ergibt sich aus 6, daß jede Aussage X wahr ist.

Doch auch unabhängig von solchen Paradoxen ist folgendes offensichtlich. Die Negation der Aussage „a weiß, daß X" kann einmal bedeuten, daß X wahr ist, a sie jedoch nicht akzeptiert, und zum anderen, daß die Aussage

„a weiß, daß X" nicht gilt. Der Grund kann im zweiten Fall nicht nur das Nichtakzeptieren von X, sondern auch die Unwahrheit von X sein.

Alle angeführten Aussagen enthalten zwei Subjekttermini (den Terminus a und den Terminus „die Aussage X" oder „die Tatsache, daß X") und entsprechend die zweistelligen Prädikate des Besitzens, des Verstehens, des Akzeptierens, des Verwerfens, der Gleichgültigkeit und der Informiertheit. Der Kürze halber werden für diese Prädikate in der entsprechenden Reihenfolge die Buchstaben A, B, C, D, E, F verwendet und die Aussagen insgesamt durch Symbole der Form $AatX$, $BatX$, $CatX$, $DatX$, $EatX$, $FatX$ dargestellt.

Es ist wesentlich, daß in epistemischen Aussagen der Form $PatX$ nicht die Aussage X, sondern der Terminus tX vorkommt, der eine Besonderheit besitzt. Um dies zu verdeutlichen, sei die Aussage „a sagte, daß X" betrachtet, die ein Spezialfall der Aussage „a besitzt X" ist. Angenommen, X sei mit Y äquivalent. Wenn man die Ersetzbarkeitsregel für äquivalente Aussagen akzeptiert, so erhält man hieraus die Aussage „a sagte, daß Y", die bei einer wahren Aussage „a sagte, daß X" falsch sein kann. Solche Paradoxe lassen sich vermeiden, wenn man die erwähnte Besonderheit der Termini tX berücksichtigt. Diese Besonderheit besteht darin, daß in solchen Termini X nicht als Aussage, sondern nur als physischer (hörbarer, sichtbarer) Gegenstand vorkommt. Hieraus ergibt sich eine wichtige Folgerung, die für die Logik insgesamt Bedeutung hat: Es ist nicht immer richtig anzunehmen, daß ein sprachlicher Ausdruck in einem anderen genau dann vorkommt, wenn er ein graphischer Teil des zweiten ist. Vielmehr ist es in jedem Fall erforderlich, genau zu definieren, wann ein sprachlicher Ausdruck in einem anderen als sprachlicher Ausdruck eines bestimmten Typs vorkommt. Das Gesagte betrifft nicht nur epistemische Aussagen. So folgt etwa daraus, daß eine Aussage X graphisch länger als eine Aussage Y ist, logisch nicht, daß X länger als Z ist, selbst wenn Z und Y äquivalent sind, denn die Ersetzbarkeitsregel für äquivalente Aussagen betrifft nur Ersetzungen von Vorkommen von Aussagen als Aussagen und nicht solche als physische Gegenstände. Ausführlicher wird diese Problematik im Zusammenhang mit modalen Termini in [4] betrachtet.

Die Aufgabe der epistemischen Logik besteht darin, Operationsregeln für Aussagen mit den angegebenen Prädikaten aufzustellen, d. h. diese Prädikate mit ihren Methoden zu definieren. Dies muß in Übereinstimmung mit den intuitiven Überlegungen geschehen, die teils oben dargestellt wurden, teils aus der Art der konstruierten Kalküle selbst deutlich werden.

Eine Definition der Eigenschaften epistemischer Prädikate, die nicht von dem Verhältnis der Sprecher zu den logischen Regeln abhängen und für jeden beliebigen Sprecher gelten, liefert das folgende System SE^1.

§ 2. *Axiomatischer Aufbau des Systems SE^1*

Das System SE^1 wird durch folgende Ergänzungen zu den oben angegebenen logischen Systemen gebildet. Die Symbole $\wedge$, $\vee$, $\urcorner$, $\sim$, $\vdash$ sind in der angegebenen Reihenfolge die Operatoren der Konjunktion, der Adjunktion, der inneren Negation, der äußeren Negation und das Prädikat der logischen Folgebeziehung. Einen Ausdruck $X \dashv \vdash Y$ verwenden wir als Abkürzung für die beiden Ausdrücke $X \vdash Y$ und $Y \vdash X$.

Ergänzungen zum Alphabet (oder eigentliches Alphabet von SE^1):
1) ein Verzeichnis von Variablen für Termini, die Sprecher bezeichnen (für Sprechernamen);
2) A, B, C, D, E, F – in der angegebenen Reihenfolge die Prädikate des Besitzes, des Verstehens, des Akzeptierens, des Verwerfens, der Gleichgültigkeit und der Informiertheit.

Ergänzung zur Definition einer Prädikatformel: wenn a eine Variable für Sprechernamen und X eine Satzformel ist, so sind Aax, Bax, Cax, Dax, Eax, Fax Prädikatformeln.

Der Definition eines Vorkommens einer Satzformel in einer Satzformel muß man folgende Form geben. Eine Satzformel X kommt in einer Satzformel in folgenden und nur in folgenden Fällen vor:
1) Y kommt in $\sim Y$, $Y \wedge Z$, $Z \wedge Y$, $Y \vee Z$, $Z \vee Y$ vor;
2) X^i ($i = 1, 2, \ldots, n$) kommt in $X^1 \wedge X^2 \wedge \cdots \wedge X^n$ und in $X^1 \vee X^2 \vee \cdots \vee X^n$ vor;
3) wenn Y in Z vorkommt und Z in V, so kommt Y in V vor.

Zusätzliche Axiomenschemata:

A 1. $\sim Aax \vdash \urcorner Aax$,
A 2. $Aax \vdash Aay$, wo Y in X vorkommt,
A 3. $Bax \vdash Bay$, wo Y in X vorkommt,
A 4. $Bax \vee \urcorner Bax \vdash Aax$,
A 5. $\sim Bax \vdash \sim Aax \vee \urcorner Bax$,
A 6. $Cax \vee \urcorner Cax \vdash Bax$,
A 7. $\sim Cax \vdash \sim Bax \vee \urcorner Cax$,
A 8. $Dax \dashv \vdash Ca \sim x$,
A 9. $\urcorner Dax \dashv \vdash \urcorner Ca \sim x$,
A 10. $Eax \dashv \vdash \urcorner Cax \wedge \urcorner Dax$,
A 11. $\urcorner Eax \dashv \vdash Cax \vee Dax$,
A 12. $Fax \dashv \vdash Cax \wedge X$,
A 13. $\urcorner Fax \dashv \vdash \urcorner Cax \wedge X$.

Das Axiom 1 bedeutet, daß für das Prädikat A die Negationen nicht unterschieden werden, denn in der Prädikationstheorie ist die Formel $\urcorner Aax \vdash \vdash \sim Aax$ beweisbar. Die Axiome 8–13 bedeuten, daß D, E und F abgeleitete Prädikate sind und generell aus der Sprache eliminiert werden können. Die oben erwähnten Paradoxe erhält man hier nicht, denn die Formeln $\sim Fax \vdash \vdash \neg Fax$ und $\sim Fax \vdash X$ lassen sich nicht beweisen. Wenn man $\neg Cax$ im aktiven Sinne deutet, d. h. die Axiome $\neg Cax \dashv \vdash Ca \sim x$ akzeptiert, so ist $\vdash \sim Eax$ beweisbar, d. h. daß ein Sprecher keiner Aussage gegenüber gleichgültig sein kann. Dies entspricht nicht der Intuition.

§ 3. Verschiedene Typen von Sprechern

Das Verhältnis von Sprechern zu den logischen Regeln ist so verschiedenartig und individuell, daß sich nichts Allgemeines für alle angeben läßt. Es lassen sich hier nur verschiedene Typen von Sprechern definieren. So betrachtet etwa W. Stelzner in der Arbeit [5] folgende Typen von Sprechern: widerspruchsfreie, schwach folgerichtige und streng folgerichtige Sprecher. Es sind auch andere Typen von Sprechern möglich, und später werden Beispiele angeführt.

Die Annahme, daß der Sprecher gewisse logische Regeln kennt und akzeptiert, macht für sich genommen ein System der epistemischen Logik noch nicht reicher als SE^1. Eine solche Annahme muß durch ein Setzen zusätzlicher Axiome realisiert werden, die für die entsprechenden Sprechertypen gelten.

Die Annahme, daß ein Sprecher logische Regeln kennt und akzeptiert, setzt aber voraus, daß diese Regeln aufgestellt und jemandem bekannt sind. Wie verhält es sich aber, wenn sie überhaupt noch nicht aufgestellt, nicht allgemein anerkannt sind usw.? Ein Ausweg aus dieser Situation besteht darin, daß man eine genau definierte Klasse von logischen Regeln voraussetzt. Im weiteren werden Beispiele für Definitionen von Sprechertypen betrachtet, bei denen die Klasse der logischen Regeln nicht durch konkrete logische Kalküle beschränkt ist. Das System SE^2 wird durch Hinzufügen folgender Definitionen zu SE^1 gebildet.

D 1. Ein Sprecher a wird *primitiv-logisch* genannt genau dann, wenn für ihn die folgenden Axiomenschemata gelten:

A 14. $Cax \vdash \sim Ca \sim x$,
A 15. $Cax \wedge Cay \vdash Ca\,(x \wedge y)$,
A 16. $Cax \dashv \vdash CaCax$.

Aus *D 1* erhält man: wenn a primitiv-logisch ist, so gelten für ihn u. a. folgende Theoremenschemata: $Fax \vdash \sim Fa \sim x$, $Fax \vdash FaCax$, $Fax \vdash CaFax$, $Fax \vdash FaFax$.

D 2. Ein Sprecher wird *praktisch-logisch* genannt genau dann, wenn für ihn die Axiomenschemata 14–16 und außerdem die folgenden Axiomenschemata gelten:

A 17. $Ca\,(\vdash x) \vdash Cax$,
A 18. $Ca\,(x \vdash y) \vdash (Cax \vdash Cay)$

(hierbei werden Ausdrücke mit dem Prädikat der Folgebeziehung zu den Prädikatformeln des Kalküls SE^2 gerechnet).

Aus *D 2* folgt: wenn a praktisch-logisch ist und die Regel $X \wedge Y \vdash X$ akzeptiert, so gelten für ihn die Theoremenschemata

$Fai^1Fb^1 \ldots i^nFb^njFcx \vdash Fai^1Fb^1 \ldots i^nFb^nx$, wobei $n \geqq 1$, während $i^1, \ldots, i^n$, j das Vorhandensein oder Fehlen der inneren Negation (in beliebigen Kombinationen) bedeutet. Ein Spezialfall sind die Theoreme $FaFbx \vdash Fax$ und $Fa\urcorner Fbx \vdash Fax$. Auch die Formeln $\vdash\ \sim Fa \urcorner Fax$ und $Fa\,(x \vdash y) \vdash (Fax \vdash$ $\vdash Fay)$ sind hier beweisbar. Wenn man die Regel $(\vdash x) \vdash X$ akzeptiert, so sind auch die Formeln $Fa\,(\vdash x) \vdash Fax$ Theoreme.

D 3. Ein Sprecher a wird *abstrakt-logisch* genannt genau dann, wenn für ihn die Axiomenschemata 14–16 und außerdem folgende Schemata gelten:

A 19. $(\vdash x) \vdash Cax$,
A 20. $(x \vdash y) \vdash (Cax \vdash Cay)$.

Offensichtlich wird hier die Lösung der Frage, wann $\vdash X$ und $X \vdash Y$ gelten, den Autoren logischer Systeme übertragen.

Im weiteren werden die Wechselbeziehungen von zwei derartigen Sprechern a und b betrachtet. Angenommen, Fax. Hieraus folgt offensichtlich weder $FbFax$, noch $\sim FbFax$. Angenommen, $FbFax$. Es ist ebenfalls offensichtlich, daß hieraus weder $FaFbFax$ noch $\sim FaFbFax$ folgt (d. h. a kann wissen, kann aber auch nicht wisen, daß $FbFax$). Angenommen, $FaFbFax$. Hier ist es wiederum möglich, daß b dies weiß, und es ist möglich, daß b dies nicht weiß. Angenommen, $FbFaFbFax$. Bei einer weiteren Fortsetzung verschwindet die intuitive Klarheit, und es ergibt sich die Frage: läßt sich eine solche Aussage $Fawx$ oder $Fbwx$ aufbauen, in der w eine bestimmte Folge der Buchstaben F, a und b ist, so daß die Behauptungen $Fawx \vdash FbFawx$ oder $Fbwx \vdash$ $\vdash FaFbwx$ gelten? Dabei wird von der faktischen Sachlage ausgegangen, daß die Sprecher in solchen Situationen früher oder später erraten, daß einem von ihnen bekannt ist, daß dem anderen im Zusammenhang mit ihm auch die Aussage X bekannt ist. Es wird also angenommen, daß in der Kommunikation von a und b bezüglich X von einem bestimmten Moment an das Hinzuschreiben von Fa zu $Fbwx$ und von Fb zu $Fawx$ praktisch sinnlos wird. Angenommen, $[nab]$ sei ein Ausdruck, in dem n mal nacheinander ($n \geqq 1$) der Ausdruck $FaFb$ geschrieben ist, und $[nba]$ ein Ausdruck, in dem n mal nacheinander $FbFa$ geschrieben ist. Folgende Definition realisiert die getroffene Annahme.

D 4. Ein Sprecherpaar a und b wird ein *sich gegenseitig durchschauendes Paar n-ter Stufe* genannt genau dann, wenn für sie das folgende Axiom gilt:

A 21. $[(n+1)\,ab]\,x \wedge [(n+1)\,ba]\,x \vdash [(n+2)\,ab]\,x$.

Wenn $n = 1$, so hat das Axiom 21 folgende Form:

$FaFbFaFbx \wedge FbFaFbFax \vdash FaFbFaFbFaFbx$.

Aus 21 folgt:

$$[(n+1)\,ab]\,x \wedge [(n+1)\,ba]\,x \vdash [(n+2)\,ba]\,x.$$

Wenn $n=1$, so hat diese Folgerung die Form:

$FaFbFaFbx \wedge FbFaFbFax \vdash FbFaFbFaFbFax$.

Für einen praktisch-logischen Sprecher folgt aus 21:

A 22. $Fa\,[(n+1)\,ba]\,x \vdash [(n+2)\,ba]\,x$.

Wenn $n=1$, so hat diese Folgerung die Form:

$$FaFbFaFbFax \vdash FbFaFbFaFbFax\ .$$

Für einen praktisch-logischen Sprecher folgt aus 21 gleichfalls:

$CaCbCaCbx \wedge CbCaCbCax \wedge CaCbCax \wedge CbCaCbx \wedge CaCbx \wedge CbCax \wedge Cax \wedge$
$\wedge Cbx \vdash CaCbCaCbCaCbx \wedge CbCaCbCaCbCax$.

Umgekehrt folgt aus dieser Formel für Sprecher des angegebenen Typs die Formel 21.

Eine *D 4* analoge Definition kann man für 3 und mehr (allgemein für ein beliebiges n größer 2) Sprecher treffen. Insbesondere läßt sich das folgendermaßen realisieren.

D 5. Ein n-Tupel ($n \geqq 2$) von Sprechern $a^1, a^2, \ldots, a^n$ wird ein *sich gegenseitig durchschauendes n-Tupel m-ter Stufe* ($m \geqq 1$) genannt genau dann, wenn für sie das folgende Axiom gilt:

$$[(m+n-1)\,y^1]\,x \wedge \cdots \wedge [(m+n-1)\,y^k]\,x \vdash [(m+n)\,y^1]\,x\ ,$$

wobei $y^1, \ldots, y^k$ alle möglichen Umstellungen von $a^1, a^2, \ldots, a^n$ sind.

D 5 wurde nur zur Illustration der allgemeinen Idee angeführt. Inwieweit man das Antezedent der angegebenen Formel verkürzen kann, wird hier nicht untersucht.

Wenn man die Antezedente selbst der Formel 21 und 22 im ganzen nicht berücksichtigt, so sind die Mengen der aus ihnen ableitbaren Folgerungen, die nur aus den Buchstaben F, a, b und x gebildet werden, gleich. Es sind dies die Ausdrücke Fax, Fbx, $FaFbx$, $FbFax$, $FbFaFbx$, $FaFbFax$, $FaFbFaFbx$, $FbFaFbFax$. Und in diesem Sinne sind diese Varianten äquivalent.

§ 4. *Widerspruchsfreiheit des Systems SE^1*

Zum Beweis der Widerspruchsfreiheit des Systems SE^1 werden vor einer Anwendung der in [3] dargestellten semantischen Regeln der allgemeinen Theorie der logischen Folgebeziehung und der Prädikationstheorie mit den eigentlichen Formeln von SE^1 folgende semantischen Umformungen in der angegebenen Reihenfolge vorgenommen:

SR 1. Wenn in einer Formel der Form $A \vdash B$ in A eine Formel Aax bzw. Bax vorkommt, in B die Formel Aay bzw. Bay vorkommt und Y in X vorkommt, so werden Aay und Bay entsprechend durch Aax und Bax ersetzt.

SR 2. Nach den Umformungen des Punktes 1 werden folgende Ersetzungen vorgenommen:

1. eine Formel der Form Aax wird durch X ersetzt;
2. eine Formel der Form $\neg Aax$ wird durch $\sim X$ ersetzt;
3. eine Formel der Form Bax wird durch X ersetzt;
4. eine Formel der Form $\neg Bax$ wird durch $X \wedge \sim X$ ersetzt;
5. eine Formel der Form Cax wird durch X ersetzt;
6. eine Formel der Form $\neg Cax$ wird durch $X \wedge \sim X$ ersetzt;
7. eine Formel der Form Dax wird durch $\sim X$ ersetzt;
8. eine Formel der Form $\neg Dax$ wird durch $X \wedge \sim X$ ersetzt;
9. eine Formel der Form Eax wird durch $X \wedge \sim X$ ersetzt;
10. eine Formel der Form $\neg Eax$ wird durch $\sim(X \wedge \sim X)$ ersetzt;
11. eine Formel der Form Fax wird durch X ersetzt;
12. eine Formel der Form $\neg Fax$ wird durch $X \wedge \sim X$ ersetzt.

Nach einer Anwendung der Regeln *SR 1* und *SR 2* werden die semantischen Regeln der allgemeinen Theorie der logischen Folgebeziehung [3, S. 221] und Prädikationstheorie [3, S. 248f.] angewandt.

Die Axiome *A 1–A 13* nehmen nach den angegebenen Umformungen folgende Form an:

1. $\sim X \vdash \sim X$
2. $X \vdash X$
3. $X \vdash X$
4. $X \vee (X \wedge \sim X) \vdash X$
5. $\sim X \vdash \sim X \vee (X \wedge \sim X)$
6. $X \vee (X \wedge \sim X) \vdash X$
7. $\sim X \vdash \sim X \vee (X \wedge \sim X)$
8. $\sim X \dashv\vdash \sim X$
9. $X \wedge \sim X \dashv\vdash \sim X \wedge \sim\sim X$
10. $X \wedge \sim X \dashv\vdash (X \wedge \sim X) \wedge (X \wedge \sim X)$
11. $\sim(X \wedge \sim X) \dashv\vdash X \vee \sim X$
12. $X \dashv\vdash X \wedge X$
13. $X \wedge \sim X \dashv\vdash X \wedge \sim X \wedge X$.

Die Formeln 1–13 sind nach den semantischen Regeln der allgemeinen Theorie der Folgebeziehung Tautologien. Die in den Regeln *SR 1* und *SR 2* angegebenen Umformungen sind so gewählt, daß sie die Formeln der allgemeinen Theorie der Folgebeziehung nicht betreffen und daß deren Schlußregeln gültig bleiben.

Es bleibt zu zeigen, daß bei den angegebenen Umformungen die Spezialfälle der Axiome der Prädikationstheorie mit den epistemischen Prädikaten A, B, C, D, E und F in Tautologien der allgemeinen Theorie der logischen Folgebeziehung übergehen.

In der Prädikationstheorie haben wir folgende Axiomenschemata:

A^P *1.* $Q(s) \dashv\vdash \sim\neg Q(s) \wedge \sim ?Q(s)$

A^P *2.* $\neg Q(s) \dashv\vdash \sim Q(s) \wedge \sim ?Q(s)$

A^P *3.* $?Q(s) \dashv\vdash \sim Q(s) \wedge \sim\neg Q(s)$.

Auf Grund des dritten Schemas können wir uns auf eine Betrachtung der folgenden beiden Spezialfälle beschränken (P sei ein beliebiges epistemisches Prädikat):

S 1. $Pax \dashv\vdash \sim\neg Pax \wedge \sim(\sim Pax \wedge \sim\neg Pax)$

S 2. $\neg Pax \dashv\vdash \sim Pax \wedge \sim(\sim Pax \wedge \sim\neg Pax)$.

Wenn P das Prädikat A ist, erhalten wir nach den angegebenen Umformungen:

14. $X \dashv\vdash \sim\sim X \wedge \sim(\sim X \wedge \sim\sim X)$

15. $\sim X \dashv\vdash \sim X \wedge \sim(\sim X \wedge \sim\sim X)$.

Wenn P das Prädikat B, C oder F ist, erhalten wir:

16. $X \dashv\vdash \sim(X \wedge \sim X) \wedge \sim(\sim X \wedge \sim(X \wedge \sim X))$

17. $X \wedge \sim X \dashv\vdash \sim X \wedge \sim(\sim X \wedge \sim(X \wedge \sim X))$.

Wenn P das Prädikat D ist, ergibt sich:

18. $\sim X \dashv\vdash \sim(X \wedge \sim X) \wedge \sim(\sim\sim X \wedge \sim(X \wedge \sim X))$

19. $X \wedge \sim X \dashv\vdash \sim\sim X \wedge \sim(\sim\sim X \wedge \sim(X \wedge \sim X))$.

Für das Prädikat E erhalten wir nach der Umformung:

20. $X \wedge \sim X \dashv\vdash \sim\sim(X \wedge \sim X) \wedge \sim(\sim(X \wedge \sim X) \wedge \sim\sim(X \wedge \sim X))$

21. $\sim(X \wedge \sim X) \dashv\vdash \sim(X \wedge \sim X) \wedge \sim(\sim(X \wedge \sim X) \wedge \sim\sim(X \wedge \sim X))$.

Die Formeln 14–21 sind nach den semantischen Regeln der allgemeinen Theorie der logischen Folgebeziehung Tautologien. Hieraus und aus der Widerspruchsfreiheit der allgemeinen Theorie der Folgebeziehung und der Prädikationstheorie folgt die Widerspruchsfreiheit des Systems SE^1 im Sinne des folgenden Metatheorems:

MT 1. Bei der angegebenen Interpretation sind alle Theoreme von SE^1 Tautologien.

§ 5. Unabhängigkeit des Systems SE^1

Ein Axiomenschema nennen wir *unabhängig* von den übrigen Axiomenschemata und Schlußregeln eines Systems genau dann, wenn mindestens ein Axiom dieses Schemas unabhängig von den Axiomen der übrigen Schemata und Schlußregeln ist. Ein logisches System mit Axiomenschemata nennen wir *unabhängig* genau dann, wenn alle seine Axiomenschemata und Schlußregeln unabhängig sind.

Die Unabhängigkeit der eigentlichen Axiomenschemata 1–13 der epistemischen Logik von den Axiomenschemata und Schlußregeln der allgemeinen Theorie der logischen Folgebeziehung und der Prädikationstheorie ist offensichtlich, da keines von ihnen ein Theorem der allgemeinen Theorie der Folgebeziehung und der Prädikationstheorie ist und da nur in ihnen die epistemischen Prädikate vorkommen.

Es bleibt also nur die Unabhängigkeit der Axiomenschemata 1–13 untereinander zu zeigen. Dabei verwenden wir folgende Methode. Für den Beweis der Unabhängigkeit jedes Axiomenschemas werden Umformungsregeln angegeben, die die eigentlichen Formeln der epistemischen Logik in Formeln der allgemeinen Theorie der logischen Folgebeziehung überführen. Diese Regeln werden zuerst angewandt. Danach wird, falls nicht ausdrücklich etwas anderes vereinbart wird, folgende Regel angewandt:

SR 3. Wenn Formeln X und Y durch die im weiteren angegebenen Umformungen entsprechend aus den Formeln Aax und Aay bzw. Bax und Bay gewonnen wurden, und wenn außerdem Y in X vorkommt, so gilt: falls X den Wahrheitswert 1 hat, so hat Y den Wahrheitswert 1; falls Y den Wahrheitswert 0 hat, so hat X den Wahrheitswert 0.

Anschließend werden die semantischen Regeln der allgemeinen Theorie der logischen Folgebeziehung angewandt. Die Umformungsregeln werden dabei so gewählt, daß die Axiome der übrigen Schemata in Tautologien der allgemeinen Theorie der logischen Folgebeziehung übergehen, die Theoreme der allgemeinen Theorie der Folgebeziehung und der Prädikationstheorie nicht betroffen werden, die Schlußregeln stets von Tautologien zu Tautologien führen, während mindestens ein Axiom des Schemas, dessen Unabhängigkeit wir beweisen wollen, bei dieser Interpretation keine Tautologie ist. Wir führen im weiteren die Unabhängigkeitsbeweise für die einzelnen Axiomenschemata nur verkürzt an, beschränken uns auf die Angabe der entsprechenden Umformungsregeln und den Nachweis, daß ein Axiom des betreffenden Schemas keine Tautologie ist. Der Leser kann sich leicht davon überzeugen, daß die anderen Bedingungen erfüllt sind.

Als Umformungsregeln für den Beweis der Unabhängigkeit des Axiomenschemas. 1. $\sim Aax \vdash \neg Aax$ wählen wir die Regeln 1, 3–12 aus *SR 2* des § 4 sowie folgende Regel: Eine Formel der Form $\neg Aax$ wird durch X ersetzt.

Aus dem Axiomenschema 1 erhalten wir dann die Formel $\sim X \vdash X$, die keine Tautologie ist. (Die Regel *SR 3* ist hier nicht anwendbar, da nicht alle Bedingungen dieser Regel erfüllt sind. Wir erinnern daran, daß Y nicht in $\neg Y$ vorkommt.)

Für den Beweis der Unabhängigkeit des Axiomenschemas 2. $Aax \vdash Aay$, wobei Y in X vorkommt, wählen wir die Regeln 1–12 aus *SR 2* und schwächen die Regel *SR 3* dadurch ab, daß wir in ihr den Ausdruck „*Aax* und *Aay* bzw." streichen. Die Formel $Aa(x \vee y) \vdash Aax$ ist ein Spezialfall des zweiten Schemas, nimmt nach der Umformung die Form $X \vee Y \vdash X$ an und ist folglich keine Tautologie.

Die Unabhängigkeit des Axiomenschemas 3. $Bax \vdash Bay$, wobei Y in X vorkommt, beweisen wir analog, indem wir wieder die Regeln 1–12 aus *SR 2* wählen und *SR 3* dadurch abschwächen, daß wir in ihr die Wendung „bzw. *Bax* und *Bay*" streichen. Die Formel $Ba(x \vee y) \vdash Bax$ ist ein Spezialfall des dritten Schemas, nimmt nach der Umformung die Form $X \vee Y \vdash X$ an und ist keine Tautologie.

Für den Beweis der Unabhängigkeit des Axiomenschemas 4. $Bax \vee \neg Bax \vdash$ $\vdash Aax$ wählen wir die Regeln 3–12 aus *SR 2* sowie die beiden folgenden Umformungsregeln:

Formeln der Form *Aax* werden durch $X \wedge \sim X$ ersetzt;

Formeln der Form $\neg Aax$ werden durch $\sim(X \wedge \sim X)$ ersetzt.

Das Axiomenschema 4 nimmt nach der Umformung die Form $X \vee$ $\vee (X \sim \sim X) \vdash X \wedge \sim X$ an und ist keine Tautologie.

Für den Beweis der Unabhängigkeit des Axiomenschemas 5. $\sim Bax \vdash$ $\vdash \sim Aax \vee \neg Bax$ wählen wir die Regeln 3–12 aus *SR 2* sowie die folgenden beiden Regeln:

eine Formel der Form *Aax* wird durch $X \vee \sim X$ ersetzt;

eine Formel der Form $\neg Aax$ wird durch $X \wedge \sim X$ ersetzt.

Das Axiomenschema 5 nimmt nach der Umformung die Form $\sim X \vdash$ $\vdash \sim(X \vee \sim X) \vee (X \wedge \sim X)$ an und ist keine Tautologie.

Für den Beweis der Unabhängigkeit des Axiomenschemas 6. $Cax \vee \neg Cax \vdash$ $\vdash Bax$ wird zunächst die Regel *SR 1* aus § 4 anstelle der Regel *SR 3*, danach werden die Regeln 4–12 aus *SR 2* sowie die folgenden drei Regeln angewandt:

eine Formel der Form *Aax* wird durch $X \wedge \sim X$ ersetzt;

eine Formel der Form $\neg Aax$ wird durch $\sim(X \wedge \sim X)$ ersetzt;

eine Formel der Form *Bax* wird durch $X \wedge \sim X$ ersetzt.

Das Axiomenschema 6 nimmt nach der Umformung die Form $X \vee (X \wedge$ $\wedge \sim X) \vdash X \wedge \sim X$ an und ist keine Tautologie.

Für den Beweis der Unabhängigkeit des Axiomenschemas 7. $\sim Cax \vdash$ $\vdash \sim Bax \vee \neg Cax$ wird zunächst die Regel *SR 1* anstelle der Regel *SR 3*, danach werden die Regeln 4–12 aus *SR 2* sowie die folgenden drei Regeln angewandt:

eine Formel der Form *Aax* wird durch $X \vee \sim X$ ersetzt;

eine Formel der Form $\neg Aax$ wird durch $X \wedge \sim X$ ersetzt;

eine Formel der Form *Bax* wird durch $X \vee \sim X$ ersetzt.

Das Axiomenschema 7 nimmt nach der Umformung die Form $\sim X \vdash$ $\vdash \sim(X \vee \sim X) \vee (X \wedge \sim X)$ an und ist keine Tautologie.

Die Unabhängigkeit des Axiomenschemas 8.1. $Dax \vdash Ca \sim x$ beweisen wir, indem wir in der in § 4 angegebenen Interpretation die Regel 7 aus *SR 2* durch die folgende ersetzen:

eine Formel der Form *Dax* wird durch $X \vee \sim X$ ersetzt.

Das Schema 8.1 nimmt nach der Umformung die Form $X \vee \sim X \vdash \sim X$ an und ist keine Tautologie. Analog ändern wir für den Beweis der Unabhängigkeit des Axiomenschemas 8.2. $Ca \sim x \vdash Dax$ die Interpretation des § 4 nur in den Regeln 7 und 10 von *SR 2* durch folgende Regeln ab:

eine Formel der Form *Dax* wird durch $X \wedge \sim X$ ersetzt;

eine Formel der Form $\urcorner Eax$ wird durch X ersetzt.

Nach den Umformungen nimmt das Schema 8.2. die Form $\sim X \vdash X \wedge \sim X$ an und ist keine Tautologie.

Für den Beweis der Unabhängigkeit des Axiomenschemas 9.1. $\urcorner Dax \vdash \urcorner Ca \sim x$ ersetzen wir in der Interpretation des § 4 nur die Regel 8 von *SR 2* durch die folgende:

eine Formel der Form $\urcorner Dax$ wird durch $X \vee \sim X$ ersetzt.

Das Schema 9.1. nimmt nach den Umformungen die Form $X \vee \sim X \vdash \sim X \wedge \sim \sim X$ an und ist keine Tautologie.

Für den Beweis der Unabhängigkeit des Axiomenschemas 9.2. $\urcorner Ca \sim x \vdash \urcorner Dax$ wird zunächst die Regel *SR 1*, danach werden die Regeln 1–4, 9 von *SR 2* sowie die folgenden Regeln angewandt:

eine Formel der Form $\urcorner Cax$ wird durch X ersetzt;

eine Formel der Form *Cax* wird durch $X \wedge \sim X$ ersetzt;

eine Formel der Form *Dax* wird durch $X \wedge \sim X$ ersetzt;

eine Formel der Form $\urcorner Dax$ wird durch $X \wedge \sim X$ ersetzt;

eine Formel der Form $\urcorner Eax$ wird durch $X \wedge \sim X$ ersetzt;

eine Formel der Form *Fax* wird durch $X \wedge \sim X$ ersetzt;

eine Formel der Form $\urcorner Fax$ wird durch X ersetzt.

Das Schema 9.2. nimmt nach den Ersetzungen die Form $\sim X \vdash X \wedge \sim X$ an und ist keine Tautologie.

Die Unabhängigkeit der Axiomenschemata 10–13 ist offensichtlich, da es sich bei ihnen entsprechend um implizite Definitionen der Prädikate E, $\urcorner E$, F und $\urcorner F$ handelt und die entsprechenden Prädikate in anderen Schemata nicht vorkommen. Zur Illustration beweisen wir nur die Unabhängigkeit des Schemas 10.1. $Eax \vdash \urcorner Cax \wedge \urcorner Dax$. Dazu ändern wir in der Interpretation des § 4 nur die Regel 9 aus *SR 2* in folgender Weise ab:

eine Formel der Form *Eax* wird durch X ersetzt.

Das Schema 10.1. nimmt nach den Ersetzungen die Form $X \vdash X \wedge \sim X \wedge X \wedge \sim X$ an und ist keine Tautologie.

Es gilt also folgendes Metatheorem:

MT 2. Das System SE^1 ist unabhängig.

Quellennachweise

1. Зиновьев, А. А., Очерк эпистемической логики, in: Teorie a metoda, VII/4, 1975.
2. Sinowjew, A. A., Komplexe Logik. Grundlagen einer logischen Theorie des Wissens, Berlin 1970.
3. Sinowjew, A., Wessel, H., Logische Sprachregeln. Eine Einführung in die Logik, Berlin 1975.
4. Wessel, H., Modalitäten in empirischen Wissenschaften, im vorliegenden Band.
5. Штельцнер, В., Логика утверждения и теория дискуссии, in: Логика и физика, Свердловск 1975.

Klaus Wuttich

Logische Explikationen von Informiertheits- oder Wissensaussagen

In der vorliegenden Arbeit untersuchen wir das in [1] aufgebaute System der epistemischen Logik SEI^1, sowie die Systeme SEI^{1*}, SEI^2 usw., die ebenso wie das in [9] dargestellte System SE^1 mögliche logische Explikationen des Wissensbegriffes darstellen. Im Rahmen dieser Systeme werden bestimmte Paradoxien betrachtet, die auf Grund außerlogischer Annahmen zustande kommen. Breiten Raum nimmt das Problem ein, welche Regeln sich in einer epistemischen Logik mit dem Grundprädikat „... weiß, daß ...“ für Sprecher, die mit logischen Regeln (d. h. bestimmten Logiksystemen) bekannt sind, aufstellen lassen.

Mit Informiertheits- oder Wissensaussagen beschäftigten sich unter anderem J. Hintikka, R. M. Chisholm, A. J. Ayer [4, 3, 2] und A. A. Sinowjew. Betrachtet eine Aussage „*a* weiß, daß *X*“ (und auch Aussagen mit anderen epistemischen Prädikaten) als eine Abkürzung für eine kompliziertere Sprachstruktur. Eine solche Aussagenverbindung besteht aus Aussagen der Form „*a* akzeptiert *X*“ und „*a* hat *X*“. Wenn *a* weiß, daß *X*, so hat *a* die Aussage *X*, akzeptiert *X* und der durch *X* ausgedrückte Sachverhalt trifft zu (*X* ist wahr). Da die Aussage „*a* akzeptiert *X*“ voraussetzt, daß *a* die Aussage *X* besitzt und versteht, kann man die Besitzaussage jederzeit eliminieren.

Auch Hintikka und Chisholm fassen den Ausdruck „*a* weiß, daß *X*“ als Abkürzung auf. Wenn *a* weiß, daß *X*, so heißt das, daß *a* die Aussage *X* akzeptiert, daß *a* erkenntnismäßige Gründe hat, die *X* ausreichend wahrscheinlich machen und daß *X* wahr ist.

Das neue Herangehen von Sinowjew besteht in der Verwendung des Logikapparates für den nichtklassischen Fall (in seinem Sinn). Dadurch gelingt es ihm, das in [9] beschriebene Paradoxon zu vermeiden. Da Hintikka und Chisholm (wie auch alle anderen zu diesem Thema schreibenden Autoren) nicht zwischen äußerer und innerer Negation unterscheiden, fallen diese bei ihnen zusammen. Deshalb kann daraus, daß *a* nicht weiß, daß *X*, nicht folgen, daß *X* wahr ist. So kommt es zu einer starken Vereinfachung der Situation. In Hintikkas System werden auch nicht die Fälle betrachtet, in denen es unbestimmt ist, ob *a* weiß, daß *X*. Überhaupt lassen sich die beiden Negationen nur unterscheiden, wenn man sich auf die dritte Möglichkeit, d. h. auf die Unbestimmtheit stützt [6]. Die Verwendung des Logikapparates für den nichtklassischen Fall ist bei der Untersuchung von Aussagen der Form „a weiß, daß X" vorteilhafter.

In [2] nennt Ayer drei verschiedene Faktoren, die zutreffen müssen, um sagen zu können: „a weiß, daß X". Wenn a weiß, daß X, so muß a sicher sein, daß X, weiterhin muß a das Recht haben, sicher zu sein, daß X, und drittens muß X wahr sein. Diese Definition des Wissens unterscheidet sich wesentlich von den oben angegebenen. „a ist sicher, daß X" kann bedeuten, daß a erkenntnistheoretische Gründe hat, die X ausreichend wahrscheinlich machen. Der Faktor „a hat das Recht sicher zu sein, daß X" soll Wissen von wahrem Glauben unterscheiden.

Wie kann dieser Satz gedeutet werden? Sind bestimmte erkenntnismäßige Fähigkeiten von a gemeint? Dann müßte man Gruppen von Personen unterscheiden, die einen verschiedenen erkenntnismäßigen Status besitzen, oder mit anderen Worten, deren Bildungsgrad verschieden ist.

Wenn diese Definition des Wissens auch weniger als die beiden oben genannten für die logische Explikation der Aussage „a weiß, daß X" geeignet ist, so weist sie doch auf bestimmte Probleme beim Aufbau einer logischen Theorie mit dem Prädikat „a weiß, daß X" hin.

Hintikka schreibt in [4], daß seine Logik auf das aktuelle Wissen von Menschen (Sprechern) nur dann anwendbar ist, wenn sich diese aller Folgerungen aus ihrem Wissen bewußt sind. In dieser Logik besitzen die Sprecher also absolutes Wissen, und insofern existiert die Frage, ob sie eine bestimmte Logik kennen oder nicht, überhaupt nicht. Als Bewohner einer „epistemisch vollkommenen Welt" wissen sie alles, was in dieser Welt zu wissen ist.

Wir halten diese Idealisierung für zu stark und meinen, daß sie den Untersuchungen in der epistemischen Logik zu enge Grenzen setzt (vgl. § 8). Zu dieser Ansicht kommt auch Hintikka in einer späteren Arbeit [5]. Er schreibt, daß es wichtig wäre, eine logische Theorie des Wissens und Glaubens aufzubauen, die frei von dieser Unzulänglichkeit ist; er macht aber keine konkreten Vorschläge zum Aufbau einer solchen Theorie.

§ 1. Das System SEI^1

Das folgende Axiomensystem ist dem Artikel [1] entnommen. Es ist eine Explikation sogenannter Informiertheits- oder Wissensaussagen. Seine allgemeinen logischen Grundlagen sind die gleichen, wie beim System SE^1 aus [9].

AI 1. $Fax \dashv \vdash Aax \wedge Cax \wedge X$;

AI 2. $\neg Fax \dashv \vdash \sim(Aax \wedge Cax) \wedge X$;

AI 3. $Fa^1 \ldots a^n bc^1 \ldots c^m x \vdash Fa^1 \ldots a^n c^1 \cdots c^m x$,
wo $n \geqq 1$ und $m \geqq 0$;

AI 4. $Fa^1 \dots a^n \neg bc^1 \dots c^m x \vdash Fa^1 \dots a^n c^1 \dots c^m x$,
wo $n \geqq 1$ und $m \geqq 0$;

AI 5. $Fbabax \vdash Fababax$.

Bei Wissensaussagen wird vorausgesetzt, daß X wahr ist und a dies akzeptiert (und folglich die Aussage X besitzt und versteht). Dieser Sachverhalt wird im ersten Axiomenschema ausgedrückt. *AI 2* ist eine Definition des Ausdrucks $\neg Fax$. Das Axiomenschema *AI 3* gestattet, den Namen eines beliebigen Sprechers zu eliminieren. Ein Spezialfall dieses Schemas ist die Formel $Fabx \vdash Fax$. Das Axiomenschema *AI 4* gestattet, den Namen eines Sprechers, vor dem das Zeichen der inneren Negation steht, zu eliminieren. *AI 5* fixiert den Fakt, daß es von einem bestimmten Moment an möglich ist, in $Fa^1 \dots a^n x$, wo $a^1, \dots, a^n$ paarweise verschieden und gleichartig sein können, vor die $a^1, \dots, a^n$ irgendwelche Sprechernamen aus $a^1, \dots, a^n$ einzuschieben.

Wir führen einige Theoremenschemata an:

T 1. $Fax \vdash X$

T 2. $\neg Fax \vdash X$

T 3. $\sim Fax \dashv \vdash \sim Aax \vee \sim Cax \vee \sim X$

T 4. $\vdash \sim Aax \rightarrow \sim Fax$

T 5. $\vdash \sim Cax \rightarrow \sim Fax$

T 6. $\vdash \sim X \rightarrow \sim Fax$

T 7. $\sim \neg Fax \dashv \vdash (Aax \wedge Cax) \vee \sim X$

T 8. $\vdash \sim X \rightarrow \sim \neg Fax$

T 9. $\vdash Aax \wedge Cax \rightarrow \sim \neg Fax$

T 10. $Fax \vdash Cax$

T 11. $Fax \vdash Aax$

Die Formel $Faax \vdash Fax$ ist ein Axiom des Schemas *AI 3.*

Die Formeln $Fababax \vdash Fbababax$, $Fbababax \vdash Fabababax$ usw. sind Axiome von *AI 5.*

§ 2. Widerspruchsfreiheit des Systems SEI[1] *und einige Metatheoreme*

Aussagenlogischen Formeln und Formeln der logischen Folgebeziehung werden die Wahrheitswerte 1 und 0 nach folgenden Regeln zugeschrieben:

1) Für $\wedge$, $\vee$, $\sim$ gelten die üblichen zweiwertigen Wahrheitstabellen.
2) $X \vdash Y$ ist mit $\sim X \vee Y$ äquivalent.
3) Folgende Ersetzungen werden vorgenommen:
   eine Formel der Form Aax wird durch X ersetzt;
   eine Formel der Form Cax wird durch X ersetzt;
   eine Formel der Form Fax wird durch X ersetzt;
   eine Formel der Form $\neg Fax$ wird durch $X \wedge \sim X$ ersetzt.

Die Axiomenschemata von SEI^1 nehmen nach den angegebenen Ersetzungen folgende Form an:

$$X \dashv\vdash X \wedge X \wedge X$$
$$X \wedge \sim X \dashv\vdash \sim(X \wedge X) \wedge X$$
$$X \vdash X$$
$$X \vdash X$$
$$X \vdash X .$$

Bei beliebiger Kombination der Wahrheitswerte 1 und 0 nehmen diese Formeln immer den Wert 1 an. Hieraus folgt das Metatheorem 1.

MT 1. Alle Theoreme von SEI^1 nehmen immer den Wahrheitswert 1 an.

Da Ausdrücke der Form

1. $X \vdash Y \wedge \sim Y$
2. $\vdash X \rightarrow Y \wedge \sim Y$,

in denen X den Wert 1 annehmen kann, den Wahrheitswert 0 annehmen können, und Ausdrücke der Form

3. $\vdash Y \wedge \sim Y$

immer den Wert 0 haben, sind sie nach *MT 1* in SEI^1 nicht beweisbar.

MT 2. Das System SEI^1 ist widerspruchsfrei in dem Sinne, daß solche wie die oben angeführten Formeln 1–3 in ihm nicht beweisbar sind.

MT 3. Die Formeln

$$\sim X \vdash \neg Fax$$
$$\sim Fax \vdash \neg Fax$$
$$\sim Fax \vdash X$$
$$\sim \neg Fax \vdash Fax$$

sind in SEI^1 nicht beweisbar.

Beweis von *MT 3*: Nach den angegebenen Ersetzungen ergeben sich folgende Formeln, die den Wahrheitswert 0 annehmen können:

$$\sim X \vdash X \wedge \sim X$$
$$\sim X \vdash X \wedge \sim X$$
$$\sim X \vdash X$$
$$\sim(X \wedge \sim X) \vdash X .$$

MT 4. Die Formeln

$$X \vdash \sim X$$
$$\vdash X \rightarrow \sim X ,$$

in denen X den Wert 1 annehmen kann, sind in SEI^1 nicht beweisbar (da sie den Wahrheitswert 0 annehmen können).

Auf Grund der Metatheoreme *MT 1–MT 4* tritt das in [9] beschriebene Paradoxon im System SEI^1 nicht auf.

MT 5. Ausdrücke der Form

$$\vdash Fax\,,$$

in denen X den Wahrheitswert 0 annehmen kann, sind in SEI^1 nicht beweisbar (da sie nach Regel 3 den Wert 0 annehmen können).

MT 6. Ausdrücke der Form

$$\vdash \urcorner Fax$$

sind in SEI^1 nicht beweisbar (da sie immer den Wert 0 annehmen).

MT 7. Ausdrücke der Form

$$\vdash X \rightarrow Fax$$

nehmen nach den oben angeführten Regeln immer den Wahrheitswert 1 an (und können demzufolge den Axiomen des Systems SEI^1 ohne Widerspruch hinzugefügt werden).

MT 8. Ausdrücke der Form

$$\vdash X \rightarrow \urcorner Fax\,,$$

in denen X den Wert 1 annehmen kann, sind in SEI^1 nicht beweisbar (da sie in diesem Fall den Wahrheitswert 0 annehmen können).

Wir verändern jetzt die Regel 3 für die Zuschreibung der Wahrheitswerte wie folgt:

eine Formel der Form X wird durch $X \wedge \sim X$ ersetzt;

eine Formel der Form Fax wird durch $X \wedge \sim X$ ersetzt.

Die Ersetzungen von Formeln der Form Aax, Cax und $\urcorner Fax$ bleiben unverändert.

Die Axiomenschemata von SEI^1 nehmen nach diesen Ersetzungen folgende Form an:

$$X \wedge \sim X \dashv\vdash X \wedge X \wedge (X \wedge \sim X)$$
$$X \wedge \sim X \dashv\vdash \sim (X \wedge X) \wedge (X \wedge \sim X)$$
$$X \wedge \sim X \vdash X \wedge \sim X$$
$$X \wedge \sim X \vdash X \wedge \sim X$$
$$X \wedge \sim X \vdash X \wedge \sim X\,.$$

Diese Formeln nehmen bei beliebiger Kombination der Wahrheitswerte 1 und 0 immer den Wert 1 an.

MT 9. Ausdrücke der Form

$$\vdash Fax$$

sind in SEI^1 nicht beweisbar (da sie immer den Wert 0 annehmen).

MT 10. Ausdrücke der Form

$$\vdash X \rightarrow \urcorner Fax$$

nehmen nach den veränderten Regeln für die Zuschreibung der Wahrheitswerte immer den Wert 1 an (und können den Axiomen von SEI^1 ohne Widerspruch hinzugefügt werden).

MT 11. Ausdrücke der Form

$$\vdash Fax$$

$$\vdash \neg\, Fax\,,$$

in denen X den Wert 0 annehmen kann, können den Axiomen von SEI^1 nicht ohne Widerspruch hinzugefügt werden.

Beweis von *MT 11*: Fügt man diese Formeln zu den Axiomen von SEI^1 hinzu, so lassen sich Ausdrücke der Form $\vdash X$ beweisen, in denen X den Wert 0 annehmen kann, d. h.:

$$Fax \vdash X$$

$$\vdash Fax \to X$$

$$\vdash Fax$$

$$\vdash X\,.$$

Analoges gilt für $\vdash \neg Fax$.

Die Formeln $\vdash Fax$ und $\vdash \neg Fax$ führen nur dann nicht zum Widerspruch, wenn X immer den Wahrheitswert 1 annimmt. Nehmen wir etwa die Formel

$$\vdash Fa\,(x \vee \sim x)\,,$$

so erhalten wir als Folgerung

$$\vdash (X \vee \sim X)\,.$$

Die Behandlung dieser Frage führt jedoch über den Rahmen des Systems SEI^1 hinaus. Wir kommen später darauf zurück (vgl. § 8).

§ 3. Unabhängigkeit des Systems SEI^1

Zum Beweis der Unabhängigkeit von SEI^1 verwenden wir die gleiche Methode wie beim Beweis der Unabhängigkeit von SE^1 [9]. Im weiteren geben wir nur noch die entsprechenden Umformungsregeln an und weisen nach, daß ein Axiom des betreffenden Schemas keine Tautologie ist. Der Leser kann sich auch hier leicht davon überzeugen, daß die anderen Bedingungen erfüllt sind.

Umformungsregeln für den Beweis der Unabhängigkeit des Axiomenschemas 1.1. $Fax \vdash Aax \wedge Cax \wedge X$:

eine Formel der Form Fax wird durch X ersetzt;
eine Formel der Form $\neg Fax$ wird durch $X \wedge \sim X$ ersetzt;
eine Formel der Form Aax wird durch X ersetzt;
eine Formel der Form Cax wird durch $\sim X$ ersetzt;
eine Formel der Form X wird durch $X \wedge \sim X$ ersetzt.

Aus dem Axiomenschema 1.1. erhalten wir die Formel $X \vdash X \wedge \sim X \wedge (X \wedge \sim X)$, die keine Tautologie ist.

Umformungsregeln für den Beweis der Unabhängigkeit des Axiomenschemas 1.2. $Aax \wedge Cax \wedge X \vdash Fax$:

eine Formel der Form Fax wird durch $X \wedge \sim X$ ersetzt;
eine Formel der Form $\urcorner Fax$ wird durch $X \wedge \sim X$ ersetzt;
eine Formel der Form Aax wird durch X ersetzt;
eine Formel der Form Cax wird durch X ersetzt.

Aus dem Axiomenschema 1.2. erhalten wir die Formel $X \wedge X \wedge X \vdash X \wedge \sim X$, die keine Tautologie ist.

Umformungsregeln für den Beweis der Unabhängigkeit des Axiomenschemas 2.1. $\urcorner Fax \vdash \sim (Aax \wedge Cax) \wedge X$:

eine Formel der Form Fax wird durch $X \wedge \sim X$ ersetzt;
eine Formel der Form $\urcorner Fax$ wird durch X ersetzt;
eine Formel der Form Aax wird durch $\sim X$ ersetzt;
eine Formel der Form Cax wird durch $\sim X$ ersetzt.

Aus dem Axiomenschema 2.1. erhalten wir die Formel $X \vdash \sim (\sim X \wedge \sim X) \wedge X$, die keine Tautologie ist.

Umformungsregeln für den Beweis der Unabhängigkeit des Axiomenschemas 2.2. $\sim (Aax \wedge Cax) \wedge X \vdash \urcorner Fax$:

eine Formel der Form Fax wird durch $X \wedge \sim X$ ersetzt;
eine Formel der Form $\urcorner Fax$ wird durch $X \wedge \sim X$ ersetzt;
eine Formel der Form Aax wird durch $X \wedge \sim X$ ersetzt;
eine Formel der Form Cax wird durch $X \wedge \sim X$ ersetzt.

Aus dem Axiomenschema 2.2. erhalten wir die Formel $\sim ((X \wedge \sim X) \wedge (X \wedge \sim X)) \wedge X \vdash X \wedge \sim X$, die keine Tautologie ist.

Umformungsregeln für den Beweis der Unabhängigkeit des Axiomenschemas 3.

$Fa^1 \ldots a^n b c^1 \ldots c^m x \vdash Fa^1 \ldots a^n c^1 \ldots c^m x$, wo $n \geqq 1$ und $m \geqq 0$:

eine Formel der Form $Fa^1 \ldots a^n b c^1 \ldots c^m x \vdash Fa^1 \ldots a^n c^1 \ldots c^m x$, wo $n \geqq 1$ und $m \geqq 0$, wird durch eine Formel der Form $X^1 \vee \ldots \vee X^n \vee Z \vee Y^1 \vee \ldots \vee \vee Y^m \vee X \vdash X^1 \vee \ldots \vee X^n \vee Y^1 \vee \ldots \vee Y^m \vee X$, wo $n \geqq 1$ und $m \geqq 0$, ersetzt, wobei $X^1, \ldots, X^n, Z, Y^1, \ldots, Y^m$ von X verschiedene Variablen sind, die in den übrigen Axiomenschemata nicht vorkommen.

Nach Anwendung dieser Umformungsregel werden folgende Regeln angewandt:

eine Formel der Form Fax wird durch X ersetzt;
eine Formel der Form $\urcorner Fax$ wird durch $X \wedge \sim X$ ersetzt;
eine Formel der Form Aax wird durch X ersetzt;
eine Formel der Form Cax wird durch X ersetzt.

Aus dem Axiomenschema 3 erhalten wir die Formel
$X^1 \vee \ldots \vee X^n \vee Z \vee Y^1 \vee \ldots \vee Y^m \vee X \vdash X^1 \vee \ldots \vee X^n \vee Y^1 \vee \ldots \vee Y^m \vee X$, wo $n \geqq 1$ und $m \geqq 0$, die keine Tautologie ist.

Umformungsregeln für den Beweis der Unabhängigkeit des Axiomenschemas 4.

$$Fa^1 \ldots a^n \neg bc^1 \ldots c^m x \vdash Fa^1 \ldots a^n c^1 \ldots c^m x, \text{ wo } n \geqq 1 \text{ und } m \geqq 0:$$

eine Formel der Form $Fa^1 \ldots a^n \neg bc^1 \ldots c^m x \vdash \vdash Fa^1 \ldots a^n c^1 \ldots c^m x$, wo $n \geqq 1$ und $m \geqq 0$, wird durch eine Formel der Form $X^1 \wedge \ldots \wedge X^n \wedge Y^1 \wedge \ldots \wedge Y^m \wedge X \vdash \vdash X^1 \wedge \ldots \wedge X^n \wedge Z \wedge Y^1 \wedge \ldots \wedge Y^m \wedge X$, wo $n \geqq 1$ und $m \geqq 0$, ersetzt, wobei $X^1, \ldots, X^n, Z, Y^1, \ldots, Y^m$ von X verschiedene Variablen sind, die in den übrigen Axiomenschemata nicht vorkommen.

Nach Anwendung dieser Umformungsregel werden für Formeln der Form Fax, $\neg Fax$, Aax und Cax die gleichen Ersetzungen wie beim Beweis der Unabhängigkeit des Axiomenschemas 3 vorgenommen.

Aus dem Axiomenschema 4 erhalten wir die Formel
$X^1 \wedge \ldots \wedge X^n \wedge Y^1 \wedge \ldots \wedge Y^m \wedge X \vdash X^1 \wedge \ldots \wedge X^n \wedge Z \wedge Y^1 \wedge \ldots \wedge Y^m \wedge X$, wo $n \geqq 1$ und $m \geqq 0$, die keine Tautologie ist.

Umformungsregeln für den Beweis der Unabhängigkeit des Axiomenschemas 5. $Fbabax \vdash Fababax$:

eine Formel der Form $Fa^1 \ldots a^n x \vdash Fa^1 \ldots a^{n+1} x$, wo $n \geqq 1$, wird durch eine Formel der Form
$X^1 \wedge \ldots \wedge X^n \wedge X \vdash X^1 \wedge \ldots \wedge X^{n+1} \wedge X$ ersetzt, wobei $X^1, \ldots, X^{n+1}$ von X verschiedene Variablen sind, die in den übrigen Axiomenschemata nicht vorkommen;

für Formeln der Form Fax, $\neg Fax$, Aax und Cax werden die gleichen Ersetzungen wie beim Beweis der Unabhängigkeit des Axiomenschemas 3 vorgenommen.

Aus dem Axiomenschema 5 erhalten wir die Formel
$X^1 \wedge \ldots \wedge X^4 \wedge X \vdash X^1 \wedge \ldots \wedge X^5 \wedge X$, die keine Tautologie ist.

MT 12. Das System SEI^1 ist unabhängig.

§ 4. Vollständigkeit des Systems SEI^1

Die üblichen Vollständigkeitsbegriffe der klassischen Aussagenlogik sind für nichtmodale epistemische Logiken ungeeignet. Sie besagen, daß bestimmte Kalküle der klassischen Aussagenlogik hinsichtlich einer bestimmten Klasse von Formeln (der Tautologien) vollständig sind. Für nichtmodale epistemische Logiken müssen neue Vollständigkeitsbegriffe gefunden und eingeführt werden. Diese charakterisieren das konkrete System und hängen vom Kalkültyp ab, für den sie eingeführt werden. Weiter läßt sich sagen, daß der Vollständigkeitsbegriff eng mit bestimmten Eigenschaften oder Fähigkeiten der wissenden (akzeptierenden, behauptenden usw.) Personen verbunden sein wird.

Wir formulieren zuerst die Metatheoreme *MT 13–MT 15*. Diese bilden die Grundlage für den Vollständigkeitsbegriff von SEI^1.

MT 13. Nach *AI 1* und *AI 2* läßt sich das Prädikat F vollständig aus den Formeln von SEI^1 eliminieren.

MT 14. Möge α eine beliebige endliche Folge von Sprechernamenvariablen mit oder ohne Negationen in beliebiger Kombination sein, wobei ein und dieselbe Sprechernamenvariable mehrmals in α vorkommen kann; möge β aus α durch Eliminierung irgendeiner Sprechernamenvariablen oder entsprechend einer negierten Sprechernamenvariablen gebildet werden.
Ausdrücke der Form

$$F\alpha x \vdash F\beta x$$

sind nach den Axiomenschemata *AI 3* und *AI 4* in SEI^1 beweisbar.

MT 15. Für eine beliebige Menge von Sprechernamenvariablen $a^1, \ldots, a^n$ ist eine solche Folge α aus ihnen möglich, daß in SEI^1 die Formel

$$F\alpha x \vdash Fa^i a^k a^i a^k a^i x\ ,$$

wo $i = 1, \ldots, n$ und $k = 1, \ldots, n$,
beweisbar ist.

Beweis von *MT 15.*: Wir nehmen die Folge

$$a^1 \ldots a^n a^1 \ldots a^n a^1 \ldots a^n a^1 \ldots a^n\ .$$

Nach *AI 3* und *AI 1* wird für ein beliebiges Paar a^i und a^k die Formel

$$F\alpha x \vdash Fa^k a^i a^k a^i x$$

beweisbar. Nach *AI 5* ist die Formel

$$Fa^k a^i a^k a^i x \vdash Fa^i a^k a^i a^k a^i x$$

beweisbar und durch Anwendung der Transitivitätsregel der logischen Folgebeziehung erhalten wir

$$F\alpha x \vdash Fa^i a^k a^i a^k a^i x\ .$$

Wir sagen daß das System SEI^1 *intuitiv* vollständig im Sinne der Metatheoreme *MT 13–MT 15* ist. Die Formel $F\alpha x$ kann Formel der vollständigen gegenseitigen Informiertheit der Sprecher über X genannt werden.

§ 5. *Das System* SEI^{1*}

Im System SEI^1 entspricht nicht jeder beweisbaren Formel der Form $\vdash A \rightarrow B$ eine beweisbare Formel der Form $A \vdash B$, wobei $\vdash$ das Prädikat der strengen logischen Folgebeziehung ist. Die Formeln

$$\sim X \vdash \sim Fax$$

$$\sim Cax \vdash \sim Fax$$

sind in ihm beispielsweise nicht beweisbar, da sich die Regel „Wenn $A \vdash B$, so $\sim B \vdash \sim A$" hier nicht ableiten läßt.

Wir erweitern jetzt das System SEI^1 zum System SEI^{1*}, in welchem einige wichtige Formeln der angeführten Art beweisbar sind. Zu diesem Zweck fügen wir zu SEI^1 folgende Axiomenschemata hinzu:

AI 6. $\sim X \vdash \sim Fax;$
AI 7. $\sim X \vdash \sim \neg Fax;$
AI 8. $\sim Aax \vdash \sim Cax;$
AI 9. $\sim Cax \vdash \sim Fax;$
AI 10. $\sim Cax \vdash \sim \neg Fax.$

Für den Beweis der Widerspruchsfreiheit von SEI^{1*} genügen die gleichen semantischen Regeln, die auch beim Widerspruchsfreiheitsbeweis von SEI^1 verwendet wurden. Die Axiome *AI 6–AI 10* sind nach Anwendung dieser Regeln mit allgemeingültigen Formeln äquivalent.

Die folgenden Theoremenschemata lassen sich mit Hilfe der Axiomenschemata *AI 6–AI 10* beweisen:

T 1. $\sim Aax \vdash \sim Fax$
T 2. $\sim X \vdash \sim Fax \wedge \sim \neg Fax$
T 3. $X \vdash \sim Fa \sim x$
T 4. $X \vdash \sim \neg Fa \sim x$
T 5. $X \vdash \sim Fa \sim x \wedge \sim \neg Fa \sim x$
T 6. $Fa \sim x \vdash \sim Fax$
T 7. $Fa \sim x \vdash \sim \neg Fax.$

T 7 ist wie einige andere einfache Theoremenschemata von SEI^{1*} nicht evident. Da aber aus $\sim \neg Fax$ nicht Fax folgt, ist aus ihm kein Widerspruch ableitbar. Die zu *T 6* und *T 7* konversen Formeln sind in SEI^{1*} nicht beweisbar.

T 8. $Fa \sim x \vdash \sim Fax \wedge \sim \neg Fax$
T 9. $Fax \vdash \sim Fa \sim x$
T 10. $Fax \vdash \sim \neg Fa \sim x$
T 11. $Fax \vdash \sim Fa \sim x \wedge \sim \neg Fa \sim x$
T 12. $\neg Fa \sim x \vdash \sim \neg Fax$
T 13. $\neg Fax \vdash \sim Fa \sim x$

T 14. $\neg Fax \vdash \sim Fax \wedge \sim Fa{\sim}x \wedge X$

T 15. $\vdash \sim Fa\,(x \wedge \sim x)$

T 16. $\vdash \sim \neg Fa\,(x \wedge \sim x)$

T 17. $\vdash \sim Fa\,(x \wedge \sim x) \wedge \sim \neg Fa\,(x \wedge \sim x)$

T 18. $\vdash \sim (Fax \wedge Fa{\sim}x)$

T 19. $\vdash \sim (\neg Fax \wedge \neg Fa{\sim}x)$

T 20. $Aax \wedge Cax \vdash \sim \neg Fax$.

Nach den Theoremen der Prädikationstheorie

$$?Fay \dashv \vdash \sim Fay \wedge \sim \neg Fay$$

erhalten wir aus den oben angeführten Theoremen:

T 21. $\sim X \vdash\ ?\,Fax$

T 22. $X \vdash\ ?\,Fa{\sim}x$

T 23. $Fa{\sim}x \vdash\ ?\,Fax$

T 24. $Fax \vdash\ ?\,Fa{\sim}x$.

Weiter sind folgende Theoreme beweisbar:

T 25. $Fax \vdash \sim Fa{\sim}x \wedge ?\,Fa{\sim}x$

T 26. $Fa{\sim}x \vdash \sim Fax \wedge ?\,Fax$

T 27. $X \vdash \sim Fa{\sim}x \wedge ?\,Fa{\sim}x$

T 28. $\sim X \vdash \sim Fax \wedge ?\,Fax$.

Es scheint unsinnig zu sein, zu sagen: „Wenn *a* weiß, daß *X*, so ist es nicht wahr, daß *a* weiß, daß nicht-*X*“ (*T 9*), und gleichzeitig: „Wenn *a* weiß, daß *X*, so ist es unbestimmt, ob *a* weiß, daß nicht-*X*“ (*T 24*). Wenn es nicht wahr ist, daß *a* weiß, daß nicht-*X*, so scheint die Unbestimmtheit, ob *a* weiß, daß nicht-*X*, ausgeschlossen zu sein. Die Formeln $\sim Fa{\sim}x$ und $?\,Fa{\sim}x$ widersprechen sich jedoch nicht. $?\,Fa{\sim}x$ ist eine Abkürzung für $\sim Fa{\sim}x \wedge \wedge \sim \neg Fa{\sim}x$ und aus $\sim \neg Fa{\sim}x$ folgt nicht $Fa{\sim}x$.

Analoge Überlegungen gelten für *T 26–T 28*.

Die Theoreme *T 25–T 28* zeigen, daß die Formel

$$\vdash Fax : \sim Fax : ?\,Fax$$

nicht gilt (: ist der Operator der Disjunktion).

§ 6. *Die Systeme SEI²*, SEI³*, SEI² und SEI³*

Das System SEI^{2*} wird aus SEI^{1*} gebildet, indem das Prädikat *A* und alles, was mit ihm zusammenhängt, aus dem Alphabet ausgeschlossen wird. Die Schemata *AI 1* und *AI 2* werden durch folgende Axiomenschemata ersetzt:

$$Fax \dashv \vdash Cax \wedge X$$
$$\neg Fax \dashv \vdash Cax \wedge X .$$

Das Axiomenschema *AI 8* wird ausgeschlossen.

SEI^{3*} wird aus SEI^{1*} gebildet, indem man die Prädikate A und C und alles mit ihnen Zusammenhängende aus dem Alphabet ausschließt. Die Axiomenschemata *AI 1* und *AI 2* werden dabei durch die Schemata

$$Fax \vdash X$$
$$\neg Fax \vdash X$$

ersetzt. *AI 8–AI 10* werden ausgeschlossen. Die Systeme SEI^{2*} und SEI^{3*} sind Teilsysteme von SEI^{1*}.

Schließt man aus dem Alphabat des Systems SEI^1 das Prädikat A und alles mit ihm Zusammenhängende aus, und ersetzt man die Axiomenschemata *AI 1* und *AI 2* durch

$$Fax \dashv \vdash Cax \wedge X$$
$$\neg Fax \dashv \vdash Cax \wedge X,$$

so erhält man das System SEI^2. SEI^3 erhält man aus SEI^1, indem man die Prädikate A und C aus dem Alphabet ausschließt. *AI 1* und *AI 2* werden durch

$$Fax \vdash X$$
$$\neg Fax \vdash X$$

ersetzt. SEI^2 und SEI^3 sind Teilsysteme von SEI^1. Da die Widerspruchsfreiheit von SEI^1 und SEI^{1*} bewiesen ist, sind auch SEI^2 und SEI^3 bzw. SEI^{2*} und SEI^{3*} widerspruchsfreie logische Systeme.

In den Systemen SEI^{2*} und SEI^2 bleibt verborgen, daß der Wahrheitswert von Aussagen mit dem Prädikat F in vielen Fällen davon abhängt, ob der Sprecher die in Fax, $\neg Fax$, $\sim Fax$ oder $\sim\neg Fax$ enthaltene Aussage reproduzieren kann oder nicht. Dieser Fakt wird nur in die Theorie der Prädikate C übertragen, aber nicht vollständig eliminiert. In den Systemen SEI^{3*} und SEI^3 bleibt solch eine wichtige Bedingung für die Annahme oder Verwerfung von Wissensaussagen, wie das Akzeptieren oder Nichtakzeptieren der entsprechenden Aussage durch einen Sprecher, syntaktisch unausgedrückt.

Die Frage, wie sich solche semantischen Erscheinungen, wie Bedingungen für ein Akzeptieren oder Verwerfen von Aussagen der gegebenen Struktur syntaktisch ausdrücken lassen, ist eine allgemein logische Frage. Selbst in fundamentalen Bereichen der Logik, wie der allgemeinen Theorie der logischen Folgebeziehung, drücken die Schlußregeln in einem gewissen Maße syntaktisch semantische Erscheinungen aus. So stellen Schlußregeln der Form

$$X \wedge Y \vdash X$$
$$X \vdash \sim\sim X$$

nur die syntaktische Form folgender semantischer Beziehungen dar: Die Wahrheit von X ist eine Bedingung für die Wahrheit von $X \wedge Y$; die Wahrheit von X ist eine Bedingung für die Wahrheit von $\sim\sim X$. In bezug auf

Wissensaussagen gewinnt diese Frage besondere Bedeutung. So drücken die Axiome

$$Fax \vdash X$$
$$\neg Fax \vdash X$$
$$\sim X \vdash \sim Fax$$
$$\sim X \vdash \sim \neg Fax$$

Bedingungen für ein Akzeptieren oder Verwerfen von Aussagen mit dem Prädikat F aus. Diese Bedingungen werden hier nicht erschöpfend expliziert. Vollständig werden sie nur in Verbindung des Prädikates F mit den Prädikaten A und C expliziert. Eine analytisch (inhaltlich) vollständige Theorie von Wissens- oder Informiertheitsaussagen kann also nur Teil einer umfassenderen epistemischen Theorie sein. Der Versuch, solch eine umfassendere epistemische Theorie aufzubauen, wird in [9] beschrieben.

§ 7. Außerlogische Forderungen an die Sprecher

Das in [9] beschriebene Paradoxon konnte entstehen, weil keine strenge Definition der Wissensaussagen vorlag. Im weiteren betrachten wir einige Paradoxien, die auf Grund außerlogischer Annahmen bezüglich der Sprecher entstehen.

Ein erstes Paradoxon ergibt sich aus der Annahme „a weiß alles“ (speziell: „Gott weiß alles“). Lassen wir diese Annahme gelten, so können wir das System SEI^1 durch das Axiomenschema

1. $\vdash Fax$

ergänzen. Die Formel

2. $\vdash Fa\,(y \wedge \sim y)$,

(d. h. „a weiß, daß ein Widerspruch wahr ist“) ist ein Spezialfall der Formel 1. In SEI^1 ist die Formel

3. $\vdash Fa\,(y \wedge \sim y) \rightarrow (Y \wedge \sim Y)$

beweisbar und wir erhalten einen Widerspruch:

4. $\vdash (Y \wedge \sim Y)$.

Folglich können die Sprecher nicht alles wissen (es gibt irgendetwas, das sie nicht wissen können).

An Stelle von Fax können wir auch die Formel

5. $\vdash (\exists a)\, Fax$

setzen. Das ändert die Sachlage aber nicht, sondern macht nur die Hinzuziehung der Quantorentheorie erforderlich.

In SEI^1 ist

6. $Fax \vdash X$

beweisbar, und in der Quantorentheorie läßt sich aus dieser Formel der Ausdruck

7. $(\exists a)\ Fax \vdash (\exists a)\ X$

herleiten. Weiterhin gilt die Formel

8. $(\exists a)\ X \vdash X$

(der Quantor ist entartet, da X hier eine Aussagenvariable ist). Aus 7 und 8 erhalten wir

9. $(\exists a)\ Fax \vdash X$,

und aus 9 und 5 folgt

10. $\vdash X$,

wobei man für X jederzeit $Y \wedge \sim Y$ einsetzen kann.
Ein zweites Paradoxon kommt durch die Annahme „a weiß überhaupt nichts" zustande. Akzeptiert man diese Annahme, so kann man das System SEI^1 durch das Axiomenschema

11. $\vdash \neg Fax$

ergänzen. Die Formel

12. $\vdash \neg Fa\ (y \wedge \sim y)$

(„a weiß nicht, daß ein Widerspruch wahr ist") stellt einen Spezialfall von 11 dar. In SEI^1 ist die Formel

13. $\neg Fa\ (y \wedge \sim y) \vdash (Y \wedge \sim Y)$

beweisbar, und wir können aus 12 und 13 die nichtakzeptable Formel

14. $\vdash (Y \wedge \sim Y)$

ableiten. Folglich können die Sprecher nicht überhaupt nichts wissen (irgendetwas müssen sie wissen). Auch hier läßt sich zeigen, daß an Stelle von $\vdash \neg Fax$ die quantifizierte Formel $\vdash (\exists a) \neg Fax$ gesetzt werden kann. Die Beweisführung ist der für $\vdash (\exists a)\ Fax$ analog.

Ein drittes Paradoxon erhält man aus dem Satz „a weiß alle wahren Sätze". Ein Akzeptieren dieser Annahme entspricht dem Axiomenschema

15. $\vdash X \rightarrow Fax$.

Die Formel

16. $\vdash \neg Fax \rightarrow Fa \neg ax$

ist ein Spezialfall der Formel 15. Hieraus erhält man

17.	$\vdash Fa\urcorner ax \to Fax$	[*AI 4*]
18.	$\vdash \urcorner Fax \to Fax$	[16, 17]
19.	$\vdash \urcorner Fax \to \sim Fax$	
20.	$\vdash \sim\sim Fax \to \sim\urcorner Fax$	[19]
21.	$\vdash Fax \to \sim\urcorner Fax$	[20]
22.	$\vdash \urcorner Fax \to \sim\urcorner Fax$	[18, 21]
23.	$\vdash \urcorner Fax \to \urcorner Fax$	
24.	$\vdash \urcorner Fax \to \urcorner Fax \wedge \sim\urcorner Fax$	[22, 23].

Es scheint möglich, wie folgt zu argumentieren: Aus 24 folgt, daß $\urcorner Fax$ falsch ist, und aus einer falschen Aussage folgt eine beliebige. Hier müssen wir aber einwenden, daß $\to$ nicht das Zeichen der materialen Implikation ist. Für konditionale Aussagen ist der Satz „Aus einer falschen Aussage folgt eine beliebige" nicht akzeptabel, da hier folgender Satz gilt: „Wenn aus X ein Widerspruch folgt, so ist X ein Widerspruch" (oder „Wenn Y logisch falsch ist, und aus X folgt Y, so ist X logisch falsch"). Die Formel

$$\urcorner Fax \wedge \sim\urcorner Fax$$

ist ein Widerspruch (logisch falsch), der Ausdruck $\urcorner Fax$ jedoch nicht. Würde man ihn als logisch falsch annehmen, müßte man den Ausdruck

$$(\gamma) \sim\urcorner Fap$$

als logisch wahr akzeptieren. Das widerspricht aber der intuitiven Voraussetzung, nach der γ nicht logisch wahr sein darf. Es besteht eine gewisse Ähnlichkeit mit der Situation, in der J. Łukasiewicz seine Modallogik konstruierte. Dieser setzte voraus, daß in seiner Modallogik die Formeln

$$Mp\,,$$

$$NLp\,,$$

(wobei M, L und N die Operatoren der Möglichkeit, Notwendigkeit und Negation sind) nicht logisch falsch sein dürfen. Genauso setzte Sinowjew bei der Formulierung von SEI^1 voraus, daß die Ausdrücke

$$Fap$$

$$\urcorner Fap$$

$$\sim Fap$$

$$\sim\urcorner Fap$$

in ihm nicht logisch wahr sein dürfen. Die Formel γ widerspricht also der intuitiven Basis des Systems SEI^1, und nur in diesem Sinne sprechen wir davon, daß die Formel 15 paradox ist (aber nicht widersprüchlich).

Ein viertes Paradoxon erhält man aus der Annahme „*a* weiß keinen wahren Satz". Akzeptiert man diese Annahme, so kann man die Formel

25. $\vdash X \to \urcorner Fax$

als Axiomenschema akzeptieren. Aus 25 erhalten wir:

26.	$\vdash \sim \neg Fax \to \sim X$	[25]
27.	$\vdash \sim X \to \sim Fax$	[*T 6*]
28.	$\vdash \sim \neg Fax \to \sim Fax$	[26, 27]
29.	$\vdash \sim \sim Fax \to \sim \sim \neg Fax$	[28]
30.	$\vdash Fax \to \neg Fax$	[29]
31.	$\vdash \neg Fax \to \sim Fax$	
32.	$\vdash Fax \to \sim Fax$	[30, 31]
33.	$\vdash Fax \to Fax$	
34.	$\vdash Fax \to Fax \wedge \sim Fax$	[32, 33].

Die Sätze 24 und 34, die wir bei der Untersuchung des dritten und vierten Paradoxons erhalten haben, sind keine logischen Widersprüche. Aus ihnen lassen sich die Ausdrücke

$$\vdash \sim \neg Fax\,,$$

$$\vdash \sim Fax$$

ableiten, die bedeuten, daß es nicht wahr ist, daß a nicht weiß, daß X (im ersten Fall), und daß es nicht wahr ist, daß a weiß, daß X (im zweiten Fall). Das wurde auch von den Formeln 15 und 25 vorausgesetzt.

Wenn man das System SEI^1 durch die Sätze 15 und 25 ergänzt, erhält man kein logisch widersprüchliches System. Wir betrachten aber die Sätze 15 und 25 als paradox, weil sich aus ihnen die Sätze 24 und 34 ableiten lassen. Für den Satz 24 haben wir gezeigt, daß er den intuitiven Grundlagen des Systems SEI^1 widerspricht. Das läßt sich auch vom Satz 34 sagen. Die Argumentation ist der zum Satz 24 analog.

Die Ähnlichkeit des dritten und vierten Paradoxons mit dem Paradoxon der Menge aller normalen Mengen besteht darin, daß auch hier aus einer Behauptung ihre Negation folgt (22 und 32). Der allgemeine Aufbau solcher Paradoxien ist folgender:

$$(\exists p)\,(\sim(\vdash p) \wedge \vdash (p \to \sim p))\,,$$

wobei p eine Aussagenvariable ist, $\sim(\vdash p)$ als „Es ist nicht wahr, daß p beweisbar ist" und $\vdash (p \to \sim p)$ als „‚$p \to \sim p$' ist beweisbar" gelesen wird.

Die logische Analyse der betrachteten Paradoxien gestattet außerlogische Schlüsse über Sprecher; für sie müssen folgende Behauptungen wahr sein:

$$\vdash \sim(\forall p)\, Fap\,,$$

$$\vdash \sim(\forall p) \neg Fap\,,$$

$$\neg \sim(\forall p)\,(p \to Fap)\,,$$

$$\vdash \sim(\forall p)\,(p \to \neg Fap)\,,$$

wobei p eine Aussagenvariable ist.

Der Ausspruch des Sokrates „Ich weiß, daß ich nichts weiß" macht das

System SEI^1 widersprüchlich, wenn er ihm als Axiom hinzugefügt wird. Symbolisch läßt sich dieser Satz so darstellen:

35. $\vdash Fa\neg ax$.

Es gilt:

36.	$\vdash Fa\neg ax \rightarrow \neg Fax$	[*T 1*]
37.	$\vdash \neg Fax \rightarrow X$	[*T 2*]
38.	$\vdash Fa\neg ax \rightarrow X$	[36, 37]
39.	$\vdash X$	[35, 38] .

Für X kann man jederzeit $Y \wedge \sim Y$ einsetzen, d. h. ein Widerspruch kann abgeleitet werden. Folglich kann es keinen Sprecher geben, der von sich selbst weiß, daß er überhaupt nichts weiß.

Wird SEI^1 der Satz „*a* weiß, daß *b* nichts weiß" als neues Axiom hinzugefügt; wird also die Formel

40. $\vdash Fa\neg bx$

akzeptiert, so führt das ebenfalls zu einem Widerspruch. Wir erhalten:

41.	$\vdash Fa\neg bx \rightarrow \neg Fbx$	[*T 1*]
42.	$\vdash \neg Fbx \rightarrow X$	[*T 2*]
43.	$\vdash Fa\neg bx \rightarrow X$	[41, 42]
44.	$\vdash X$	[40, 43]
45.	$\vdash Y \wedge \sim Y$	[44] .

Es ist also nicht möglich, daß ein Sprecher weiß, daß einem anderen Sprecher jegliches Wissen abzusprechen ist.

§ 8. Regeln für Sprecher, die mit logischen Regeln bekannt sind

In den Systemen SE^1 (aus [9]), SEI^1, SEI^2, SEI^3, SEI^{1*}, SEI^{2*}, SEI^{3*} hängen die Eigenschaften der verwendeten epistemischen Prädikate nicht vom Verhältnis der Sprecher zu den logischen Regeln ab. Es wurde nicht explizit vorausgesetzt, daß die Sprecher mit logischen Regeln bekannt sind und diese akzeptieren. Deshalb sprachen wir bisher nur über das Besitzen (Akzeptieren, Wissen) einfacher Aussagen und ihrer Negationen. (Es gab zwei Ausnahmen: *T 15* und *T 16* aus SEI^{1*}.) Die intuitive Kenntnis der äußeren Negation und ihr intuitiv richtiger Gebrauch wird für die genannten Systeme vorausgesetzt. Ohne diese Voraussetzung gäbe es in diesen Systemen wenig zu zeigen (es könnten in SE^1 sogar einige Axiome nicht formuliert werden). Es ist evident, daß folgende Formel bei dem Sprecher *a* keine Kenntnis von logischen Regeln (mit Ausnahme der äußeren Negation) voraussetzt:

$$Fa \sim x \vdash \sim Fax .$$

In der Formel

$$Fax \wedge Fay \vdash Fa\,(x \wedge y)$$

wird dagegen vorausgesetzt, daß der Person a bekannt ist, daß man mit Hilfe von logischen Regeln aus zwei Aussagen ihre Konjunktion bilden kann und daß diese wahr ist, wenn die sie bildenden Aussagen wahr sind.

Es ist interessant, daß Ausdrücke der Form

$$\vdash Fay$$

(wobei Y eine Tautologie der zweiwertigen Aussagenlogik oder $\vdash Y$ ein Theorem der entarteten Folgebeziehung ist) in den bisher betrachteten Systemen nicht beweisbar sind. Der Sprecher a muß die logischen Theoreme $\vdash Y$ (logische Wahrheiten Y) kennen und sie akzeptieren, um sie wissen zu können.

In der weiteren Betrachtung beschränken wir uns auf das Kennen und Akzeptieren von aussagenlogischen Operatoren. Wir unterscheiden zwischen innerer und äußerer Verwendung dieser Operatoren.

D 1: (1) Ein logischer Operator α wird als innerer Operator verwendet genau dann, wenn er in einem Ausdruck der Form Fax in X vorkommt (d. h. wenn er sich im Wirkungsbereich des Prädikates F befindet).

(2) Ein logischer Operator α wird als äußerer Operator verwendet genau dann, wenn er sich nicht im Wirkungsbereich des Prädikates F befindet.

Beispiele für die innere Verwendung: $Fa\,(x \vee y)$, $Fa \sim x$, $\neg Fab\,(x \wedge y)$. Ein Beispiel für die äußere Verwendung: $(X \rightarrow Y) \wedge Fax \vdash Y$. Die letztere Formel ist in SEI^{1*} beweisbar.

Bei der inneren Verwendung logischer Operatoren entsteht folgendes Problem: Folgt daraus, daß ein Sprecher eine bestimmte logische Regel kennt und akzeptiert, daß er das Resultat der Anwendung dieser Regel kennt? Betrachten wir dieses Problem am Beispiel der Regeln für die Konjunktion.

Möge v die Aussage „Wenn X und Y Aussagen sind, so ist $X \wedge Y$ eine Aussage" und z die Aussage „Wenn X und Y beide wahr sind, so ist $X \wedge Y$ wahr" sein. Folgende Prämissen seien gegeben:

1. Fax 2. Fay 3. Fav 4. Faz.

Fav und Faz bedeuten, daß a mit den Konjunktionsregeln bekannt ist und sie akzeptiert. Es gelingt aber nicht, aus den Prämissen 1–4 die Aussage

5. $Fa\,(x \wedge y)$

abzuleiten, d. h. die Formel

6. $Fax \wedge Fay \wedge Fav \wedge Faz \vdash Fa\,(x \wedge y)$

ist kein Theorem der epistemischen Logik. Das trifft auch auf die Formeln

7. $Fa\,(x \wedge y) \wedge Fav \wedge Faz \vdash Fax$
8. $Fa\,(x \wedge y) \wedge Fav \wedge Faz \vdash Fay$

zu.

Die Hypothese, daß ein Sprecher die logischen Regeln $R^1, \ldots, R^n$ kennt und akzeptiert, muß in der epistemischen Logik durch zusätzliche Axiome realisiert werden. Für die Konjunktion könnten das Axiome der Form

9. $Fax \wedge Fay \vdash Fa\,(x \wedge y)$

sein. Formeln dieser Art sind allerdings in einer Hinsicht problematisch. Sie sind Axiomenschemata und lassen sich deshalb wie folgt schreiben:

10. $Fax^1 \wedge Fax^2 \wedge \ldots \wedge Fax^n \vdash Fa\,(x^1 \wedge \ldots \wedge x^n)$, wo $n \geqq 2$. Setzen wir eine genügend große Zahl für n ein, so kommen wir zu einem Punkt, wo wir nicht mehr garantieren können, daß a, selbst wenn er alle $X^1, \ldots, X^n$ kennt, auch die Konjunktion $X^1 \wedge \ldots \wedge X^n$ weiß. Es empfiehlt sich deshalb, wenn man nicht ideale Sprecher annehmen will, die Zahl n irgendwie zu beschränken.

Die Auswahl von Formeln mit innerer Verwendung logischer Operatoren basiert auf einer Analyse der intuitiven Grundlagen dieser Logik. Das Wesen dieser Analyse erläutern wir an konkreten Beispielen.

Wir betrachten die Formel

11. $Fa\,(x \to y) \wedge Fax \vdash Fay\,.$

Jetzt eliminieren wir das Prädikat F, indem wir die entsprechenden Formeln durch Formeln mit den Prädikaten A und C ersetzen.
Als Prämisse erhalten wir den Ausdruck U:

$$Aa\,(x \to y) \wedge Ca\,(x \to y) \wedge (X \to Y) \wedge Aax \wedge Cax \wedge X\,.$$

Für U gelten die Formeln:

$$U \vdash (X \to Y) \wedge X$$
$$U \vdash Aa\,(x \to y)\,.$$

Da die Formeln

$$(X \to Y) \wedge X \vdash Y$$
$$Aa\,(x \to y) \vdash Aay$$

beweisbar sind (letztere nach den Regeln für A), so haben wir

$$U \vdash Y$$
$$U \vdash Aay$$
$$U \vdash Aay \wedge Y\,.$$

Es gelingt jedoch nicht, den Ausdruck Cay als Folgerung aus U zu bekommen. Folgende Regel Z für das Prädikat C mit innerer Verwendung des Konditionalitätsoperators ist intuitiv akzeptabel, wenn vorausgesetzt wird, daß der Sprecher a die logischen Regeln für diesen Operator kennt und akzeptiert:

12. $Ca\,(x \to y) \wedge Cax \vdash Cay\,.$

Da gilt

$$U \vdash Ca\,(x \to y) \wedge Cax\ ,$$

so erhalten wir hieraus und aus 12 (nach der Transitivitätsregel für die Folgebeziehung) den Ausdruck:

$$U \vdash Cay\ .$$

Wir haben somit

$$U \vdash Aay \wedge Cay \wedge Y$$

und nach der Einführung von F

$$Fa\,(x \to y) \wedge Fax \vdash Fay\ .$$

Jetzt untersuchen wir die Formel

13. $Fa\,(x \vee y) \vdash Fax \vee Fay\ .$

Auf den ersten Blick scheint sie akzeptabel zu sein, jedoch bei genauerer Betrachtung erweist sie sich als falsch. Ein Sprecher kann beispielsweise wissen, daß das große Fermatsche Theorem entscheidbar oder unentscheidbar ist, aber sowohl die Aussage „a weiß, daß das große Fermatsche Theorem entscheidbar ist", als auch die Aussage „a weiß, daß das große Fermatsche Theorem unentscheidbar ist" sind falsch. Es gibt also Beispiele dafür, daß die Konjunktion

$$Fa\,(x \vee y) \wedge \sim Fax \wedge \sim Fay$$

erfüllbar ist und daß folglich Fax und Fay falsch sein können, wenn $Fa\,(x \vee y)$ wahr ist.

Die Formel

14. $Fa\,(x \to y) \vdash Fax \to Fay$

akzeptieren wir aus folgenden Überlegungen heraus. Wenn wir die Formel 11 akzeptieren, so erhalten wir aus ihr nach den Regeln für den Konditionalitätsoperator:

$$\vdash Fa\,(x \to y) \wedge Fax \to Fay$$

$$\vdash Fa\,(x \to y) \to (Fax \to Fay)\ .$$

Die Ableitbarkeit der letzteren Formel garantiert uns die Richtigkeit der Formel 14.

Betrachten wir zum Schluß noch die Formel

15. $Fax \vee Fay \vdash Fa\,(x \vee y)\ .$

Wir verwenden die gleiche Methode, wie bei der Begründung der Formel 11. Nach *AI 1* erhalten wir aus der Prämisse der Formel 15 die Formel U:

$$(Aax \wedge Cax \wedge X) \vee (Aay \wedge Cay \wedge Y)\ .$$

Hieraus ergibt sich

$$U \vdash X \vee Y$$
$$U \vdash Aax \vee Aay$$
$$U \vdash Cax \vee Cay \, .$$

Und jetzt läßt sich ein Akzeptieren von 15 auf ein Akzeptieren der Formeln

$$Aax \vee Aay \vdash Aa\,(x \vee y)$$
$$Cax \vee Cay \vdash Ca\,(x \vee y)$$

zurückführen.

Wie müssen wir aber verfahren, wenn a die Aussage X (oder Y) hat, aber nicht Y (entsprechend X)? Möge $Fax \vee Fay$ wahr sein, wobei Fax wahr, Fay jedoch falsch ist. Möge $\sim Aay$ der Grund für die Falschheit von Fay sein. Gilt aber $\sim Aay$, so gilt auch $\sim Aa\,(x \vee y)$, weil

$$\vdash Aa\,(x \vee y) \rightarrow Aay$$
$$\vdash \; \sim Aay \rightarrow \; \sim Aa\,(x \vee y) \, .$$

Akzeptieren wir die Formel 15:

$$Fax \vee Fay \vdash Fa\,(x \vee y) \, ,$$

so erhalten wir

$$Fa\,(x \vee y) \vdash Aa\,(x \vee y)$$
$$Fax \vee Fay \vdash Aa\,(x \vee y) \, .$$

Wenn $Fax \vee Fay$ wahr ist, so muß auch $Aa\,(x \vee y)$ wahr sein. Unter den obigen Bedingungen ist aber $\sim Aa\,(x \vee y)$ wahr, d. h. $Aa\,(x \vee y)$ ist falsch. Die Annahme der Formel 15 führt also zu einem Widerspruch.

Zu paradoxen Folgerungen führt offensichtlich auch das Akzeptieren der Formel

16. $\qquad Fax \vdash Fa\,(x \vee y) \, .$

Da die Formeln

$$Fa\,(x \vee y) \vdash Aa\,(x \vee y)$$
$$Aa\,(x \vee y) \vdash Aay$$

gelten, gilt auch

$$Fax \vdash Aay$$

(d. h. wenn a wenigstens eine wahre Aussage weiß, so hat (besitzt) er alle möglichen Aussagen).

Wie wir sehen, ist die Analyse der intuitiven Grundlagen für Regeln der inneren Verwendung logischer Operatoren in einer Theorie von Wissensaussagen vielschichtig und setzt die Analyse von Besitz- und Akzeptationsaussagen voraus.

Ein anderer Weg, Formeln mit innerer Verwendung logischer Operatoren einzuführen, wurde von Sinowjew vorgeschlagen: Die Hypothese „Ein Sprecher kennt die in den logischen Systemen $S^1, \ldots, S^n$ $(n \geqq 1)$ geltenden Regeln und akzeptiert sie", wird durch folgende Schlußregeln realisiert:

R^1: Wenn a weiß, daß $\vdash X$ ein Theorem in einem der Systeme $S^1, \ldots, S^n$ ist, so ist $\vdash Fax$ ein Theorem von $LSEI^i$.

R^2: Wenn a weiß, daß $X \vdash Y$ ein Theorem in einem der Systeme $S^1, \ldots, S^n$ ist, so ist $Fax \vdash Fay$ ein Theorem von $LSEI^i$.

$LSEI^i$ ist dann ein System der epistemischen Logik, das die logischen Eigenschaften von Wissensaussagen untersucht und deren Sprecher eine oder mehrere Klassen von Logikregeln kennen und akzeptieren. Sind $S^1, \ldots, S^n$ die Systeme der strengen logischen Folgebeziehung, der entarteten logischen Folgebeziehung und die Theorie der konditionalen Aussagen im Sinne von [7], so sind in $LSEI^i$ unter anderem die Formeln

$$Fa \sim \sim x \dashv \vdash Fax$$

$$Fa\,(x \wedge y) \vdash Fax \wedge Fay$$

$$\vdash Fa\,(x \vee \sim x)$$

$$\vdash Fa \sim (x \wedge \sim x)$$

$$Fa\,(x \rightarrow y) \wedge Fax \vdash Fay$$

$$\vdash Fa\,(x \rightarrow y) \wedge Fax \rightarrow Fay$$

beweisbar. Die Formeln

$$Fax \vdash Fa\,(x \vee y)$$

$$\vdash Fax \rightarrow Fa\,(x \vee y)$$

sind hier nicht beweisbar.

Hieraus wird deutlich, daß das Zeichen der materialen Implikation als Zeichen der logischen Folgebeziehung nicht akzeptabel ist. Seine Verwendung als solches ruft neben den bekannten Paradoxien der materialen Implikation noch besondere Paradoxien der epistemischen Logik hervor.

Die Beantwortung der Frage, welchen Sinn die Hypothese hat, daß die Sprecher logische Regeln kennen und akzeptieren, hängt also vom Zustand der logischen Theorie ab, in der diese Regeln gelten.

Quellennachweise

1. Зиновьев, А. А., Об одном классе предложений с точки зрения логики (Manuskript).
2. Ayer, A. J., The problem of knowledge, London 1956.
3. Chisholm, R. M., Theorie of knowledge, by Prentic Hall, Englewood Chliffs 1966.

4. HINTIKKA, J., Knowledge and Belief, Ithaca, New York 1962.
5. HINTIKKA, J., „Knowing oneself“ and other problems in epistemic logic, in: Theoria. A Swedish Journal of Philosophy, 1966 (XXXII), Part 1.
6. SINOWJEW, A. A., Komplexe Logik, Berlin 1970.
7. SINOWJEW, A., WESSEL, H., Logische Sprachregeln. Eine Einführung in die Logik, Berlin 1975.
8. STELZNER, W., Grundbegriffe einer Theorie der Diskussion und epistemische Logik, im vorliegenden Band.
9. WESSEL, H., WUTTICH, K., Ein System der epistemischen Logik, im vorliegenden Band.

Werner Stelzner

Grundbegriffe einer Theorie der Diskussion und epistemische Logik

Die wichtige Rolle von Diskussionen in den verschiedensten Bereichen des geistig-praktischen Lebens ist gut bekannt. Bekannt ist aber auch, daß Diskussionen häufig ohne Resultat enden, bzw. daß unklar ist, welches Resultat erzielt wurde oder wie erzielte Resultate zu bewerten sind. Diese Situationen sind meist nicht dadurch bedingt, daß die Diskussionsteilnehmer dieses oder jenes Problem nicht verstehen, sondern durch das Nichtbeachten der Regeln zum Führen der Diskussion, durch Unkorrektheiten in der Diskussionsorganisation. Denn wie jeder Kommunikationsprozeß setzt die Diskussion bestimmte Organisationsregeln voraus, ohne die es erschwert ist oder sogar unmöglich wird, eine effektive Diskussion zu führen.

In der modernen Logik und Methodologie wird den auf Diskussionen bezogenen Problemen immer größere Aufmerksamkeit zuteil. Es wurde eine hinreichend große Anzahl von Arbeiten veröffentlicht, die gerechtfertigt erscheinen lassen, von einem besonderen Teilgebiet der Methodologie zu sprechen – der Theorie der Diskussion (bzw. Argumentation) –, das sich logischen und methodologischen Problemen der Argumentation (bzw. Diskussion) widmet.

Den vielleicht größten Einfluß auf die Entwicklung der allgemeinen Theorie der Argumentation übten in neuerer Zeit die Arbeiten von Ch. Perelman, T. Viehweg [27], H. W. Johnstone [13] und S. E. Toulmin [26] aus. Allen diesen Arbeiten (mit Ausnahme von [13]) ist eines gemeinsam: sie negieren, daß die formale oder mathematische Logik allgemeine Modelle für Argumentationen bzw. Diskussionen bereitstellen könne. Sie neigen dazu, die in der Jurisprudenz übliche Argumentationsweise zum Modell jeglicher Argumentation zu erheben. Toulmin erklärt sogar die Jurisprudenz zum Modell für die Logik: „Logik (können wir sagen) ist verallgemeinerte Jurisprudenz" [26, S. 7].

Kalinowski [14] dagegen kritisiert die These von der Möglichkeit einer besonderen Logik der Argumentation in der Jurisprudenz. Nach Meinung Kalinowskis sind die von den Juristen benutzten Gesetze außerlogische Gesetze. Wenn jedoch in der Jurisprudenz logische Gesetze benutzt werden, so sind das die Gesetze der klassischen formalen Logik (die „gewöhnlichen logischen Gesetze"). Mit dem Verweis auf die „gewöhnlichen logischen Gesetze“ verdeckt Kalinowski jedoch die Möglichkeit, verschiedenartige nichtklassische logische Systeme aufzubauen, deren Gesetze in analoger Weise bezüglich klassisch logischer Gesetze „unlogisch“ sind, wie bestimmte Gesetze der Prädikatenlogik bezüglich der Aussagenlogik „unlogisch“ sind. Er schließt die Möglichkeit aus, eine spezielle Logik aufzubauen, die der Forderung nach logischer Sicherung von Argumentationen (bzw. Diskussionen) stärker angepaßt ist als bereits existierende logische Systeme.

Bevor wir uns dem Aufbau eines solchen Systems zuwenden, wollen wir einige Grundbegriffe und methodologische Grundprinzipien der Theorie der Diskussion betrachten.

§ 1. Grundprinzipien der Theorie der Diskussion

Eine Diskussion wollen wir als Serie von Behauptungen (sprachlichen Mitteilungen, in denen explizit die Wahrheit bzw. Falschheit bestimmter Sätze anerkannt wird), die in bestimmter Reihenfolge von den Diskussionsteilnehmern geäußert werden, auffassen. Die Diskussionsteilnehmer befinden sich dabei in einem Zustand gegenseitiger Kommunikation. Die Behauptungen beziehen sich auf den Gegenstand (das Thema) der Diskussion, der ihnen eine bestimmte logische Geschlossenheit gibt. Als Thema der Diskussion fungiert eine Behauptung (bzw. eine Menge von Behauptungen). Wird das Thema als Frage bzw. als Aufforderung zur Meinungsäußerung bezüglich einer bestimmten Frage formuliert, so betrachten wir logisch das Thema in diesem Falle als Menge der möglichen alternierenden Antworten auf diese Frage. Das Thema ist die Quelle der Diskussion und ihr Ausgangspunkt.

Ziel der Diskussion ist das Erreichen eines bestimmten Einverständnisses der an der Diskussion teilnehmenden Personen (der Partner) bezüglich der diskutierten These, und die These ist auf die Diskussionsteilnehmer bezogen interpersonal verifiziert, falls die These in der Diskussion positiv bestätigt wird. Ist diese einheitliche Meinung erreicht, so ist die Diskussion beendet.

Die Diskussionsteilnehmer formulieren ihre Positionen bezüglich der These, und jede der diskutierenden Seiten strebt danach, die Richtigkeit ihres Standpunktes zu beweisen oder aber zumindest zu zeigen, daß auf den von anderen Parteien vertretenen Meinungen nicht widerspruchsfrei beharrt werden kann. Weil Diskussionsteilnehmer danach streben, ihren Standpunkt allgemein durchzusetzen, wird die Diskussion häufig in Analogie zum Kriegsspiel betrachtet [28, S. 355f]. Dabei wird aber ein prinzipieller Unterschied nicht beachtet: Im Unterschied zum Kriegsspiel kann der Gegner in der Diskussion nur solche Mittel (Argumente) einsetzen, die von dessen Gegner akzeptiert werden. Die Benutzung von Mitteln anderer Art kann zum Abbruch der Diskussion führen. Und wenn die Diskutierenden keine von allen Teilnehmern anerkannten Mittel finden können, bricht die Diskussion ab oder findet überhaupt nicht statt. Die Diskussion kann auch in dem Fall abbrechen, wenn die Teilnehmer zu einander ausschließenden Standpunkten bezüglich einer bestimmten These kommen, wenn sie keine gemeinsamen Argumente finden und wenn sie sich nicht auf für alle Teilnehmer annehmbare Diskussionsregeln einigen können. Ihr eigentliches Ende findet eine Diskussion erst dann, wenn die Partner zu einem gemeinsamen Standpunkt bezüglich der Diskussionsthese gelangen. Das kann der Sieg einer Diskussionspartei über die andere oder ein Kompromiß sein.

Die Möglichkeit, eine einheitliche Meinung bezüglich der diskutierten These herauszuarbeiten, wird durch einen Vergleich der Auftritte der einzelnen Diskussionsteilnehmer geschaffen. Die Diskussion wird durch eine Folge solcher Auftritte repräsentiert. Der Mensch wird in der logischen Analyse der Diskussion ausschließlich als Person betrachtet, die diese oder jene Erklärung abgibt, einen Diskussionsbeitrag leistet.

Von diesen Beiträgen wird verlangt, daß sie sinnvoll sind. Eine allgemeine Forderung, die in diesem Zusammenhang an die Diskussionsteilnehmer gestellt wird, besteht darin, daß die Diskussionsteilnehmer nicht von vornherein jeglichen Einwand gegen das eigene Argument ausschließen dürfen. Von hieraus gelangt man zu einem Kriterium für sinnvolle Diskussionsbeiträge: ein sinnvoller Diskussionsbeitrag muß prinzipiell angreifbar sein (das heißt nicht, er müsse widerlegbar sein). Dabei darf ein sinnvollerBeitrag nicht gleichzeitig die These angreifen und verteidigen. Den Diskussionsteilnehmern ist es aber gestattet, ihre Unentschiedenheit bezüglich bestimmter Beiträge bzw. der These auszudrücken. Sinnvolle Diskussionsbeiträge können in solche unterschieden werden, gegen die Widerlegungen formuliert werden können, die nicht die einfache Negation des Beitrags sind, und in solche, gegen die keine andere Widerlegung möglich ist als ihre einfache Negation. Um letztere zu widerlegen, müssen Fakten unmittelbar herangezogen werden.

Die Beiträge der Diskussionsteilnehmer werden in der jeweils gegebenen Diskussion nicht isoliert betrachtet, sondern in ihrem Zusammenhang mit der These. Die Auftritte der Diskutierenden werden als zum Thema der Diskussion gehörend oder nicht gehörend in Abhängigkeit davon betrachtet, welche Position sie bezüglich der These einnehmen. Sie gelten nur dann als zum Thema gehörig, wenn sie in dieser oder jener Weise für oder gegen die These zeugen.

Für die Bewertung von Diskussionsbeiträgen ist nicht nur wichtig, daß sie zum Thema der Diskussion gehören, sondern auch die Stufe ihrer Angemessenheit (Zugehörigkeit) [25].

Häufig betrachtet man Beiträge auch dann als zum Thema der Diskussion gehörend, wenn sie für oder gegen früher geäußerte angemessene Beiträge zeugen. Es wird deshalb angenommen, die Relation „x ist y angemessen" sei transitiv. Dem ist aber nicht so, denn die Ablehnung eines bestimmten, der

These positiv angemessenen, Diskussionsbeitrages heißt noch nicht, damit gegen die These aufzutreten; die angenommeneVerwerfung kann durch eine solche Komponente des abgelehnten Arguments bedingt sein, die dem Thema nicht angemessen ist, obwohl das Argument als Ganzes durchaus angemessen ist. Zu widersprechen ist auch Drieschner, der behauptet: „Jeder Einwand gegen ein Argument, das gegen *A* gerichtet ist, ist ein Argument für *A*“ [6, S. 30].

Nehmen wir an, *C* sei ein Argument gegen *B* und *B* sei ein Argument gegen *A*, so folgt nach Drieschner, daß *C* Argument für *A* ist. Eine solche Terminologie würde aber den Sinn des Ausdrucks „Argument für“ bzw. „Argument gegen“ zu sehr verwischen. Denn wenn *C* im oben genannten Beispiel die Gestalt $\sim A \wedge \sim B$ hat, so wäre es recht verwirrend, von *C* behaupten zu wollen, es sei Argument für *A*, denn *A* wird von *C* direkt ausgeschlossen. Wollten wir Drieschner folgen, so wäre *C* sowohl Argument für als auch gegen *A*. Dann wäre *C* aber kein sinnvolles Argument, was der üblichen Verwendungsweise von „sinnvoll“ widerspricht, denn aus *C* folgt nur die Falschheit von *A*; *C* zeugt aber nicht gleichzeitig für die Wahrheit von *A*.

Bisher haben wir Diskussionsbeiträge in ihrer Relation zu anderen Diskussionsbeiträgen bzw. zur These betrachtet. Wodurch werden aber die Beiträge selbst begründet, worauf basieren sie?

Wie jede Begründung und jeder Beweis setzt die Diskussion bestimmte Ausgangssätze bzw. -regeln voraus. Die Spezifik der Diskussion besteht dabei darin, daß die Partner selbst die Ausgangssätze geben. Daran ändert auch der Fakt nichts, daß die Angabe der Ausgangssätze durch Verweis auf bestimmte Satzmengen oder durch Verweis auf die Meinung anderer Personen (der Autoritäten) vollzogen werden kann.

Die Diskussion ist immer eine Beweis- und Überzeugungsprozedur, die ad hominem verläuft. Das ad hominem besteht dabei darin, daß Sätze nur dann zu Ausgangssätzen werden können, wenn sie in der Diskussion von den Teilnehmern behauptet werden. Jeder Teilnehmer teilt im Laufe der Diskussion seine Ausgangsbasis der Argumentation mit. Nur bezüglich dieser Basis, die sich im Laufe der Diskussion erweitern kann, ist eine für diesen Teilnehmer explizit überzeugende Diskussion zu führen. In diesem Sinne ist „die Entwicklung aller Argumentation eine Funktion des Auditoriums, auf das sie gerichtet ist und auf das zu stützen sich der Sprechende verpflichtet fühlen muß“ [18, S. 155]. Dieses ad hominem, verstanden als Verpflichtung, sich auf die Beiträge der Diskussionspartner zu stützen, folgt aus dem Ziel der Diskussion, für alle Diskussionsteilnehmer überzeugend zu sein.

Wenn die Diskussionsthese bestätigt werden soll, d. h. wenn die These von allen Diskussionsteilnehmern explizit anerkannt werden soll, so muß sie aus den Ausgangsüberzeugungen jedes Teilnehmers ableitbar sein. Die Notwendigkeit von Kompromissen folgt auch aus dem ad-hominem-Charakter der Begründung für die Auftritte in der Diskussion, denn nicht alle Teilnehmer erkennen die gleiche Argumentationsbasis an. Der Einschluß von Gemeinplätzen in die Diskussion ist ein Mittel, um auf große Auditorien überzeugend zu wirken.

Indem wir auf den ad-hominem-Charakter der Diskussion verweisen, berühren wir eine wichtige Besonderheit der Quasisemantik der Diskussion. Der Wahrheitsbegriff spielt in der unmittelbaren Diskussion lediglich eine zweitrangige Rolle. Dieser Begriff wird hier nur in folgendem Sinne verwendet: Jeder Teilnehmer erhebt Anspruch darauf (behauptet), daß seine Beiträge wahr sind. Entscheidend für die Verwendung eines beliebigen Satzes in der Diskussion ist aber nicht seine Wahrheit, sondern, ob die Wahrheit dieses Satzes von einem Diskussionsteilnehmer behauptet wird. Wenn ein Teilnehmer einen bestimmten Satz behauptet, so kann dieser Satz in der weiteren Diskussion verwendet werden, insbesondere dazu, um Beiträge des ihn behauptenden Diskussionsteilnehmers zu widerlegen.

Anstelle des Prädikats „wahr“ ist in der Beschreibung der Diskussion ein anderes Prädikat angebracht, und zwar das Prädikat „gültig“. Damit ein Satz ein gültiger Diskussionsbeitrag werde, muß er sinnvoll sein und dem Thema der Diskussion angemessen sein. Das ist aber noch nicht ausreichend. Weiter wird vorausgesetzt, daß er als wahr anerkannt wird, obwohl er an sich durchaus falsch sein kann. Wenn er Gültigkeit für die gesamte Diskussion beansprucht, so muß er dementsprechend von allen Diskussionsteilnehmern als wahr anerkannt werden. Wahrheit oder Falschheit des Satzes haben hier keinerlei Bedeutung für seine Gültigkeit. In modifizierter Form äußert sich darin der Unterschied zwischen Wahrheit und Beweisbarkeit, der bekanntlich eine der fundamentalen Voraussetzungen der Metamathematik ist [13, S. 23].

Würden die Diskussionsteilnehmer ausschließlich wahre Sätze behaupten, dann könnte man jedem gültigen Satz auch das Prädikat „wahr“ zuschreiben. Da aber in einer allgemeinen Theorie der Diskussion nicht vorausgesetzt werden kann, daß Diskussionsteilnehmer nur wahre Sätze behaupten, würde die angedeutete Einschränkung der Bedeutung des Prädikats „gültig“ zu einer Begrenzung der Theorie der Diskussion überhaupt führen. Diskussionen verlaufen häufig so, daß falsche Sätze von den Teilnehmern als wahr anerkannt werden, vorausgesetzt, sie sind sinnvoll und angemessen. Falsche Sätze sind also oft gültig, während umgekehrt nicht jeder wahre Satz als solcher anerkannt wird, folglich auch nicht gültig sein kann.

Entscheidend für die Bestätigung der These bzw. für die Herausbildung einer allgemeinen Meinung zur These ist die Menge der von den Teilnehmern behaupteten Sätze. Die ad-hominem-Verpflichtung der Diskussion bezieht sich auf diese Satzmengen. Und natürlich bezieht sie sich auf die angenommenen Schlußregeln. Eine beliebige Menge, die aus Sätzen und Schlußregeln gebildet wird, soll im weiteren mögliches Diskussionsfeld genannt werden.

Wenn mindestens ein Diskussionspartner ein solches mögliches Diskussionsfeld als sein Diskussionsfeld annimmt, so bildet die Menge von Sätzen und Regeln, die zu diesem Feld gehören, die Ausgangsbasis seiner Argumentation. Das Diskussionsfeld verwandelt sich auf diese Weise aus einem möglichen in ein wirkliches. Unter den möglichen Feldern kann man nach bestimmten Kriterien spezifische Arten von Feldern hervorheben, z. B. religiös bestimmte oder wissenschaftlich bestimmte Diskussionsfelder. Die allgemeine logische Theorie der Diskussion ist nichts anderes als die logische Theorie der Diskussionsfelder, der Beziehungen zwischen ihnen sowie des Aufbaus neuer Felder aus gegebenen.

Die Annahme eines gegebenen Diskussionsfeldes ist von verschiedenen Faktoren abhängig: von sozialen, von individuellen usw. Sie kann durch das Forschungsgebiet des Sprechenden bestimmt sein oder durch die Methoden, die der Teilnehmer anwendet. Warum ein bestimmter Diskussionsteilnehmer dieses oder jenes Diskussionsfeld annimmt (d. h. warum ein bestimmter Mensch, eine bestimmte Gruppe, Klasse, Gesellschaft eine bestimmte Menge von Sätzen und Regeln annimmt) – diese Frage ist Forschungsgegenstand der Psychologie und Erkenntnistheorie, der Soziologie und Pädagogik, nicht aber einer Logik der Diskussion bzw. Argumentation.

Zwischen Diskussionsfeldern können alle Beziehungen bestehen, die allgemein zwischen Mengen bestehen. Für die Theorie der Diskussion ist die Frage besonders wichtig, in welchen Diskussionen ein bestimmtes Feld verwendet werden kann. Um diese Frage zu beantworten, muß entschieden werden, welche Ausdehnung das Feld hat, d. h., es muß entschieden werden, von welchen Diskussionsteilnehmern dieses Feld als Diskussionsbasis anerkannt werden kann.

Die Diskussionsteilnehmer bauen eine gemeinsame Diskussionsbasis auf, um allgemein anerkannte, überzeugende Argumente für die Diskussion auswählen zu können. Die gemeinsame Diskussionsbasis kann sich also im Laufe der Diskussion ändern. Das Vorhandensein einer solchen gemeinsamen Diskussionsbasis ist eine notwendige Voraussetzung für einen sinnvollen Abschluß der Diskussion. Für die Theorie der Diskussion ist es wichtig, ob ein solches Feld existiert, das universal ist, d. h. ein solches Feld, das nicht nur in einer bestimmten Diskussion als gemeinsame Diskussionsbasis dienen kann, sondern das in jeder Diskussion mit beliebigen Teilnehmern ein wirkliches Feld ist, bzw. das in jedem Feld enthalten ist und das ein spezifischer Gegenstand der Logik der Diskussion sein könnte. Allgemein kann gesagt werden, daß ein solches nichtleeres universales Feld nicht existiert, denn selbst die Annahme elementarer logischer Forderungen, wie der nach Widerspruchsfreiheit, wird von Diskussionsteilnehmern nicht immer in ihren Behauptungen berücksichtigt. Wie wir in § 3 zeigen werden, wird damit aber die Entwicklung logischer Theorien der Diskussion nicht ausgeschlossen; diese Theorien müssen aber die Unmöglichkeit eines universalen Feldes berücksichtigen bzw. dürfen ein solches universales Feld nicht voraussetzen.

Bisher benutzten wir (unserer Definition entsprechend) das Wort „Diskussion“ indifferent zur Bezeichnung von Kommunikationsprozessen, die sich zwischen bestimmten Partnern vollziehen, um einen gemeinsamen Standpunkt zu einem bestimmten Thema zu erarbeiten. Diese Kommunikationsprozesse vollziehen sich in ziemlich heterogenen Formen. Neben der unvoreingenommenen Diskussion, die von Anfang an die Möglichkeit von Kompromissen und Umbildungen der These einräumt, existieren kompromißlose und tendenziöse Diskussionen, in denen jede Diskussionspartei danach strebt, die eigene Meinung mit allen zur Verfügung stehenden Mitteln gegen die der übrigen Teilnehmer durchzusetzen.

Vor jeder sinnvollen Diskussion müssen sich die Teilnehmer über die Abschlußprinzipien der Diskussion einigen. Mitunter erklärt man einen Streit dann für beendet, wenn die These der einen Partei schon nicht mehr den Angriffen des Gegners ausgesetzt ist, bzw. wenn der Gegner nicht mehr in der Lage ist, Einwände gegen diese These zu formulieren. Wenn die These die Anerkennung aller Diskussionsteilnehmer findet, so kann man sagen, sie wurde bezüglich der teilnehmenden Diskussionsparteien bewiesen. Das Fehlen von Einwänden ist aber nicht mit dem relativen Beweis der These gleichzusetzen. Die These kann auch in dem Fall als von allen Diskussionsteilnehmern akzeptiert gelten, wenn die Partner gezwungen sind, anzuerkennen, daß im Rahmen ihres Diskussionsfeldes die These nicht angegriffen werden darf (wenn die Teilnehmer anerkennen, daß die Fortsetzung der Angriffe zur inneren Widersprüchlichkeit ihres Diskussionsfeldes führen würde).

Logische Modelle der Diskussion zwischen zwei Partnern (also des Dialogs) mit exakt definierten Dialogregeln und Regeln für den Abschluß des Dialogs wurden in der sogenannten dialogischen Logik aufgebaut, deren ursprüngliche Formulierung in den Arbeiten P. Lorenzens [15, 16, 17] zu finden ist. Lorenzen baute allerdings sein System – das kein allgemeines Modell der Diskussion darstellt – nicht auf, um die logischen Gesetzmäßigkeiten des Dialogs (der Diskussion) zu explizieren, eher umgekehrt. Er setzt die Existenz bestimmter Gesetzmäßigkeiten des Dialogs voraus und prüft dann, welche Sätze in einem auf diese Weise definierten Dialog von jedem Partner, der die Dialogregeln einhält, als wahr anerkannt werden müssen. Diese Sätze können dann „logische Gesetze“ genannt werden. In diesem Sinne werden logische Gesetze „dialogisch begründet“ [29]. Unseres Erachtens stellt die dialogische Logik Lorenzens ein bestimmtes Entscheidungsverfahren für die intuitionistische bzw. klassische Logik dar, es kann aber nicht zur Begründung logischer Gesetze herangezogen werden. Das Problem der Begründung logischer Gesetze wird durch das der Begründung der Dialogregeln ersetzt; letzteres bleibt aber ungelöst. In diesem Sinne hat die dialogische Logik keine ausgezeichnete Stellung vor anderen Entscheidungsverfahren, wie beispielsweise der Matrizenmethode oder den semantischen Tafeln nach E. W. Beth [1].

Wenn auch das Modell Lorenzens unzweifelhaft sehr fruchtbar die Explikation von Grundbegriffen der Theorie der Diskussion anregte [6], so kann doch nicht übersehen werden, daß der grundlegende Begriff der Theorie der Diskussion, nämlich der Begriff der expliziten Akzeptierung (Behauptung), von ihm nicht analysiert wird. Wir meinen aber, die Logik der Diskussion muß auf der logischen Analyse dieses Begriffes aufbauen.

§ 2. Klassische Logik und epistemische Logik

Lange Zeit herrschte in der Logik die Vorstellung, das Grundprädikat, mit dem sie es zu tun habe, sei das Wahrheitsprädikat. Der Begründer der modernen formalen Logik, Gottlob Frege, schreibt z. B.: „Wie das Wort ‚schön' der Ästhetik und ‚gut' der Ethik, so weist ‚wahr' der Logik die Richtung. Zwar haben alle Wissenschaften Wahrheit als Ziel; aber die Logik beschäftigt sich noch in ganz anderer Weise mit ihr. Sie verhält sich zur Wahrheit etwa so wie die Physik zur Schwere oder zur Wärme. Wahrheiten zu entdecken ist die Aufgabe aller Wissenschaften: der Logik kommt es zu, die Gesetze des Wahrseins zu erkennen" [9, S. 30].

Damit war der Logik eine Richtung gewiesen, deren Endresultat heute gewöhnlich „klassische Logik" genannt wird. In dieser Logik werden bestimmte Folgerungsbeziehungen zwischen Aussagen bezüglich des Prädikats „p ist wahr" (oder für Sätze bezüglich des Prädikats „p ist wahr in der Sprache S") formuliert. Aussagen werden in dieser Logik unter dem Gesichtspunkt ihrer Wahrheitswerte betrachtet. Beziehungen dem Sinne nach, wie sie außerdem in der logischen Folgerungstheorie untersucht werden, verbleiben in der klassischen Logik außerhalb des Blickfeldes.

Aussagen sind wahr oder falsch unabhängig von der menschlichen Praxis, unabhängig von der Feststellbarkeit ihrer Wahrheit. Diese Charakteristik des klassischen Wahrheitsbegriffs ist zugleich ein wichtiges Moment des materialistischen Wahrheitsbegriffs. Gerade darauf beruht die unvergängliche Bedeutung der klassischen Logik.

Die Verabsolutierung der Fregeschen Auffassung behinderte jedoch ungeachtet ihrer fruchtbaren Folgen (umfassende Ausarbeitung der klassischen Logik), die allseitige Entwicklung der Logik. Für Frege hatte die Wahrheit Anspruch auf Ausschließlichkeit: nur „wahr" konnte als Grundprädikat der Logik gelten. Eine solche Festlegung behinderte einerseits die logische Untersuchung anderer Prädikate (z. B. des Prädikats „H folgt aus G", das außer der Betrachtung der Wahrheitswerte Beziehungen dem Sinne nach einschließt), andererseits wurden nichtklassische Logiken (wie die intuitionistische Logik) beschuldigt, in offensichtlicher Weise allgemein anerkannten Vorstellungen zu widersprechen, da vorausgesetzt wurde, Grundprädikat jeder beliebigen Logik könne nur „wahr" im rein extensionalen Sinne der klassischen Logik sein. Aber klassische und intuitionistische

Logik widersprechen einander schon deshalb nicht, weil beide unterschiedliche (wenn auch miteinander verbundene) Grundprädikate haben. Der Wahrheitsbegriff der klassischen Logik wird in der intuitionistischen Logik durch einen Wahrheitsbegriff im Sinne der Beweisbarkeit, Nachweisbarkeit der Wahrheit ersetzt. Dieser Begriff ist in seinen logischen Eigenschaften aber nicht mit dem Wahrheitsbegriff im klassischen Sinne identisch.

Von der Frage, ob eine Aussage wahr ist, wesentlich unterschieden ist die Frage, ob das Prädikat „wahr" in bestimmter Weise einer Aussage zugeschrieben wird. Die zweite Frage schließt, im Unterschied zur ersten, Beziehungen zu bestimmten Eigenschaften der Erkenntnis ein, ist eine auf epistemische Eigenschaften und Möglichkeiten relativierte Frage. Logische Systeme, die Grundprädikate für die Beschreibung dieses Prozesses der Zuordnung des Wahrheitsprädikats zu Aussagen bzw. Sätzen enthalten, werden epistemische Logiken genannt. Das Prädikat „wahr" (entsprechend „nichtwahr") ist dieser Terminologie entsprechend kein epistemisches Prädikat, denn es kommt Aussagen unabhängig von deren Platz in der Erkenntnis und den Überlegungen der Menschen zu.

Im Unterschied zur klassischen Logik kann die intuitionistische Logik als epistemische Logik betrachtet werden, da ihre Grundprädikate epistemische Prädikate sind. Weil aber diese Prädikate in der intuitionistischen Logik nicht explizit eingeführt sind, entsteht der Eindruck einer scheinbaren Konkurrenz zwischen klassischer und intuitionistischer Logik.

Von der nichtexpliziten Einführung der Grundprädikate ausgehend, wurden in der neueren Geschichte der Logik verschiedene Systeme entwickelt, die epistemische Prädikate, wie z. B. „weiß", „anerkannt", „behauptet", „glaubt" usw., explizit fixieren [4, 12, 18, 23, 24, 30, 31 und 32].

Wie Hintikka in [11] bemerkt, werden solche Versuche einer sonderbaren Art von Kritik unterworfen: es wird nicht die Darstellungsart des Systems und sein Inhalt kritisiert, sondern die Tatsache der logischen Bearbeitung dieser Prädikate. Dabei wird vorausgesetzt, für Prädikate dieser Art seien keine spezifischen logischen Beziehungen zu entdecken. Daß dieser Kritizismus nicht stichhaltig ist, zeigen wir am Beispiel des Prädikats „es wird behauptet, daß p wahr ist".

Für die Semantik der klassischen Logik sind folgende Beziehungen charakteristisch:

(1) $t\,(p \vee q) \Leftrightarrow t(p) \vee t(q)$

(2) $t\,(p \wedge q) \Leftrightarrow t(p) \wedge t(q)$

(3) $t\,(\sim(p \wedge \sim p))$

(4) $t\,(p \vee \sim p)$

(5) $t(p) \vee t\,(\sim p)$

(6) $t(p) \vee \sim t(p)$

(7) $\sim t(p) \Leftrightarrow t\,(\sim p)$.

„$t(H)$“ bedeutet dabei „H ist wahr“, „$\sim t(H)$“ steht für „H ist nicht wahr“ und „$G \Leftrightarrow H$“ steht für „G und H sind miteinander semantisch äquivalent“.

Es ergibt sich die Frage, ob diese klassisch logischen Beziehungen auch für die Logik der Behauptung gelten. Um darauf eine Antwort zu finden, ersetzen wir in (1)–(7) alle t durch den Buchstaben A und lesen „$A(H)$“ als „es wird behauptet, daß H wahr ist“. „$G \Rightarrow H$“ steht für „H wird von G semantisch impliziert“. Nach dieser Umbildung erhalten wir folgende Ausdrücke:

(1′) $A\,(p \vee q) \Rightarrow A(p) \vee A(q)$
(1″) $A(p) \vee A(q) \Rightarrow A\,(p \vee q)$
(2′) $A\,(p \wedge q) \Leftrightarrow A(p) \wedge A(q)$
(3′) $A\,(\sim(p \wedge \sim p))$
(4′) $A\,(p \vee \sim p)$
(5′) $A(p) \vee A\,(\sim p)$
(6′) $A(p) \vee \sim A(p)$
(7′) $\sim A(p) \Rightarrow A\,(\sim p)$
(7″) $A\,(\sim p) \Rightarrow \sim A(p)$.

Offensichtlich gehen nicht alle diese Ausdrücke in die logische Explikation des Prädikats der Behauptung ein. (3′) und (4′) verweisen darauf, daß beliebige Behaupter stets die Gesetze vom ausgeschlossenen Widerspruch und vom ausgeschlossenen Dritten behaupten. Tatsächlich gelten (3′) und (4′) aber nur für eine Unterklasse möglicher Behaupter, da nicht alle Behaupter über die Gültigkeit logischer Gesetze informiert sind bzw. die Gültigkeit dieser Gesetze anerkennen. Auch (1′), (5′) und (7′) müssen unter Voraussetzung der gegebenen Interpretation ausgeschlossen werden. (1′) bedeutet folgendes: Wenn behauptet wird, daß $p \vee q$ wahr ist, so wird behauptet, daß p wahr ist oder es wird behauptet, daß q wahr ist. Das widerspricht offensichtlich der üblichen Verwendungsweise des Behauptungsprädikats. Wenn z. B. der komplementäre Charakter zweier Aussagen behauptet wird, so folgt daraus durchaus nicht, der Behauptende würde das erste Glied der Alternative behaupten oder aber deren zweites Glied explizit anerkennen. Wenn z. B. ein Logiker behauptet: „Morgen wird die Sonne scheinen oder morgen wird die Sonne nicht scheinen“, so folgt daraus nicht, daß er behauptet „Morgen wird die Sonne scheinen“ oder daß er behauptet „Morgen wird die Sonne nicht scheinen“. Der Logiker enthält sich Behauptungen der letzteren Art, diese sind Sache des Meteorologen.

Die Unannehmbarkeit von (7′) kann am folgenden Beispiel verdeutlicht werden: Angenommen, N habe niemals behauptet, daß 1896 ein Amerikaner Olympiasieger im 100 m-Lauf geworden ist (möglicherweise ist der Sport kein Gesprächsthema für N). Daraus folgt doch nun aber nicht, N habe behauptet, es sei nicht wahr, daß ein Amerikaner diesen Lauf gewann.

Der paradoxe Charakter von (5′) bezüglich des intuitiven Verständnisses des Behauptungsprädikats ist ebenfalls leicht zu zeigen. (1''), (2'), (6'), (7'') sind dagegen für die Logik der Behauptung annehmbar.

Es ist evident, daß die klassische Logik natürlich auch für Aussagen über Behauptungen gültig ist. Dementsprechend ist die Formel (6') einfach ein Sonderfall der Tautologie $p \vee \sim p$.

Häufig wird angenommen, die Gesetze der Logik würden sich nur auf behauptete Aussagen (die sogenannten Urteile) beziehen, und nur solchen Aussagen könne Wahrheit (bzw. Falschheit) zugeschrieben werden. G. Frege drückte explizit die Meinung aus, das Prädikat der Wahrheit beziehe sich nicht nur auf behauptete Aussagen, sondern komme den Aussagen an sich zu, d. h. unabhängig davon, ob jemand diese Aussage behauptet oder nicht. Da sich die Logik – nach Frege – mit den Gesetzen des Wahrseins beschäftigt, ist sie auf Aussagen unabhängig davon anwendbar, in welchem Kontext diese Aussagen figurieren. Gerade in dieser Auffassung besteht einer der Hauptpunkte des Fregeschen Antipsychologismus in der Logik.

Von Frege wurde auch erstmals in der Geschichte der Logik zur Unterscheidung behaupteter und nichtbehaupteter Aussagen eine spezielle Symbolik eingeführt [7]. Zur Begründung der Einführung eines besonderen Zeichens als gemeinsamen Prädikators aller Urteile (Behauptungen) führt er an: „Wenn man eine Gleichung oder Ungleichung hinschreibt, z. B. $5 > 4$, so will man gewöhnlich damit zugleich ein Urtheil ausdrücken; man will in unserem Falle behaupten, 5 sei grösser als 4. Nach der von mir hier dargelegten Auffassung hat man in ‚$5 > 4$' oder ‚$1 + 3 = 5$' nur Ausdrücke von Wahrheitswerthen, ohne dass damit etwas behauptet werden soll. Diese Trennung des Urtheilens von dem, worüber geurtheilt wird, erscheint unumgänglich, weil sonst die blosse Annahme, das Setzen eines Falles, ohne gleich über sein Eintreten zu urtheilen, nicht ausdrückbar wäre. Wir bedürfen also eines besonderen Zeichens, um etwas behaupten zu können. Ich bediene mich hierzu eines senkrechten Striches am linken Ende des Wagerechten, so daß wir z. B. mit

‚$\vdash 2 + 3 = 5$'

behaupten: $2 + 3 = 5$. Es wird also nicht bloß wie in

‚$2 + 3 = 5$'

ein Wahrheitswerth hingeschrieben, sondern zugleich auch gesagt, dass er das Wahre sei" [8, S. 38].

Ein weiteres Argument gegen die Auffassung, nur behauptete Aussagen könnten mit „wahr" oder „falsch" bewertet werden, formulierte P. T. Geach [10]. Ein wahrheitsfunktionaler Aufbau der klassischen Logik ist beim Ausschluß der Wahrheitsbewertung nichtbehaupteter Aussagen nämlich nicht möglich: „Wenn wir sagen, daß der Wahrheitswert der ganzen Aussage durch die Wahrheitswerte der Glieder der Disjunktion definiert wird, so müssen wir anerkennen, daß die Glieder der Disjunktion unabhängig davon einen Wahrheitswert haben, ob diese Aussagen aktual behauptet werden" [10, S. 452].

Die Möglichkeit des wahrheitsfunktionalen Aufbaus der klassischen Logik ist unbezweifelbar; ihr Wahrheitsbegriff ist also nicht wurzelhaft an behauptete Aussagen gebunden.

§ 3. Synonymität in epistemischen Kontexten

Um eine sinnvolle Diskussion führen zu können (u. a. auch, um sogenannte „verbale Streite" zu vermeiden) ist es notwendig, daß die Diskussionsteilnehmer Einigung über die zu verwendenden Sprachregeln erzielen. Allgemein gesagt, es muß eine gemeinsame Sprache gefunden werden, in der die Diskussion geführt werden kann, oder es müssen genaue Übersetzungsregeln für die in der Diskussion benutzten Sprachen gefunden werden. Dazu ist aber als unabdingbare Voraussetzung zu klären, wann zwei Diskussionsbeiträge synonym sind. Das heißt, es muß ein Synonymitätskriterium für Sätze der Art „x A-behauptet, daß p" (symbolisch $A(x, p)$) gefunden werden (x ist dabei Name des Behaupters und p ist der behauptete Satz). $A(x, p)$ bedeutet dabei, daß x den Satz p explizit akzeptiert, oder daß x verpflichtet ist, im Falle einer entsprechenden Aufforderung den Satz p explizit zu akzeptieren.

Epistemische Kontexte haben eine wesentliche Besonderheit: sie sind keine extensionalen Kontexte. Das bedeutet, in diesen Kontexten gilt nicht als allgemeine Regel: Wenn $H \equiv G$ (d. h. H und G sind material äquivalent, haben den gleichen Wahrheitswert), so gilt $A(x, G) \equiv A(x, H)$. Es ist durchaus möglich, daß x einen der beiden Sätze G oder H behauptet, ohne den anderen zu behaupten. Wenn wir annehmen würden, aus $G \equiv H$ folge $A(x, G) \equiv \equiv A(x, H)$, so erhielten wir außerdem folgendes Resultat: wenn x mindestens einen wahren (falschen) Satz A-behauptet, so A-behauptet er jeden wahren (falschen) Satz. Damit ist auch klar, daß das Prädikat $A(x, p)$ nicht Ausdruck einer Wahrheitsfunktion ist [2, S. 183].

Da nicht vorausgesetzt werden kann, der behauptende Mensch kenne alle logischen Äquivalenzen, ist die A-Behauptung auch kein intensionaler Kontext in dem von Carnap in [3] dargelegten Sinne, denn es gilt nicht: wenn G und H L-äquivalente Sätze sind, so gilt $A(x, G) \equiv A(x, H)$. In dieser Beziehung entsprechen die bekannten Systeme der Behauptungslogik von Łos [18] und Rescher [21] nicht unseren Vorstellungen, da in diesen Systemen die Intensionalität des Behauptungskontextes vorausgesetzt wird.

Diese Sachlage müssen wir bei der Beantwortung der Frage beachten, welche Diskussionsbeiträge miteinander synonym sind. Da die Synonymität eine Äquivalenzrelation darstellt, ist es für die Beantwortung dieser Frage hinreichend, zu klären, unter welchen Bedingungen zwei Diskussionsbeiträge synonym sind. Allgemein gesagt, zwei Ausdrücke sind dann und nur dann synonym, wenn sie in allen Kontexten gleichwertig sind. Da die Frage der Synonymität in unserem Falle auf Sätze beschränkt bleibt, die in der Diskussion verkündet (A-behauptet) werden, kann der Ausdruck „in allen Kontexten" durch den Ausdruck „in Kontexten, in denen sich die Diskussion vollzieht" ersetzt werden.

Nachdem Carnap bemerkt hat, daß Kontexte des Glaubens weder extensional noch intensional sind, stützt er sich bei der Diskussion der Definition der Synonymität auf den intensionalen Isomorphismus zwischen den entsprechenden Sätzen: „Wenn zwei Sätze in gleicher Weise aus Designatoren (oder Designatorenmatrizen) aufgebaut sind, wobei beliebige zwei einander entsprechende Designatoren L-äquivalent sind, so sagen wir, daß diese zwei Sätze intensional isomorph sind, oder daß sie die gleiche intensionale Struktur haben" [3, S. 102]. Doch auch gegen dieses Kriterium wurden Einwände vorgebracht [5, 19, 20].

D und D' sollen die Abkürzungen zweier intensional isomorpher Sätze sein. In jedem Kontext der A-Behauptung gilt offensichtlich: (1) Jeder, der A-behauptet, daß D wahr ist, A-behauptet, daß D wahr ist. Da D und D' intensional isomorphe Sätze sind, sind sie zugleich auch L-äquivalente Designatoren, und folglich ist nach Carnap der Satz (2) „Jeder, der A-behauptet, daß D wahr ist, A-behauptet, daß D' wahr ist" mit dem Satz (1) intensional isomorph. Der Carnapschen Definition entsprechend sind (1) und (2) also synonym. Doch eben das ist recht zweifelhaft, denn der Satz (2) ist im Unterschied zu (1) nicht evident. Insbesondere ist es möglich, jemand weiß nicht, daß D und D' Abkürzungen zweier intensional isomorpher Sätze sind. Er kann dann wissen, daß (1) wahr ist, weiß aber sicher nicht, daß (2) wahr ist. Dieser Schluß ist natürlich nur dann ein Gegenbeispiel zum Synonymitätskriterium des intensionalen Isomorphismus, wenn vorausgesetzt wird, daß die Abkürzung jedes beliebigen Satzes mit dem abgekürzten L-äquivalent ist. Bei Voraussetzung dieser L-Äquivalenz müssen wir den intensionalen Isomorphismus als Synonymitätskriterium verwerfen und ein strengeres Kriterium für die Synonymität von Sätzen formulieren. Wir schlagen folgende Definition vor: Zwei Ausdrücke p und q sind genau dann im Kontext S synonym, wenn sie eine identische Struktur haben und wenn für beliebige zwei sich gegenseitig entsprechende Vorkommen P_i und Q_i von p und q gilt: Das Vorkommen von P_i im Kontext S ist L-äquivalent mit dem Vorkommen von Q_i im Kontext S. Kontexte werden dabei beliebige Ausdrücke genannt, in denen Ausdrücke der Art p und q als Bestandteile auftreten können.

Diese Definition erfaßt hinreichend die Relativität des Synonymitätskriteriums, hängt es doch von den Teilnehmern der Diskussion ab, ob die gegenseitige Ableitbarkeit der Teilausdrücke gezeigt werden kann. Mit unserer Definition haben wir den Begriff der Synonymität relativ zu Kontexten und gleichzeitig im allgemeinen Sinne bestimmt. In Anwendung auf den uns interessierenden Kontext wird diese Definition folgendermaßen aussehen: p und q sind synonym bezüglich des Argumentationsfeldes N, wenn sie miteinander L-äquivalent sind und gleichzeitig gilt: wenn in N die Aussage p A-behauptet wird, so wird in N auch q A-behauptet und umgekehrt.

In der Logik der Diskussion relativieren wir das Synonymitätskriterium auf Kontexte der A-Behauptung, da andere Kontexte in der Diskussion keine unmittelbare Bedeutung haben. Eine Aufgabe der logischen Diskussionstheorie wird speziell darin bestehen, eine Methode zur Feststellung der Synonymität von Ausdrücken der A-Behauptung zu liefern.

§ 4. Monologische und polylogische Systeme der Behauptungslogik S^{ei} und S^{vi}

Wir wollen jetzt die logischen Eigenschaften des Prädikats der A-Behauptung durch den Aufbau von logischen Kalkülen definieren. Damit legen wir Ableitungsrelationen in Diskussionsfeldern fest.

Ausdrücke der Art $A(x, p)$ lesen wir als: „x akzeptiert explizit (behauptet) p, oder x ist verpflichtet, explizit p zu akzeptieren (zu behaupten)" oder als „In dem von x angenommenen Diskussionsfeld ist der Satz p enthalten". Beim Aufbau der Systeme S^{ei} und S^{vi} müssen wir die in § 1 getroffene Feststellung beachten, daß es kein universales Feld gibt, d. h. aber zugleich, daß es keine Ableitungsrelation gibt, die in allen Feldern gültig ist. Wenn wir also neben der Ableitungsrelation über Diskussionsfeldern (die durch die klassische Logik gegeben wird) eine oder mehrere spezielle Ableitungsrelationen definieren, so müssen wir explizit ausdrücken, daß diese Ableitungsrelationen nur für bestimmte Typen von Diskussionsfeldern Gültigkeit haben. Wir werden dies durch den Aufbau einer mehrsortigen Logik der A-Behauptung realisieren, in der bestimmte Axiome (bzw. Regeln) nur für bestimmte Sorten von Behauptern (Feldern) gültig sind.

Das System S^{ei}

Grundzeichen:

1.	$p, q, r, \ldots, p^1, p^2, \ldots$	– Satzvariable;
2.1.	$x, y, z, \ldots, x^1, x^2, \ldots$	– Namenvariable für Namen von Behauptenden;
2.2.	$a^1, a^2, \ldots$	– Namenvariable von primitiv logisch Behauptenden;
2.3.	$b^1, b^2, \ldots$	– Namenvariable für widerspruchsfrei Behauptende;
2.4.	$c^1, c^2, \ldots$	– Namenvariable für schwach folgerichtig Behauptende;
2.5.	$d^1, d^2, \ldots$	– Namenvariable für streng folgerichtig Behauptende;
3.	$\sim, \vee, \wedge, \supset$	– logische Operatoren;
4.	A	– Prädikator der A-Behauptung;
5.	(,)	– Hilfszeichen.

Ausdrucksdefinition:

1. Ausdrücke des klassischen Aussagenkalküls mit den entsprechenden Operatoren sind Ausdrücke von S^{ei}.
2. Wenn H ein Ausdruck von S^{ei} ist und k ist eine Namenvariable der Arten 2.1–2.5, so ist $A(k, H)$ ein Ausdruck von S^{ei}.
3. Wenn H und G Ausdrücke von S^{ei} sind, so sind auch $\sim H$, $(H \vee G)$, $(H \wedge G)$, $(H \supset G)$ Ausdrücke von S^{ei}.
4. Nur die gemäß 1–3 aus den Grundzeichen gebildeten Zeichenreihen sind Ausdrücke in S^{ei}.

Axiome und Schlußregeln:

A_0. Alle Tautologien der klassischen Aussagenlogik sind Axiome von S^{ei}.

A_1. $A(a^i, p \supset q) \supset (A(a^i, p) \supset A(a^i, q))$

A_2. $A(a^i, p) \vee A(a^i, q) \supset A(a^i, p \vee q)$

A_3. $A(a^i, p) \wedge A(a^i, q) \supset A(a^i, p \wedge q)$

A_4. $A(a^i, p \wedge q) \supset A(a^i, p) \wedge A(a^i, q)$

A_5 $A(a^i, p) \supset A(a^i, \sim\sim p)$

A_6. $A(a^i, \sim\sim p) \supset A(a^i, p)$

A_7. $A(a^i, A(a^i, p)) \supset A(a^i, p)$

A_8. $A(a^i, p) \supset A(a^i, A(a^i, p))$

A_9. $A(b^i, p) \supset \sim A(b^i, \sim p)$.

R 1. Wenn $H \supset G$ ausschließlich aus A_0 und *RS 2* ableitbar ist (abgekürzt $\vdash_k (H \supset G)$), so folgt:
$A(c^i, H) \supset \sim A(c^i, \sim G)$.

R 2. Wenn H ausschließlich aus A_0 und *RS 2* ableitbar ist (abgekürzt $\vdash_k H$), so folgt:
$A(d^i, H)$.

RS 1. Abtrennungsregel.

RS 2. Einsetzungsregel für Ausdrücke von S^{ei} anstelle von Aussagenvariablen.

RS 3. Wenn k^i eine Namenvariable der Sorte 2.n ist $(5 \geqq n \geqq 1)$ und H ist in S^{ei} ableitbar, so ist auch der Ausdruck H in S^{ei} ableitbar, der aus H durch Einsetzung der Namenvariable k^j der Sorte 2.m $(5 \geqq m \geqq n)$ anstelle von k^i entsteht.

Das System S^{ei} definiert die Ableitungsrelationen, die in den Diskussionsfeldern bestimmter logischer Typen von Behauptenden gültig sind.

Aus A_0 und *RS 2* erhalten wir, daß für Behauptende beliebiger Art die klassisch logischen Ableitungsrelationen für Sätze über deren Behauptungen gültig bleiben. Beispielsweise ist also ableitbar:

T 1. $A(x, p) \supset (A(y, \sim p) \supset A(x, p))$ (Aus A_0 und *RS 2*),

T 2. $A(x, p) \supset A(x, p)$ (Aus A_0 und *RS 2*),

T 3. $\sim (A(x, p) \wedge \sim A(x, p))$ (Aus A_0 und *RS 2*).

Sätze über Behauptungen, die nicht wie *T 1–T 3* Einsetzungen in aussagenlogische Tautologien darstellen, sind nicht für beliebige Sorten von Behauptenden ableitbar, sondern nur für zumindest primitiv logisch Behauptende. Der primitiv logisch Behauptende wird bestimmten Elementarforderungen an das Operieren mit logischen Zeichen gerecht. Unter anderem sind für ihn folgende Theoreme ableitbar:

T 4. $A(a^i, p \vee q) \supset A(a^i, q \vee p)$ (Aus A_0, *RS 2*, A_2, *RS 1*),

T 5. $A(a^i, p \wedge q) \supset A(a^i, p \vee q)$ (Aus A_0, *RS 2*, A_4, A_2, *RS 1*),

T 6. $A(a^i, p) \wedge A(a^i, A(a^i, \sim p)) \supset A(a^i, p \wedge \sim p)$
(Aus A_0, *RS 2*, A_7, A_3, *RS 1*).

Die Axiome A_7 und A_8 zeigen, daß in S^{ei} Iterationen von Behauptungen des gleichen zumindest primitiv logisch Behauptenden der Art $A(a^i, A(a^i, \ldots, A(a^i, H) \ldots))$ mit jedem Ausdruck logisch äquivalent sind, der sich von dem gegebenen lediglich durch die Anzahl der vorkommenden Iterationen unterscheidet.

Der primitiv logisch Behauptende nimmt bestimmte Verpflichtungen bezüglich des von ihm vertretenen Diskussionsfeldes auf sich. Trotzdem erfüllt er nicht in jedem Falle die Forderung nach logischer Widerspruchsfreiheit seiner Behauptungen. Es ist also durchaus möglich, daß er einen Satz und dessen Negation behauptet. Das sollte aber in einer sinnvollen Diskussion möglichst ausgeschlossen werden. Insofern ist der widerspruchsfrei Behauptende ein geeigneterer Diskussionspartner. Für ihn gelten unter anderem folgende charakteristische Theoreme:

T 7. $\sim(A(b^i, p) \wedge A(b^i, \sim p))$ (aus A_0, *RS 2*, A_9, *RS 1*),

T 8. $\sim A(b^i, p \wedge \sim p)$ (aus A_0, *RS 2*, *T 7*, A_3, *RS 1*),

T 9. $A(b^i, \sim A(b^i, p)) \supset \sim A(b^i, p)$

Beweis *T 9*:

1. $A(b^i, p) \supset A(b^i, A(b^i, p))$ (A_8, *RS 3*),
2. $A(b^i, A(b^i, p)) \supset \sim A(b^i, \sim A(b^i, p))$ (A_9, *RS 2*),
3. $A(b^i, p) \supset \sim A(b^i, \sim A(b^i, p))$ (A_0, *RS 2*, 1, *RS 1*, 2),
4. $A(b^i, \sim A(b^i, p)) \supset \sim A(b^i, p)$ (A_0, *RS 2*, 3, *RS 1*).

Der widerspruchsfrei Behauptende akzeptiert keine expliziten Widersprüche, d. h. er behauptet keine Kontradiktionen der Form $KH \wedge JH$ (K und J fungieren hier als Abkürzungen für k bzw. j Negationszeichen und es gilt: $|k - j| = 2 \cdot n + 1$ $(n \geqq 0)$. Die Behauptung von logischen Kontradiktionen anderer Art ist für den nichtwidersprüchlich Behauptenden nicht ausgeschlossen. So ist etwa in S^{ei} nicht ableitbar $\sim A(b^i, \sim(p \vee \sim p))$. Die Behauptung von Kontradiktionen beliebiger Art ist allerdings für schwach folgerichtig Behauptende ausgeschlossen. In S^{ei} ist also folgendes Theorem gültig:

T 10. $\sim A(c^i, \sim(p \vee \sim p))$.

Beweis *T 10*:

1. $A(c^i, \sim(p\vee \sim p)) \supset \sim A(c^i, \sim(p\vee \sim p))$ (A_0, *R 1*),
2. $A(c^i, \sim(p\vee \sim p)) \supset \sim(Ac^i, \sim(p\vee \sim p)) \supset \sim A(c^i, \sim(p\vee \sim p))$ (A_0, *RS 2*),
3. $\sim A(c^i, \sim(p\vee \sim p))$ (2, 1, *RS 1*).

Allgemein gilt:

MT 11. Wenn $\vdash_k H$, so $\sim A(c^i, \sim H)$.

Beweis *MT 11*:

1. Wenn $\vdash_k H$, so $\vdash_k \sim H \supset H$ (nach A_0),
2. Wenn $\vdash_k H$, so $A(c^i, \sim H) \supset \sim A(c^i, \sim H)$ (1, *R 1*),
3. Wenn $\vdash_k H$, so $\sim A(c^i, \sim H)$ (2, A_0, *RS 1*).

Der schwach folgerichtig Behauptende ist also in gewisser Weise negativ folgerichtig: er behauptet nicht die Negationen von logischen Folgerungen aus von ihm aufgestellten Behauptungen, und er behauptet nicht die Negationen von klassisch logisch allgemeingültigen Ausdrücken. Er ist allerdings nicht positiv folgerichtig im Sinne des streng folgerichtig Behauptenden, für den gilt, daß er alle in der klassischen Logik beweisbaren Ausdrücke A-behauptet (vgl. *R 2*) und für den weiter gilt (vgl. *MT 12*), daß er alle logischen Folgen seiner Behauptungen A-behauptet:

MT 12. Wenn $\vdash_k G \supset H$ und $A(d^i, G)$, so $A(d^i, H)$.

Beweis *MT 12*:

1. Wenn $\vdash_k G \supset H$, so $A(d^i, G \supset H)$ (*R 2*),
2. Wenn $\vdash_k G \supset H$, so $A(d^i, G) \supset A(d^i, H)$ (1, A_1, *RS 3*, *RS 1*),
3. Wenn $\vdash_k G \supset H$ und $A(d^i, H)$, so $A(d^i, H)$ (2, *RS 1*).

Wir vermerken, daß die schwach oder streng folgerichtig Behauptenden folgerichtig bezüglich klassisch logischer Folgen aus ihren Behauptungen sind. Sie sind also nicht unbedingt folgerichtig bezüglich der durch das System S^{ei} definierten Ableitungsrelationen. Vom folgerichtig Behauptenden wird nicht vorausgesetzt, daß er das System S^{ei} kennt. Er ist folgerichtig bezüglich eines Fragmentes der Logik der A-Behauptung. Selbstverständlich ist auch der Aufbau von Systemen einer Logik der A-Behauptung möglich, in denen die Folgerichtigkeit der Behauptenden bezüglich des vollständigen Systems der Logik der A-Behauptung definiert wird. Derartige Systeme wurden von uns in [24, 31, 32] dargestellt.

Systeme der Logik der A-Behauptung, in denen mindestens einer der folgenden Ausdrücke (bzw. deren Negation) beweisbar ist, nennen wir intuitiv paradox:

(1) $(A(d^i, p) \supset A(d^i, q)) \supset A(d^i, p \supset q)$,

(2) $A(d^i, p\vee q) \supset A(d^i, p) \vee A(d^i, q)$,

(3) $A(d^i, p) \vee A(d^i, \sim p)$,

(4) $A(d^i, p) \supset p$,

(5) $p \supset A(d^i, p)$,

(6) $A(d^i, p)$.

Die Ausdrücke (1)–(6) sind vom System S^{ei} unabhängig (ihre Negationen ebenfalls), und in diesem Sinne nennen wir das System S^{ei} intuitiv paradoxienfrei.

Die Nichtableitbarkeit von $A(d^i, p) \vee A(d^i, \sim p)$ in S^{ei} verweist darauf, daß das System S^{ei} eine Logik dreier Möglichkeiten im Sinne A. A. Sinowjews [22] ist, d. h. neben der Behauptung eines Satzes p, der Verneinung von p (d. h. der Behauptung der Negation von p) ist als dritte Möglichkeit die Unbestimmtheit bezüglich p zugelassen; in diesem Falle wird weder p noch $\sim p$ behauptet.

Diskussionen vollziehen sich zwischen mehreren Diskussionspartnern. Mit dem System S^{ei} sind allerdings nur Situationen monologischer Behauptung ausdrückbar; es ist also in seiner Anwendung auf Diskussionen wesentlich beschränkt. Diese Beschränkung wollen wir jetzt in der Weise überwinden, daß wir das System S^{ei} zum System S^{vi} erweitern, in dem dann auch Situationen polylogischer Behauptung ausdrückbar sind.

Das System S^{vi}

Grundzeichen:

wie bei S^{ei}.

Ausdrucksdefinition:

wie bei S^{ei}, wobei in allen Formulierungen „S^{ei}“ durch „S^{vi}“ zu ersetzen ist.

Ergänzung: Wenn $k^1, \ldots, k^n$ Namenvariable für Namen von Behauptungen sind (nicht unbedingt der gleichen Sorte) und H ist ein Ausdruck von S^{vi}, so ist auch $A((k^1, \ldots, k^n), H)$ ein Ausdruck von S^{vi}. „$(k^1 \ldots, k^n)$“ wird gelesen als „$k^1, \ldots, k^n$ gemeinsam“.

Zu den Axiomen und Regeln von S^{ei} werden folgende Axiome hinzugefügt:

A_{10}. $A(x, p) \wedge A(y, p) \supset A((x, y), p)$

A_{11}. $A((x, y), p) \supset A(x, p) \wedge A(y, p)$.

Mit dem System S^{vi} kann auf rein logischem Wege die gemeinsame Diskussionsbasis der Diskussionsteilnehmer aus der Ausgangsbasis der einzelnen Teilnehmer erschlossen werden. Unter der Voraussetzung, daß die Teilnehmer nur die Sätze behaupten, die jeder Teilnehmer anerkennt bzw. anzuerkennen verpflichtet ist, kann folgendes Metatheorem bewiesen werden, das von grundlegender Bedeutung für die Theorie der Diskussion ist:

TG. Die Konjunktion der Elemente der Menge aller Sätze, die $x^1, \ldots, x^n$ gemeinsam behaupten, ist logisch gleichwertig oder logisch schwächer als die Konjunktion der Sätze, die $x^1, \ldots, x^n$ einzeln behaupten.

Dabei ist H genau dann logisch schwächer als G, wenn beweisbar ist $G \supset H$ und nicht beweisbar ist $H \supset G$. Die Sätze H und G sind genau dann gleichwertig, wenn sowohl $H \supset G$ als auch $G \supset H$ beweisbar ist.

Auf den ersten Blick könnte es scheinen, der Effekt des Systems S^{vi} sei nach Theorem *TG* rein negativ, da Folgerungen, die nach S^{vi} als gemeinsame Behauptungen mehrerer Behauptender ableitbar sind, niemals stärker sein können als die Behauptungen der einzelnen Diskussionsteilnehmer. Aber dieser Effekt wird durch folgenden Umstand kompensiert: Die aus der gemeinsamen Diskussionsbasis der Diskussionsteilnehmer ableitbaren Sätze haben gegenüber den Sätzen, die aus der Diskussionsbasis eines einzelnen Diskussionsteilnehmers ableitbar sind, einen wesentlichen Vorzug: Sie sind – bezüglich der Behauptungen aller Diskussionsteilnehmer – interpersonal akzeptiert. Wenn also auf der gemeinsamen Diskussionsbasis aller Teilnehmer beruhend die These der Diskussion ableitbar ist, so ist das Ziel der Diskussion erreicht, das darin besteht, eine einheitliche Meinung der an der Diskussion beteiligten Personen bezüglich der diskutierten These zu gewinnen.

Quellennachweise

1. Beth, E. W., The foundations of mathematica, Amsterdam 1959.
2. Carnap, R., Logische Syntax der Sprache, Wien 1934.
3. Carnap, R., Meaning and Necessity, Chicago 1956. Zitiert nach der russischen Ausgabe: Карнап, Р., Значение и необходимость, Москва 1959.
4. Chisholm, R., Perceiving: A Philosophical Study, Ithaca, New York 1957.
5. Church, A., Intensional Isomorphism and Identity of Belief, „Philosophical Studies", v. 5 (1954).
6. Drieschner, R., Untersuchungen zur dialogischen Deutung der Logik, Dissertation, Hamburg 1966.
7. Frege, G., Begriffsschrift, Halle 1879.
8. Frege, G., Function und Begriff, in: Berka/Kreiser, Logik-Texte, Berlin 1971.
9. Frege, G., Logische Untersuchungen, Göttingen 1966.
10. Geach, P. T., Assertion, „The Philosophical Review", v. 74 (1965).
11. Hintikka, J., Models for Modalities, Dordrecht 1969.
12. Hintikka, J., Knowledge and Belief. Ithaca, New York 1962.
13. Johnstone, Jr., H. W., Philosophy and Argument, University Park (Penna.) 1959.
14. Kalinowski, G., Introduction à la logique juridique, Paris 1965.
15. Lorenzen, P., Einführung in die operative Logik und Mathematik, Berlin, Göttingen, Heidelberg 1955.
16. Lorenzen, P., Metamathematik, Mannheim 1962.
17. Lorenzen, P., Formale Logik, (West-)Berlin 1967.
18. Łos, J., Logiki wielowartosciowe a formalizacja funkcij intensjonalnych, „Kwartalnik filozoficzny", v. 17 (1948).
19. Mates, B., Synonymity, In: Semantics and the Philosophy of Languages, Urbano (Ill.) 1952.
20. Pap, A., Belief and Propositions, „Philosophy of Science", v. 24 (1957).
21. Rescher, N., Topics in Philosophical Logic, New York, Dordrecht 1968.
22. Sinowjew, A. A., Komplexe Logik, Berlin 1970.
23. Зиновьев, А. А., Очерк эпистемической логики, Teorie a Metoda, VII/4 1975.

24. Stelzner, W., Eine formale Lösung epistemologischer Antinomien, „Reports on Mathematical Logic", v. 2 (1974).
25. Stelzner, W., Zur Frage der Angemessenheit von Argumenten in der Diskussion, „Rostocker philosophische Manuskripte", H. 13 (1975).
26. Toulmin, S. E., The Uses of Argument, Cambridge 1958.
27. Viehweg, T., Topik und Jurisprudenz, München 1957.
28. Weinberger, O., Rechtslogik, Wien, New York 1970.
29. Wessel, H., Eine dialogische Begründung logischer Gesetze, in: Quantoren, Modalitäten, Paradoxien, Berlin 1972.
30. Wuttich, K., Logische Explikation von Informiertheits- oder Wissensaussagen, im vorliegenden Band.
31. Штельцнер, В., Логические проблемы дискуссии. „Вопросы философии", №. 6, 1972.
32. Штельцнер, В., Об утверждении логических противоречий. In: Логика и методология научного познания, Москва 1974.

A. A. Iwin

Wahrheit und Zeit

Das Wahrheitsproblem beschäftigte immer und beschäftigt weiterhin Philosophen und Logiker. Trotzdem gibt es dabei einen sehr wichtigen Aspekt, der die Alten, insbesondere Aristoteles, lebhaft interessierte, der aber fast vollständig aus dem Gesichtskreis der modernen Forscher herausfiel. Das ist die Frage nach der Verbindung der Wahrheit mit der Zeit.

Die Aufgabe der vorliegenden Arbeit ist es, eine strenge Definition des Wahrheitsbegriffes für Aussagen über vergangene und zukünftige Ereignisse zu geben sowie die Erörterung des Wahrheitsproblems mit dem Determinismusproblem zu verbinden.

In Übereinstimmung mit der sogenannten klassischen Wahrheitsdefinition, die allen unseren weiteren Überlegungen zugrunde liegen wird, ist Wahrheit die Charakteristik der Beziehung zwischen Gedanken und Wirklichkeit. Wahr ist eine Aussage, die mit der Wirklichkeit übereinstimmt, und falsch ist eine Aussage, die mit ihr nicht übereinstimmt. Diese Definition findet sich schon bei Aristoteles. Sie ist ein abstraktes Schema, dessen Anwendung in Spezialfällen eine bestimmte Konkretisierung voraussetzt, nämlich eine Präzisierung der Bedeutung, in der im betrachteten Falle der Terminus „Übereinstimmung" verwendet wird. Die Notwendigkeit einer solchen Konkretisierung zeigt sich besonders augenfällig bei der Erörterung der Fragen nach dem Wahrheitswert von Aussagen über vergangene oder zukünftige Ereignisse, über nicht-beobachtbare oder nicht-existierende Objekte, über Übergangszustände usw. Wahrheit besteht in der Übereinstimmung eines Gedankens mit der Wirklichkeit. Aber die zukünftige Wirklichkeit existiert noch nicht, womit soll da ein Gedanke über sie verglichen werden? Sind die Aussagen „Morgen regnet es" und „In einer Million Jahren wird es zu dieser Zeit regnen" jetzt wahr? Wie wird der Wahrheitswert solcher Aussagen festgestellt, mit welchen Fragmenten des Gegenwärtigen werden sie dabei verglichen? Außerdem existiert auch das Vergangene nicht neben dem Gegenwärtigen und kann nicht unabhängig von ihm untersucht werden. Was erlaubt uns, allein aus Beobachtungen des Gegenwärtigen über den Wahrheitswert von Aussagen über vergangene Ereignisse zu urteilen? Womit werden solche Aussagen verglichen?

Auf diese Frage kann man verschieden antworten. Der von uns vorgeschlagenen Antwort liegt eine kausale Deutung der Existenz im Vergangenen und Zukünftigen zugrunde. Die sich darauf stützende Konkretisierung der klassischen Wahrheitsdefinition nennen wir dementsprechend *kausale Definition der (zeitlichen) Wahrheit.*

Wir beginnen mit der Frage, in welchem Sinne das Vergangene und das Zukünftige real sind. Bezüglich der vergangenen und zukünftigen Existenz akzeptieren wir folgende Thesen: Im Vergangenen existieren bedeutet, Folgen im Gegenwärtigen zu haben; im Zukünftigen existieren bedeutet, im Gegenwärtigen eine Ursache zu haben. Das Zukünftige ist nur in dem Maße real, in dem es durch gegenwärtige Ursachen festgelegt oder determiniert ist. Es gibt nichts, wovon man begründet sagen kann, daß es geschehen wird, wenn es nicht im Jetzt Ursachen für das Eintreten des betrachteten Ereignisses im Zukünftigen gibt. Die Behauptung „Es wird der Fall sein, daß p" ist wahr genau dann, wenn die Behauptung „Es gibt jetzt eine Ursache für das Eintreten des späteren p" wahr ist. Ein Ereignis vollzog sich im Vergangenen, wenn die Folgen seiner Existenz ins Gegenwärtige reichen. Das, was „spurlos" verging, darüber kann man nicht reden. Die Behauptung „Es war der Fall, daß p" ist wahr genau dann, wenn die Behauptung „Jetzt gibt es Folgen dessen, daß es früher der Fall war, daß p" wahr ist.

Wenn das Vergangene nur in Form seiner Wirkungen im Gegenwärtigen existiert, so läßt es sich nur anhand des Gegenwärtigen untersuchen. Die Wendung „Erkenntnis des Vergangenen" ist metaphorisch. Durch sie wird vorausgesetzt, daß neben dem Gegenwärtigen noch das Vergangene existiert und unabhängig vom ersteren eine Analyse zuläßt. Ähnlich steht es auch um die Erkenntnis des Zukünftigen. Zukünftige Ereignisse sind insofern real, als sie durch gegenwärtige Ursachen bestimmt werden. Diese Ereignisse können nur anhand ihrer existierenden Ursachen untersucht werden. Und wenn das Gegenwärtige keine erschöpfende Beschreibung zuläßt, kann eine solche Beschreibung auch weder dem Vergangenen, als dessen Wirkung das Gegenwärtige auftritt, noch dem Zukünftigen, dessen Ursache es ist, gegeben werden.

Wir setzen voraus, daß das folgende Determinismusprinzip wahr ist: Jedes Ereignis ist zu einem bestimmten Zeitmoment kausal determiniert, und einige Ereignisse sind nicht zu jeder Zeit kausal determiniert.[1]) Ihm entsprechen die beiden folgenden Behauptungen über Ursachen und Wirkungen:

1) Alles hat eine Ursache, aber es ist nicht wahr, daß die Ursachen aller Ereignisse unbegrenzt ins Vergangene reichen;
2) jedes Ereignis hat Wirkungen, aber sie können nicht unbegrenzt ins Zukünftige reichen.

Aus der ersten Behauptung ergibt sich, daß es unmöglich ist, das Zu-

[1]) Zu verschiedenen Formulierungen des Prinzips des kausalen Determinismus und ihren Folgerungen vgl. [6], [5, § 33].

künftige vollständig vorauszusagen. Die Beschreibung des Zukünftigen ist die Beschreibung der Ursachen zukünftiger Ereignisse. Weil aber die Ursachen hinreichend weit entfernter zukünftiger Ereignisse nicht bis zum Gegenwärtigen reichen können, wäre sogar eine erschöpfende Beschreibung der Gegenwart keine vollständige Charakterisierung des Zukünftigen. Aus der zweiten Behauptung ergibt sich, daß eine vollständige Beschreibung des Vergangenen unmöglich ist. Die Wirkungen entfernter vergangener Ereignisse können verlöschen und nicht bis zur Gegenwart reichen. Selbst eine maximal vollständige Beschreibung des Gegenwärtigen wäre immer eine unvollständige Charakteristik des Vergangenen, weil sie eine Beschreibung gewisser vergangener Ereignisse nicht liefern kann.

Aus dem Gesagten wird deutlich, daß man sehr wohl eine kausale Determiniertheit der einen Ereignisse durch andere akzeptieren kann, ohne zu akzeptieren, daß das Vergangene vollständig erkennbar ist.

Das Vergangene kann nur dann erschöpfend erkannt werden, wenn es Wirkungen aller vergangener Ereignisse im Gegenwärtigen gibt, daß heißt, wenn das Prinzip gilt: „Was einmal wahr ist, ist zu allen folgenden Zeiten wahr.“ Sein ursächliches Analogon ist das Prinzip: „Was einmal wahr ist, ist zu allen vorangehenden Zeiten wahr.“ Wenn man diese beiden Prinzipien akzeptiert, so ist nicht nur das Vergangene, sondern auch das Zukünftige vollständig erkennbar; im Gegenwärtigen gibt es dann Wirkungen aller vergangenen Ereignisse und Ursachen aller zukünftigen. Die Frage nach einer vollständigen Beschreibung des Vergangenen und des Zukünftigen läßt sich deshalb auf die Frage nach einer vollständigen Beschreibung des Gegenwärtigen zurückführen.

Die Behauptung einer vollständigen Erkennbarkeit des Vergangenen und einer nur teilweisen Voraussehbarkeit des Zukünftigen setzt (im Rahmen der kausalen Deutung der zeitlichen Existenz) eine nichtsymmetrische Formulierung des Prinzips des kausalen Determinismus voraus. Nehmen wir einmal an, alle Ereignisse würden in der Zeit unendlich lange wirken, während die Ursachen einiger oder vielleicht auch aller Ereignisse nur endliche Zeitabschnitte lang existieren. In diesem Fall geht in der Tat jedes vergangene Ereignis durch seine Wirkungen ins Gegenwärtige ein und kann mit beliebigem Vollständigkeitsgrad beschrieben werden. Aber die Ursache einzelner oder aller unendlich entfernter zukünftiger Ereignisse lassen sich erst im Zukünftigen formulieren. Das Fehlen dieser Ursachen im Gegenwärtigen macht eine nähere Charakteristik der betrachteten zukünftigen Ereignisse unmöglich und schließt dadurch die Möglichkeit einer vollständigen Voraussage des Zukünftigen aus. Es gibt auch solche Varianten nichtsymmetrischer deterministischer Positionen, deren Annahme es erlaubt, eine vollständige Voraussagbarkeit des Zukünftigen zu behaupten und gleichzeitig den erschöpfenden Charakter jeder Beschreibung des Vergangenen zu negieren.

Alle diese Erörterungen der Erkenntnis des Vergangenen und Zukünftigen und entsprechend der Möglichkeit zur Feststellung des Wahrheitswertes von Aussagen über vergangene und zukünftige Ereignisse stützen sich auf eine kausale Deutung der vergangenen und zukünftigen Existenz. Sie zeigen, daß eine detaillierte Analyse dieser Deutung und der auf ihr basierenden kausalen Wahrheitsdefinition aufs engste mit der Untersuchung verschiedener Versionen des Prinzips des kausalen Determinismus verknüpft ist.

Um die Definition des zeitlichen Wahrheitsbegriffes zu formulieren, führen wir folgende Bezeichnungen ein:

Der Ausdruck Rtp bedeutet „Im Zeitmoment t findet statt (realisiert sich) das Ereignis, das durch die Aussage p beschrieben ist" oder kürzer „In t findet p statt",

$Tt'Rtp$	„In t' ist wahr, daß p in t stattfindet",
$Rt'p \rightarrow Rtq$	„Das Auftreten des Ereignisses p in t' ist eine Ursache des Auftretens des Ereignisses q in t";
$Rt'p \mapsto Rtq$	„Das Auftreten von p in t' ist eine Wirkung des Auftretens von q in t";
$Rtp - Rtq$	„Die Ereignisse p und q sind gleichzeitig und das erste von ihnen bezeugt das Auftreten des zweiten";
$t'Bt$	„Der Moment t' ist früher als der Moment t",
$t'Ot$	„Die Momente t und t' sind gleichzeitig".

Außerdem verwenden wir folgende Bezeichnungen:

$\supset$ Subjunktion,
$\equiv$ Bisubjunktion (Äquivalenz),
$\wedge$ Konjunktion,
$\vee$ Adjunktion,
$\sim$ Negation,
$\forall$ Allquantor,
$\exists$ Existenzquantor.

Definition des zeitlichen Wahrheitsbegriffes:

$$D\,1.\quad Tt'Rtp =_{\mathrm{Df}} (t'Bt \wedge (\exists q)\,(Rt'q \rightarrow Rtp)) \vee$$
$$\vee\, (t'Ot \wedge (\exists q)\,(Rt'q - Rtp)) \vee$$
$$\vee\, (tBt' \wedge (\exists q)\,(Rt'q \mapsto Rtp))\,.$$

Nach dieser Definition ist zu einem beliebigen Zeitmoment t' wahr, daß in einem anderen, nicht notwendig vom ersten verschiedenen Moment t das Ereignis p stattfindet, genau dann, wenn wenigstens eine der drei folgenden Thesen gilt:

a) t' ist früher als t und es existiert ein solches Ereignis q, daß das Auftreten von q in t' eine Ursache des Auftretens von p in t ist;

b) t' und t sind gleichzeitig und in t' findet das Ereignis q statt, das das Auftreten von p in t bezeugt;

c) t ist früher als t' und es gibt ein solches Ereignis q, daß das Auftreten von q in t' eine Wirkung des Auftretens von p in t ist.

Um Folgerungen aus der Definition *D 1* zu erhalten, benötigen wir eine logische Theorie, die die Eigenschaften der Operatoren R („wird realisiert in"), B („früher"), O („gleichzeitig"), $\rightarrow$ („ist eine Ursache von"), $-$ („bezeugt gleichzeitig") und $\mapsto$ („ist eine Wirkung von") beschreibt. Wir benötigen also eine komplexe Theorie, die eine Zeitlogik und eine Logik von Kausalzusammenhängen vereinigt. Das für unsere Ziele erforderliche Fragment dieser Theorie erhält man durch Hinzufügen folgender Axiome, Schlußregeln und Definitionen mit den angegebenen Operatoren zur klassischen Prädikatenlogik:

A 1. $tBt' \supset \sim(t'Bt)$
A 2. $Rtp \equiv \sim Rt \sim p$
A 3. $Rt(p \wedge q) \equiv Rtp \wedge Rtq$
A 4. $Rtp \supset \sim(\exists q)\,((Rt'q \rightarrow Rt \sim p) \vee (Rt'q - Rt \sim p) \vee (Rt \sim p \rightarrow Rt'q))$
A 5. $(Rtp \rightarrow Rt'q) \supset tBt'$
A 6. $(Rtp - Rt'q) \supset \sim(tBt') \wedge \sim(t'Bt)$
A 7. $Rtp \wedge \sim(tBt') \wedge \sim(t'Bt) \supset Rt'p$

R 1. Extensionalitätsregel, die erlaubt, einander äquivalente Ausdrücke zu ersetzen.

Definitionen:

$$tOt' =_{\mathrm{Df}} \sim(tBt') \wedge \sim(t'Bt),$$
$$Rtp \mapsto Rt'q =_{\mathrm{Df}} Rt'q \rightarrow Rtp\,.$$

Axiom *A 1.* besagt: Wenn ein Moment früher als ein anderer ist, so ist der zweite nicht früher als der erste. Nach *A 2.* realisiert sich in einem Zeitmoment ein bestimmtes Ereignis genau dann, wenn sich in diesem Moment das entgegengesetzte Ereignis nicht realisiert. Nach *A 3.* realisiert sich in einem Moment die Konjunktion zweier Ereignisse genau dann, wenn sich in diesem Moment jedes dieser Ereignisse realisiert. Die Axiome *A 1.–A 3.* gehören zur Zeitlogik und fixieren offensichtliche Eigenschaften der zeitlogischen Operatoren.

Das Axiom *A 4.* charakterisiert die Eigenschaften des Kausalzusammenhangs und der Beziehung des gleichzeitigen Bezeugens. Es besagt: Wenn in einem Zeitmoment das Ereignis p stattfindet, so existiert kein anderes Ereignis, das Ursache, gleichzeitiger Bezeuger oder Folge des Auftretens des Ereignisses *nicht-p* in diesem Moment wäre.

Die letzten drei Axiome verbinden die Zeitlogik mit der logischen Theorie der Kausalität. Die Axiome *A 5.* und *A 6.* besagen, daß ein Kausalzusammenhang nur zwischen Ereignissen möglich ist, von denen eines früher als das andere ist, und die Beziehung des gleichzeitigen Bezeugens nur zwischen gleichzeitigen Ereignissen. Vorausgesetzt, zwei Momente sind gleichzeitig, und im ersten von ihnen realisiert sich ein Ereignis. Dann gilt nach *A 7.*, daß es auch im zweiten Moment stattfindet. Nach den getroffenen Definitionen sind zwei Momente gleichzeitig genau dann, wenn nicht gilt, daß einer von ihnen früher als der andere ist, und das Auftreten des Ereignisses p im Moment t ist eine Folge des Auftretens des Ereignisses q in t' genau dann, wenn das zweite dieser Ereignisse Ursache des ersteren ist.

Alle diese Axiome und Definitionen sind intuitiv akzeptabel, was auch aus folgenden aus ihnen ableitbaren Theoremen ersichtlich ist:

$$tBt' \supset \sim(tOt'),$$
$$tBt' \vee tOt' \vee t'Bt,$$
$$tOt' \equiv t'Ot,$$
$$\sim(Rtp \wedge Rt \sim p),$$
$$Rtp \vee Rt \sim p,$$
$$Rtp \wedge tOt' \supset Rt'p,$$
$$Rtp - Rt'q \supset tOt',$$
$$Rtp \mapsto Rt'q \supset t'Bt,$$
$$(\exists q)\,(Rtq \rightarrow Rt'p) \supset Rt'p,$$
$$(\exists q)\,(Rtq - Rt'p) \supset Rt'p,$$
$$(\exists q)\,(Rtq \mapsto Rt'p) \supset Rt'p,$$
$$Rtp \supset \sim(\exists q)\,(Rt'q \rightarrow Rt \sim p),$$
$$Rtp \supset \sim(\exists q)\,(Rt'q \mapsto Rt \sim p),$$
$$Rtp \supset \sim(\exists q)\,(Rt'q - Rt \sim p),$$
$$(\exists q)\,(Rtq \rightarrow Rt'p) \supset \sim(\exists q)\,(Rtq \rightarrow Rt' \sim p),$$
$$(\exists q)\,(Rtq - Rt'p) \supset \sim(\exists q)\,(Rtq - Rt' \sim p),$$
$$(\exists q)\,(Rtq \mapsto Rt'p) \supset \sim(\exists q)\,(Rt' \sim p \rightarrow Rtq).$$

Alle diese Theoreme werden in den weiteren Beweisen verwendet. Mit ihrer Hilfe lassen sich die Formeln

$$\sim(Tt'Rtp \wedge Tt'Rt \sim p) \quad \text{und} \quad \sim(Tt'Rtp \wedge Tt' \sim Rtp)$$

beweisen, die Analoga des Gesetzes vom ausgeschlossenen Widerspruch $\sim(p \wedge \sim p)$ sind.

Eine detaillierte Erörterung einer kombinierten Logik der Zeit und der Kausalität gehört nicht zu unserer Aufgabe. Wir beschränken uns auf jenes ihrer Fragmente, das zur Erörterung der getroffenen Definition des zeitlichen Wahrheitsbegriffes erforderlich ist.[2])

Diese Definition gibt für einen beliebig gewählten Zeitmoment t' die Wahrheitsbedingungen einer Behauptung über die Realisierung eines bestimmten Ereignisses in einem anderen Moment t an. Wenn wir als Moment t' die „Gegenwart“ (S) wählen, so erhalten wir einen Spezialfall der Wahrheits-

[2]) Zu logischen Theorien der Zeit und der Kausalität vgl. die Arbeiten [7], [9], [8, Kap. 5], [10, § 5].

definition, der die Wahrheitsbedingungen einer Behauptung angibt, die sich auf Vergangenes, Gegenwärtiges oder Zukünftiges bezieht:

$$D\,2. \quad TSRtp =_{\mathrm{Df}} (SBt \wedge (\exists q)\,(RSq \rightarrow Rtp)) \vee$$
$$\vee (SOt \wedge (\exists q)\,(RSq - Rtp)) \vee (tBS \wedge (\exists q)\,(RSq \mapsto Rtp))\ .$$

Nach *D 2* ist *jetzt* wahr, daß sich im Moment t das Ereignis p realisiert, genau dann, wenn wenigstens einer der folgenden Fälle gilt:

a) der Moment t gehört zur Zukunft, und gegenwärtig gibt es eine Ursache für das Auftreten von p in t;
b) der Moment t stimmt mit der Gegenwart überein, und es gibt jetzt einen Bezeuger der Realisierung von p;
c) der Moment t gehört zur Vergangenheit, und gegenwärtig gibt es Wirkungen des Auftretens von p in t.

Ein prinzipieller Unterschied zwischen den Definitionen *D 1* und *D 2* besteht darin, daß in der ersteren in einem beliebigen Moment von der Wahrheit einer Behauptung über ein Ereignis die Rede ist, das zu einem früheren, gleichzeitigen oder späteren Moment stattfindet. In der zweiten Definition wird ein ausgewählter Zeitmoment eingeführt – „Gegenwart" genannt – und zwischen dem Vergangenen und Zukünftigen unterschieden.

Unter Verwendung der angegebenen Axiome und Theoreme kann man die Definitionen *D 1* und *D 2* bedeutend vereinfachen, wenn man in ihnen den Hinweis auf die gegenseitige Lage des Momentes, in dem sich das betrachtete Ereignis realisiert, und jenes Moment, in dem der Wahrheitswert der Aussage über die Realisierung dieses Ereignisses bewertet wird, wegläßt. Die einfacheren Definitionen des zeitlichen Wahrheitsbegriffes haben folgende Form:

$$D\,3. \quad Tt'Rtp =_{\mathrm{Df}} (\exists q)\,(Rt'q \rightarrow Rtp) \vee (\exists q)\,(Rt'q - Rtp) \vee (\exists q)\,(Rt'q \mapsto Rtp)\,,$$
$$D\,4. \quad TSRtp =_{\mathrm{Df}} (\exists q)\,(RSq \rightarrow Rtp) \vee (\exists q)\,(TSq - Rtp) \vee (\exists q)\,(RSq \mapsto Rtp)\,.$$

Nach *D 4* ist jetzt wahr, daß das Ereignis p der Fall sein wird, ist oder war genau dann, wenn es jetzt ein Ereignis q gibt, das Ursache, gleichzeitiger Bezeuger oder Wirkung von p ist. Die Definitionen *D 1–D 4* können als Spezialfälle der folgenden sehr allgemeinen Definition angesehen werden:

$$D\,5. \quad Tt'Rtp =_{\mathrm{Df}} (\exists q)\,(Rt'q \Rightarrow Rtp)\ ,$$

„in t' ist wahr, daß p in t stattfindet genau dann, wenn ein solches Ereignis q existiert, dessen Auftreten in t' das Auftreten von p in t bezeugt". Die Beziehung des „Bezeugens", die in dieser Definition vorkommt, und die wir durch das Symbol $\Rightarrow$ darstellen, kann man verschieden deuten. Die von uns angenommene kausale Deutung basiert auf der Definition:

$$Rt'q \Rightarrow Rtp =_{\mathrm{Df}} (Rt'q \rightarrow Rtp) \vee (Rt'q - Rtp) \vee (Rt'q \mapsto Rtp)\ ,$$

„das Auftreten des Ereignisses q in t' bezeugt das Auftreten des Ereignisses p in t genau dann, wenn das erste Ereignis Ursache, gleichzeitiger Bezeuger oder Wirkung des zweiten ist". Es läßt sich leicht zeigen, daß man bei Verwendung des so definierten „Bezeugens" von der Definition *D 5* zu den Definitionen *D 1* und *D 3* und umgekehrt übergehen kann.

In allen bis jetzt angeführten Definitionen des zeitlichen Wahrheitsbegriffes kommt der Begriff des „gleichzeitigen Bezeugens" vor. Er wurde eingeführt, um das Wahrheitsproblem in möglichst allgemeiner Form zu erörtern. Als Beispiel eines „gleichzeitigen Bezeugens" für die Realisierung eines Ereignisses kann ein beliebiges mit ihm gleichzeitiges Ereignis dienen, das über sein Auftreten berichtet. Solch ein Bezeuger kann auch das uns interessierende Ereignis selbst sein. Mit anderen Worten, die unmittelbare Beobachtung eines sich vollziehenden Ereignisses ist hinreichend für die Wahrheit der Behauptung seiner Realisierung im Beobachtungsmoment.

In Erörterungen mit dem Begriff des gleichzeitigen Bezeugens benutzen wir nur die in den Axiomen *A 4* und *A 6* fixierten Eigenschaften. *A 4* besagt: Wenn sich in einem Zeitmoment ein bestimmtes Ereignis realisiert, so gibt es in diesem Moment keinen Bezeuger des Auftretens des ihm entgegengesetzten Ereignisses. Wenn man annimmt, daß sich ein logisch widersprüchliches (unmögliches) Ereignis in keinem Zeitmoment vollziehen kann, so ist es natürlich, auch anzuerkennen, daß es keinen gleichzeitigen Bezeuger des Auftretens eines solchen Ereignisses gibt. Das Axiom *A 6* fordert, daß ein Ereignis und sein gleichzeitiger Bezeuger gleichzeitig sind.

Die Definition des zeitlichen Wahrheitsbegriffes läßt sich auch ohne Verwendung des Begriffes des gleichzeitigen Bezeugens formulieren:

$$D\,6. \quad Tt'Rtp =_{\mathrm{Df}} (t'Bt \wedge (\exists q)\ (Rt'q \rightarrow Rtp)) \vee \\ \vee (t'Ot \wedge Rt'p) \vee \\ \vee (tBt' \wedge (\exists q)\ (Rt'q \mapsto Rtp))\ ,$$

„in t' ist wahr, daß sich p in t realisiert genau dann, wenn t' früher als t ist und das Auftreten des Ereignisses q in t' Ursache des Auftretens von p in t ist, oder t' und t gleichzeitig sind und p in t' stattfindet, oder t früher als t' ist und das Auftreten des Ereignisses q in t' eine Wirkung des Auftretens von p in t ist".

Mit Hilfe der angegebenen Gesetze der Zeitlogik und der Prinzipien, die sie mit der logischen Theorie der Kausalität verbinden, läßt sich der Definition *D 6* folgende einfachere Form geben:

$$D\,7. \quad Tt'Rtp =_{\mathrm{Df}} (\exists q)\ (Rt'q \rightarrow Rtp) \vee Rt'p \vee (\exists q)\ (Rt'q \mapsto Rtp)\ .$$

Spezialfälle der Definition *D 6* und *D 7* sind folgende zwei Definitionen, die eine Unterscheidung zwischen Vergangenem, Gegenwärtigem und Zukünftigem voraussetzen:

$$D\,8. \quad TSRtp =_{\mathrm{Df}} (SBt \wedge (\exists q)\ (RSq \rightarrow Rtp)) \vee (SOt \wedge RSp) \vee \\ \vee (tBS \wedge (\exists q)\ (RSq \mapsto Rtp))\ ,$$

$$D\,9. \quad TSRtp =_{\mathrm{Df}} (\exists q)\ (RSq \rightarrow Rtp) \vee RSp \vee (\exists q)\ (RSq \mapsto Rtp)\ .$$

Die letztere Definition kann man mit Worten so wiedergeben: „*Jetzt* ist wahr, daß sich p im Moment t realisiert genau dann, wenn p sich jetzt vollzieht oder es jetzt eine Ursache oder eine Wirkung des Auftretens von p in einem vom gegenwärtigen verschiedenen Zeitmoment gibt."

Zwischen den Definitionen ohne den Begriff des gleichzeitigen Bezeugens *D 6–D 9* und den Definitionen *D 1–D 4* mit diesem Begriff besteht ein einfacher Zusammenhang. Wir akzeptieren, daß für jedes stattfindende Ereignis p ein mit ihm gleichzeitiges Ereignis q existiert, das die Realisierung von p bezeugt, symbolisch:

$$(\forall p)\ (Rtp \supset (\exists q)\ (Rtq - Rtp))\ .$$

Die mit Hilfe dieser Behauptung beweisbare Bisubjunktion

$$t'Ot \wedge (\exists q)\ (Rt'q - Rtp) \equiv (t'Ot \wedge Rt'p)$$

erlaubt zu zeigen, daß die Definitionen *D 1–D 4* den Definitionen *D 6–D 9* entsprechend äquivalent sind.

Die betrachteten Varianten des zeitlichen Wahrheitsbegriffes sind nicht völlig neu. Ihnen ähnliche Definitionen wurden von vielen Autoren vorgeschlagen, und diese Ähnlichkeit besteht ungeachtet dessen, daß keiner von ihnen versuchte, seiner Definition eine strenge Formulierung mit Hilfe des Apparates der modernen Logik zu geben.

Schon Aristoteles behauptete, daß eine Aussage dann und nur dann wahr ist, wenn der durch sie beschriebene Sachverhalt entweder existiert oder, sofern er der Zukunft angehört, in seiner Existenz durch das Gegenwärtige eindeutig bestimmt ist [18, S. 77].

In dieser Behauptung wird nichts über den Wahrheitswert von Aussagen über vergangene Ereignisse gesagt und nicht präzisiert, in welchem Sinne zukünftige Ereignisse durch gegenwärtige vorausbestimmt sind. Trotzdem ähnelt sie in ihrem Inhalt der Definition *D 9*.

Die Auffassungen des Aristoteles über den Wahrheitswert von Zukunftsaussagen beeinflußten das Schaffen von J. Łukasiewicz sehr nachhaltig; sie waren eine der Quellen für die Konzeption einer mehrwertigen Logik [12, S. 233]. In seiner Rektorrede, gehalten im Herbst 1922, sagte Łukasiewicz: „Es ist im gegenwärtigen Moment der Fall, daß Jan morgen mittag zu Hause sein wird, impliziert erstens, daß es gegenwärtig einen Fakt gibt, der die Ursache des morgigen Zu-Hause-seins von Jan ist, und zweitens, daß diese zukünftige Wirkung in der Ursache ebenso eingeschlossen ist, wie eine Konklusion in ihren Prämissen enthalten ist. Die im Moment t existierende Ursache des zukünftigen Faktes, der durch die Aussage ‚p' behauptet ist, ist ein reales Korrelat der Aussage: ‚Es ist im Moment t der Fall, daß p'" [15, S. 122]. In dieser Rede gab Łukasiewicz auch ein Kriterium für die Existenz im Vergangenen an. „Auch das Vergangene dürfen wir nicht anders behandeln als das Zukünftige. Wenn vom Zukünftigen jetzt nur das real ist, was durch jetzige Ursachen bestimmt ist und Kausalketten, die im Zukünftigen beginnen, jetzt einstweilen noch zur Sphäre der Möglichkeit gehören, dann ist auch vom Vergangenen nur das jetzt real, was noch durch seine Wirkungen zum Gegenwärtigen gehört. Fakten, deren Folgen vollständig verschwunden sind, so daß sogar ein allwissender Geist sie nicht aus den Fakten des Gegenwärtigen ableiten könnte, gehören zur Sphäre der Möglichkeit. Über sie kann man nicht sagen, daß sie waren, sondern nur, daß sie *möglich* waren" [15, S. 127/128]. In diesen Erörterungen ist eine klare kausale Definition des zeitlichen Wahrheitsbegriffes enthalten, die sich von der Definition *D 9* nur durch seine Formulierung mit Hilfe von Termini der Umgangssprache unterscheidet.

Betrachten wir im weiteren eines der Probleme, deren Lösung eine strenge Definition des zeitlichen Wahrheitsbegriffes erfordert, nämlich das breit erörterte Problem des Zusammenhanges des Gesetzes vom ausgeschlossenen Dritten mit dem Prinzip des strengen Determinismus.

Die erste Formulierung des Gesetzes vom ausgeschlossenen Dritten stammt von Aristoteles. In der „Metaphysik" sagt er: „Wenn nun das, dessen Behauptung wahr ist, nichts anderes ist als das, dessen Verneinung falsch ist, so ist es unmöglich, daß alles falsch sei; denn das eine Glied eines Widerspruchs muß wahr sein. Wenn man weiterhin alles entweder behaupten oder verneinen muß, so ist es ebenso unmöglich, daß beide Glieder eines Widerspruches falsch seien; denn *eines* und *nur* eines der beiden Glieder ist falsch" [2, IV, Buch Γ, S. 101, 1012^{b8-13}]. Und an anderer Stelle: „Andererseits kann es zu einander widersprechenden Behauptungen auch kein Mittleres geben; vielmehr ist eines von einem immer entweder zu behaupten oder zu verneinen" [2, IV, Buch Γ S. 99, 1011^{b23-25}]. Von ihm wurde auch erstmals das Prinzip der Zweiwertigkeit formuliert: „Bei dem Gegenwärtigen und Vergangenen ist also notwendig die Bejahung oder Verneinung wahr oder falsch" [3, § 9, S. 9, 18^{a}].

Aristoteles definierte eine Aussage als das, was entweder wahr oder falsch ist. Jedoch im neunten Kapitel seiner Arbeit „De interpretatione" nahm er Abstand von dieser Definition, da er glaubte, daß sie nicht auf Aussagen über zukünftige Ereignisse anwendbar ist, deren Eintreten oder Nicht-Eintreten vom Willen des Menschen abhängt. Auf die Frage, ob morgen eine Seeschlacht stattfinden wird, ist die Antwort gerechtfertigt, daß sie stattfinden oder nicht stattfinden wird, aber keine dieser Voraussagen ist heute wahr oder falsch. Ähnlich steht es um die Frage, ob der bewußte Mantel zerschnitten sein wird oder nicht. Aristoteles schien es, daß die Wahrheit einer Aussage über ein zukünftiges zufälliges Ereignis die Notwendigkeit dieses Ereignisses nach sich zieht, während die Falschheit einer Aussage über ein solches Ereignis seine Unmöglichkeit zur Folge hat. Aristoteles stellte auf diese Weise eine logische Verbindung her zwischen der These, daß jedes Ereignis entweder wahr oder falsch ist, und der Vorherbestimmtheit des Zukünftigen. Da für ihn eine deterministische bzw. fatalistische Auffassung des Zukünftigen nicht akzeptabel war, hielt er es für erforderlich, die Gültigkeit der angegebenen These auf Aussagen über vergangene und gegenwärtige Ereignisse zu beschränken. Das Vergangene und Gegenwärtige ist nach seiner Überzeugung notwendig und nur das Zukünftige ist frei für eine Auswahl.[3])

Die Position des Aristoteles rief schon im Altertum erbitterten Streit hervor. Eine sehr hohe Wertschätzung maß ihr Epikur bei, der – wie es scheint – von allen Zukunftsaussagen behauptete, daß sie weder wahr noch falsch sind und kategorisch die Anwendbarkeit des Gesetzes vom ausgeschlossenen Dritten auf sie bestritt. Demgegenüber negierten die Stoiker (und vor allem Chrysippos), die folgerichtige Deterministen waren, die durch Aristoteles eingeführte Begrenzung und hielten das Prinzip der Zweiwertigkeit für eine der grundlegenden Thesen ihrer Dialektik. Weder Epikur noch die Stoiker zweifelten an der Richtigkeit der Argumentation des Aristoteles, die zur Behauptung der Vorherbestimmtheit des Zukünftigen führt, und richteten ihre Anstrengungen nur auf eine Begründung oder Widerlegung der grundlegenden Prämisse dieser Argumentation. Sie ist nach Epikur das Gesetz vom ausgeschlossenen Dritten, nach den Stoikern das Prinzip der Zweiwertigkeit.[4]) Aristoteles selbst unterschied nicht klar zwischen diesen beiden Thesen.

Bis heute verstummte der Streit über die Aristotelische Beschränkung des Gesetzes vom ausgeschlossenen Dritten auf vergangene und gegenwärtige Ereignisse nicht. Manchmal wird gesagt, daß diese Beschränkung große Bedeutung für die moderne Logik hat [13, S. 44] und daß in ihr sowohl der Keim der Begrenzung des Determinismus als auch der Keim der mehrwertigen Logik enthalten ist [11, S. 380]. Häufiger wird jedoch behauptet,

[3]) „Das Vergangene aber kann unmöglich nicht geschehen sein" [4, S. 124, Buch VI, Abschn. 2, 1139^{a}]. „Daß nun das Seiende ist, wann es ist, und das Nichtseiende nicht ist, wann es nicht ist, ist notwendig" [3, S. 12, Kapitel 9, 19^{b}].

[4]) Dazu schrieb Cicero folgendes: „Wenn mich hier zum ersten Mal die Lust ankäme, es mit Epikur zu halten und zu leugnen, daß jedes Urteil entweder wahr oder falsch sei, dann möchte ich lieber diesen Schlag hinnehmen als zugeben, daß alles durch das Fatum geschehe: Denn über erstere Meinung kann man noch disputieren, letztere aber ist einfach untragbar. Das ist auch der Grund, weshalb Chrysipp mit aller Macht dahin zielt, überzeugend nachzuweisen, daß jedes ‚Axioma' nur entweder wahr oder falsch sein könne. Wie nämlich Epikur fürchtet, er müsse, wenn er diesen Satz vom ausgeschlossenen Dritten zugestehe, auch zugeben, daß alles, was geschieht, auf Grund des Fatums geschieht (wenn nämlich eins von beiden von Ewigkeit her wahr sei, so sei dies auch gewiß; und wenn es gewiß sei, so sei es auch notwendig: und so glaubt er, daß damit sowohl die Zwangsläufigkeit des Geschehens als auch das Fatum bestätigt werde), so fürchtet Chrysipp, wenn er die Behauptung, daß jedes Urteil nur entweder wahr oder falsch sei, nicht halten könne, könne er auch nicht aufrechterhalten, daß alles Geschehen sich auf Grund des Fatums und ewiger, die Zukunft bestimmender Ursachen vollziehe" [14, S. 45, Abschnitt 21].

daß Aristoteles sich irrte, als er das Gesetz vom ausgeschlossenen Dritten mit dem Prinzip des strengen Determinismus verband und hieraus die Notwendigkeit der Begrenzung des Ersteren ableitete. Charakteristisch in dieser Hinsicht ist die Kritik, die von M. Schlick in dem Artikel „Die Kausalität in der modernen Physik" an der Aristotelischen Begrenzung geübt wurde. Schlick identifiziert Determiniertheit mit Voraussagbarkeit oder Vorausberechenbarkeit und meint, daß dies hinreichend ist, „um ein berühmtes, für die Kausalfrage wichtiges Paradoxon aufzulösen, dem schon Aristoteles zum Opfer gefallen ist und das noch gegenwärtig Verwirrung stiftet. Es ist das Paradoxon des sogenannten logischen Determinismus. Seine Behauptung ist, daß die Sätze des Widerspruchs und des ausgeschlossenen Dritten für Aussagen über zukünftige Tatbestände nicht gelten würden, wenn der Determinismus nicht bestände. In der Tat, so argumentierte schon Aristoteles, wenn der Indeterminismus recht hat, wenn also die Zukunft nicht schon jetzt festliegt – *bestimmt* ist –, so scheint es, daß der Satz ,das Ereignis E wird übermorgen stattfinden' heute weder wahr noch falsch sein könnte. Denn wäre er z. B. wahr, so *müßte* das Ereignis ja stattfinden, es läge jetzt schon fest, entgegen der indeterministischen Voraussetzung. Auch heutzutage wird dies Argument zuweilen für zwingend gehalten, ja zur Basis einer neuartigen Logik gemacht . . .[5]). Dennoch muß hier natürlich ein Irrtum vorliegen, denn die logischen Sätze, die ja nur Regeln unserer Symbolik sind, können in ihrer Gültigkeit nicht davon abhängen, ob es eine Kausalität in der Welt gibt; jedem Satz muß Wahrheit oder Falschheit als zeitlose Eigenschaft zukommen. Die richtige Interpretation des Determinismus hebt die Schwierigkeit sofort und läßt den logischen Prinzipien ihre Geltung. Die Aussage ,das Ereignis E trifft an dem und dem Tage ein' ist zeitlos – also auch schon jetzt entweder wahr oder falsch, und nur eins von beiden, ganz unabhängig davon, ob in der Welt der Determinismus oder der Indeterminismus besteht. Der letztere behauptet nämlich keineswegs, daß der Satz über das zukünftige E nicht schon heute eindeutig wahr oder falsch sei, sondern nur, daß die Wahrheit oder Falschheit jenes Satzes sich aus Sätzen über gegenwärtige Ereignisse nicht *berechnen* lasse. Dies hat dann zur Folge, daß wir nicht *wissen* können, ob der Satz wahr ist, bevor der entsprechende Zeitpunkt vorbei ist – aber mit seinem Wahrsein oder mit den logischen Grundsätzen hat das nicht das geringste zu tun" [17, S. 158/159].

Die Kritik von Schlick an Aristoteles gründet sich, wie H. Scholz [18, S. 76] richtig hervorhebt, nicht auf die von ihm gegebene neue Interpretation der Determiniertheit, sondern auf seine Deutung der Gesetze der Logik als Regeln der Symbolik. Wenn diese Gesetze Vereinbarungen sind, die die Verwendung der Symbole betreffen und nach unserem Ermessen geändert werden können,

[5]) Schlick meint hier J. Łukasiewicz und seine mehrwertige Logik.

wie können dann aus ihnen empirische Behauptungen von der Art des Determinismusprinzips folgen? Die Gesetze der Logik sagen nichts über die Wirklichkeit, und aus ihnen kann man nicht eine These ableiten, die keine Tautologie wäre. Den Hinweis auf diesen Umstand hält Schlick für völlig hinreichend zur Lösung des Paradoxons des „logischen Determinismus".

Obgleich diese Lösung auf den ersten Blick überzeugend zu sein scheint, läßt sie vieles unklar. Vor allem: ließ denn Aristoteles tatsächlich in seiner Argumentation einen logischen Fehler zu, der weder von Epikur noch von Chrysippos noch von vielen folgenden Philosophen und Logikern bemerkt wurde? Welche Behauptungen waren die Prämissen der Aristotelischen Argumentation, und sind dazu das Gesetz vom ausgeschlossenen Dritten oder das Prinzip der Zweiwertigkeit überhaupt erforderlich? Wie deutete Aristoteles den Ausdruck „Es ist jetzt wahr, daß sich im Zukünftigen ein bestimmtes Ereignis vollzieht"? Schlick umgeht all diese Fragen, und seine Kritik läßt sich im wesentlichen auf die Behauptung zurückführen, daß aus logischen Wahrheiten empirische Wahrheiten nicht folgen.

Eine eigenständige Position nahm in dieser Frage Łukasiewicz ein. Nach seiner Meinung glaubte Aristoteles, daß der Determinismus eine unausweichliche Folge des Zweiwertigkeitsprinzips ist, und diese Konsequenz wollte er nicht akzeptieren. Er war darum gezwungen, das Zweiwertigkeitsprinzip zu begrenzen. Dies tat er allerdings nicht entschieden genug, und seine Ausdrucksweise ist nicht immer völlig klar [16, S. 176]. Nach Aristoteles ist, obgleich die Alternative „Morgen wird eine Seeschlacht stattfinden oder morgen wird keine Seeschlacht stattfinden" schon heute wahr und notwendig ist, heute weder wahr, daß morgen eine Seeschlacht stattfinden wird, noch wahr, daß morgen keine Seeschlacht stattfinden wird. Die letzten beiden Aussagen betreffen zukünftige, zufällige Ereignisse, und als solche sind sie heute weder wahr noch falsch. „Wenn Aristoteles auf diese Weise argumentierte, untergräbt er nicht so sehr das Prinzip vom ausgeschlossenen Dritten als vielmehr eines der tiefsten Prinzipien unserer Logik, das von ihm selbst erstmals formuliert wurde, nämlich das Prinzip, daß *jede Aussage entweder wahr oder falsch ist*. ... Dieses Prinzip kann gerade deshalb nicht bewiesen werden, weil es der Logik zugrunde liegt. Daran kann man nur glauben, und daran glaubt der, dem es evident ist. Mir persönlich scheint es nicht so zu sein. Darum brauche ich dieses Prinzip nicht zu akzeptieren und kann zulassen, daß es neben der Wahrheit und der Falschheit auch andere logische Werte gibt, wenigstens noch einen dritten logischen Wert" [15, S. 126].

Łukasiewicz bemerkte darüber hinaus, daß die Alternative „in t vollzieht sich ein bestimmtes Ereignis, oder in t vollzieht sich dieses Ereignis nicht" aus zwei einander widersprechenden Aussagen zusammengesetzt und auf Grund des Gesetzes vom ausgeschlossenen Dritten wahr ist. Dagegen braucht die Alternative „in t' ist wahr, daß sich in t ein bestimmtes Ereignis vollzieht, oder in t' ist wahr, daß sich in t dieses Ereignis nicht vollzieht" nicht wahr zu sein, weil die hier vorkommenden Aussagen nicht wechselseitige Negationen sind. Diese zweite Alternative ergibt sich nicht mit Hilfe eines logischen Prinzips aus dem Gesetz vom ausgeschlossenen Dritten, sondern auf der Grundlage rein intuitiver Überlegungen. Solche Überlegungen können uns immer irreführen, und es scheint, daß sie im vorliegenden Fall tatsächlich zu einem Fehler führen [15, S. 124].

Damit beenden wir die Gegenüberstellung der Meinungen bezüglich der Argumentation des Aristoteles, die zum strengen Determinismus führt, und wenden uns unmittelbar der Analyse dieser Argumentation auf der Basis des oben eingeführten formalen Apparates zu.

Unter dem Prinzip des strengen Determinismus verstehen wir die Behauptung, daß jedes Ereignis, wann es auch stattfindet, in jedem Zeitmoment kausal determiniert ist. Dieses Verständnis stimmt gut mit der historischen Tradition überein. Wenn man die eingeführte Symbolik benutzt, kann man diesem Prinzip folgende Formulierung geben:

$$(\forall p)\,(\forall t)\,(\forall t')\,(Rtp \supset Tt'Rtp)\,.$$

Eine andere symbolische Formulierung ist:

$$(\forall p)\,(\forall t)\,(\forall t')\,(Rtp \supset (\exists q)\,((Rt'q \rightarrow Rtp) \vee (Rt'q - Rtp) \vee (Rt'q \mapsto Rtp)))\,.$$

Das Prinzip des strengen Determinismus ist (auf der Basis der oben angeführten Theoreme) der Konjunktion folgender Thesen äquivalent:

$$Rtp \wedge t'Bt \supset (\exists q)\,(Rt'q \rightarrow Rtp)\,,$$
$$Rtp \wedge t'Ot \supset (\exists q)\,(Rt'q - Rtp)\,,$$
$$Rtp \wedge tBt' \supset (\exists q)\,(Rt'q \mapsto Rtp)\,.$$

Die erste von ihnen kann *Prinzip des ursächlichen Determinismus* genannt werden. Sie besagt: zu jedem Ereignis p, in welchem Moment es auch stattfindet, gibt es in jedem ihm vorausgehenden Moment ein Ereignis q, dessen Realisierung die Ursache des Eintretens von p ist. Oder kürzer: die Ursachen aller Ereignisse reichen unbegrenzt ins Vergangene. (Unter dem „Vergangenen" wird hier jede Zeit verstanden, die dem betrachteten Ereignis vorausgeht.) In Übereinstimmung mit der dritten These, die *Prinzip des Wirkungs-Determinismus* genannt werden kann, existieren die Wirkungen jedes Ereignisses in jedem wie weit auch immer entfernten Moment des Zukünftigen.

Spezialfälle des Prinzips des strengen Determinismus sind die Behauptungen:

(*) $\quad (\forall p)\,(\forall t)\,(Rtp \supset (\exists q)\,(RSq \rightarrow Rtp) \vee (RSq - Rtp) \vee (RSq \mapsto Rtp)))\,,$

„für jedes Ereignis p und jeden Moment t gilt: wenn p in t stattfindet, so gibt es gegenwärtig ein Ereignis q, das Ursache, Wirkung oder gleichzeitiger Bezeuger des Auftretens von p in t ist";

(1*) $\quad Rtp \wedge SBt \supset (\exists q)\,(RSq \rightarrow Rtp)\,,$

„gegenwärtig gibt es eine Ursache für jedes zukünftige Ereignis";

(2*) $Rtp \wedge SOt \supset (\exists q)\,(RSq - Rtp)$,

(3*) $Rtp \wedge tBS \supset (\exists q)\,(RSq \mapsto Rtp)$,

„die Wirkungen aller vergangenen Ereignisse reichen bis in die Gegenwart".

Die Formel (*) ist der Konjunktion der Formeln 1*–3* äquivalent.

Unter dem *kausalen Analogon* des Gesetzes vom ausgeschlossenen Dritten verstehen wir die These

$$(\forall p)\,(\forall t)\,(\forall t')\,(Tt'Rtp \vee Tt'Rt \sim p)\ ,$$

oder in einfacherer, aber äquivalenter Form

$$Tt'Rtp \vee Tt'Rt \sim p\ .$$

Ein Spezialfall dieser These ist die Formel

(⁑) $TSRtp \vee TSRt \sim p$,

„es ist jetzt wahr, daß sich in einem beliebig gewählten Moment *p* realisiert oder es ist jetzt wahr, daß sich in diesem Moment *nicht-p* realisiert". Diese Formel ist der Konjunktion der folgenden drei Behauptungen, die das Zukünftige, das Gegenwärtige und das Vergangene betreffen, äquivalent:

(1⁑) $SBt \supset TSRtp \vee TSRt \sim p$,

„es ist jetzt wahr, daß in einem beliebig gewählten Moment des Zukünftigen das Ereignis *p* stattfindet, oder es ist jetzt wahr, daß in diesem Moment *nicht-p* stattfindet";

(2⁑) $SOt \supset TSRtp \vee TSRt \sim p$,

(3⁑) $tBS \supset TSRtp \vee TSRt \sim p$,

„es ist jetzt wahr, daß in einem beliebigen Moment des Vergangenen ein bestimmtes Ereignis der Fall war oder es ist jetzt wahr, daß in diesem Moment das ihm entgegengesetzte Ereignis der Fall war".

Unter Verwendung der Axiome und Theoreme der kombinierten Logik der Zeit und der Kausalität läßt sich beweisen, daß das Prinzip des strengen Determinismus dem kausalen Analogon des Gesetzes vom ausgeschlossenen Dritten äquivalent ist. Man kann darüber hinaus zeigen, daß die Formel (*) der Formel (⁑) äquivalent ist und daß die Formeln 1*–3* den Formeln 1⁑–3⁑ entsprechend äquivalent sind.[6])

Auf diese Weise existiert ein logischer Zusammenhang zwischen dem Prinzip des strengen Determinismus (und seinen Folgerung, die das Vergangene, Gegenwärtige und Zukünftige betreffen) und dem kausalen Analogon des Gesetzes vom ausgeschlossenenen Dritten (und seinen Folgerungen, die sich auf das Vergangene, Gegenwärtige und Zukünftige beziehen).

Dieses Resultat erlaubt, die Argumentation des Aristoteles, die das Prinzip

[6]) Die umfangreichen Beweise dieser Behauptung führen wir hier nicht an.

des strengen Determinismus mit dem Gesetz vom ausgeschlossenen Dritten verband, auf neue Art zu betrachten. Aristoteles zweifelte nicht an der Notwendigkeit des Vergangenen und Gegenwärtigen und an der Anwendbarkeit der These „Es ist jetzt wahr, daß ein bestimmtes Ereignis der Fall war (stattfindet), oder es ist jetzt wahr, daß das ihm entgegengesetzte Ereignis der Fall war (stattfindet)" auf das Vergangene und das Gegenwärtige. Seine Unentschlossenheit betraf nur die Frage nach zukünftigen Ereignissen. Er zeigte, daß aus dem Prinzip 1^*_* das Prinzip 1^* folgt. Da er es nicht für möglich hielt, das letztere zu akzeptieren, lehnte er auch das erstere ab. Man kann darum sagen, daß die Argumentation des Aristoteles, der die Existenz von Ursachen für alle zukünftigen Ereignisse im Gegenwärtigen nicht akzeptierte und auf dieser Basis das Prinzip 1^*_* ablehnte, völlig korrekt war. Sie basierte auf einem etwas unüblichen kausalen Verständnis des zeitlichen Wahrheitsbegriffes. Dies war auch die Quelle der späteren Fehldeutungen.

Das kausale Analogon des Gesetzes vom ausgeschlossenen Dritten ist weder das Gesetz vom ausgeschlossenen Dritten, noch das Prinzip der Zweiwertigkeit. Die Formel

$$Tt'Rtp \vee Tt'Rt \sim p$$

ist der Formel

$$(\exists q)\,((Rt'q \rightarrow Rtp) \vee (Rt'q \rightarrow Rt \sim p)) \vee (\exists q)\,((Rt'q - Rtp) \vee \\ \vee (Rt'q - Rt \sim p)) \vee \\ \vee (\exists q)\,((Rt'q \mapsto Rtp) \vee (Rt'q \mapsto Rt \sim p))$$

äquivalent. Die letztere behauptet, daß für jedes Ereignis, in welchem Zeitmoment es auch stattfindet, gilt: daß es immer eine Ursache, einen gleichzeitigen Bezeuger oder eine Wirkung der Realisierung entweder dieses Ereignisses oder des ihm widersprechenden Ereignisses in diesem Moment gibt. Es ist offensichtlich, daß diese Behauptung, die äußerlich an das Gesetz vom ausgeschlossenen Dritten oder an das Prinzip der Zweiwertigkeit erinnert, eine empirische Wahrheit ist, die weder mit der These, daß von zwei sich widersprechenden Aussagen eine wahr ist, noch mit der These, daß jede Aussage entweder wahr oder falsch ist, logisch zusammenhängt. Es wäre deshalb falsch, zu erklären, daß das Prinzip des strengen Determinismus aus dem Gesetz vom ausgeschlossenen Dritten oder aus dem Zweiwertigkeitsprinzip folgt.

Übersetzt von W. Wolff

Quellennachweise

1. Aristoteles, Erste Analytik, in: Aristoteles, „Philosophische Werke", Bd. III, „Organon"; hrsg. von E. Rolfes, Leipzig o. J.
Zweite Analytik, in: ebd.

2. Aristoteles, Metaphysik, hrsg. von F. Bassenge, Berlin 1960.
3. Aristoteles, Perihermenias, in: Aristoteles, „Philosophische Werke", Bd. III, „Organon"; hrsg. von E. Rolfes, Leipzig o. J.
4. Aristoteles, Nikomachische Ethik, hrsg. von F. Dirlmeier, Berlin 1966.
5. Зиновьев, А. А., Логическая физика, Москва 1972.
6. Ивин, А. А., О логическом анализе принципов детерминизма, Вопросы философии, 10/1969.
7. Ивин, А. А., Логика времени, in: Неклассическая логика, Москва 1970.
8. Ивин, А. А., Основания логики оценок, Москва 1970.
9. Ивин, А. А., Аксиоматические теории времени, in: Логика и эмпирическое познание, Москва 1972.
10. Ивин, А. А., Модальная логика и теория импликации, in: Теория логического вывода, Москва 1973.
11. Котарбиньский, Т., Лекции по истории логики, in: Избранные произведения, Москва 1963.
12. Лукасевич, Я., Аристотелевская силлогистика с точки зрения современной формальной логики, Москва 1959.
13. Стяжкин, Н. М., Формирование математической логики, Москва 1967.
14. Cicero, Marcus Tullius, De Fato, über das Fatum, lat. und dt. Hrsg. v. Karl Bayer, München 1963.
15. Łukasiewicz, J., On Determinism, in: Selected Works, Warszawa, Amsterdam, London 1970.
16. Łukasiewicz, J., Philosophical Remarks on Many-Valued Systems of Propositional Logic, in: Selected Works, a. a. O.
17. Schlick, M.: Die Kausalität in der gegenwärtigen Physik, in: Die Naturwissenschaften, Bd. 19 (1931), Heft 7.
18. Scholz, H., Abriss der Geschichte der Logik, Freiburg/München [2]1959.

Wolf Kummer

Statistische Wahrscheinlichkeit und logische Hypothesenwahrscheinlichkeit

Die vorliegende Arbeit verfolgt zwei Ziele. Erstens wird das Problem einer adäquaten Definition des Begriffs der statistischen Wahrscheinlichkeit erörtert (§§ 1.–6.). Zweitens wird nachzuweisen versucht, daß ein logisch-mathematisches Verfahren zur Festlegung von Hypothesenwahrscheinlichkeiten durch Aussagen über statistische Wahrscheinlichkeiten gerechtfertigt werden muß, wenn es nicht willkürlich sein soll.

§ 1. Versuchsschemata und Versuche

Für eine beliebige Aussage X verstehen wir nach [37, S. 70] unter dem Zeichen $\downarrow X$ den Terminus „der Sachverhalt, daß X" oder „die Tatsache, daß X". Gegenstände, die durch einen solchen Terminus bezeichnet werden, nennen wir *Ereignisse* [37, S. 244]. Ist insbesondere $\downarrow X$ ein individueller Terminus [37, S. 47], so heißt das mit ihm bezeichnete Ereignis *individuelles Ereignis.* Wir werden zur Abkürzung auch vom „Ereignis X" sprechen und meinen damit einen Gegenstand, der durch X bezeichnet wird. Ein Terminus t_1 *schließt der Bedeutung nach* den Terminus t_2 *ein* genau dann, wenn alle Gegenstände, die mit dem Terminus t_1 bezeichnet werden, auch mit dem Terminus t_2 bezeichnet werden [38, S. 376]. In diesem Falle sagen wir auch t_1 sei aus dem Bedeutungsbereich von t_2. Sind X und Y zwei Aussagen, so schließt der Terminus $\downarrow X$ der Bedeutung nach den Terminus $\downarrow Y$ ein genau dann, wenn jedes durch $\downarrow X$ bezeichnete Ereignis auch durch $\downarrow Y$ bezeichnet wird. Unter einer *Realisierung* des Ereignisses x (der Aussage X) verstehen wir ein individuelles Ereignis e aus dem Bedeutungsbereich von x. e ist ein einmaliges Ereignis, das den in X ausgesagten Sachverhalt erfüllt. Unter der *Auswahl einer Realisierung e von X* verstehen wir die Feststellung der Existenz des Ereignisses e durch einen Beobachter. Dabei kann man zwei Arten von Auswahlen unterscheiden: 1. Das Ereignis e existiert vor der Auswahl von e und unabhängig von ihr. 2. Die Entstehung von e ist unmittelbar verbunden mit der Auswahl von e. Sind e_1 und e_2 Resultate verschiedener Auswahlen, so sollen auch e_1 und e_2 verschieden sein.

Für gewisse gegebene Aussagen A und B kann man *Versuche* $(B; A; E)$

nach dem folgenden *Versuchsschema* $(B; A)$ durchführen: Es wird eine beliebige Realisierung e der Aussage B ausgewählt, und danach wird geprüft, ob e auch eine Realisierung der Aussage A ist. Führt man zu einem Versuchsschema $(B; A)$ mehrere Versuche durch, so erhält man eine Serie $e_1, e_2, e_3, \ldots$ von Realisierungen von B (und eine entsprechende Serie von Aussagen $E_1, E_2, \ldots$), die daraufhin geprüft werden, ob sie Realisierungen von A sind. Jeder Versuch $(B; A; E_n)$ $(n=1, 2, \ldots)$ habe zwei mögliche Ergebnisse: „e_n ist eine Realisierung von A" und „e_n ist keine Realisierung von A". Für eine Aussage X sei X_n eine Abkürzung für die Aussage „e_n ist eine Realisietung von X". Mit $[X]$ bezeichnen wir den Wahrheitswert einer Aussage X und setzen $[X]=1$, wenn X wahr, und $[X]=0$, wenn X falsch ist. Es sei $[A_n]=\alpha_n$, wobei α_n in Abhängigkeit von n einer der Werte 0 und 1 ist. In jeder Serie $e_1, e_2, e_3, \ldots$ erhalten wir eine 0-1-Folge $\alpha_1, \alpha_2, \alpha_3, \ldots$, deren Glieder die Versuchsergebnisse repräsentieren. Der Wert α_n ist durch B, A und E_n eindeutig bestimmt. Wir setzen voraus, daß stets entschieden werden kann, ob ein Versuch zum Schema $(B; A)$ gehört oder nicht, d. h., ob ein Versuch *gültig* ist oder nicht. Im Falle $[A_n]=1$ sprechen wir vom *Eintreten des Ereignisses A im n-ten Versuch,* im Falle $[A_n]=0$ vom Eintreten des Ereignisses $\sim A$ im n-ten Versuch („$\sim$" ist das Zeichen der aussagenlogischen klassischen Negation). Das Schema $(B; A)$ heißt *statistisches Versuchsschema* genau dann, wenn das Ereignis e_n für jedes n vor und unabhängig von seiner Auswahl existiert; $(B; A)$ heißt *probabilistisches Versuchsschema* genau dann, wenn die Entstehung von e_n für jedes n unmittelbar mit seiner Auswahl verbunden ist.

Die Auswahl von e_n kann ganz beliebig vorgenommen werden. Es wird nicht vorausgesetzt, etwa daß sie zufällig sei, daß sie willkürlich, aufs Geratewohl, nach einem bestimmten Versuchsplan erfolge usw.

In bezug auf die prinzipiell mögliche Länge N der Versuchsserie unterscheiden wir vier Arten von Versuchsschemata:

1) Unmögliche Versuchsschemata $(N=0)$. Es ist kein Versuch zum Schema $(B; A)$ durchführbar. Diesen Fall werden wir außer acht lassen, da die Zuordnung eines Wahrscheinlichkeitswertes hier keinen Sinn hat.
2) Individuelle Versuchsschemata $(N=1)$. Es ist genau ein Versuch zum Schema $(B; A)$ durchführbar. Es ist genau ein individuelles Ereignis e möglich, welches Realisierung von B und entweder Realisierung von A oder von $\sim A$ ist. In diesem Falle sind B und A beide universale Aussagen [37, S. 79/80].
3) Endliche Versuchsschemata $(N>1$, endlich). Es sind genau N Versuche $(N>1)$ durchführbar.

Beispiel 1:

Mit $k_1, \ldots, k_n$ mögen n rote und mit $k_{n+1}, \ldots, k_{n+m}$ m weiße Kugeln bezeichnet werden. Genau diese Kugeln mögen sich in einer Urne U befinden.

B : Die Kugel befindet sich in U.[1])
A: Die Kugel ist rot.
E_i: Die Kugel ist k_{n_i}, k_{n_i} befindet sich in U und k_{n_i} ist rot (bzw. weiß, in Abhängigkeit von i).[2]) ($i = 1, 2, \ldots, n+m$).

Offenbar ist $N = n + m$. Die Auswahl von e_i erfolgt durch Ziehen und Beobachten einer Kugel aus U. Nach Definition des Terminus „Auswahl" darf ein und dieselbe Kugel nicht mehrmals gezogen werden, d. h. es liegt der Fall des „Ziehens einer Kugel aus einer Urne ohne Zurücklegen" vor. $(B; A)$ ist hier ein statistisches Versuchsschema, da e_i vor seiner Auswahl existiert. Dieses Beispiel ist repräsentativ für alle endlichen statistischen Schemata.

4) Unendliche Versuchsschemata (N strebt gegen unendlich). Die mögliche Anzahl der Versuche ist nicht prinzipiell beschränkt.

Beispiel 2:

B: Die Kugel wird aus der n rote und m weiße Kugeln enthaltenden Urne U gezogen.
A: Die Kugel ist rot.
E_i: Zum Zeitpunkt t_i wird die Kugel k_i aus U gezogen und k_i ist rot (bzw. weiß, in Abhängigkeit von i).

Die Auswahl von e_i erfolgt durch Auswahl eines Zeitpunktes t_i, bis zu welchem genau $i-1$ Versuche durchgeführt werden, und dem Ziehen einer Kugel k_i zu diesem Zeitpunkt. Aus B geht hervor, daß hier „Ziehen mit Zurücklegen" vorliegt. Das Versuchsschema ist hier probabilistisch.

Versuchsschemata, wie sie bisher betrachtet wurden, nennen wir einfache Versuchsschemata, im Unterschied zu allgemeinen Versuchsschemata, in welchen nicht notwendig nur die beiden Versuchsergebnisse A und $\sim A$ betrachtet werden. Letztere stellen wir in der Form $(B; A^i\ (i \in I))$ dar. I ist dabei eine Indexmenge; für jedes $i \in I$ ist A^i ein mögliches Versuchsergebnis, und die Menge der A^i genügt folgenden Bedingungen:

$t \supset \bigvee_{i \in I} A^i$ und $i \neq j \supset (A^i \wedge A^j \supset f)$. ($\wedge$, $\vee$, $\supset$, sind die Zeichen der Konjunktion, Adjunktion und Subjunktion; t bzw. f Zeichen für tautologische bzw. kontradiktorische Aussagen; $\bigvee_{i \in I} A^i$ ist wahr genau dann, wenn mindestens ein A^i wahr ist). Im speziellen Fall eines einfachen Versuchsschemas $(B; A; \sim A)$ schreiben wir wie bisher $(B; A)$.

Beispiel 3:

Mit W werde ein bestimmter Spielwürfel bezeichnet.

[1]) Wir vereinbaren (vgl. [37]; S. 80): Hängt der Wahrheitswert der Aussagen B, A und E_i eines Versuchs von einem Terminus t ab (in unserem Falle von dem Terminus „Kugel"), so werden die Wahrheitswerte dieser Aussagen jedesmal in Gegenüberstellung mit ein- und demselben Gegenstand, der mit t bezeichnet wird, festgestellt. Mit dem Terminus „Kugel" ist also in den Aussagen B, A und E_i im Versuch $(B; A; E_i)$ dieselbe Kugel gemeint.

[2]) Dabei ist $(n_1, n_2, \ldots, n_{n+m})$ eine Permutation von $(1, 2, \ldots, n+m)$.

B: Der Spielwürfel W wird so von einem Spieler geworfen, daß er auf einer horizontalen Ebene zu liegen kommt und daß er sich zwischen dem Zeitpunkt der letzten Berührung durch den Spieler und dem Zeitpunkt, in welchem er zur Ruhe kommt, mindestens drei mal um eine gedachte Achse gedreht hat.

A: W kommt nach dem Wurf mit der Seite „6" nach oben zu liegen.[3])

E_i: Zum Zeitpunkt t_i wird der Würfel W so geworfen, daß er auf einer horizontalen Ebene zu liegen kommt und daß er sich zwischen dem Zeitpunkt der letzten Berührung durch den Spieler und dem Zeitpunkt, in dem er zur Ruhe kommt, mindestens dreimal um eine gedachte Achse gedreht hat, und W kommt mit der Seite „6" (bzw. mit einer anderen Seite, in Abhängigkeit von i) nach oben zu liegen. Die Auswahl von e_i erfolgt durch Wahl eines Zeitpunktes t_i, bis zu welchem genau $i-1$ Würfe durchgeführt wurden, und Werfen des Würfels zur Zeit t_i. Auch hier liegt ein probabilistischer Fall vor. Man kann das Würfeln übrigens auch statistisch auffassen, indem man sich eine Anzahl von Versuchen durchgeführt und das Ergebnis jedes Versuchs auf ein spezielles Kärtchen geschrieben denkt.

Beispiel 4:

B: Das Kärtchen enthält das Ergebnis eines Wurfs.

A: Das Kärtchen enthält das Ergebnis „6".

E_i: Das Kärtchen ist K_i, und K_i enthält das Ergebnis „6" (bzw. ein anderes Ergebnis in Abhängigkeit von i).

Die Auswahl erfolgt durch Ziehen eines Kärtchens.

§ 2. *Relative Häufigkeiten*

Mit $H_n(A; B; E_1, E_2, \ldots, E_n)$, oder auch kurz mit $H_n(A; B)$ bezeichnen wir die Summe $\alpha_1+\alpha_2+\ldots+\alpha_n$ der Ergebnisse der Versuche $(B; A; E_1), \ldots, (B; A; E_n)$. $H_n(A; B)$ heißt die *Häufigkeit* des Ereignisses A in der genannten Versuchsserie. Die *relative Häufigkeit* $h_n(A; B)$ definieren wir durch die Gleichung

$$1) \qquad h_n(A; B) = \frac{H_n(A; B)}{n} = \frac{\alpha_1+\alpha_2+\ldots+\alpha_n}{n} \qquad (n=1, 2, \ldots)$$

und setzen $h_0(A; B)=0$.

Es gelten folgende Beziehungen:

$$2) \qquad 0 \leqq h_n(A; B) \leqq 1$$

$$3) \qquad |h_{n+1}(A; B) - h_n(A; B)| \leqq \frac{1}{n+1} \quad \text{und}$$

$$3') \qquad |h_{n+m}(A; B) - h_n(A; B)| \leqq \frac{m}{n+1}.$$

[3]) Zwischen den Aussagen B und A besteht eine geordnete Konjunktion (vgl. [37], S. 293) $B \wedge (\mathrm{Qb}) A$. In unserem Fall ist Qb als „nach dem Wurf" zu lesen.

Für ein unendliches Schema $(B; A)$ und eine zugehörige Serie $E_1, E_2, \ldots$ besitzt die entsprechende Folge relativer Häufigkeiten $\{h_n(A; B)\}$ mindestens einen Häufungspunkt, sowie einen größten Häufungspunkt $\bar{a}$ und einen kleinsten $\underline{a}$, wobei $0 \leqq \underline{a} \leqq \bar{a} \leqq 1$. Ist $\underline{a} = \bar{a} = a$, so besitzt die Folge $\{h_n\}$ den Grenzwert a. Die Situation für den Fall $\underline{a} < \bar{a}$ kann man näherungsweise wie folgt beschreiben: Bei wachsendem n bewegen sich die Werte von h_n unendlich oft zwischen $\underline{a}$ und $\bar{a}$ hin und her. Die Mindestlänge einer solchen Bewegung von $\underline{a}$ zu $\bar{a}$ oder umgekehrt wächst auf Grund von 3' exponentiell mit der Anzahl der vorher ausgeführten derartigen Bewegungen. Rein intuitiv wird man meinen, daß ein Versuchsschema schon recht eigenartig gewählt sein muß, wenn die Folge der relativen Häufigkeiten verschiedene Häufungspunkte besitzen soll, so daß die Existenz eines Häufigkeitsgrenzwertes auf Grund von 2 und 3' als sehr „natürlich" angesehen werden muß. Dennoch existieren keine logisch-mathematischen Gründe, die solche Folgen ausschließen.

§ 3. Das Problem der Existenz von Wahrscheinlichkeiten

Bei der Durchführung von Versuchen zu endlichen und unendlichen Schemata wurde folgende Erfahrung gemacht:

E: Für viele recht verschiedenartige Schemata $(B; A)$ und für fast alle zugehörigen endlichen Versuchsserien $(B; A; E_1), \ldots, (B; A; E_N)$ gilt:

*E*1: Ist n eine große Zahl, ist N (die Länge der Versuchsserie) noch sehr viel größer als n $(N \gg n)$ und ist $\delta > 0$ eine Zahl, die viel kleiner ist als 1 $(\delta \ll 1)$, so gibt es eine kleinste Zahl ε, so daß $0 \leqq \varepsilon \leqq \delta$ und für alle $i = n, n+1, \ldots, N$ $\quad h_N - \varepsilon \leqq h_i \leqq h_N + \varepsilon$
gilt.

*E*2: Ist *E*1 für zwei Versuchsserien $(B; A; E_1^{(1)}), \ldots, (B; A; E_N^{(1)})$ und $(B; A; E_1^{(2)}), \ldots, (B; A; E_N^{(2)})$ erfüllt, sind $h_i^{(1)}$ und $h_i^{(2)}$ $(i = 1, 2, \ldots, N)$ die zu beiden Serien gehörigen relativen Häufigkeiten und ist δ dieselbe Zahl wie in *E*1, so gibt es eine kleinste Zahl ε_1, so daß $0 \leqq \varepsilon_1 \leqq \delta$ und für $i = n, \ldots, N$
$$h_N^{(1)} - \varepsilon_1 \leqq h_i^{(2)} \leqq h_n^{(1)} + \varepsilon_1 \,,$$
sowie eine kleinste Zahl ε_2, so daß $0 \leqq \varepsilon_2 \leqq \delta$ und für $i = n, \ldots, N$
$$h_N^{(2)} - \varepsilon_2 \leqq h_i^{(1)} \leqq h_N^{(2)} + \varepsilon_2$$
gelten.

Diese Erfahrung wird als *Stabilität der relativen Häufigkeiten* bezeichnet. Da das Intervall $[h_N - \varepsilon, h_N + \varepsilon]$ sehr klein ist, kann man es in der Praxis mit einer Zahl aus diesemnntervall identifizieren. Diese Zahl wird *Wahrscheinlichkeit* genannt. Sie wird als eine feste, objektiv bestimmte Zahl angesehen, welcher sich die relativen Häufigkeiten in fast allen Versuchsserien bei wachsender Zahl der Versuche immer mehr annähern. Wir wollen sagen, daß ein Wahrscheinlichkeitsbegriff die Erfahrung *E* erfüllt, wenn für alle Schemata, in welchen die Erfahrung E gemacht werden kann, der Wahrscheinlichkeitswert in fast allen Versuchsserien genügend großer Länge im Intervall $[h_N - \varepsilon, h_N + \varepsilon]$ liegt. Einen Wahrscheinlichkeitsbegriff, der E erfüllt, nennen wir auch *statistischen Wahrscheinlichkeitsbegriff*. In der Literatur spricht man statt vom statistischen auch vom objektiven, empirischen, physikalischen Wahrscheinlichkeitsbegriff oder vom Häufigkeitsbegriff der Wahrscheinlichkeit. Die Erfahrung E wird als Kriterium für die Existenz von Wahrscheinlichkeiten angesehen, und vom praktischen Standpunkt aus ist dies völlig gerechtfertigt. Vom logischen Standpunkt aus jedoch verhindern die unbestimmten Formulierungen in E („fast alle", „N ist viel größer als n", „δ ist klein gegen 1") eine definitive Entscheidung über die Existenz der Wahrscheinlichkeit auf der Grundlage von E. Nimmt man an, daß ein Wahrscheinlichkeitsbegriff vorliegt, so ist folgendes möglich: 1. E 1 ist in einer langen Versuchsserie erfüllt, ohne daß die Wahrscheinlichkeit existiert; denn bei Fortsetzung der Serie braucht E 1 nicht erfüllt zu sein. 2. Trotz der Existenz einer Wahrscheinlichkeit ist E 1 nicht erfüllt; denn E 1 kann sich bei Fortsetzung der Serie immer noch erfüllen. 3. E 1 ist für eine Versuchsserie erfüllt, die Wahrscheinlichkeit existiert, und dennoch liegt der Wahrscheinlichkeitswert außerhalb des Intervalls

$$[h_N - \varepsilon, h_N + \varepsilon] \, .$$

In diesen logischen Schwierigkeiten liegt das Problem der Existenz der statistischen Wahrscheinlichkeit. In merkwürdigem Kontrast dazu steht die praktisch erfolgreiche Verwendung des Wahrscheinlichkeitsbegriffs, etwa in der statistischen Physik. So liegen z. B. die statistischen Schwankungen um den Mittelwert der Temperatur so weit unterhalb der Meßgenauigkeit eines Thermometers, daß man an der Existenz eines objektiven Temperaturwertes ebensowenig (und ebensosehr) zweifeln kann wie an der Existenz der objektiven Länge eines Stabes. Daher muß man von der Existenz der objektiven Wahrscheinlichkeit in dem Sinne, daß den Erfahrungen der Art E objektive Gesetzmäßigkeiten zugrunde liegen, ausgehen. Eine Lösung des Problems setzt eine Definition des Begriffs der statistischen Wahrscheinlichkeit voraus. Ein solcher Begriff würde es gestatten, die Formulierung von E zu präzisieren (etwa mit Hilfe der Gesetze der großen Zahlen) und danach zu entscheiden, ob dieser Begriff die Erfahrung E erfüllt.

§ 4. Forderungen an einen adäquaten Begriff der statistischen Wahrscheinlichkeit

Ausgehend von den Überlegungen des vorigen Paragraphen sollen die intuitiven Forderungen an einen adäquaten Wahrscheinlichkeitsbegriff zusammengestellt werden. Für die statistische Wahrscheinlichkeit verwenden wir das Symbol $P(A; B)$.

P 1: $P(A; B)$ genügt dem Axiomensystem von A. N. Kolmogoroff[4]).

P 2: $P(A; B)$ erfüllt die Erfahrung E.

P 3: Ist A semantisch äquivalent zu A' und B semantisch äquivalent zu B', so ist $P(A; B) = P(A'; B')$.

P 4: Existiert für das Schema $(B; A^i\,(i \in I))$ ein Wahrscheinlichkeitswert $P(A; B)$ (dabei sei A eines der A^i oder eine endliche oder unendliche Adjunktion von A^i), so ist dieser Wert durch die Bedeutung der Termini „$\downarrow A$" und „$\downarrow B$" sowie durch die zwischen den Ereignissen $\downarrow A$ und $\downarrow B$ bestehende raum-zeitliche Ordnungsrelation eindeutig bestimmt.

P 5: Ist $(B; A)$ ein endliches Schema, welches genau N' Versuche gestattet, und werden diese Versuche tatsächlich durchgeführt, so ist $P(A; B) = h_{N'}(A; B)$.

Aus diesen Postulaten ergeben sich weitere Folgerungen.

F 1: Ist für jedes n einer beliebigen Versuchsserie zum Schema $(B; A)$ die relative Häufigkeit $h_n(A; B) = 0$ (bzw. $h_n(A; B) = 1$), so ist $P(A; B) = 0$ (bzw. $P(A; B) = 1$).

Nur diese Wahrscheinlichkeitswerte erfüllen E, da in diesem Falle in E 1 $\varepsilon = 0$ ist. Wegen *P 2* folgt daraus *F 1*.

F 2: Ist für ein unendliches Schema $(B; A)$ eine Versuchsserie möglich, in welcher für gewisse Zahlen n und m $h_n(A; B) \neq h_m(A; B)$ ist, so ist der Wert von $P(A; B)$ nicht von den Werten der relativen Häufigkeiten abhängig.

Durch die Bedeutungen von „$\downarrow A$" und „$\downarrow B$" ist der Wert der relativen Häufigkeiten nicht eindeutig bestimmt, denn er hängt außerdem von der Versuchsserie und vom Index n ab. Wegen *P 4* kann deshalb $P(A; B)$ nicht von $h_n(A; B)$ abhängen.

F 3: Unter den Voraussetzungen von *F 2* ist $P(A; B)$ auch nicht vom eventuell existierenden Grenzwert der relativen Häufigkeiten einer Versuchsserie abhängig.

Denn der Grenzwert der relativen Häufigkeiten hängt noch von der Versuchsserie ab. Verschiedene unendliche Versuchsserien zum Schema $(B; A)$ können jedoch verschiedene Häufigkeitsgrenzwerte besitzen. Wegen *P 4* folgt daraus die Behauptung.

F 4: $P(A; B)$ ist unabhängig von der Anzahl der zum Schema $(B; A)$ durchgeführten Versuche, insbesondere davon, ob überhaupt Versuche durchgeführt werden.

Auch diese Folgerung ergibt sich aus *P 4*.

F 5: $P(A; B)$ ist unabhängig von Art und Anzahl der außer A noch in Betracht gezogenen Versuchsergebnisse A^i. (Aus *P 4*).

Die in *P 4* geforderte eindeutige Bestimmtheit des Wahrscheinlichkeits-

[4]) Siehe [23], [19]. Da in der Wahrscheinlichkeitsrechnung nur ein Argument der Wahrscheinlichkeitsfunktion angenommen wird, ist in den Axiomen für Ausdrücke der Form $P(X)$ stets $P(X; B)$ einzusetzen.

wertes kann zunächst entweder logisch-mathematischer oder empirischer Natur sein. Im ersten Falle würde die Wahrscheinlichkeitsdefinition ein logisch-mathematisches Verfahren liefern, nach welchem man aus den Bedeutungen der Termini $\downarrow A$ und $\downarrow B$ den Wahrscheinlichkeitswert ableiten kann. Im zweiten Falle liefert sie ein Verfahren, nach welchem man aus den Bedeutungen der Termini $\downarrow A$ und $\downarrow B$ eindeutig festlegen kann, welche empirischen Beobachtungen durchzuführen wären, um den Wahrscheinlichkeitswert zu bestimmen.

Ein logisch-mathematischer Begriff der Wahrscheinlichkeit, der die Forderungen *P 1*, *P 3* und *P 4* erfüllt, läßt sich möglicherweise definieren. *P 5* kann jedoch durch einen solchen Begriff nicht erfüllt werden. Wie das für den endlichen Fall repräsentative Beispiel 1 zeigt, folgt aus den Bedeutungen der Termini $\downarrow B$ und $\downarrow A$ allein (ohne die im Vorspann zu diesem Beispiel gegebene Hintergrundinformation) nichts über $h_N(A; B)$. Dieser Wert muß vielmehr empirisch ermittelt werden. Es folgt im unendlichen Fall auch nichts über das Erfülltsein der Erfahrung *E*, so daß auch *P 2* einer empirischen Prüfung bedarf. Daraus ergibt sich

F 6: Der Wert von $P(A; B)$ ist – im Sinne von *P 4* – durch die Bedeutungen von „$\downarrow A$" und „$\downarrow B$" nicht logisch, sondern lediglich empirisch bestimmt.

§ 5. *Kritik einiger Auffassungen zum Wahrscheinlichkeitsbegriff*

Will man eine Definition des Wahrscheinlichkeitsbegriffs geben, so muß man sich zunächst auf Aussagen *A* und *B* beschränken, die unabhängig vom Wahrscheinlichkeitsbegriff gebildet werden können, da andernfalls die Definition zirkelhaft wäre. Auch das Auswahlverfahren darf sich nicht auf den Wahrscheinlichkeitsbegriff stützen. Schon solche Formulierungen, wie: „Man ziehe aus einer Urne zufällig, willkürlich, aufs Geratewohl usw. eine Kugel" und „Die Kugeln in der Urne seien gut gemischt" werden in der Regel als Voraussetzungen über Wahrscheinlichkeitswerte interpretiert und sind deshalb unzulässig.

Laplace gab folgende „klassische" Definition der Wahrscheinlichkeit: „Die Theorie des Zufalls besteht darin, alle Ereignisse derselben Art auf eine gewisse Anzahl gleich möglicher Fälle zurückzuführen, d. h. auf solche, über deren Existenz wir in gleicher Weise im Unklaren sind, und dann die Zahl der Fälle zu bestimmen, die dem Ereignis, dessen Wahrscheinlichkeit man sucht, günstig sind. Das Verhältnis dieser Zahl zu der aller möglichen Fälle ist das Maß dieser Wahrscheinlichkeit, die also nur ein Bruch ist, dessen Zähler die Zahl der günstigen Fälle, und dessen Nenner die Zahl der möglichen Fälle ist" [25, S. 6].

Diese Definition wäre allgemeingültig und adäquat, wenn man zu jedem

Schema $(B; A)$ ein allgemeines Schema $(B; A^i\,(i \in I))$ angeben könnte, so daß A eine der Aussagen A^i oder die Adjunktion einiger A^i ist und alle A^i gleichmöglich sind in dem Sinne, daß sich die relativen Häufigkeiten aller A^i im Sinne von E dem gleichen Wert nähern. Es gibt jedoch Schemata, für welche das nicht möglich ist (z. B. das Verhältnis von Knaben- und Mädchengeburten, Sterbewahrscheinlichkeit, das Bertrandsche Paradoxon u. a.). Daher ist *F 4* und somit *P 4* nicht erfüllt. Die Laplacesche Erläuterung der Gleichmöglichkeit ist subjektiv, und allein deshalb ist *P 4* schon verletzt. Diese und ähnliche auf dem „Prinzip vom mangelnden Grunde" und auf Symmetrieüberlegungen fußenden Bestimmungen der Wahrscheinlichkeit führen, wie die Erfahrung zeigt, nur in bestimmten Fällen zur Übereinstimmung mit den relativen Häufigkeiten. Die Erklärung für dieses Phänomen und Kriterien für sein Auftreten können wiederum nur durch eine Wahrscheinlichkeitsdefinition erbracht werden.

J. Łukasiewicz zog aus den Mängeln der klassischen sowie subjektiver und psychologischer Wahrscheinlichkeitsdefinitionen die Schlußfolgerung, daß der Wahrscheinlichkeitsbegriff logischer Natur sei. Er definiert deshalb die Wahrscheinlichkeit als Wahrheitswert einer Aussagefunktion (indefinite proposition), etwa $S(x)$, wobei S ein Prädikat und x eine Individuenvariable im Sinne der Prädikatenlogik ist. Dabei wird der Individuenbereich von x als fest gegeben und bekannt vorausgesetzt. Kann x nur endlich viele, etwa n Werte annehmen, und geht $S(x)$ für genau m dieser Werte in eine wahre Aussage über, so hat $S(x)$ den Wahrheitswert $\frac{m}{n}$. Ist z. B. x eine Variable für die Zahlen $1, 2, \ldots, 6$, und $S(x)$ die Aussagefunktion „x ist eine 6", so ist die Wahrscheinlichkeit von $S(x)$ gleich $\frac{1}{6}$. Deutet man diese Definition im Sinne der klassischen Definition, so sind die möglichen Werte von x mögliche Versuchsergebnisse. Durch die Voraussetzung eines festen Individuenbereiches wird der Wahrscheinlichkeitswert eindeutig, aber da die Menge der möglichen Versuchsergebnisse – bei Łukasiewicz der Individuenbereich – durch $\downarrow A$ und $\downarrow B$ keineswegs eindeutig bestimmt ist, ist *F 5* und damit *P 4* nicht erfüllt. *P 1* und *P 3* sind erfüllt, *P 2* und *P 5* jedoch wegen ihres empirischen Charakters im allgemeinen nicht (nur für symmetrische Schemata). Es ist jedoch auch eine Art Häufigkeitsdeutung dieser Definition möglich, bei welcher *P 2* und *P 5* erfüllt werden. Sei etwa x eine Variable für die Zahlen $1, 2, \ldots, N$, und $S(x)$ sei die Aussagefunktion „Die im x-ten Zug aus der Urne gezogene Kugel ist rot" (siehe Beispiel 1), so ist *P 5* erfüllt. Für unendliche Schemata (z. B. sei x eine Variable für ganze Zahlen, $S(x)$ „Im x-ten Wurf mit diesem Würfel fällt eine 6") kann *P 2* als erfüllt angesehen werden, aber die Wahrscheinlichkeit kann nicht bestimmt werden. Łukasiewicz verweist in diesem Falle auf die Schätzverfahren der Statistik. Außerdem sind *F 2* und *F 4* und damit *P 4* verletzt.

Die Häufigkeitskonzeption der Wahrscheinlichkeit von Richard von Mises und Hans Reichenbach entstand in völliger Abkehr von der klassischen und der psychologistischen Auffassung in der Erkenntnis, daß relative Häufigkeiten die einzigen allgemeinen Mittel sind, um Wahrscheinlichkeiten empirisch zu bestimmen. Unter dem Einfluß der positivistischen Philosophie trat dabei jedoch die Auffassung der Wahrscheinlichkeit als objektive Beziehung zurück hinter ihrer Auffassung als Merkmal von Versuchsserien. Ausgangspunkt der Betrachtung war nicht die Charakterisierung einer objektiven Wahrscheinlichkeitssituation von der Art der Versuchsschemata, sondern eine Versuchsserie. Für Mises ist die Wahrscheinlichkeit eine naturwissenschaftliche Größe, die Versuchsergebnisse beschreibt. Um den Wahrscheinlichkeitswert unabhängig von der Anzahl n der Versuche zu machen, definierte er sie als Grenzwert der relativen Häufigkeiten einer Versuchsserie: $P(A; B) \underset{\text{Def.}}{=} \lim_{n \to \infty} h_n(A; B)$. Um einer Erfahrungstatsache von der Art *E 2* Genüge zu tun, forderte er außerdem die Regellosigkeit der Ergebnisfolge $\alpha_1, \alpha_2, \ldots$, welche besagt, daß eine durch unabhängige Stellenauswahl aus der Ergebnisfolge gewonnene Teilfolge den gleichen Grenzwert wie die Ergebnisfolge besitzt. Leider ist jedoch damit die Möglichkeit nicht ausgeschlossen, daß für eine beliebige Ergebnisfolge, welche die Grenzwertforderung erfüllt, unabhängig von den Werten α_n eine Teilfolge ausgewählt wird, die einen anderen oder gar keinen Grenzwert der relativen Häufigkeiten besitzt. Außerdem sind, wie A. J. Chintschin [12] nachgewiesen hat, unüberwindliche Schwierigkeiten damit verbunden, die Grenzwert- mit der Regellosigkeitsforderung zu vereinbaren. Durch Präzisierung der Regellosigkeitsforderung kann man jedoch eine konsistente Theorie aufbauen (A. Wald[41]). Die grundlegende Inadäquatheit der Misesschen Konzeption liegt weniger in diesen Schwierigkeiten, sondern im Ausgangspunkt: Durch das Ausgehen von nur einer Versuchsserie werden *F 3*, *F 4* und damit *P 4* verletzt. Auch die Präzisierung von Wald ändert daran nichts. Den gleichen Mangel hat die Konzeption des Häufigkeitsgrenzwertes von Reichenbach, der die Regellosigkeitsforderung fallen läßt [31, 33]. Reichenbach und Mises haben dennoch eine Reihe wertvoller Erkenntnisse gewonnen, die hier jedoch nicht gewürdigt werden können. In der klaren Erkenntnis, daß mit dieser Konzeption das Wahrscheinlichkeitsproblem noch nicht ad acta gelegt werden kann, glaubte Reichenbach, den Ausweg im Abgehen von der zweiwertigen Logik suchen zu müssen. Nach unserer Auffassung liegt der Ausweg jedoch in einer Änderung des Wahrscheinlichkeitsbegriffs. Es sei hier noch ein für das Verständnis der klassischen Definition wichtiges Nebenergebnis Reichenbachs erwähnt: die Erklärung der Gleichwahrscheinlichkeit von „rot" und „schwarz" beim Roulette unter sehr allgemeinen Voraussetzungen über die Wahrscheinlichkeitsverteilung des Winkels, bei dem die Scheibe zum Stillstand kommt [33, S. 342ff.]. Man kann die Wahrscheinlichkeiten von „rot" und „schwarz" praktisch eindeutig steuern durch die Versuchsbedingungen B, je nachdem, in welchem Verhältnis der Rand der Kreisscheibe in rote und schwarze Streifen geteilt wird. Man muß jedoch beachten, daß auch diese Abhängigkeit ein empirischer Fakt ist, da in den Voraussetzungen, so allgemein sie auch sein mögen, die Existenz einer Wahrscheinlichkeitsverteilung der Drehwinkel inbegriffen ist.

Diejenigen Konzeptionen (Keynes, Jeffreys u. a.), welche die Wahrscheinlichkeit als subjektiven oder logischen „Grad der Überzeugtheit" vom Eintreten des Ereignisses A auf Grund des Ereignisses B ansehen, spielen in diesem Zusammenhang nur insofern eine Rolle, als sie den Anspruch erheben, den Begriff der statistischen Wahrscheinlichkeit zu ersetzen. Carnap [14] hat klar erkannt, daß es sich hier um zwei verschiedene Begriffe handelt, deren Zusammenhang darin besteht, daß die logische Wahrscheinlichkeit (und das gleiche gilt für die subjektive) zur *Schätzung* der statistischen Wahrscheinlichkeit dient.

Einen fruchtbaren Ausgangspunkt für das Verständnis der Wahrscheinlichkeitsproblematik schufen sowjetische Wissenschaftler – Philosophen, Mathematiker und Physiker. Ganz kurz kann man diesen Ausgangspunkt vielleicht in folgenden Sätzen zusammenfassen: Die Wahrscheinlichkeit ist eine objektive Beziehung zwischen Ereignissen $_\downarrow A$ und $_\downarrow B$, die den *Grad der Möglichkeit* des Eintretens von $_\downarrow A$ auf Grund des Eintretens von $_\downarrow B$ angibt. Die Durchführung von Versuchen dient der Schätzung des Wahrscheinlichkeitswertes mittels relativer Häufigkeiten. Die Wahrscheinlichkeitsrechnung wird angewendet auf statistische Systeme (zufällige Massenerscheinungen); die Wahrscheinlichkeitsverteilung ist eine strukturelle Charakteristik solcher Systeme.

Kolmogoroff [23] formulierte die mathematischen Eigenschaften der Wahrscheinlichkeit in dem nach ihm benannten Axiomensystem und machte die mathematische Maßtheorie für die Wahrscheinlichkeitsrechnung fruchtbar. Die dadurch ermöglichte theoretische Abgrenzung der mathematischen Wahrscheinlichkeitstheorie von ihrer Anwendung in den Einzelwissenschaften wirkte außerordentlich befruchtend auf die Entwicklung der Wahrscheinlichkeitstheorie und der mathematischen Statistik und eröffnete neue Anwendungsmöglichkeiten. Auf dieser Grundlage entwickelte Chintschin [12] eine Auffassung des Wahrscheinlichkeitsbegriffs, deren Grundideen in mehrere Lehrbücher Eingang fanden [18, 19, 34]. Für Chintschin ist das Verhältnis zwischen mathematischer Wahrscheinlichkeitstheorie und ihrer – mit der empirischen Bestimmung von Wahrscheinlichkeitswerten verbundenen – Anwendung ähnlich dem Verhältnis zwischen Geometrie als mathematischer Disziplin und Geodäsie. Dementsprechend ist das Verhältnis zwischen Wahrscheinlichkeit und relativer Häufigkeit analog dem Verhältnis von geometrischem Abstand (in einem mathematischen Raum) und physikalischer Länge. Der Wahrscheinlichkeitsbegriff ist eine Abstraktion aus dem Begriff der relativen Häufigkeit, wie der mathematische Begriff des Abstandes eine

Abstraktion aus dem Begriff der physikalischen Entfernung zweier Körper ist. Das Ergebnis einer Entfernungsmessung kann durch verbesserte Meßmethoden der „wahren" Entfernung (dem Abstand) angenähert werden; die Werte der relativen Häufigkeiten werden durch Fortsetzung der Versuchsserie dem „wahren" Wahrscheinlichkeitswert angenähert.[5]) Jede Analogie hat Grenzen, aber im vorliegenden Fall ist sie m. E. doch in wesentlichen Punkten unzutreffend:

1. Ein mathematischer Abstand der Länge r ist ein Repräsentant der Abstraktionsklasse aller physikalischen Entfernungen der Länge r zwischen zwei Körpern. Die Ungenauigkeit der Messungen spielt in diesem Abstraktionsprozeß keine Rolle. Eine mathematische Wahrscheinlichkeit vom Wert p dagegen ist *kein* Repräsentant der Abstraktionsklasse aller relativen Häufigkeiten vom Wert p. Die Abweichung des Wahrscheinlichkeitswertes vom Häufigkeitswert liegt im Wesen der Sache und zeugt *nicht* von der Ungenauigkeit der Messung.

2. Nach einer Entfernungsmessung kann man im Prinzip immer eine Länge angeben, die sicher größer als die wirkliche Länge der zu messenden Entfernung ist. Beispielsweise ist der Berliner Fernsehturm sicher nicht höher als 2 km.[6])

Nach der Beobachtung beliebig vieler relativer Häufigkeiten (zu einem unendlichen Versuchsschema) kann man *niemals* einen Wahrscheinlichkeitswert angeben, der mit Sicherheit größer ist als der wirkliche Wahrscheinlichkeitswert.

3. Im Hilbertschen Axiomensystem der euklidischen Geometrie ist das Archimedische Axiom enthalten, das die Messung der Länge einer Strecke, mit einer andern Strecke als Einheit, ermöglicht [21, S. 16].

Das Axiomensystem von Kolmogoroff ermöglicht im allgemeinen keine Messung von Wahrscheinlichkeitswerten (außer in trivialen Fällen, vgl. *F 1*).

Wie Gnedenko ausführt [19, S. 44], liegt diese Unvollständigkeit eines Axiomensystems der Wahrscheinlichkeit im Wesen der Wahrscheinlichkeit. Eine genaue Messung des Wahrscheinlichkeitswertes dürfte nur dann möglich sein, wenn es gelingt, sie auf die Messung anderer Größen, wie Länge, Zeitdauer usw., zurückzuführen. Für die angenäherte Bestimmung des Wahrscheinlichkeitswertes mittels relativer Häufigkeiten ist die Bezeichnung

[5]) Rényi setzt das Wort „Messung" in bezug auf Wahrscheinlichkeiten in Anführungsstriche und behauptet: „Diese objektiven Wahrscheinlichkeiten können ebenso wie physikalische Größen ‚gemessen' werden" ([34], S. 24).

[6]) Diese Aussage gilt nur „im Prinzip"; genau genommen kann man keine obere Schranke für die Länge mit absoluter Sicherheit angeben, sondern es besteht eine, wenn auch kleine, positive *Wahrscheinlichkeit* dafür, daß die wirkliche Länge größer als die angegebene Schranke ist. Das liegt jedoch an der Wahrscheinlichkeitsverteilung der Meßfehler und hängt daher nicht mit dem Begriff der Länge, sondern mit dem Wahrscheinlichkeitsbegriff zusammen.

„Schätzung" passender als „Messung", da auch nach einer solchen Schätzung kein als objektive Wahrscheinlichkeit in Frage kommender Wert absolut ausgeschlossen werden kann. Auf die entscheidenden, noch ungelösten philosophischen Probleme, die mit dem Wahrscheinlichkeitsbegriff verbunden sind, hat Gnedenko in den ersten Paragraphen seines Lehrbuches hingewiesen.

Weitere Auffassungen zum Begriff der Wahrscheinlichkeit werden in den folgenden Paragraphen behandelt.

§ 6. Gibt es einen adäquaten Begriff der statistischen Wahrscheinlichkeit?

Für endliche Versuchsschemata ist durch *P 5* ein adäquater Begriff der statistischen Wahrscheinlichkeit gegeben. Die Erfahrung E wird dabei in folgendem Sinne präzisiert: Es wird N mit N' identifiziert. Dann ist $h_N = = h_N^{(1)} = h_N^{(2)} = h_{N'}$, wegen *P 5* ist $P(A; B) = h_{N'}$, und der in *P 5* gegebene Begriff erfüllt automatisch die Erfahrung E, da $h_{N'} - \varepsilon = h_{N'} \leqq h_{N'} + \varepsilon$ usw. gelten. Außerdem erfüllt jedes endliche Schema $(B; A)$ die Erfahrung E in dem Sinne, daß *E 1* und *E 2* für die größtmögliche Anzahl der $2^{N'}$ zu $(B; A)$ gehörigen Versuchsserien (bei gegebenem n und δ) erfüllt ist. Dies folgt aus rein kombinatorischen Betrachtungen. Weiterhin sind die in *F 1* angegebenen Wahrscheinlichkeitswerte für die dort vorausgesetzten Schemata, wie leicht zu sehen ist, adäquat.

Das eigentliche Problem betrifft unendliche Schemata der in *F 2* betrachteten Art. Aus *F 2* bis *F 6* ergibt sich, daß der genaue Wert von $P(A; B)$ durch empirische Fakten bestimmt ist, deren Ermittlungsweise durch die Bedeutungen von $\downarrow A$ und $\downarrow B$ eindeutig bestimmt ist, die jedoch nicht durch eine logisch-semantische Analyse von $\downarrow A$ und $\downarrow B$ ermittelt werden können. Diese Fakten sind keine Werte relativer Häufigkeiten und daraus abgeleiteter Größen, und sie sind auch keine Anzahlen möglicher Versuchsergebnisse. Bei den meisten Anwendungen der mathematischen Statistik dienen Wahrscheinlichkeitsaussagen aber gerade dem Zweck, aus beobachteten relativen Häufigkeiten unbeobachtete relative Häufigkeiten vorauszusetzen. Für solche Anwendungen verfehlt die genaue Bestimmung des Wahrscheinlichkeitswertes offenbar ihren Zweck. Die Aufstellung eines adäquaten Wahrscheinlichkeitsbegriffs hat daher vorwiegend theoretische Bedeutung.

Das Problem der objektiven Bestimmtheit des Wahrscheinlichkeitswertes und seiner adäquaten definitorischen Erfassung kann in dieser Arbeit nicht zu Ende verfolgt werden. Wir möchten jedoch die Vermutung äußern, daß der *genaue* Wert von $P(A; B)$ im allgemeinen von ausnahmslos allen in der Welt geschenden empirischen Ereignissen abhängt, die das Ergebnis mindestens eines *möglichen* Versuchs zum Schema $(B; A)$ beeinflussen können. Die Eindeutigkeitsforderung *P 4* ist dann erfüllt, wenn der Kreis dieser empirischen

Ereignisse durch die Bedeutungen von $\downarrow A$ und $\downarrow B$ eindeutig bestimmt ist. Daß man eine solche „totale Information" im allgemeinen nicht zur Verfügung haben kann, dürfte uns wohl kaum der Pflicht entheben, den begrifflichen Zusammenhang zwischen angenommenen Details eines Ablaufes und ihrer Wahrscheinlichkeit zu untersuchen. Es muß dabei vorausgesetzt werden, daß die Welt einen eindeutigen Ablauf zeigt, wobei es gleichgültig ist, ob man diesen Ablauf mit irgendwelchen Mitteln voraussagen oder nur nachträglich konstatieren kann. Wir sehen keinen Weg, der die Möglichkeit ausschließen würde, daß sich der Wert von $P(A; B)$, wenn auch noch so geringfügig, ändern könnte, wenn sich der Ablauf des Geschehens geringfügig ändern würde. Daraus würde sich ergeben, daß man sich bei Anwendung der Wahrscheinlichkeitsrechnung (zum Zwecke empirischer Voraussagen) aus prinzipiellen Gründen mit ungenauen Werten der statistischen Wahrscheinlichkeit begnügen muß.

Diese Formulierungen und die darin vorkommenden Termini (z. B. der Terminus „möglicher Versuch") können nur im Rahmen einer entsprechenden Theorie präzisiert werden.

An zwei Beispielen soll demonstriert werden, daß es gewisse übersichtliche Versuchsschemata gibt, für die ein adäquater Wahrscheinlichkeitsbegriff angegeben werden kann.

Beispiel 4:

B: Jemand dreht im Jahre 1975 den Wasserleitungshahn H auf.

A: (Unmittelbar nach $\downarrow B$): Aus H fließt Wasser.

E : Zum Zeitpunkt t_i des Jahres 1975 wird H aufgedreht und unmittelbar danach fließt Wasser aus H (bzw. kein Wasser, in Abhängigkeit von i).

Die Auswahl von e_i erfolgt durch Wahl eines Zeitpunktes t_i und Aufdrehen von H zu diesem Zeitpunkt.

Wir nehmen einmal an, daß das Ergebnis jedes Versuchs $(B; A; E_i)$ ausschließlich davon abhängt, ob sich zum Zeitpunkt t_i im Leitungsrohr unmittelbar vor dem Hahn Wasser befindet – das ist offenbar keine große Idealisierung. Sei t_{75} diejenige Zeitdauer, in welcher sich während des Jahres 1975 Wasser in diesem Leitungsrohr befindet. Dann definieren wir $P(A; B) =$

$$=_{\text{Def}} \frac{\tau_{75}}{1 \text{ Jahr}}$$

. Dieser Wert kann durch ein Gerät, das den Wasserstand im Rohr vor dem Wasserhahn aufzeichnet, bestimmt werden, ohne daß der Hahn auch nur einmal aufgedreht wird. Im Beispiel 4 kann eine Versuchsserie nur eine endliche Länge haben, da das Auf- und Zudrehen des Hahns eine gewisse Mindestzeit erfordert. Dennoch handelt es sich um ein unendliches probabilistisches Schema, da unendlich viele verschiedene Versuchsserien *möglich* sind.

Würde man in B die Beschränkung auf ein Jahr fallen lassen (der entstehende Bedingungskomplex sei B' genannt), so gäbe es zwei Möglichkeiten, $P(A; B')$ zu definieren. Einmal kann man die Lebensdauer (Existenzdauer)

λ von H als empirisch eindeutig bestimmt annehmen, und dementsprechend $P(A;B) =_{\text{Def}} \frac{\tau_\lambda}{\lambda}$ setzen. Zum andern kann man die Wahrscheinlichkeit als einen zeitlichen Grenzwert eines Quotienten definieren, bei welchem λ gegen unendlich strebt: $P(A;B) =_{\text{Def}} \lim_{\lambda\to\infty} \frac{\tau_\lambda}{\lambda}$. Dieser Grenzwert hat jedoch im allgemeinen (ebenso wie der Grenzwert einer Folge relativer Häufigkeiten) keinen empirischen Sinn. Ausnahmen bilden bestimmte Idealisierungen, in denen das Schema $(B;A)$ sich auf ein physikalisch abgeschlossenes System bezieht, dessen Zustände man im Prinzip vorausberechnen kann. Von dieser Möglichkeit wird in der klassischen statistischen Physik Gebrauch gemacht:

Beispiel 5:

B: In einem würfelförmigen Gefäß G bestimmter Kantenlänge befinden sich von einem Zeitpunkt T_0 an Moleküle eines idealen Gases, darunter das Molekül M.

A: M befindet sich in der oberen Hälfte von G.

E_i: Zum Zeitpunkt t_i befindet sich M in der oberen Hälfte von G (bzw. in der unteren, in Abhängigkeit von i).

Die Auswahl von e_i erfolgt durch Wahl eines Zeitpunktes t_i. Ist T die seit dem Zeitpunkt T_0 verstrichene Zeit und $\tau(T)$ die Zeitdauer, in welcher M sich während der Zeit T in der oberen Hälfte von G befand, so definiert man

$$P(A;B) =_{\text{Def}} \lim_{T\to\infty} \frac{\tau(T)}{T}.$$

Versuchsschemata, in denen die Wahrscheinlichkeit auf ähnliche Weise wie in den Beispielen 4 und 5 definiert werden kann, nennen wir *determinierbar.*

Die in den Beispielen 4 und 5 gegebenen Wahrscheinlichkeitsdefinitionen sind adäquat. Falls für diese Schemata die Erfahrung E gemacht wird, wird sie von den gegebenen Begriffen erfüllt. Jedoch ist der Wahrscheinlichkeitswert auch dann bestimmt, wenn E nicht vorliegt. Vom Vorliegen der Erfahrung E und damit von der Existenz einer objektiven Wahrscheinlichkeit und von einer objektiven statistischen Gesetzmäßigkeit kann man im Beispiel 5 etwa dann sprechen, wenn sich der Quotient $\frac{\tau(T)}{T}$ von einer gewissen, relativ kurzen Zeit T an nur noch ganz geringfügig ändert. Eine derartige Gleichförmigkeit ist ein *empirischer* Sachverhalt, der auch bei einem idealen Gas nicht aus den Bewegungsgleichungen der klassischen Mechanik abgeleitet werden kann. Die Anfangsbedingungen (Koordinaten und Impulse der Moleküle in G zur Zeit T_0) können nämlich so geartet sein, daß diese Gleichförmigkeit nicht eintritt, oder daß sie zwar eintritt, sich aber bei verschiedenen Anfangsbedingungen verschiedene Grenzwerte ergeben (wenn das auch äußerst unwahrscheinlich ist). Deshalb halten wir den Schluß von der Aussage „Statistische Gesetze sind nicht aus streng deterministischen Gesetzen ableitbar“ auf die Aussage „Der Begriff der Wahrscheinlichkeit ist nicht durch andere Begriffe definierbar“ für nicht völlig begründet. Es ist durchaus denkbar, daß die erste Aussage wahr und die zweite falsch ist. Denn Wahrscheinlichkeitsaussagen müssen nicht notwendig durch deterministische Gesetze, sie können auch durch die Ergebnisse integraler Messungen ähnlich der in Beispiel 4 genannten begründet werden. Allerdings ist es sehr fraglich, ob das in den Beispielen 4 und 5 benutzte Definitionsverfahren auf alle Versuchsschemata ausgedehnt werden kann. Dieses Problem erfordert eine eingehende Erörterung. Hier kann soviel gesagt werden, daß ein probabilistisches Schema sicher dann nicht determinierbar ist, wenn das auswählende Subjekt im Akt der Auswahl (und damit der Herstellung) von E_i bei sonst absolut gleichen objektiven Bedingungen Einfluß auf das Versuchsergebnis haben kann. So sind z. B. das Würfeln und der Münzwurf in diesem Sinne nicht determinierbar, was offenbar nicht heißen kann, daß man nicht sinnvoll von einer Wahrscheinlichkeit sprechen könnte.

Satschkow, Krawez und Kupzow meinen ebenfalls, daß der Wahrscheinlichkeitsbegriff nicht auf andere zurückführbar ist. In seiner Monographie [9] schreibt Satschkow: „Analog (wie die der Kybernetik – W. K.) besitzen die Wahrheiten der Wahrscheinlichkeitstheorie eine selbständige, unabhängige Bedeutung. Ihre grundlegenden Behauptungen und Begriffe kann man nicht aus anderen einfacheren Vorstellungen und Begriffen ableiten“ [9, S. 99]. Krawez meint unter Berufung auf Arbeiten des Physikers N. S. Krylow zur Begründung der statistischen Physik: „Die (physikalische – W. K.) Statistik kann man nicht mit Hilfe einer andern Theorie formal begründen, d. h. nicht aus anderen (nichtstatistischen!) Gesetzen ableiten“ [4, S. 187]. Und Kupzow schreibt: „Eine Behauptung über die Wahrscheinlichkeit ist eine Aussage über eine stabile Häufigkeit, deren einzelne Komponenten regellosen Charakter tragen. Die Existenz einer solchen Häufigkeit kann man nicht aus noch so genauen und eingehenden Informationen über den detaillierten Verlauf des Prozesses ableiten“ [5, S. 105]. Wie schon gesagt, ist es meines Erachtens notwendig, das Problem der Zurückführung von Wahrscheinlichkeiten auf detaillierte Abläufe näher zu untersuchen und diesbezügliche Kriterien zu finden. Das würde die Diskussionen um den Wahrscheinlichkeitsbegriff mehr befruchten als die bloße Postulierung der Zurückführbarkeit oder Nichtzurückführbarkeit.

§ 7. Zur Wahrscheinlichkeit von Hypothesen

Unter Hypothesen wollen wir hier universale Aussagen (siehe [37], S. 79–80) verstehen, deren Wahrheitswert unbekannt ist. Spezialfälle von universalen Aussagen sind Aussagen über individuelle empirische Ereignisse, Aussagen der Form $\forall(s)\ X$ und $\exists(s)\ X$ (X ist eine Aussage, s eine Subjektvariable, $\forall$ und $\exists$ die Quantoren „alle“ und „einige“) sowie Wahrscheinlichkeitsaussagen $P(A; B) = p$. Vor allem im Zusammenhang mit dem Induktionsproblem entstand die Idee, einer Hypothese H eine bestimmte Wahrscheinlichkeit, die von 0 und von 1 verschieden sein kann, bezüglich eines gegebenen Wissens E zuzuordnen. Da H und E Universalaussagen sind, gehört das Schema $(E; H)$ zum Typ 2. Wenn E wahr ist, ist genau ein Versuch möglich. Dehnt man den Begriff der objektiven statistischen Wahrscheinlichkeit auf Schemata vom Typ 2 aus, so kann $P(H; E)$ nur die Werte 0 und 1 annehmen. Der Begriff der Hypothesenwahrscheinlichkeit unterscheidet sich daher vom Begriff der statistischen Wahrscheinlichkeit und werde mit $P_h(A; B)$ bezeichnet. Das Problem besteht darin, zu welchen Zwecken man Aussagen der Form $P_h(A; B) = r$ verwenden kann (wobei der Fall $0 < r < 1$ möglich ist), und welche Werte von r einem gegebenen Zweck am besten dienen können.

Ursprünglich hatte die Einführung von Hypothesenwahrscheinlichkeiten den Zweck, induktive Schlüsse von B auf A zu rechtfertigen. Besonders in den Arbeiten Carnaps zur induktiven Logik trat jedoch eine andere Aufgabe der Hypothesenwahrscheinlichkeiten immer mehr in den Vordergrund: die Schätzung statistischer Wahrscheinlichkeiten [24, 39]. Mit der ersten Aufgabe beschäftigen wir uns im vorliegenden, mit der zweiten im nächsten Paragraphen. In beiden Fällen werden wir zu dem Ergebnis kommen, daß die Kriterien dafür, wie gut ein Begriff der Hypothesenwahrscheinlichkeit die jeweilige Aufgabe erfüllt, nur mit Hilfe des Begriffs der statistischen Wahrscheinlichkeit angegeben werden können.

Sei $(B; A)$ ein Versuchsschema mit universalen Aussagen A und B. Ein solches Versuchsschema bezeichnen wir als *induktive Situation*. B sei wahr. Dann ist $P(A; B) = 1$ genau dann, wenn A wahr, und $P(A; B) = 0$ genau dann, wenn A falsch ist. Sei weiterhin $P_h(A; B) = p$, $0 \leqq p \leqq 1$, wobei der Wert p nach einem gewissen Verfahren v, das wir ein *induktives Verfahren* nennen, aus A und B gewonnen wurde. Die *Annahme* (acceptance) der Hypothese A auf Grund des Wissens B ist ein induktiver Schluß von B auf A im Sinne der ersten Aufgabe (ein induktiver Schluß im Sinne Carnaps ist eine Aussage der Form $P_h(A; B) = p$). Die Entscheidung über die Annahme von A ist richtig, falls A angenommen wird, wenn A wahr, und abgelehnt wird, wenn A falsch ist. Eine solche Entscheidung setzt das Vorliegen einer *Annahmeregel* r voraus, die für alle universalen Aussagen A und B und alle p angibt, ob D zu akzeptieren ist oder nicht, bzw. wenigstens eine einseitige Entscheidung ermöglicht (z. B. „Ist $p > 0{,}95$, so wird A angenommen, andernfalls wird keine Entscheidung getroffen“). Die Annahmeregel ist nicht mit dem Verfahren v gegeben. Ein induktiver Schluß kann deshalb nicht durch v allein, sondern nur durch das System (v, r) charakterisiert werden.

Die Güte eines induktiven Schlußsystems (v, r) (im Sinne der ersten Aufgabe) wird daran gemessen, wie groß der Anteil richtiger Entscheidungen an allen Entscheidungen ist. Sie kann also nicht für einzelne induktive Situationen, sondern nur für eine Klasse K verschiedener induktiver Situationen $(B_k; A_k)$ gemessen werden. Es sei k eine Variable für die Elemente von K. B_{vrk} sei die Aussage „Auf die induktive Situation k wird das System (v, r) angewandt", A_{vrk} sei die Aussage „Die Anwendung von (v, r) auf k führt zu einer richtigen Entscheidung". Dann kann man komparative Gütekriterien mit Hilfe statistischer Wahrscheinlichkeiten angeben, etwa: „Das System (v_1, r_1) ist besser als (v_2, r_2) bezüglich K, wenn für alle k $P(A_{v_1r_1k}; B_{v_1r_1k}) \geqq \geqq P(A_{v_2r_2k}; B_{v_2r_2k})$ ist"; oder, für endliche Klassen K: „(v_1, r_1) ist besser als (v_2, r_2) bezüglich K, wenn für alle k $\sum_k P(A_{v_1r_1k}; B_{v_1r_1k}) > \sum_k P(A_{v_2r_2k}; B_{v_2r_2k})$ ist", u. ä.

Da der Anteil richtiger Entscheidungen nur durch eine statistische Wahrscheinlichkeit gemessen werden kann, ist ein Verfahren v zur Bestimmung der Hypothesenwahrscheinlichkeit nur durch statistische Wahrscheinlichkeiten zu rechtfertigen. Zusammen mit der Folgerung *F 6* ergibt sich daraus, daß eine Festlegung der Hypothesenwahrscheinlichkeit, auch bei gegebener Annahmeregel und gegebener Bezugsklasse, nicht durch logisch-semantische Analyse, sondern nur durch empirische Untersuchung gerechtfertigt werden kann.

§ 8. Zum logischen Wahrscheinlichkeitsbegriff von Carnap

In der induktiven Logik Carnaps [14] erfolgt die intuitive Begründung des Verfahrens zur Bestimmung der Hypothesenwahrscheinlichkeit durch seine Eignung, in Gestalt der Hypothesenwahrscheinlichkeiten gute Schätzwerte für gewisse statistische Wahrscheinlichkeiten liefern zu können. Die grundlegende induktiv-logische Beziehung bei Carnap, $c(h, e) = r$ (gelesen: „Die Hypothese h wird durch das Erfahrungsdatum e im Grade r bestätigt", oder, da „Bestätigungsgrad" das Explikat von „Hypothesenwahrscheinlichkeit" ist: „Die Hypothesenwahrscheinlichkeit von h bezüglich e ist r"), ist nach der ursprünglichen Intuition Carnaps für beliebige Aussagen h und e erklärt. Da man aber zur Aufstellung der entsprechenden Theorie die Sprache, in der h und e formuliert werden, berücksichtigen muß, und da sich die bisherigen induktiv-logischen Systeme auf sehr einfache Sprachen beziehen, ist die Anwendung der induktiven Logik in Form der bestehenden Systeme im wesentlichen auf folgende Situation beschränkt: Es sei K eine Klasse von Individuenkonstanten $a_1, a_2, \ldots, a_n$ (der Fall unendlich vieler Individuen wird aus dem endlichen Fall durch eine Limesforderung aufgebaut), es seien $P_1, \ldots, P_p$ einstellige Prädikate (Carnap läßt auch mehrstellige Prädikate zu, die wir der Übersichtlichkeit halber unberücksichtigt lassen), die unabhängig voneinander jedem Individuum zukommen oder nicht zukommen können. Dann sind h und e Sätze, die aus den „atomaren" Sätzen $P_j a_i$ $(j=1, \ldots, p; i=1, \ldots, n)$ aussagenlogisch gebildet werden können. Für unseren Zweck, den Zusammenhang zwischen logischem und statistischem Wahrscheinlichkeitsbegriff zu untersuchen, ist der Spezialfall $p=1$, daß nur ein einziges Prädikat P_1 vorliegt, ausreichend.

Für einen bestimmten Zustand der in dieser Sprache beschreibbaren „Welt" gilt für jedes i entweder $P_1 a_i$ oder $\sim P_1 a_i$. Ein Satz, der jedem Individuum das Prädikat P_1 entweder zuschreibt oder nicht, heißt *Zustandsbeschreibung*. Eine solche Zustandsbeschreibung wird gewöhnlich interpretiert als Folge von Versuchen eines endlichen statistischen Versuchsschemas $(a \in K; P_1 a)$, wo a ein beliebiges der Individuen a_i bezeichnet und wo E_i eine der Aussagen $a_i \in K \wedge P_1 a_i$ und $a_i \in K \wedge \sim P_1 a_i$ ist.

Für das Induktionsproblem sind folgende Weisen, die Aussagen h und e zu wählen, von besonderer Bedeutung:

1) e gibt an, wie viele der Individuen $a_1, \ldots, a_n$ die Eigenschaft P_1 haben. Wir sagen kurz: e gibt die relative Häufigkeit von P_1 in K an. h gibt die relative Häufigkeit von P_1 in einer Teilklasse von K an. Nennen wir K die *Gesamtheit* und ihre Teilklassen *Stichproben*, so handelt es sich um den „Schluß" von der Gesamtheit auf eine Stichprobe, den *direkten Schluß*.

2) e gibt die relative Häufigkeit von P_1 in der einen, h in einer anderen Teilklasse, die mit der ersten kein Element gemeinsam hat, an (*Voraussageschluß*). Besteht die zweite Teilklasse speziell aus einem Element, so spricht man vom *singulären Voraussageschluß*.

3) e gibt die relative Häufigkeit von P_1 in einer echten Teilklasse von K, h diejenige von P_1 in K an (Schluß von einer Stichprobe auf die Gesamtheit; *inverser Schluß*).

Carnap ist bestrebt, die Bestätigungsfunktion $c(h, e)$ so festzulegen, daß ihr Wert im Falle des singulären Voraussageschlusses eine gute Schätzung der statistischen Wahrscheinlichkeit $P(P_1 a; a \in K)$ ergibt. In der mathematischen Statistik gibt es mehrere Gütekriterien für Schätzungen. Nach einem dieser Verfahren, das wir zugrunde legen wollen, ist die Schätzung um so besser, je kleiner der Erwartungswert M des quadratischen Fehlers der Schätzung ist. Es sei $P_s(A; B; h_n(A; B))$ ein nach einem gewissen Verfahren gewonnener Schätzwert von $P(A; B)$ auf Grund der Kenntnis von $h_n(A; B)$. Da die Häufigkeit $H_n(A; B)$ die Werte $0, 1, \ldots, n$ zufällig annehmen kann, kann auch P_s verschiedene Werte annehmen, die bei festem n von m abhängen $(m=0, 1, \ldots, n)$ und die wir mit $s_{mn}(p)$ bezeichnen. Dann ist $P(P_s(A; B; h_n(A; B)) = s_{mn}(p); t) = P\left(h_n(A; B) = \frac{m}{n}; t\right)$ und diese Werte bezeichnen wir mit r_{mn}. Der quadratische Fehler der Schätzung ist $(P(A; B) - P_s(A; B; h_n(A; B)))^2$ (kurz: $(P - P_s)^2$) und ihr Erwartungswert $M[(P - P_s)^2] = \sum_{m=0}^{n} r_{mn}(p - s_{mn}(p))^2$.

Ist dieser Wert klein, so ist P_s eine gute Schätzung von P. Dieser Wert hängt von statistischen Wahrscheinlichkeiten ab, so daß ein Schätzverfahren wegen *F 6* stets einer *empirischen* Rechtfertigung bedarf. Eine effektiv durchgeführte Rechtfertigung würde die genaue Bestimmung der Wahrscheinlichkeiten voraussetzen. Wir wollen ein Schätzverfahren *s besser* nennen als s', wenn s für kein Versuchsschema schlechtere, jedoch für mindestens ein Schema $(B; A)$ bessere Schätzwerte liefert als s'.

In der Carnapschen Theorie ist

$$P_s(A; B; h_n(A; B)) = c\left(A_{n+1}; h_n(A; B) = \frac{m}{n}\right) = \frac{m + \frac{\lambda}{2}}{n+\lambda}.$$

(Für jede positive reelle Zahl λ erhält man ein Schätzverfahren. Es werden nur die beiden Versuchsausgänge A und $\sim A$ berücksichtigt. A_{n+1} steht für die Aussage „Im $n+1$-ten Versuch tritt das Ereignis $\downarrow A$ ein".) Bei festem λ und genügend großem n liegt die Schätzung nahe $\frac{m}{n}$, dem Schätzwert für $\lambda = 0$. Diese Schätzung $P_s = h_n(A; B)$ ist nach J. Hacking schon dann als die beste anzusehen, wenn in der beobachteten Stichprobe jedes mögliche Ereignis (in unserem Falle A und $\sim A$) mindestens einmal eingetreten ist. Erfüllt ein Schema $(B; A)$ sowie $P(A; B)$ die Erfahrung E, so ist es zumindest plausibel, die beobachteten relativen Häufigkeiten als Schätzwerte zu wählen. In dieser Anlehnung der Schätzwerte an die relativen Häufigkeiten dürfte der objektive Gehalt der Schätzungen liegen; die Entscheidung für einen bestimmten Wert von λ erscheint dagegen von geringerer Bedeutung.

Carnap versuchte, die Theorie der logischen Hypothesenwahrscheinlichkeit von einer Theorie der statistischen Wahrscheinlichkeit unabhängig zu machen, d. h. die aus der Theorie resultierenden Schätzverfahren auf logisch-semantischem und nicht auf empirischem Wege zu rechtfertigen. Er glaubte, daß die Beziehung $c(h, e) = r$ ähnlich der Beziehung der semantischen Ableitbarkeit (logischen Implikation) in der deduktiven Logik, $e \rightarrow h$, semantisch begründet werden kann. Dies macht die Rechtfertigung der induktiven Logik – im Gegensatz zu derjenigen der deduktiven Logik – zirkelhaft. In seiner Sicht ist die induktive Logik die Theorie des logischen (oder induktiven) Begriffs der Wahrscheinlichkeit, nicht der Wahrscheinlichkeit überhaupt, nicht des Häufigkeitsbegriffs. Induktive Wahrscheinlichkeit beziehe sich auf den rationalen Grad des Glaubens [13, S. 259]. Wann nun ist ein Glaubensgrad rational? „Aber im Prinzip ist es nicht mehr notwendig, sich auf die Erfahrung zu berufen, um die Rationalität einer c-Funktion zu beurteilen" [13, S. 264]. „Ich denke, es ist nicht nur rechtmäßig, sich zur Verteidigung des induktiven Urteilens *auf* das induktive Urteil zu berufen, sondern das ist auch *unerläßlich*" [13, S. 265]. „Um induktives Urteilen zu erlernen, müssen wir etwas besitzen, was ich die Fähigkeit der induktiven Intuition nenne" [13, S. 265].

Diese bewußte Verteidigung eines logischen Zirkels – für einen Logiker sicher kein leichter Entschluß – ist freilich Ergebnis vieler vergeblicher Versuche Carnaps, eine Lösung des Induktionsproblems zu finden. Aber diese Versuche waren wohl vor allem darum vergeblich, weil Carnap nicht anerkennen wollte, daß induktives Denken und „Lernen aus der Erfahrung" nur dadurch möglich sind, daß es objektive Gesetzmäßigkeiten und insbesondere objektive statistische Wahrscheinlichkeiten gibt, und daß sich nur auf dieser Basis eine Fähigkeit zur induktiven Intuition entwickeln kann. Nur die Existenz objektiver statistischer Wahrscheinlichkeiten gibt den Versuchen einen Sinn, rationale Verfahren für die Prognose relativer Häufigkeiten aufzustellen, welche die Irrtumswahrscheinlichkeit gegenüber intuitiven Verfahren verringern können.

Die hier von Carnap explizit ausgesprochene Zirkelhaftigkeit bei der Rechtfertigung der induktiven Logik findet sich implizit auch in seinem ersten System [14]. Die Axiome und Schlußregeln der klassischen zweiwertigen Aussagenlogik finden ihre Rechtfertigung darin, daß in diesem System nur logische Tautologien beweisbar sind. Die Forderungen an eine Definition des Bestätigungsgrades [14, §§ 53–56, 90, 91], die Axiomen entsprechen, können – auch nach Meinung Carnaps – eine Rechtfertigung nur darin finden, ein gutes Schätzverfahren für die statistische Wahrscheinlichkeit (relative Häufigkeit auf lange Sicht) zu erbringen. Dann ist der Begriff des Bestätigungsgrades auch ein gutes Explikat für die Termini „evidential support" (= „rational degree of believe") und „fair betting quotient" [14, § 41. A.B]. Gerade auf diesen Zweck wird die Definition des Bestätigungsgrades gerichtet. Unter Verwendung des Begriffs des Bestätigungsgrades wird der Begriff der c-Mittel-Schätzung definiert [14, §§ 98–100]. Anschließend wird bewiesen, daß der Wert des Bestätigungsgrades eines singulären Voraussageschlusses gleich dem c-Mittel-Schätzwert der relativen Häufigkeit in der Gesamtheit (d. h. dem Schätzwert der statistischen Wahrscheinlichkeit) ist [14, S. 543, T 104–2. c.]. Dieser Satz sagt nichts über die Güte des c-Mittel-Schätzverfahrens, nichts über seine Beziehung zur statistischen Wahrscheinlichkeit in realen Versuchen. Er sagt nur, in welcher Weise der Bestätigungsgrad eine Schätzung der statistischen Wahrscheinlichkeit *sein soll*; inwieweit er es *ist*, hängt von der Güte des c-Mittel-Schätzverfahrens ab, die an dieser Stelle noch nicht nachgewiesen ist. Erst mit diesem Nachweis ist das System gerechtfertigt. Ein Axiomensystem der deduktiven Logik ist im entsprechenden Sinne mit dem Beweis der semantischen Widerspruchsfreiheit gerechtfertigt.

Carnap wählt als Gütekriterium nicht den statistischen Erwartungswert des quadratischen Fehlers der c-Mittel-Schätzung, sondern die c-Mittel-Schätzung des quadratischen Fehlers der c-Mittel-Schätzung; statt der statistischen Wahrscheinlichkeit benutzt er den Bestätigungsgrad zur Rechtfertigung der Theorie des Bestätigungsgrades [14, §§ 102, 103]. Diese Rechtfertigung der induktiven Logik ist zirkelhaft im folgenden Sinne: Es ist widerspruchsfrei denkbar, daß eine c-Funktion eine gute c-Mittel-Schätzung der relativen Häufigkeit (der statistischen Wahrscheinlichkeit) liefert, und daß dennoch diese Schätzwerte in der Mehrzahl der Fälle stark von der statistischen Wahrscheinlichkeit abweichen, daß der statistische Erwartungswert des quadratischen Schätzfehlers groß ist. Der entsprechende Fall in der deduktiven Aussagenlogik, daß das Axiomensystem widerspruchsfrei ist und es dennoch in ihm beweisbare Formeln gibt, die keine Tautologien sind, kann nicht eintreten. Die Carnapsche, rein logisch-semantische Rechtfertigung der induktiven Logik ist keine Rechtfertigung. Sie muß durch eine empirische, auf dem Begriff der statistischen Wahrscheinlichkeit beruhende, ersetzt werden. Die Carnapschen Schätzverfahren des λ-Kontinuums werden durch die statistische Praxis gerechtfertigt. Eine Aussage der Form $c(h, e) = r$ drückt keine logische, sondern eine empirische Beziehung aus.

Quellennachweise

1. Зиновьев, А. А., Логика науки, Москва 1971.
2. Зиновьев, А. А., Логическая физика, Москва 1972.
3. Карнап, Р., Философские основания физики, Москва 1971 (Übers. a. d. Engl.)
4. Кравец, А. С., О природе вероятности, в: [11], стр. 186–187.
5. Купцов, В. И., О характере вероятностных представлений в физике, в: [11], стр. 97–109.
6. Ландау, Л. Д. и Лифшиц, Е. Н., Теоретическая физика, т. V, Статистическая физика, Москва 1964.
7. Неклассическая логика, Москва 1970.
8. Пятницын, Б. Н., К проблемам вероятностных и статистических логик, в: [7], стр. 191–237.
9. Сачков, Ю. В., Введение в вероятностный мир, Москва 1971.
10. Сачков, Ю. В., Квантовая механика и природа вероятности, в: [11], стр. 87–97.
11. Философские вопросы квантовой физики, Москва 1970.
12. Хинчин, А. Я., Частотная теория Р. Мизеса и современные идеи теории вероятностей, Вопросы философии 1961/1, 2.
13. Carnap, R., Inductive Logic and inductive Intuition, in: The Problem of Inductive Logic (ed. by I. Lakatos), London 1965, S. 258–267.
14. Carnap, R., Logical foundations of Probability, Chicago 1950.
15. Carnap, R., Stegmüller, W., Induktive Logik und Wahrscheinlichkeit, Wien 1958.
16. Essler, W. K., Induktive Logik. Grundlagen und Voraussetzungen, Freiburg/München 1970.
17. Fetzer, J. H., Dispositional Probabilities, in: PSA 1970, Dordrecht-Holland 1971.
18. Fisz, M., Wahrscheinlichkeitsrechnung und mathematische Statistik, Berlin 1958.
19. Gnedenko, B. W., Lehrbuch der Wahrscheinlichkeitsrechnung, Berlin 1965.

20. Good, I. J., The Estimation of Probabilities, Cambridge Mass. 1965.
21. Hilbert, D., Grundlagen der Geometrie, 2. Aufl., Leipzig 1903.
22. Hintikka, J., Statistics, Induction, and Lawlikeness: Comments on Dr. Vetters Paper, in: Induction, Physics and Ethics, Dordrecht-Holland 1970, S. 91–102.
23. Kolmogoroff, A. N., Grundbegriffe der Wahrscheinlichkeitsrechnung, Berlin 1933.
24. Lakatos, I., The Problem-shift in Inductive Logic, in: The Problem of Inductive Logic, London 1965, Anhang.
25. de Laplace, P. S., Philosophischer Versuch über die Wahrscheinlichkeiten, Leipzig 1886.
26. Łukasiewicz, J., Logical Foundations of Probability, in: Selected Works, Amsterdam, London, Warszawa 1970, S. 16–63.
27. v. Mises, R., Wahrscheinlichkeit, Statistik und Wahrheit, Wien 1928.
28. Pjatnicyn, B. N., Über die Semantik der Wahrscheinlichkeitslogik und der induktiven Logik, in [29], S. 318–337.
29. Quantoren – Modalitäten – Paradoxien, Berlin 1972.
30. Rakitov, A. I., Die statistische Interpretation eines Fakts und die Rolle statistischer Methoden beim Aufbau empirischen Wissens, in [40], S. 455–492.
31. Reichenbach, H., Die logischen Grundlagen des Wahrscheinlichkeitsbegriffs, Erkenntnis 3 (1932–33).
32. Reichenbach, H., Kausalität und Wahrscheinlichkeit, Erkenntnis 1 (1930–31), S. 158–188.
33. Reichenbach, H., Wahrscheinlichkeitslehre, Leiden 1935.
34. Rényi, A., Wahrscheinlichkeitsrechnung mit einem Anhang über Informationstheorie, Berlin 1962.
35. Ruzavin, G. I., Die semantische Konzeption der induktiven Logik, in [29], S. 299 bis 317.
36. Ruzavin, G. I., Die Wahrscheinlichkeitslogik und ihre Rolle in der wissenschaftlichen Forschung, in [40], S. 248–306.
37. Sinowjew, A. A., Komplexe Logik, Berlin 1970.
38. Sinowjew, A. und Wessel, H., Logische Sprachregeln. Eine Einführung in die Logik, Berlin 1975.
39. Stegmüller, W., Homage to Rudolf Carnap 13, in PSA 1970, Dordrecht-Holland 1971, S. LII–LXVI.
40. Studien zur Logik der wissenschaftlichen Erkenntnis, Berlin 1967.
41. Wald, A., Die Widerspruchsfreiheit des Kollektivbegriffs, Selected Papers in Statistics and Probability, Stanford California 1957, S. 25–45.

L. M. Slotnikow

Erkenntnistheoretische Analyse der objektiven Basis der Physik

Die erfolgreiche Entwicklung der Naturwissenschaft im 19. Jahrhundert führte dazu, daß die Gesamtheit der naturwissenschaftlichen Erkenntnisse über die materielle Welt zu Beginn unseres Jahrhunderts den Charakter eines einheitlichen hypothetisch-deduktiven Systems anzunehmen begann. Dies zeigte sich vor allem auf dem Gebiet der Physik, die in theoretischer und praktischer Hinsicht am weitesten entwickelt war. In dem gleichen Maße, wie die verschiedenen Bestandteile der physikalischen Theorie den Charakter einheitlicher Systeme von Erkenntnissen über die Welt annehmen, gewinnt die Aufhellung und objektive Begründung ihrer grundlegenden Ausgangsprinzipien wachsende Aktualität. Schon die Tatsache, daß zu Beginn unseres Jahrhunderts eine Krise in den methodologischen Grundlagen der theoretischen Physik eintrat, zeigt, daß die stillschweigend vorausgesetzten Grundprinzipien der klassischen Physik damals keineswegs theoretisch durchdrungen und folgerichtig begründet waren. Die von W. I. Lenin aufgezeigten konkreten Ursachen des „physikalischen“ Idealismus [20, Bd. 14, S. 309–313] ließen auch die tiefgründigsten Untersuchungen zu methodologischen Grundfragen der theoretischen Physik bisweilen erfolglos bleiben. So kam zum Beispiel Henry Poincaré nach eingehender Analyse des Problems, die Prinzipien der physikalischen Theorie zu begründen, zu dem Schluß, daß diese Prinzipien nur Produkte der mathematischen Schöpferkraft seien, die in der Physik als besondere Konventionen verwendet werden, und die man aus Gründen der Bequemlichkeit und Zweckmäßigkeit bei Beachtung der Anforderungen der Logik annimmt [26, S. 66 oder 27, S. 51]. Es verwundert nicht, wenn das letzte Kapitel der Arbeit [26] den Titel „Das Ende der Materie“ trägt; das beweist, daß das Problem noch nicht gelöst war. Zahlreiche andere Versuche der Machisten, eine folgerichtige Begründung der Physik zu geben, führten ebenfalls nicht zum Erfolg und konnten es auch nicht wegen des im Ansatz fehlerhaften gnoseologischen Ausgangspunktes des subjektiven Idealismus, der mit den Prinzipien wahrer Wissenschaft unvereinbar ist. Unter den Philosophen des 20. Jahrhunderts widmete Hugo Dingler diesem Problem große Aufmerksamkeit. Vom Jahre 1905 bis kurz vor seinem Tode im Jahre 1954 war er in seinen zahlreichen Arbeiten, es sind mehr als 30 Bücher und Broschüren [11, 234], bestrebt, eine Fundamentalwissenschaft aufzubauen, die eine folgerichtige Begründung des Gesamtsystems der theoretischen Physik liefert. Die Hauptergebnisse dieser Untersuchungen sind in seinen letzten, posthum veröffentlichten Monographien [1] und [12] enthalten. Sein wichtigstes Resultat war die Schlußfolgerung, daß man sich bei der Begründung der Ausgangsprinzipien der Wissenschaft auf die grundlegenden Fähigkeiten der real existierenden Menschen stützen muß, wie sie in ihrem praktischen Handeln in Erscheinung treten. Eben darum muß man diese Fähigkeiten als Bedingung jeder praktischen Tätigkeit schon voraussetzen. Der falsche philosophische Ausgangspunkt des sogenannten „kritischen Voluntarismus", der Dingler in seinen Untersuchungen leitete, hinderte ihn jedoch, sein Programm zur Begründung des Systems physikalischer Kenntnisse zu Ende zu führen und die realen Quellen der Herausbildung dieser fundamentalen Fähigkeiten des Menschen aufzuzeigen.

Die weitere Entwicklung der Dinglerschen Idee einer „Fundamentalwissenschaft" ist mit dem Namen des deutschen Logikers Paul Lorenzen verbunden, der 1960 in einem Artikel [22] ihren Gegenstand erstmals exakt bestimmte und für sie die Bezeichnung „Protophysik" einführte. Die Grundsätze und Prinzipien der Protophysik von Lorenzen wurden in den Arbeiten [23] und [14] formuliert. Hier wird die Protophysik bestimmt als ein System theoretischer Kenntnisse, das als Bindeglied zwischen Mathematik und Physik fungiert und das die Prinzipien der Objektivität, Eindeutigkeit und Zuverlässigkeit von Messungen im physikalischen Experiment bestimmt.

Bei der Begründung dieser Prinzipien hebt Lorenzen aus dem System theoretischer Kenntnisse die sogenannte ideative Basis der physikalischen Messungen hervor. Diese Basis ist eine Gesamtheit einfachster geometrischer und anderer ideeller Formen, die sich durch die gesamte historisch-praktische Tätigkeit der Menschen im Bewußtsein des heutigen Menschen befestigt haben und die deshalb den Charakter allgemeinverständlicher, streng fixierter Vorstellungen tragen. Die Möglichkeit einer Protophysik als Wissenschaft wird begründet durch die Möglichkeit, die ideative Basis der für die Messungen fundamentalsten physikalischen Größen (Länge, Zeitdauer, Masse) wissenschaftlich zu bestimmen. Dabei werden konkrete Fakten aus der Geschichte des Bauwesens, die den praktischen Charakter der Aneignung elementarer Begriffe der euklidischen Geometrie zeigen [22], aber auch Fakten aus der Geschichte der Entstehung und Entwicklung der exakten Wissenschaften [21] verwendet. Die Erklärung einer so grundlegenden Fähigkeit des heutigen Menschen, wie der Fähigkeit zum logischen Denken, wird durch Analyse der Sprache, durch Aufweisen der invarianten Aspekte ihrer Struktur gegeben.

Das von Dingler und Lorenzen vorgeschlagene Programm zum Aufbau einer Protophysik als Fundamentalwissenschaft wurde nun aber von der Mehrheit der „physikalischen" Idealisten und „Philosophen der Naturwissenschaft" äußerst skeptisch betrachtet, da ihre metaphysischen Spekulationen mit einer solchen Wissenschaft unverträglich sind.

Die zahlreichen Arbeiten Dinglers wurden daher meist entweder ignoriert oder deren offenkundige Fehler kritisiert; ihre positiven Ansätze zu einer Untersuchung der Prinzipien der Logik, Mathematik und Physik hingegen wurden nicht schöpferisch aufgegriffen.

M. Bunge ignoriert in seiner Monographie [10] demonstrativ die Protophysik von Lorenzen und erweckt den Eindruck, als wäre der Terminus „Protophysik" von ihm selbst zuerst eingeführt worden. Die von ihm als „Protophysik" bezeichnete Wissenschaft ist jedoch lediglich ein Konglomerat mathematischer, logischer und anderer Prinzipien und Theorien, die als Ausgangsmaterial für den formalen Aufbau physikalischer Theorien verwendet werden (relativistische Prinzipien, Wahrscheinlichkeitsrechnung, Theorie der Zeit, Geometrie, allgemeine Systemtheorie, analytische Mechanik u. a.). Diese „Protophysik" ist eher fragmentarisch als einheitlich: sie ist keine einheitliche Theorie oder auch nur ein System verwandter Theorien, sondern eine heterogene Zusammenstellung von Prinzipien und Theorien [10, S. 85]. Eine solche Interpretation des Terminus „Protophysik" ist gleichbedeutend mit ihrem Todesurteil als Wissenschaft. Grundlage dieser Ablehnung ist die Ignoranz gegenüber den realen Entwicklungsproblemen der modernen Wissenschaft, die den Gegenstand der Protophysik bestimmen. Zu diesen Problemen gehört vor allem die Frage einer wirklich materialistischen Begründung der fundamentalen Prinzipien der wissenschaftlichen Erkenntnis sowie der Begründung der theoretischen Mechanik und der allgemeinen Meßtheorie als der universellsten Theorien im System der naturwissenschaftlichen Kenntnisse.

Müller-Markus ignoriert in [24] nicht nur die Protophysik von Lorenzen, sondern auch die „Protophysik" von M. Bunge. Er gibt dem Terminus „Protophysik", den er ebenfalls als erster eingeführt haben will, eine rein theologische Interpretation. Seiner Meinung nach ist die theoretische Physik selbst überhaupt kein System objektiver Kenntnisse über die Welt, sondern ein sogenannter „existentieller Glaube". Um Physiker zu sein, muß man notwendig an die Ausgangsprinzipien der theoretischen Physik glauben; sie bilden das „Glaubenssymbol" der Mehrzahl der Physiker. Diese Prinzipien können ihrem Wesen nach nicht begründet werden, weil sie übernatürliche Vorstellungen sind und uns von Gott durch besondere „Propheten" eingegeben werden.

Vergleicht man das als Gegenstand der „Protophysik" analysierte Glaubenssymbol einer „rechtgläubigen" Physik [24] mit den Besonderheiten des Weltverständnisses des Urmenschen [2], so wird klar, daß die Protophysik [24] lediglich ein der Wissenschaftssprache angepaßter und weitgehend systematisierter Ausdruck des primitiven Schamanismus ist – betrachtet durch das Prisma der neothomistischen Philosophie. Ohne Zweifel ist die weitere Herausbildung und Entwicklung der Protophysik als Wissenschaft unmöglich ohne entschiedenen Kampf gegen den philosophischen Obskurantismus, für den die „Protophysik“ von Müller-Markus ein typisches Beispiel ist.

Die positiven Ansätze der Protophysik von Lorenzen konnten umso leichter entstellt werden, als er selbst den Dinglerschen Subjektivismus in bezug auf die Objektivität wissenschaftlicher Erkenntnis nicht völlig überwindet. Anhänger einer wissenschaftlichen Protophysik haben daher in Einzelfällen gerade die schlechtesten Seiten der Dinglerschen Philosophie weiterentwickelt. Aus diesem Grunde wurde bis jetzt auch in der Frage nach dem Gegenstand der Protophysik keine Einigkeit erzielt. Lorenzen verbindet z. B. die Probleme der Protophysik vorwiegend mit Problemen der Mathematik, Metamathematik, Logik und theoretischen Mechanik. Sein Schüler P. Janich dagegen neigt zu der Annahme, die Protophysik sei „unabhängig von den Messungen und in diesem Sinne eine apriorische Theorie der Messungen der Grundgrößen Länge, Zeitdauer und Masse“ [15, S. 303]. Schließlich verwendet Thüring, der Dinglers voluntaristische Tradition in der Deutung der Naturgesetze und des Wesens der wissenschaftlichen Erkenntnis fortsetzt, den Terminus „Protophysik“ völlig willkürlich. In der Monographie [28] werden die Probleme der Protophysik teilweise mit einigen Problemen der Gravitationstheorie identifiziert, während die „Protophysik der Wellen“ [29] nur ein Beispiel einer etwas eigenartigen Interpretation der Kinematik der Wellenprozesse gibt.

Aus dem Gesagten folgt, daß die Konstituierung und erfolgreiche Entwicklung der Protophysik als Fundamentalwissenschaft philosophischen Charakters eine genaue Bestimmung ihres Gegenstandes und die Überwindung idealistischer Fehler, Irrtümer und offenkundiger Fälschungen voraussetzt. Die grundlegende Aufgabe einer wissenschaftlichen Protophysik besteht u. E. in der philosophischen Untersuchung der objektiven Basis der Physik. Unter der objektiven Basis der Physik wird hier eine bestimmte Gesamtheit abstrakter Begriffe, Prinzipien und idealer Formen verstanden, mit deren Hilfe die Elemente des absoluten Wissens der Menschen von den attributiven Merkmalen der Dinge der uns umgebenden materiellen Welt widergespiegelt werden. Sobald ein objektives Wissen von solchen Merkmalen im Verlauf der gesellschaftlichen Entwicklung erworben oder aber als erblich gefestigte Information über die Welt nachgewiesen wurde, kann der weitere Prozeß der Erkenntnis der Welt und ihrer praktischen Aneignung durch den Menschen die Wahrheit dieses Wissens nur bestätigen, da die Attribute der Materie absolut sind. Folglich kann die objektive Basis der Physik im Entwicklungsgang von Wissenschaft und Praxis nur bereichert und vervollkommnet werden, aber in ihren Grundelementen kann sie keinem radikalen Bruch unterworfen sein, ohne daß die Wissenschaft selbst zerstört würde. Die Anerkennung einer objektiven Basis wissenschaftlicher Erkenntnisse im Rahmen der Physik unterscheidet die Position des konsequenten philosophischen Materialismus grundlegend von den Positionen des subjektiven Idealismus und eines beschränkten Empirismus. Man kann deshalb behaupten, daß der Aufbau einer Protophysik als strenger Wissenschaft entscheidende Bedeutung für den Kampf mit den wichtigsten Erscheinungsformen des „physikalischen" Idealismus, für den Kampf mit dem Konventionalismus, dem Voluntarismus und allen anderen Spielarten des Subjektivismus im Bereich der philosophischen Begründung der modernen Physik haben wird.

Auf die Existenz einer objektiven Basis der Wissenschaft machte zuerst Herbert Spencer aufmerksam, der diese Existenz auf Grund physiologischer Daten durch die „Festigung der Erfahrung zahlloser Generationen von Vorfahren in der Struktur des menschlichen Nervensystems" erklärte [1, S. 34]. Dieser Gedanke Spencers fand Widerhall im dialektischen Materialismus. Im Fragment „Mathematik" der „Dialektik der Natur" von F. Engels wird – was die Axiome der Mathematik betrifft – auf die Richtigkeit dieser Bewertung von Mechanismen zur Festigung von Erkenntnissen im Bewußtsein verwiesen: „Spencer hat insofern recht, als die uns so vorkommende *Selbstverständlichkeit* dieser Axiome *angeerbt* ist. Beweisbar sind sie dialektisch, sofern sie nicht reine Tautologien" [13, S. 521]. Weiter bemerkt Engels: „Andererseits hat die moderne Naturwissenschaft den Satz vom erfahrungsmäßigen Ursprung alles Denkinhalts in einer Weise erweitert, die seine alte metaphysische Begrenzung und Formulierung über den Haufen wirft. Indem sie die Vererbung erworbener Eigenschaften anerkennt, erweitert sie das Subjekt der Erfahrung vom Individuum auf die Gattung; es ist nicht mehr notwendig das einzelne Individuum, das erfahren haben muß, seine Einzelerfahrung kann bis auf einen gewissen Grad ersetzt werden durch die Resultate der Erfahrungen einer Reihe seiner Vorfahren. Wenn bei uns z. B. die mathematischen Axiome jedem Kind von acht Jahren als selbstverständlich, keines Erfahrungsbeweises bedürftig erscheinen, so ist das lediglich Resultat ‚gehäufter Vererbung'. Einem Buschmann oder Australneger würden sie schwerlich durch Beweis beizubringen sein" [13, S. 529].

W. I. Lenin verwies auf die Praxis als den wichtigsten Faktor, durch den die Elemente der objektiven Basis der Wissenschaft im Bewußtsein des Individuums befestigt werden. „Die praktische Tätigkeit des Menschen mußte das Bewußtsein des Menschen milliardenfach zur Wiederholung der verschiedenen logischen Figuren führen, damit diese Figuren die Bedeutung von Axiomen erhalten konnten" [20, Bd. 38, S. 181]. Aus diesen Sätzen der Klassiker des dialektischen Materialismus folgt, daß die objektive Basis der Wissenschaft als Gesamtheit der wesentlichen und beständigsten Elemente der ererbten Erfahrung der *ganzen* menschlichen Gattung existiert, die im Verlaufe der Anthropogenese und der Geschichte der gesellschaftlichen Entwicklung erworben wurde, und die sich durch die Praxis der täglichen Arbeit, der materiellen Produktion und der wissenschaftlichen Forschung festigt. Die Objektivität, Absolutheit und Wahrheit dieser Elemente kann durch umfassende dialektische Analyse der zuverlässigsten wissenschaftlichen

Fakten bewiesen werden, welche in Ethnographie, Geschichte der Wissenschaft und Technik, Linguistik und Neurophysiologie gewonnen wurden. Diese und andere Wissenschaften zeigen, daß die Erberfahrung der Menschen eine lange Geschichte hat.

Die philosophische Analyse der objektiven Basis der modernen Physik erfordert erstens eine exakte Bestimmung ihres Gegenstandes und zweitens eine Auswahl der allgemeinsten und universellsten Erkenntnisse der Physik, die ausgesprochen oder unausgesprochen in ausnahmslos allen physikalischen Wissenschaften vorausgesetzt werden. Nach Lorenzen [23] kann man die Physik als Somatologie definieren, d. h. als Bereich des Wissens über materielle Dinge und Prozesse, mit Ausnahme des Wissens über die Eigenschaften lebender und sozial organisierter Systeme. Die so verstandene Physik umfaßt die gesamte Naturwissenschaft, mit Ausnahme der Biologie und Anthropologie. Bekanntlich kann ein geschlossenes System von Kenntnissen in seinen grundlegenden Prinzipien nicht mit systemeigenen Mitteln und Methoden begründet werden. In unserem Falle werden zur Begründung der objektiven Basis der Physik gerade auch Kenntnisse über Eigenschaften der Lebewesen und über den Menschen selbst als den Träger des Bewußtseins und des vorhandenen Wissens herangezogen. Dabei können diese Kenntnisse ihrem Wesen nach ohne Verwendung physikalischer Methoden erhalten werden; ihre Quelle ist die Praxis der Anthropogenese und der sozialen Entwicklung, Mittel ihrer Erlangung sind Reflexion, Selbstbetrachtung, objektive Erforschung des menschlichen Bewußtseins, Verhaltens usw. Dadurch kann man dem fehlerhaften Kreislauf im Programm der Begründung der exakten wissenschaftlichen Kenntnisse über die materielle Welt entgehen, der nach Dinglers Meinung unvermeidlich ist, wenn man nicht einen irrationalen Willen in die Grundlage der Analyse einbezieht. Eine derart aufgebaute Protophysik wird deshalb völlig frei sein von Elementen des Irrationalismus und Subjektivismus, die ein wesentliches Moment im Programm der Dinglerschen „Fundamentalwissenschaft" bilden [12]. Was die Auswahl der allgemeinsten Erkenntnisse der Physik angeht, so wird man zu ihnen die grundlegenden Prinzipien des dialektischen Materialismus, die Prinzipien der mathematischen Analysis und der theoretischen Mechanik sowie die objektiven Prinzipien der allgemeinen Theorie der physikalischen Messungen rechnen müssen. Die Universalität dieser Prinzipien ergibt sich daraus, daß sie alle direkt oder indirekt materielle Merkmale attributiven Charakters widerspiegeln. Deshalb besteht die Hauptaufgabe einer philosophischen Analyse der objektiven Basis der Physik darin, aufzudecken, welche Attribute der Materie auf welchem Wege und auf welche Weise gerade durch diese oder jene Elemente dieser Basis widergespiegelt werden.

Die wichtigsten Basisprinzipien der wissenschaftlichen Erkenntnis sind die folgenden: von den ontologischen das Prinzip der materiellen Einheit der Welt, von den gnoseologischen das Prinzip der Erkennbarkeit der Welt, von den logischen das Prinzip der Universalität der Logik des wissenschaftlichen Denkens. Auf der Grundlage dieser Prinzipien kann man das Prinzip der Objektivität der wissenschaftlichen Erkenntnis formulieren, welches das wichtigste Kriterium der Wissenschaftlichkeit unserer Kenntnisse über die Welt darstellt. Die ersten beiden Prinzipien wurden im Rahmen des dialektischen Materialismus gründlich ausgearbeitet. Das Prinzip der Universalität der Logik des wissenschaftlichen Denkens war zu Ende des vergangenen Jahrhunderts in der Methodologie der Naturwissenschaft fest verankert. Es war jedoch im Laufe unseres Jahrhunderts im Zusammenhang mit der Verbreitung des Subjektivismus in der theoretischen Physik und der entsprechenden Verfälschung ihrer weltanschaulichen Grundlagen mehrmals Zweifeln und Ablehnungen ausgesetzt. Zu den engagiertesten Befürwortern und Propagandisten dieses Prinzips zählte H. Dingler und zählt heute A. A. Sinowjew. Er formuliert dieses Prinzip folgendermaßen: „Die Gesetze der Logik sind ihrer Natur nach universell, sie besitzen keine Ausnahmen und hängen nicht von Besonderheiten dieses oder jenes Gebietes ab. Abhängig von diesen Besonderheiten ist nur, welche Gesetze aus der Menge der möglichen logischen Gesetze gerade verwendet werden" [3, S. 24].

Die Begründung der Basisprinzipien gestattet es, das Prinzip der Objektivität der wissenschaftlichen Erkenntnis exakt zu formulieren. Nach diesem Prinzip müssen im System des Wissens über die materielle Welt exakte Kriterien der Abgrenzung zwischen objektiver Information über die Welt und subjektiver Meinungen einzelner Menschen enthalten sein; dabei müssen diese Kriterien die Möglichkeit ausschließen, falsche Meinungen als Prinzipien der Wissenschaft zu akzeptieren, und sie müssen gewährleisten, daß als fundamentale Prinzipien nur Kenntnisse von Merkmalen materieller Dinge unbedingt attributiven Charakters akzeptiert werden. Sofern das einzige absolute Kriterium für die Auswahl solcher Kenntnisse die Praxis der ganzen Menschheit, und der einzige reale Mechanismus der Festigung absoluter Kenntnisse über die Welt im Gehirn des Menschen die dynamische Stereotypisierung und die Bildung statischer Stereotype des Denkens ist, kann man zu den fundamentalen Prinzipien und Vorstellungen nur die durch die Praxis der gesamten menschlichen Gattung überprüften und im Bewußtsein bis zur Ebene selbstverständlicher Ideen gefestigten allgemeinsten und wesentlichen Elemente des Wissens über die Welt zählen. Die Gesamtheit dieser Elemente objektiven und absoluten Wissens werden wir die objektive Basis der Wissenschaft nennen. Das Prinzip der Objektivität wissenschaftlicher Erkenntnis können wir nun wie folgt formulieren: *Als allgemeine Methoden und Mittel des Aufbaus wissenschaftlicher Theorien und der Planung von Experimenten dürfen nur die Elemente der objektiven Basis der Wissenschaft selbst oder auf ihrer Grundlage und mit ihrem Material formulierte Prinzipien und Vorstellungen verwendet werden.*

Ein so verstandenes Prinzip der Objektivität wissenschaftlicher Erkenntnis schließt solche „revolutionären" Brüche mit den Prinzipien einer Wissenschaft aus, die zu einem völligen Zusammenbruch einer alten und zur Aufstellung einer neuen Basis echter wissenschaftlicher Theorien führen würden.

Die Anerkennung solcher Revolutionen beruht auf der Vermischung der Wissenschaft mit anderen Formen der Widerspiegelung etwa mit der Kunst und der Religion.

Die Analyse der objektiven Basis physikalischer Theorien hat methodisch richtig mit der Betrachtung der Rolle der Zahlen und des Rechnens in der Erkenntnis zu beginnen. Die Zahlen gehören zu den allgemeinsten und abstraktesten Begriffen im Arbeitsapparat der modernen Naturwissenschaft. Die Betrachtung der Zahlen muß in der Ordnung ihres wachsenden Kompliziertheitsgrades erfolgen.

Der Analyse der natürlichen Zahlen schenkt Dingler in vielen Arbeiten besondere Aufmerksamkeit. Er betrachtet zunächst die einfachste natürliche Zahl, die arithmetische Eins, und zeigt, daß zum Inhalt des Begriffs der Eins insgesamt nur zwei Merkmale gehören: die Existenz und die Unterscheidbarkeit von allem übrigen (siehe [11, S. 57; 12, S. 57]). Folglich gehört zum Umfang dieses Begriffs die Menge aller deutlich unterscheidbaren Dinge, sowohl der wirklich existierenden als auch der nur in der menschlichen Einbildung existierenden. Die Existenz des Begriffs der Eins wird für jedes Subjekt als unmittelbar gegeben vorausgesetzt, das fähig ist, sich selbst aus seiner Umwelt gedanklich auszusondern und als ein einheitliches Ganzes, von der übrigen Welt Unterschiedenes vorzustellen. Auf Grund des Begriffs der Eins und der Bildungsregel für alle weiteren natürlichen Zahlen kann man folgendes Prinzip formulieren: „Eine Menge natürlicher Zahlen, die die Zahl 1 und mit jedem ihrer Elemente n auch das darauffolgende Element $n + 1$ enthält, enthält alle natürlichen Zahlen" [5, S. 27]. Mittels einer Zähloperation wird eine umkehrbar eindeutige Entsprechung zwischen der betrachteten Gruppe diskreter Elemente und einer bestimmten natürlichen Zahl hergestellt. Nach Dingler hat eine Zähloperation nur Sinn und Bedeutung bei Beachtung der folgenden Forderungen:

1. Es soll jedes Element der Gruppe vorhanden und von den übrigen räumlich unterschieden sein sowie eindeutig kenntlich von der Umgebung unterscheidbar und in seiner Zugehörigkeit zur Gruppe festgestellt;
2. es sollen während der Benutzung der Gruppe nicht zwei Elemente zusammenfließen;
3. es soll sich keines der Elemente während der Benutzung der Gruppe in zwei zerspalten;
4. es soll während der Benutzung der Gruppe kein neues Element von sich aus hinzukommen;
5. es soll ebenso kein Element von sich aus verschwinden oder verlorengehen;
6. es soll die Symbolik, welche die Zusammengehörigkeit der Elemente

der Gruppe kennzeichnet, während der Benutzung eindeutig kenntlich bleiben [12, S. 66/67].

Bei Benutzung der Zähloperation im Erkenntnisprozeß ist es notwendig, stets eine genaue Abgrenzung zwischen den Begriffen materieller und ideeller Dinge vorzunehmen, so daß eine beliebige zählbare Gruppe entweder nur materielle oder nur ideelle, jedoch nicht zugleich materielle und ideelle Gegenstände enthält. Für ideelle Gegenstände sind die von Dingler aufgestellten Forderungen schon auf Grund der Definition der für das Zählen vorgesehenen Gruppen garantiert. Zählbare Gruppen materieller Gegenstände dagegen besitzen die entsprechenden Eigenschaften in zwei Fällen: a) die Gegenstände werden künstlich hergestellt, so daß diese Eigenschaften durch den Herstellungsprozeß der Dinge selbst garantiert werden; b) unter den Gegenständen der uns umgebenden materiellen Welt werden nur solche Dinge ausgewählt, die diese Eigenschaften besitzen. So zeigt sich die begrenzte Anwendbarkeit der Zähloperation schon bei der bloßen Konstatierung der Existenz materieller Dinge. Während mit Hilfe der ganzen Zahlen die Existenz relativ diskreter und deutlich von der Umgebung abgehobener materieller Körper widergespiegelt wird, wird durch den Begriff der reellen Zahl die Existenz beliebiger Teile der materiellen Welt widergespiegelt. Die Menge der reellen Zahlen ist nicht abzählbar und bildet ein Kontinuum. Die Stetigkeit der Menge der reellen Zahlen widerspiegelt dasjenige Attribut der Welt, welches durch das Prinzip der materiellen Einheit der Welt bestimmt ist. Um eine umkehrbar eindeutige Entsprechung zwischen der Menge der reellen Zahlen und einer Menge von Teilen der materiellen Welt zu gewährleisten, muß man jede Unbestimmtheit sowohl in der Bestimmung der Zahlenmenge als auch in der Bestimmung der betreffenden unendlichen Menge von Dingen ausschließen. Dann ist die Operation, die die materiellen Dinge zur Menge der reellen Zahlen in Beziehung setzt, nichts anderes als die Messung materieller Dinge bezüglich einer gewissen gemeinsamen Eigenschaft. Bei einer Messung können sich die materiellen Dinge als Träger einer gemeinsamen Eigenschaft unendlich wenig voneinander unterscheiden. Wenn man aber in Betracht zieht, daß die ständige Veränderung der Eigenschaften dieser Dinge eine Äußerung ihrer Seinsweise selbst ist, so setzt absolute Bestimmtheit der Meßergebnisse die Wahl eines minimalen Zeitabschnittes voraus; in ihm können dann diese Eigenschaften als unveränderlich angenommen werden. Diesen Zeitabschnitt nennen wir einen *Augenblick* in der Existenz der zu messenden materiellen Dinge. Wir bezeichnen den augenblicklichen Wert einer willkürlichen, aber bestimmten Eigenschaft eines einzelnen materiellen Dinges mit dem Symbol Q. In der Welt der ideellen Dinge wählen wir die einzige Abstraktion aus, die auf umkehrbar eindeutige Weise dem gegebenen Wert der Eigenschaft entspricht, und bezeichnen sie ebenfalls mit dem Symbol Q. Damit haben wir eine ideelle Größe Q definiert, die einen einzigen Wert der entsprechenden Größe (Eigenschaft) materieller Körper objektiv widerspiegelt. In der wissenschaftlichen Arbeit ist es zweckmäßig, mit den ideellen Größen zu operieren, weil man sie per definitionem als absolut feststehend und von anderen unendlich nahen Größen unterschieden ansehen kann. Die Operation des In-Beziehung-setzens ideeller Größen zur Menge der reellen Zahlen ist nichts anderes als die Berechnung der Werte dieser Größen.

Damit diese Berechnung eindeutig ist, müssen alle Mehrdeutigkeiten beseitigt werden, die mit dem Auftreten der Unendlichkeit im Kontinuum der Zahlen und Zahlengrößen verbunden sind. Im Fall der Größen ist das einzige Mittel dazu die Forderung nach absoluter Homogenität des Kontinuums einer beliebigen ideellen Größe. Diese Forderung besagt, daß in allen Teilen der Wertemenge einer gegebenen Größe ein und dieselbe Regel des Grenzübergangs zum „Punkt“, d. h. zu einem unendlich kleinen Element der Menge, wirkt. Mit andern Worten, keines der unendlich kleinen Elemente der Menge hebt sich von der Umgebung ab, und jedes dieser Elemente befindet sich in genau derselben Beziehung zu seiner Umgebung wie ein beliebiges anderes Element dieser Menge. Da die Menge festgelegt ist, muß ihre Mächtigkeit (Kardinalzahl) genau gleich der Summe der Kardinalzahlen von Untermengen sein, aus denen sich die Menge zusammensetzt. Bezeichnet man eine unendlich kleine universelle Veränderung der betrachteten Größe mit dem Symbol dQ und die Kardinalzahl irgendeiner Untermenge von Werten mit dem Zeichen K_i, so kann man diese Forderung wie folgt ausdrücken:

$$Q_\infty = \sum_i Q_i = (\sum K_i)\, dQ = K_\infty dQ.$$

Für eine objektive Bewertung der einzelnen Teilmengen, die aus Werten der betrachteten Größe bestehen, wählen wir irgendeine dieser Mengen aus und verwenden sie als Einheit Q_0 des quantitativen Vergleichs. Vergleicht man jedes Q_i mit Q_0, so erhält man eine objektive Bewertung seiner Größe in Form einer reellen Zahl $q_i = \frac{Q_i}{Q_0} = \frac{K_i}{K_0}$, die die Länge eines bestimmten stetigen Intervalls von reellen Zahlen angibt. Die Festlegung von Q_0 gewährleistet eine umkehrbar eindeutige Zuordnung der Menge der reellen Zahlen zu der Wertemenge einer beliebigen stetigen Größe. Es ist erwähnenswert, daß eine Variation der Größeneinheit Q_0 im Verlauf der Rechnung zulässig ist, wenn dabei das Gesetz des Grenzübergangs zu dQ nicht verändert wird, das Prinzip der Homogenität des Wertekontinuums nicht verletzt wird, das Gesetz der Variation streng definiert ist und durch eine analytische Funktion $f(\alpha, \beta \ldots)$ dargestellt werden kann. Solche Variationen finden breite Verwendung bei Dimensionsbetrachtungen in der Mechanik [8]. Es ist charakteristisch, daß die Q_i selbst bei einer solchen Variation unverändert bleiben, und deshalb muß die Zahl q_i umgekehrt proportional zu $f(\alpha, \beta \ldots)$ variieren:

$$q_i = \frac{1}{f(\alpha, \beta \ldots)}\, q_{i0}\,.$$

Dadurch wird die Objektivität der Widerspiegelung auch bei Variation der Einheit garantiert:

$$Q_i = q_{io} Q_0 = f(\alpha, \beta \ldots)\, q_i \frac{1}{f(\alpha, \beta \ldots)}\, Q_{io}(\alpha, \beta \ldots)\,.$$

Bekanntlich besteht zwischen der Zahlentheorie und der Geometrie als der Theorie der räumlichen Formen und Beziehungen zwischen materiellen Dingen eine umkehrbar eindeutige Beziehung. Darum ist für die Bestimmung der objektiven Basis der räumlichen Widerspiegelung die erwähnte Analyse der erkenntnistheoretischen Funktion von Zahlen und Rechnungen sowie eine exakte Definition des Raumbegriffs erforderlich.

Wie in [2] gezeigt wurde, sind gewisse vorwissenschaftliche Vorstellungen vom Raum direkt durch die Trennung zwischen mathematischer Physik und praktischer physikalischer Forschung, durch den Einfluß fragwürdiger populärwissenschaftlicher und Science Fiction-Literatur auf die Meinungsbildung in bestimmten Kreisen von Naturwissenschaftlern bedingt. So entstand in der Methodologie der theoretischen Physik sogar die Meinung, es habe ein „revolutionärer Umschwung" im „Verständnis" von Raum und Zeit stattgefunden, der die Elemente des Absoluten in der Bestimmung dieser Kategorien beseitigt hätte. Wie in [25] und in zahlreichen Arbeiten Dinglers, Lorenzens u. a. gezeigt wurde, gab es in der Wissenschaft keinen „Bruch" mit den klassischen Begriffen von Raum und Zeit, und es konnte ihn auch nicht geben, weil ohne diese Begriffe ein Begreifen der Einheit und Objektivität materieller Prozesse einfach nicht möglich ist. Ebenso wenig begründet ist die Behauptung, „ultrarevolutionäre" Konzeptionen von Raum und Zeit seien im Rahmen des mathematischen Apparates der Physik entstanden. Dem Wesen nach ist dieser „Bruch" darauf zurückzuführen, daß in der Philosophie der Physik und in der entsprechenden populärwissenschaftlichen Literatur „auf Raum und Zeit eine Terminologie übertragen wurde, die für empirische Gegenstände ausgearbeitet worden war, d. h., man begann faktisch, Raum und Zeit als besondere empirische Gegenstände neben anderen anzusehen" [4, S. 116/117].

Die logische Analyse des Raumbegriffs auf dem Wege der Präzisierung seines Umfangs und Inhalts zeigt die ganze Haltlosigkeit der terminologischen Verwirrung. Den Inhalt des Raumbegriffs bilden solche Merkmale materieller Dinge, wie ihre dreidimensionale Ausgedehntheit, die Stetigkeit, Homogenität und Isotropie der gesamten unendlichen Menge dieser Dinge bezüglich dieser Ausgedehntheit. Dabei werden diese Merkmale in Abstraktion von individuellen, speziellen Besonderheiten ihres Auftretens in den Einzeldingen aufgefaßt, d. h., sie werden bewußt in äußerst allgemeiner, universeller Form ausgewählt. Alle diese Merkmale fanden ihre Widerspiegelung im menschlichen Gehirn durch Bildung entsprechender angeborener Stereotype des Denkens und der räumlichen Widerspiegelung. Deshalb dienen diese Stereotype in jedem einzelnen Fall individueller Wahrnehmung der Welt als

Ordnungsfaktor der Wahrnehmung. Folglich können die inhaltlichen Elemente des Raumbegriffs als philosophischer Kategorie durch sinnliche Daten im Prozeß der individuellen räumlichen Wahrnehmung weder bestätigt noch widerlegt werden. Diese Elemente sind das Ergebnis der objektiven Widerspiegelung des realen Raumes durch die menschliche Gattung seit ihrer Entstehung. Da sich der Inhalt des Raumbegriffs aus gewissen attributiven Merkmalen der Materie zusammensetzt, ist dieser Inhalt lediglich ein Teil des Inhalts des Materiebegriffs. Folglich kann der Raumbegriff nicht nur die wirklich existierende materielle Welt widerspiegeln, sondern eine Menge logisch zulässiger Welten, die mit der unseren in den räumlichen Merkmalen zusammenfallen und sich von ihr in anderen Merkmalen unterscheiden. Das Prinzip der materiellen Einheit der Welt schließt jedoch die Möglichkeit der Existenz anderer Welten aus, und daher fällt der Umfang des Raumbegriffs mit dem Umfang des Materiebegriffs zusammen. Dieser Umstand führt nicht selten zu einer falschen Identifizierung der Begriffe Raum und Zeit, die sich bei einer Verwechslung der Kategorien „Materie" und „materieller Gegenstand" in der in [3] nachgewiesenen Identifizierung des Raumes mit einzelnen empirischen Gegenständen ausdrückt. Daher rührt die Vorstellung eines „physikalischen Raumes", der angeblich der empirischen Verifikation durch das physikalische Experiment unterliegt.

Wenn man den geometrischen Raum als eine ideale Form der unendlichen materiellen Welt bezeichnet, so folgt aus der Einheit der materiellen Welt und der Objektivität ihres Seins die Eindeutigkeit der Wahl dieser Form. Diese Auswahl setzt das Problem der Objektivität der Prinzipien der Geometrie als Theorie des idealen räumlichen Kontinuums als gelöst voraus. Es ist bekannt, daß verschiedene Geometrien existieren, zwischen denen eine umkehrbar eindeutige Zuordnung besteht. Wenn kein ideales Raumkontinuum fixiert wird, so wird der Eindruck erweckt, als ob jede mögliche Geometrie ein besonderes Modell einer logisch zulässigen Welt liefert. In diesem Fall entsteht die Frage, welche der Geometrien der wirklich existierenden materiellen Welt entspricht. Aus dem oben über die inhaltlichen Elemente des Raumbegriffs Gesagten folgt, daß derjenigen Geometrie der Vorzug gegeben werden muß, die dem wirklich existierenden Stereotyp der Raumwahrnehmung entspricht. Eine solche Geometrie ist eben bekanntlich die euklidische Geometrie und keine andere. Auf diese Tatsache wies als erster H. v. Helmholtz hin, der in seiner berühmten Arbeit „Über Bedeutung und Ursprung der geometrischen Axiome" im Anschluß an die Betrachtung der gedanklichen Situation zweidimensionaler Wesen, die Winkelmessungen auf verschiedenen Oberflächen vornehmen, den folgenden Schluß zog: „Übrigens ist es natürlich nicht meine Absicht, zu behaupten, daß die Menschheit erst durch sorgfältig ausgeführte Systeme genauer geometrischer Messungen Anschauungen des Raumes, die den Axiomen des Euklides entsprechen, gewonnen habe. Es mußte vielmehr eine Reihe alltäglicher Erfahrungen, namentlich die Anschauung von der geometrischen Ähnlichkeit großer und kleiner Körper, welche nur im ebenen Raume möglich ist, darauf führen, jede geometrische Anschauung, die dieser Tatsache widersprach, als unmöglich zu verwerfen" [17, S. 216]. Diese Schlußfolgerung entspricht vollkommen der Lehre Pawlows von der Bildung angeborener Stereotype der menschlichen Tätigkeit und des Denkens als objektiver Widerspiegelung der materiellen Welt nicht durch einzelne Individuen, sondern durch die gesamte menschliche Gattung. Henry Poincaré, der in [27] den Vorzug begründet, den die Auswahl der euklidischen Geometrie als Mittel der wissenschaftlichen Widerspiegelung der Welt hat, verweist auch auf gewisse „geistige Gewohnheiten" der Menschen, eine „unmittelbare Intuition" in bezug auf den euklidischen Raum, aber auch auf seine Übereinstimmung mit Eigenschaften der realen festen Körper. Diese Ideen Poincarés hat Dingler in seine Konzeption einbezogen, nach der die Fähigkeit des Menschen zum Denken und zum praktischen Handeln die Grundlage für die Bestimmung der objektiven Basis der räumlichen u. a. Widerspiegelung ist. Dabei wurde die praktische Tätigkeit der menschlichen Gattung sowohl von Dingler als in der Folge auch von Lorenzen als absolutes Kriterium für die Auswahl einer objektiven (oder, nach Lorenzen, „ideativen") Basis der Physik benutzt.

Die euklidische Geometrie legt noch keine einheitliche ideale Form des geometrischen Raumes fest, sie läßt eine Menge konkreter Modelle dieser Form zu, d. h. eine Menge anschaulicher Interpretationen (siehe z. B. [9, S. 21]). In der Wissenschaft hat sich das arithmetische Modell der euklidischen Geometrie einen festen Platz erworben und wurde allgemein anerkannt. In diesem Modell entspricht jedem Punkt des Raumes ein bestimmtes Tripel reeller Zahlen. Wenn man ein solches Modell als zur Bestimmung der objektiven Basis allein geeignet annimmt und es als eindeutig bestimmt und fixiert voraussetzt, so kann man die von der euklidischen verschiedenen Geometrien als verschiedene Sprachen der Geometrie deuten. Ein und dasselbe geometrische Objekt, verstanden als eine Punktmenge des geometrischen Raumes, hat in jeder dieser Geometrien seine besondere Bezeichnung: eine gerade Linie in der Sprache der euklidischen Axiomatik wird in der Sprache einer nichteuklidischen Axiomatik als Kurve bezeichnet und umgekehrt. In diesem Falle ist die Schlußfolgerung Poincarés über den konventionellen Charakter jedes dieser Systeme und über die besondere Stellung der euklidischen Axiomatik völlig gerechtfertigt. Die Sprache der euklidischen Geometrie hat die Funktion der Umgangssprache in bezug auf die verallgemeinerte Sprache der modernen Geometrie insgesamt. Wäre die euklidische Geometrie wirklich „widerlegt" und in einem Wissensbereich „gestürzt", so käme dies einer eigenartigen Wiederkehr der „babylonischen Verwirrung" gleich; es würde selbst die Möglichkeit des Informationsaustausches über die geometrischen Eigenschaften der Dinge verlorengehen.

Die Bestimmung der objektiven Basis der Raumwiderspiegelung bedeutet vor allem, Regeln für den Aufbau eines dreidimensionalen Kontinuums materieller Punkte zu finden, das die Eigenschaften der Homogenität und Isotropie besitzt. Die Eigenschaft der Homogenität kann man leicht angeben: es genügt, sich eine den ganzen Raum erfüllende Menge regelmäßiger Polyeder von der Art des Würfels vorzustellen und die gedankliche Operation einer fortgesetzten Zerstückelung der Elementarzellen durchzuführen, wobei die Identät zwischen den jeweils kleinsten Elementen beim Grenzübergang zur Null erhalten bleibt. Man erhält jedoch bei diesem Verfahren kein isotropes Kontinuum. Die Länge einer Strecke in einer bestimmten Richtung wird nicht nur durch die Mächtigkeit des entsprechenden linearen Kontinuums, sondern auch durch das Maß einer unendlich kleinen Strecke in der angegebenen Richtung bestimmt. Da jedoch die Richtungsbestimmung die Bestimmung der Länge der Projektionen auf die Basisrichtungen voraussetzt, erhält man einen circulus vitiosus: zur Berechnung der Länge muß man die Richtung der zu berechnenden Strecke kennen, während man für die Berechnung der Richtung die Länge der Projektionen der Strecke auf die Basisrichtungen kennen muß. Wenn man nicht nur ein homogenes, sondern auch isotropes Kontinuum erhalten will, muß man von Körpern ausgehen, bei denen ein beliebiger Punkt ihrer Oberfläche Berührungspunkt mit anderen Körpern und ihre Oberflächenform individuell verschieden ist, wobei diese Körper nach Volumen und den verschiedenen Richtungsdurchmessern im Mittel einander gleich sind und die gleichen Abweichungswahrscheinlichkeiten von den Mittelwerten bestehen. Diese Forderungen müssen bei fortgesetzter Teilung dieser Körper bis hin zu unendlich kleinen Parameterwerten erfüllt bleiben. Deshalb hat ein Punkt als Raumelement an einer beliebigen Stelle das mittlere statistische Volumen $(dl)^3$, wo dl die mittlere statistische unendlich kleine Ausdehnung in einer beliebigen Raumrichtung ist. Einen Abschnitt einer geraden Linie, der zwei Punkte des Raumes verbindet, nennt man ein Kontinuum mit minimaler Mächtigkeit bezüglich aller Verbindungsstrecken, die von den beiden Punkten begrenzt werden. Ein Kontinuum, das durch einen Punkt geteilt oder begrenzt wird, nennen wir ein eindimensionales Kontinuum. Als unendliche Gerade bezeichnen wir ein Kontinuum, dessen Mächtigkeit gleich der dritten Wurzel aus der Mächtigkeit des ganzen Raumes ist, wobei sich jeder beliebige Punkt dieses Kontinuums in den gleichen Beziehungen zu allen übrigen Elementen des Kontinuums befindet. Eine unendliche Ebene ist eine Kontinuum, dessen Mächtigkeit gleich dem Quadrat der Mächtigkeit einer unendlichen Geraden ist, wobei sich jeder beliebige Punkt dieses Kontinuums in genau derselben Beziehung zu allen übrigen Punkten der Menge befindet. Eine unendliche Ebene teilt den gesamten Raum, eine unendliche Gerade eine Ebene in zwei völlig gleichartige, einander isomorphe Teile. Der Abstand eines Punktes von einer Linie oder einer Ebene ist das Lot, das von diesem Punkt aus auf die entsprechende Menge gefällt wird. Das Lot ist der kürzeste Abstand des Punktes von der

Linie oder der Ebene, d. h. der bezüglich der Mächtigkeit minimale Abschnitt einer Geraden, die den gegebenen Punkt mit irgendeinem Punkt der Geraden oder Ebene verbindet. Zwei Geraden oder Ebenen werden zueinander parallel genannt, wenn der kürzeste Abstand zwischen ihnen nicht von der Stelle abhängt, an der die durch ein gemeinsames Lot verbundenen Punkte gewählt werden, sondern wenn dieser Abstand stets konstant ist. Zwei Ebenen stehen aufeinander senkrecht, wenn die Lote, die auf jeder der sich schneidenden Ebene in einem beliebigen Punkt ihrer Schnittgeraden errichtet werden, zueinander orthogonal sind. Drei zueinander senkrechte Ebenen kann man als ein Koordinatensystem auffassen, wenn eine Metrik des Raumes vorgegeben ist. Eine Metrik des Raumes vorzugeben bedeutet, einen ganz bestimmten Abschnitt einer Geraden als Längeneinheit festzulegen. Die Koordinaten eines beliebigen Raumpunktes erhält man dann durch einen Vergleich der Längeneinheit mit den Strecken auf den Koordinatenachsen, die durch den allen Achsen gemeinsamen Koordinatenursprung und ihren Schnittpunkten mit den von dem betrachteten Punkt auf die Achsen gefällten Senkrechten begrenzt wird, bezüglich ihrer Mächtigkeit. Diese Koordinaten bezeichnet man gewöhnlich mit den Buchstaben x, y, z, wobei $x = \frac{l_x}{l_0}$, $y = \frac{l_y}{l_0}$, $z = \frac{l_z}{l_0}$ die Längeneinheit und l_x, l_y, l_z die entsprechenden Längen der angegebenen Strecken auf den Koordinatenachsen bedeuten. Der Abstand l zwischen dem Koordinatenursprung und dem betrachteten Punkt wird nach dem Satz von Pythagoras durch die Formel $l = \sqrt{x^2 + y^2 + z^2}\, l_0$ ausgedrückt. Längengleiche Strecken einer Geraden haben definitionsgemäß die gleiche Mächtigkeit des Kontinuums und müssen sich daher durch die gleiche Zahl $\sqrt{x_i^2 + y_i^2 + z_i^2}$ bei verschiedenen Werten der Zahlen x_i, y_i, z_i ihrer Projektionen auf die Achsen ausdrücken.

Die Kategorie Zeit hat Bezug zu vielfach in der Naturwissenschaft verwendeten philosophischen Kategorien. Als universelle Größe figuriert die Zeit buchstäblich in allen Wissenschaften von der materiellen Welt, vor allem als unabhängige Differentiationsvariable in den Differentialgleichungen verschiedener naturwissenschaftlicher Größen. Aus diesem Grunde ist die Zeit das wesentlichste Element im System der objektiven Basis der modernen Naturwissenschaft, und ihre Definition verlangt deshalb besondere Sorgfalt. Die Geschichte dieser Begriffsbildung zeigt jedoch, daß keine hinreichend präzise Zeitdefinition erreicht werden konnte und zuweilen überhaupt für unmöglich erklärt wurde. Die mit der Newtonschen Mechanik gewonnene einheitliche Zeitauffassung krankte an einem gewissen Hang zum mittelalterlichen Realismus. Die „wahre" oder „mathematische" Zeit erschien vielen als eine von der Materie verschiedene metaphysische Substanz mit eigener Existenzweise, die von der Existenzweise der materiellen Welt unabhängig ist. In dieser realistischen Behandlung des Zeitbegriffes finden die primitiven Vorstellungen von der Aufspaltung des Seins in mehrere parallel existierende Welten ein eigentümliches Echo. Die mit der Ablehnung der Newtonschen „absoluten" Zeit verbundene „Revolution" im Weltverständnis und die „Relativierung" des Zeitbegriffs auf Grund bestimmter Erfolge der theoretischen Physik haben die Relikte dieser Vorstellungen nicht nur nicht beseitigt, sondern vielmehr in den Rang von „Überwahrheiten" erhoben. Wie in [2] gezeigt wurde, ist die Ablehnung des Begriffs der absoluten Gleichzeitigkeit und absoluter Kriterien für die Bestimmung der Zeitdauer materieller Prozesse gleichbedeutend mit der Ablehnung eines einheitlichen Zeitbegriffs überhaupt und der Rückkehr zu einem vorgeschichtlichen Niveau des Weltverständnisses. In [25] wird der weitverbreitete Mythos entlarvt, es würden Bereiche der gegenwärtigen theoretischen Physik existieren, die ohne einen allgemeingültigen, einheitlichen Zeitbegriff auskämen, die lediglich den Begriff einer „relativistischen Zeit" benötigten: „Ohne einen allgemeingültigen Zeitbegriff kann der Beobachter überhaupt nichts über die Zeit eines Ereignisses oder den Ablauf eines Prozesses außerhalb der unmittelbaren Umgebung des Beobachters behaupten". Folglich ist der relativistische *„Zeitbegriff ein Gespenst, ein willkürliches mathematisches Symbol ohne irgendeinen verständlichen physikalischen Sinn"* [25, S. 195]. Der wahre Sinn dieses Begriffs wird in [2] aufgedeckt und auf die religiöse Weltauffassung zurückgeführt.

Bevor wir das Problem einer wissenschaftlichen Zeitdefinition in Angriff nehmen, möchten wir die Aufmerksamkeit auf die Universalität dieses Begriffs und auf den Zusammenhang eines einheitlichen Zeitbegriffs mit der materiellen Einheit der Welt lenken. Aus dem Prinzip der materiellen Einheit der Welt, der Unerschaffbarkeit und Unzerstörbarkeit der materiellen Dinge als Materie folgt die Ewigkeit und Kontinuität des Prozesses des materiellen Seins. Deshalb stellt sich dieser Prozeß als eine Abfolge sich unendlich wenig voneinander unterscheidender Seinszustände dar, die einander durch kontinuierliche Veränderung und Umwandlung ablösen. Der Umfang des Zeitbegriffs besteht eben in diesem Prozeß des materiellen Seins, während jeder der diesen Prozeß ausmachenden Zustände durch die Kategorie des Augenblicks widergespiegelt wird. Der Augenblick ist ein kleiner Abschnitt im kontinuierlichen Prozeß des materiellen Seins, in dessen Grenzen die materielle Welt als unverändert in allen ihren Teilen betrachtet werden kann, und zwar mit einer Genauigkeit bis zu Größen, die im Vergleich mit den tatsächlichen Werten der realen Eigenschaften dieser Dinge unendlich klein sind. Insbesondere ist die oben betrachtete Form eines in allen seinen Teilen absolut bestimmten geometrischen Raumes nichts anderes als die Widerspiegelung der Welt in ihrem räumlichen Aspekt in irgendeinem Augenblick ihres Seins. Die unendlich kleinen Elemente des geometrischen Raumkontinuums müssen sich kraft der Homogenität und Isotropie im Zustand absolut ungeordneter chaotischer Verschiebungen befinden, wenn man sich den Prozeß des Seins dieses Kontinuums als Kontinuum einander ablösender Zustände vorstellt. Daher ergibt ein absolut unveränderter geometrischer

Raum nur einen einzigen „Punkt“ der idealen Zeit. Im übrigen kann derselbe „Zeitpunkt“ mit dem gleichen Erfolg als unendliche Menge von Werten einer beliebigen attributiven Eigenschaft materieller Körper dargestellt werden. Dieser Umstand war die Quelle zahlreicher Konzeptionen des Zeitbegriffs, die sich voneinander in der Art der Wahrnehmung des materiellen Seinsprozesses bezüglich des Auftretens verschiedener attributiver Eigenschaften unterscheiden und die verschiedenen Besonderheiten des sinnlichen Widerspiegelungsapparates entsprechen. Der Begriff der absoluten Zeit überwindet den spezifischen Charakter der sinnlichen Wahrnehmung des materiellen Seinsprozesses dadurch, daß in ihm der objektive Inhalt aller Formen der Wahrnehmung hervorgehoben wird. In diesem Begriff wird nicht widergespiegelt, wie das Subjekt den Prozeß der eigentlichen Existenz, des eigentlichen Seins der Welt erlebt, sondern dieses Sein selbst in seinem allgemeinsten Charakter. Um die ungewöhnliche Abstraktheit des Zeitbegriffs zu unterstreichen, werden die Elemente des mathematischen Zeitmodells wie die Zahlen dargestellt: als Punkte in einer Ebene. Deshalb kann die objektive Basis der Chronometrie als Zahlenachse mit fester Metrik graphisch dargestellt werden. Die negativen Zahlen werden den Zuständen der absoluten Vergangenheit, die Null dem gegenwärtigen Augenblick und die positiven Zahlen der absoluten Zukunft zugeordnet. Wenn man zur Veranschaulichung die negativen Zahlen als schwarze und die positiven als rote Punkte auf weißem Grund zeichnet, so wird die Zeitachse durch eine Zahlenachse dargestellt, auf der sich die Grenze zwischen roten und schwarzen Punkten ständig nach der Seite der roten Punkte hin verschiebt. Die umgekehrte Verschiebung ist wegen der absoluten Gegensätzlichkeit von Vergangenheit und Zukunft – erstere besitzt eine objektive Existenz, letztere dagegen nicht – unzulässig. Es versteht sich von selbst, daß man den Bezugspunkt der Zeit in der Praxis realer Messungen mit einem konkreten, durch ein hervorstechendes Ereignis gekennzeichneten Seinszustand der materiellen Welt verbindet. In diesem Fall bewegt sich die Grenze zwischen rot und schwarz auf der Zeitachse im Bereich der positiven Zahlen vorwärts, weil der Bezugspunkt der Zeit stets der Null entsprechen wird.

Wie man zum Beweis von Theoremen über beliebige Dreiecke irgendein konkretes Dreieck (ein spitzwinkliges, stumpfwinkliges u. ä.) heranzieht, so reicht auch die bisher betrachtete extrem allgemeine Zeitauffassung für den Aufbau der ideativen Basis der Zeit nicht aus. Den abstrakten Begriff der gleichmäßigen Veränderung von etwas Beliebigem muß man zum Begriff der Veränderung eines bestimmten Merkmals von Dingen konkretisieren. Da uns bis jetzt nur räumliche Merkmale der Dinge zur Verfügung stehen, können wir als ideale Uhr, als Modell einer gleichmäßigen Veränderung nur einen sich gleichmäßig verschiebenden materiellen Punkt (wie Dingler es vorschlägt) oder einen sich gleichmäßig drehenden Vektor wählen. Der zweite Fall ist bequemer, weil er der Zeigerdrehung von Uhren entspricht; dieses Bild ist

Ausdruck eines entsprechenden Stereotyps, der sich im Bewußtsein der Menschen seit Benutzung mechanischer Uhren mit Zifferblatt und Zeiger herausbildete. Definiert man einen Vektor als Menge gerichteter Strecken gleicher Orientierung, so ergibt ihre absolut gleichmäßige Drehung in einer bestimmten Ebene ein anschauliches Bild der absoluten Zeit. Die Berechnung der Zeit reduziert sich dabei auf das Zählen der Umdrehungen und auf die Berechnung des Quotienten zwischen der Dauer des ausgeführten Teils einer vollen Umdrehung und der Dauer der ganzen Umdrehung. Ein anderer Weg zum Aufbau der objektiven Basis der Chronometrie besteht in der Vorgabe eines einzigen Exemplars einer Eichuhr und einer Reihe von Signalen, die sich mit konstanter Geschwindigkeit im Raum ausbreiten. Die Konstanz der Ausbreitungsgeschwindigkeit wird durch die Homogenität und Isotropie der räumlichen Umgebung als dem Signalträger garantiert. Hat man wenigstens zwei Signale mit verschiedener Ausbreitungsgeschwindigkeit und eine ideale Uhr, so kann man den absoluten Ort und die Zeit eines beliebigen Ereignisses im unendlichen geometrischen Raum berechnen. In methodologischer Beziehung ist dieses Vorgehen nicht völlig einwandfrei, weil bisher undefinierte Begriffe für die Eigenschaft der materiellen Umgebung, Signale mit konstanter Geschwindigkeit zu übertragen, benutzt werden müssen. Aber wenn man annimmt, daß die Eigenschaft der Homogenität eines Mediums durch Bildung entsprechender Stereotype in unserem Bewußtsein widergespiegelt wird, so ist auch diese Methode zum Aufbau einer objektiven Basis der Chronometrie annehmbar.

Die Anerkennung ewiger und stetiger Veränderung als eines Attributes der Materie, das gemeinsam mit der Existenz des Inhalts des Zeitbegriffs besteht, verlangt die Anerkennung einer gewissen Aktivität in der Welt, die diese Veränderung bedingt. Das Prinzip der materiellen Einheit der Welt verlangt, diese Aktivität als Attribut der Materie anzusehen. In der Mechanik wird dieses Attribut mit der Kategorie Energie bezeichnet. Zieht man nur die räumlichen Veränderungen materieller Systeme in Betracht, so heben sich zwei Typen derartiger Veränderungen heraus: Die Veränderung der räumlichen Konfiguration der Systemelemente und die Änderung ihrer gegenseitigen Relativgeschwindigkeiten. Anders gesagt, die einfachsten Veränderungen materieller Systeme sind Veränderungen der gegenseitigen Lage ihrer Elemente im geometrischen Raum und im Geschwindigkeitsraum. Den Realisierungsakt dieser Veränderungen nennt man in der Mechanik *Arbeit*, die Fähigkeit materieller Systeme, Arbeit zu verrichten, *Energie*. Infolge der materiellen Einheit und der Unendlichkeit der Welt kann sich die Aktivität oder Energie nur zwischen materiellen Systemen und ihren Elementen umverteilen; sie geht dabei von einer konkreten Erscheinungsform in eine andere über. Konkrete Erscheinungsformen der Energie sind alle möglichen Kombinationen ihrer zwei grundlegenden Erscheinungsformen: der kinetischen und der potentiellen Energie. Die Fähigkeit eines Körpers, der ein bestimmtes Volumen einnimmt, Träger kinetischer Energie zu sein, kann man als Masse des Körpers bezeichnen. Die im Körper gespeicherte Energiemenge ist direkt abhängig von seiner Speicherfähigkeit. Die Masse des Körpers befindet sich also stets in direkter Abhängigkeit von seiner kinetischen Energie, d. h. die Masse ist eine Art „Kapazität" für die kinetische Energie. Je größer diese „Kapazität", desto geringer sind die Geschwindigkeitsänderungen, die der Körper erfährt, wenn er mit einem anderen Körper zusammenstößt. Stößt ein Körper mit einem anderen zusammen und geht die kinetische Energie nicht in andere Energieformen über, so ist die Geschwindigkeitsänderung des Körpers umgekehrt proportional zur Größe seiner Masse. Bei Zusammenstößen materieller Körper bleibt deshalb die Vektorsumme ihrer Impulse unverändert. Das zweite Newtonsche Gesetz beschreibt den wechselseitigen Übergang von kinetischer und potentieller Energie unter Berücksichtigung der Impulsänderung und der Änderung der inneren Spannung des Körpers. Die innere Spannung eines Körpers ist die Quelle seiner potentiellen Energie, ähnlich wie die im Massenbegriff zum Ausdruck kommende Trägheit gegenüber Geschwindigkeitsänderungen Quelle der kinetischen Energie ist. Wo es Ungleichmäßigkeiten in der Spannungsverteilung gibt, entstehen dynamische Prozesse des Übergangs von kinetischer und potentieller Energie ineinander. Das dritte Newtonsche Gesetz kann als Definition der Kraft als Aspekt einer statischen inneren Spannung aufgefaßt werden. Den im zweiten Newtonschen Gesetz figurierenden Terminus *Kraft* kann man im Fall einer Punktmasse als Resultierende von Wirkungs- und Gegenwirkungskräften beim Übergang von potentieller in kinetische Energie (oder umgekehrt) betrachten.

Weil die dynamischen Größen von der räumlichen Lage der Körper und ihren Relativgeschwindigkeiten abhängen, muß man für ihre eindeutige Bestimmung die objektive Basis der Geochronometrie und eine eindeutige Auswahl der Elemente dieser Basis verwenden. Zur Definition der Masse muß man das Muster eines materiellen Körpers, dessen Trägheit absolut konstant ist, sowie das Muster eines Bezugssystems, in dem Impuls und kinetische Energie des Körpers eindeutig sind, festlegen. Als Masseneinheit kann ein Teilchen gewählt werden, das in feste Raumgrenzen eingeschlossen ist, durch welche kein Materieaustausch mit der Umgebung stattfindet. Ein solches Teilchenmuster figurierte in der klassischen Physik, wurde aber nach Entdeckung der „relativistischen" Massenänderung aufgegeben. Die Ansicht, diese Aufgabe sei gleichbedeutend mit der Unmöglichkeit, eine objektive Basis der Mechanik zu definieren, ist falsch. Die Konstanz der Masseneinheit wird in dem Falle dadurch garantiert, daß das Teilchen in der absoluten Zeiteinheit genau soviel Masse aufnimmt, wie es abgibt. Ein Koordinatensystem kann völlig eindeutig gewählt werden, wenn es mit dem Massenzentrum der ganzen unendlichen materiellen Welt verbunden wird. Für praktische Rechnungen genügt es, das Bezugssystem mit dem Massenzentrum unserer Galaxis zu verknüpfen und es damit absolut festzulegen. In einem solchen Bezugssystem besitzen Impuls und Energie jedes Teilchens in jedem Zeitmoment genau einen Wert. Wenn man sich vorstellt, daß eine Änderung der Teilchenmasse auf dem Wege stetiger Abgabe und Aufnahme bedeutend kleinerer Teilchen stattfindet, die sich relativ zum absoluten Bezugssystem mit derselben Geschwindigkeit c bewegen, so erhält man aus den in Kapitel XI der Arbeit [7] angeführten Formeln die „relativistischen" Formeln $m = \frac{m_0}{\sqrt{1-\frac{v^2}{c^2}}}$; $E = mc^2$.

Es ist bemerkenswert, daß bei der Herleitung dieser Formeln die Unabgeschlossenheit des emittierenden und absorbierenden Systems stillschweigend vorausgesetzt wird, wodurch ein Teil des Impulses auf die der Masse nach unendliche äußere Welt übertragen oder aus ihr erhalten wird. In der heutigen Quantenelektrodynamik tritt diese Voraussetzung in Form des Prinzips auf, wonach Emission und Absorption von Photonen durch einzelne Elementarteilchen ohne Beteiligung eines „dritten Körpers" unmöglich sind. In diesem Prinzip findet die Nichtreduzierbarkeit statischer auf kinetische Aktivität (und umgekehrt) ihren speziellen Ausdruck. Kinetische und potentielle Energie sind Grundformen der universellen Aktivität in materiellen Systemen, die prinzipiell nicht aufeinander zurückführbar sind. Aus diesem Grunde ist der Begriff der Kraft ebenso fundamental für die Mechanik wie der Begriff der Masse. Folglich ist der Versuch Thürings, die Begriffe „Kraft" und „Energie" als fundamentale Kategorien zu streichen und die Kategorie der Masse auf Veränderungen raum-zeitlicher Charakteristika materieller Systeme zurückzuführen, schon im Ansatz fehlerhaft. Die Bildung unwissenschaftlicher methodologischer Konzeptionen wie der „physikalischen Geometrie", die die gesamte theoretische Physik ersetzen sollen, war gerade durch diesen Fehler historisch bedingt. Die Entfernung des Kraftbegriffs verbaut die Möglichkeit, den Begriff eines absolut starren Körpers zu definieren. Unter einem *starren Körper* versteht man ein materielles System, das nur durch äußere Einwirkung unendlich großer Kräfte deformiert werden kann. Anders gesagt: definitionsgemäß besitzt die innere Spannung in einem unendlich starren Körper unendliche Werte. Die Entfernung des Begriffs des starren Körpers war die Grundlage des Konventionalismus in der allgemeinen Meßtheorie.

Zur Bestimmung des Gegenstandes der allgemeinen Meßtheorie ist zunächst eine allgemeingültige Definition der Messung als Erkenntnisoperation erforderlich. Häufig definiert man die Messung als den Vergleich materieller Dinge in bezug auf eine gemeinsame Eigenschaft. Diese Definition ist zu allgemein, weil in ihr Objektivität und Eindeutigkeit der Meßresultate nicht gefordert werden. So dürfen sogenannte „relative Messungen" sowie Rechnungen als selbständige Operationen nicht zu den Messungen gerechnet werden. Bei Rechnungen werden vollkommen bestimmte ideale Formen, die uns durch ihre Definition bekannt sind, miteinander verglichen. Bei „relativen Messungen" vergleicht man materielle Dinge bezüglich einer ihnen gemeinsamen Eigenschaft, wobei das Ausmaß, mit dem diese Eigenschaft bei allen zu vergleichenden Dingen auftritt, unbekannt bleibt und lediglich ihr Verhältnis festgestellt wird. Eine *Messung* im eigentlichen Sinne ist ein Vergleich des unbekannten Ausmaßes eines Dinges bezüglich einer Eigenschaft mit dem allgemein bekannten fixierten Ausmaß eines speziell zu diesem Zweck präparierten Dinges und die Darstellung des Verhältnisses dieser beiden Ausmaße durch eine reelle Zahl. Die Messung ist, mit andern Worten, ein materielles Analogon zum Rechnen, wobei der eine der zu vergleichenden Gegenstände schon vor Ausführung des empirischen Vergleichs bekannt ist, während der andere erst im Ergebnis des Vergleichs bekannt wird. Die Objektivität der erhaltenen Information wird dadurch gesichert, daß die Größeneinheit sowie Bedingungen und Methoden des Vergleichens festgelegt sind.

Die „relativistische Umwälzung" in den methodologischen Grundlagen der Physik fand ihren Ausdruck u. a. in der stillschweigend akzeptierten Ansicht, die Verwendung der Lorentz-Transformation in der theoretischen Beschreibung physikalischer Prozesse bedeute den Übergang von der klassischen zu einer relativistischen Meßtheorie. Typisch für diesen Standpunkt ist die folgende Aussage: „Die Formeln der Lorentz-Transformation, die man aus den relativistischen Grundsätzen erhält, sind unvereinbar mit den Voraussetzungen der klassischen Meßtheorie, daß scharfe Maßstäbe mit hinreichender Genauigkeit physikalisch realisierbar sind und Uhren existieren, die ihren Gang bei vorsichtigem Transport nicht ändern. Nach der klassischen Theorie hängen die Meßresultate von Länge und Zeit in einem Inertialsystem nicht von der Bewegung des Systems ab, was den Forderungen der Lorentz-Transformation widerspricht. Um diese Schwierigkeit zu beheben, wurde schließlich für die relativistische Theorie eine völlig neue Meßtheorie aufgestellt, die mit den Lorentz-Transformationen vereinbar ist und sie verständlich macht" [16, S. 53]. In dieser Aussage sind mehrere logische Fehler zu erkennen, die das Wesen des „relativistischen Umschwungs" in der Weltanschauung vieler Physiker ausmachen und die durch Verwechslung von Begriffen materieller und ideeller Dinge entstehen.

Erstens beziehen sich die Lorentz-Transformationen nicht auf physikalische Größen materieller Körper und Prozesse, sondern nur auf die Zahlenwerte dieser Größen. Eine Koordinatentransformation, die die Zahlenwerte der Größen verändert, muß nicht unbedingt eine Veränderung dieser Größen selbst bedeuten. Beispielsweise kann man diese Transformationen auch zur theoretischen Beschreibung bewußt konstant gehaltener Größen anwenden, so daß eine Änderung der Zahlenwerte dieser Größen eine Änderung der Größeneinheit bedeutet. Solche Transformationen sind also an sich nur mathematische Verfahren analog den konformen Abbildungen in der Funktionentheorie. Weil die Zahlen, die die Werte physikalischer Größen ausdrücken sollen, allein nichts über diese Werte aussagen, wenn nicht eine Einheit und eine Vergleichsprozedur eindeutig festgelegt wurden, kann man die physikalischen Gleichungen in einer beliebigen Form der Invarianz gegenüber verschiedenen Koordinatentransformationen schreiben. Auf diesen Umstand machte E. Kretschmann [19] schon im Jahre 1917 aufmerksam, seine Ergebnisse blieben jedoch so gut wie unbekannt.

Zweitens ist die Frage, ob eine Auswahl praktisch unveränderlicher Elemente der materiellen Basis physikalischer Messungen möglich ist, gar keine theoretische, sondern eine praktische Frage. Müssen doch die materiellen Dinge, die für die Durchführung von Messungen notwendig sind, in der wirklichen materiellen Welt gewählt werden und nicht in der Einbildung des Theoretikers. Um eine Antwort auf die vorliegende Frage zu erhalten, genügt die Beschäftigung mit der Geschichte der Maß- und Gewichtskunde sowie die Betrachtung der real existierenden Etalons und Meßmittel. Wenn man das tut, erkennt man sehr schnell die Haltlosigkeit der Behauptung, die Elemente der objektiven Basis der wissenschaftlichen Widerspiegelung seien prinzipiell nicht in materiellen Dingen realisierbar.

Drittens wird die Meßtheorie nicht für irgendwelche anderen Theorien aufgestellt, für die sie gar nicht notwendig ist, sondern für die Praxis realer Messungen, als ein Mittel, die Objektivität dieser Messungen zu sichern. Die jahrhundertealte Praxis wissenschaftlicher Messungen zeigt, daß die allgemeine Meßtheorie nur als einheitliche Methode zur Erlangung idealer Konstanzen und absoluter Bestimmtheit in den Bedingungen und Mitteln der Messungen eine Existenzberechtigung hat. Die Ablehnung einer solchen Methode bedeutet die Ablehnung des Prinzips der Objektivität wissenschaftlicher Erkenntnis in ihrem Hauptkettenglied, im Erhalten neuer Information über die materielle Welt.

Durch die Wahl solcher materiellen Dinge, bei denen das Moment der Stabilität der uns interessierenden Eigenschaften absolut über das entgegengesetzte Moment der Veränderlichkeit dominiert, erhält man eine Verkörperung der Elemente der objektiven Basis in materiellen Dingen. Nach den Worten Thürings „. . . erblicken wir zwei Möglichkeiten, die praktische Konstanz realer Dinge zu erreichen, die in Beziehung zu anderen realen Dingen als Meßbasis dienen können.

1. Die Suche nach und Auffindung von realen Dingen, die schon bisher in der von uns unberührten Natur existierten und welche praktisch die Merkmale der idealen Konstanz aufweisen.

2. Die aktive und zielgerichtete technische Bearbeitung realer Dinge (‚Materialien') so lange und so intensiv, bis sie praktisch die Merkmale idealer Konstanz aufweisen . . .

Da die Methoden 1 und 2 eine logisch vollständige Disjunktion bilden, sind außer ihnen keine anderen möglich" [28, S. 35].

Die grundlegende Aufgabe der allgemeinen Meßtheorie besteht in der detaillierten Ausarbeitung dieser beiden Methoden, ausgehend von der objektiven Basis der Geometrie, Chronometrie und Mechanik unter Berücksichtigung der Gesetze der Wahrscheinlichkeitsrechnung, der Theorie der zufälligen Prozesse, aber auch des Wissens der heutigen Physik von den Eigenschaften verschiedener Zustände des Feldes und des Stoffes. Die allgemeine Meßtheorie liefert die Methode der Planung und Realisierung von Meßoperationen, die Methode der statistischen Bearbeitung von Meßergebnissen, die uns gestattet, die allgemeinste und für uns wesentliche objektive Information aus der Menge der Meßergebnisse auszusondern.

Übersetzt von W. Kummer

Quellennachweise

1. Богомолов, А. С., Английская буржуазная философия XX века, Москва 1973.
2. Богораз/Тан/, В. Г., Эйнштейн и религия, Москва-Петроград 1923.
3. Зиновьев, А. А., Логика науки, Москва 1971.
4. Зиновьев, А. А., Логическая физика, Москва 1972.
5. Корн, Г., Корн, Т., Справочник по математике, Москва 1973.
6. Павлов, И. П., Двадцатилетний опыт объективного изучения высшей нервной деятельности (поведения) животных, Москва 1973.
7. Парс, Л., Аналитическая динамика, Москва 1971.
8. Седов, Л. И., Методы подобия и размерности в механике, Москва 1972.
9. Энциклопедия элементарной математики, т. IV, Москва 1963.
10. Bunge, M., Foundations of Physics, Berlin 1967.
11. Dingler, H., Die Ergreifung des Wirklichen, München 1955.
12. Dingler, H., Aufbau der exakten Fundamentalwissenschaft, München 1969.
13. Marx, K. und Engels, F., Werke Bd. 20, Berlin 1968.
14. Janich, P., Die Protophysik der Zeit, Mannheim, Wien, Zürich 1969.
15. Janich, P., Wie empirisch ist die Physik?, Philosophia Naturalis 1969 (Bd. 11) H. 3, S. 291 ff.
16. Juhos, B., Die erkenntnislogischen Grundlagen der modernen Physik, Berlin 1967.
17. v. Helmholtz, H., Philosophische Vorträge und Aufsätze, Berlin 1971.
18. Kamlah, W. und Lorenzen, P., Logische Propädeutik. Vorschule des vernünftigen Redens, Mannheim 1967.
19. Kretschmann, E., Über den physikalischen Sinn der Relativitätspostulate ..., Annalen der Physik 1917, Bd. 53, S. 575–614.
20. Lenin, W. I., Werke, Dietz Berlin 1964.
21. Lorenzen. P., Die Entstehung der exakten Wissenschaften, Berlin, Göttingen, Heidelberg 1960.
22. Lorenzen, P., Das Begründungsproblen der Geometrie als Wissenschaft der räumlichen Ordnung, Philosophia Naturalis 1960 (Bd. 6) H. 4, S. 415–431.
23. Lorenzen, P., Methodisches Denken, Frankfurt a. M. 1968.
24. Müller-Markus, S., Protophysik, 1. Teil, Haag 1971.

25. NORDENSON, H., Relativity Time and Reality, London 1969.
26. POINCARÉ, H., La Science et l'Hypothèse, Paris 1908.
27. POINCARÉ, H., Wissenschaft und Hypothese, Leipzig 1904.
28. THÜRING, B., Die Gravitation und die philosophischen Grundlagen der Physik, Berlin 1967.
29. THÜRING, B., Zu einer Protophysik der Welle, Philosophia Naturalis 1970 (Bd. 12) H. 4, S. 421–439.

A. Ch. Muchamedow

Zur sprachlichen Situation in der modernen Physik

„Klagen über die Vieldeutigkeit und Unbestimmtheit einer Terminologie sind uns allen bekannt. Weit verbreitet sind Spekulationen auf Grund einer unpräzisen Terminologie. Sogar verhältnismäßig einfache Probleme erweisen sich als praktisch unlösbar wegen der Unkenntnis oder eines Ignorierens der logischen Technik zum Aufbau einer Terminologie“, heißt es in dem Buch „Logik und Sprache der Physik“ von A. A. Sinowjew [19, S. 16]. Im vorliegenden Artikel betrachten wir an einer Reihe konkreter Beispiele die in der modernen Physik entstandene sprachliche Situation und zeigen, daß sie eine ausgezeichnete Illustration dieses Gedankens abgibt und daß ein Ausweg aus ihren Schwierigkeiten ohne sorgfältige logische Bearbeitung der Sprache nicht möglich ist. Ausgehend von den in den Arbeiten [3] und [19] gegebenen logischen Mitteln zur Analyse des Wissens zeigen wir, daß viele Widersprüche, die in Beschreibungen physikalischer Situationen auftreten und für die Erkenntnis von Interesse sind, eigentlich durch logische Mängel bedingt sind und bei Beachtung der logischen Sprachnormen beseitigt werden können.

§ 1. Der unkorrekte Gebrauch von Gedankenexperimenten

In der quantenmechanischen Literatur stößt man häufig auf Beispiele unkorrekten Gebrauchs klassischer Gedankenexperimente, aus denen scheinbar philosophische Folgerungen abgeleitet werden, die sich nicht unmittelbar aus dem Faktenmaterial ergeben. Dabei werden in der Darstellung quantenmechanischer Experimente physikalische Vorstellungen verschiedener Abstraktionsstufen, klassische Modelle und „halbquantenphysikalische“ Formulierungen miteinander vermengt, die nicht zur Widerspiegelung des Systemcharakters der im quantenmechanischen Experiment betrachteten Elemente vordringen. Einige charakteristische Beispiele für die Verabsolutierung klassischer Gedankenexperimente und für die Überbewertung des Rechtes, mit ihrer Hilfe quantenmechanische Prozesse zu erfassen, haben wir in den Arbeiten [8] und [9] betrachtet. Wir widmen der logischen Seite solcher in der populärwissenschaftlichen und Spezialliteratur weitverbreiteten Erscheinungen [1, 11] besondere Aufmerksamkeit.

Das Paradox in der bekannten Erörterung darüber, „in welchem Spalt sich das Elektron befindet“ [11, S. 161/162] entsteht dadurch, daß man ein Ereignis „vorauszusagen“ verlangt, das einem Gedankenexperiment entnommen wurde und das in wirklichen Versuchen gar nicht auftritt. (Raten Sie mal, welche Farbe die Lichtgeschwindigkeit hat!) In diesem Gedankenexperiment setzt man die Existenz eines solchen „Elektrons“ und solcher Spalten voraus, so daß sich das Elektron entweder in dem einen oder in dem andern Spalt befindet. Diese auf klassischen Abstraktionen beruhende gedankliche Situation wird durch den ungerechtfertigten Versuch, sie mit den Bedingungen eines quantenmechanischen Experiments gleichzusetzen, unter denen diese Abstraktion gar keinen Sinn hat, in ein Paradox verwandelt.

In den „Feynmanschen Vorlesungen“ wird das Problem der Beschreibung quantenmechanischer Prozesse darauf reduziert, „ein einziges Hindernis zu überwinden: zu lernen, daß wir nicht mehr das Recht haben, das Verhalten der Teilchen im Raum detailliert zu beschreiben“ [14, S. 10]. Selbst die Autoren der „Vorlesungen“ sind jedoch nicht immer fähig, dieses klassische Hindernis zu überspringen; dadurch, daß sie den Systemcharakter des quantenmechanischen Experiments ignorieren, überschätzen sie ihr Recht, quantenmechanische Prozesse in klassischen Details zu beschreiben, und versuchen, daraus die „interessanteste Veränderung der Ideen und der Philosophie der Wissenschaft“ abzuleiten, die angeblich durch die Quantenmechanik hervorgerufen wurde [12, S. 46]. Als Konsequenz aus dieser Unkorrektheit ergibt sich eine Situation, die Feynman mit den Worten charakterisiert: „Mir scheint, man kann kühn behaupten, daß niemand die Quantenmechanik versteht“ [11, S. 139].

Wir möchten zwei wesentliche Umstände unterstreichen. Erstens ergibt sich aus dem Sinn der Termini „Bedingung“ und „Resultat“, daß eine „Widerlegung“ des von Engels formulierten methodologischen Prinzips „Unter gleichen Umständen muß das Gleiche erfolgen“ unmöglich ist [17, S. 506]. Zweitens [3] reduzieren sich die realen Anwendungsbedingungen des Satzes „Unter gleichen Bedingungen muß das Gleiche erfolgen“ durchaus nicht auf die banale Forderung, daß „alle Bedingungen genau reproduziert werden“ [12, S. 192]. Wo es unmöglich ist, „alle Bedingungen genau zu reproduzieren“, was Feyman als möglich voraussetzt [11, S. 161/162], kann man nur anhand der Resultate feststellen, was „gleiche Bedingungen“ in bezug auf ein Ereignis sind, die dem Prinzip „Wenn sich diese Bedingungen wiederholen, so wiederholt sich dieses Ereignis“ genügen. Dieses Prinzip sagt nichts darüber aus, ob und in welcher Form man „gleiche Bedingungen“ im konkreten Fall realisieren kann. Mit dieser Frage beschäftigen sich die konkreten Wissenschaften. Wenn Spezialisten einer konkreten Wissenschaft die „gleichen Bedingungen“ finden konnten, unter denen ein sie interessierendes Ereignis stattfindet, so sind sie von der Richtigkeit ihrer Ergebnisse überzeugt. Deshalb ist der Satz „Unter gleichen Bedingungen muß das Gleiche erfolgen" die einwandfreie, stabile methodologische Grundlage für die Entwicklung der Naturwissenschaft. Besonderheiten des konkreten Erkenntnisvorgangs und auch erfolglose Anwendungen dieses Prinzips können seine Bedeutung nicht schmälern. „Widerlegungen" dieses Prinzips haben entweder keinen Sinn, wenn es unmöglich ist, „gleiche Bedingungen" zu realisieren und damit das Prinzip nicht anwendbar ist [1, 11], oder sie sind falsch, wenn man einen offensichtlichen Unterschied in den Bedingungen, die unterschiedlichen Versuchsergebnissen entsprechen, dadurch zu vertuschen sucht, daß man als „gleiche Bedingungen" Faktoren angibt, die für das Experiment keine Bedeutung haben [12, S. 46/47].

Die durch unkorrekten Gebrauch klassischer Gedankenexperimente gewonnenen – angeblich philosophischen – Folgerungen paradoxen Charakters reduzieren sich ihrer logischen Struktur nach auf die Behauptung „Ein und derselbe Gegenstand besitzt und besitzt gleichzeitig nicht ein bestimmtes Merkmal". So lautet die Behauptung „Unter gleichen Bedingungen erhält man nicht die gleichen Ergebnisse" in logisch expliziter Form: „Ein gegebener Umstand ist eine hinreichende Bedingung für das Auftreten eines bestimmten Ergebnisses und derselbe Umstand ist keine hinreichende Bedingung für das Auftreten dieses Ergebnisses." Eine analoge Form hat die Behauptung: „Ein Elektron befindet sich in einem bestimmten Spalt (von zwei gegebenen Spalten) und dasselbe Elektron befindet sich nicht in diesem Spalt." Solche Behauptungen sind allein auf Grund der Eigenschaften der in ihnen vorkommenden logischen Operatoren logisch falsch [3]. Wenn man eine Situation durch eine paradoxe Aussage bestimmt, so will man über diese Situation irgend etwas anderes sagen als das, was mit diesen Operatoren (und eventuell mit den verwendeten Termini) erfaßt werden kann; man will durch diese Aussage eine gewisse Wahrheit ausdrücken, die von dieser falschen Behauptung verschieden ist und die man durch andere Operatoren und eventuell auch durch andere Termini darstellen muß. Die Verwendung von solchen der Situation nicht entsprechenden Behauptungen führt zu der Illusion, logische Widersprüche seien wahr: „Die Situation existiert doch tatsächlich!", „Das ist doch ein Fakt!" [1, 11, 15, 18]. Aber das logisch Unmögliche ist auch faktisch unmöglich [3, 19]. Wie in [3] gezeigt wurde, ist das Problem der Paradoxien in seiner allgemeinen Form logisch trivial: Wenn aus den Aussagen $X^1, \ldots, X^n$ logisch ein Widerspruch folgt „Y und es ist nicht wahr, daß Y", so ist die Konjunktion $X^1 \wedge \ldots \wedge X^n$ nicht wahr, d. h. mindestens eine der Aussagen $X^1, X^2, \ldots, X^n$ ist falsch. Die Untersuchung muß zeigen, welche der Aussagen $X^1, \ldots, X^n$ für die Entstehung des Widerspruchs verantwortlich sind.

Unkorrektheiten ähnlicher Art gibt es auch in der Arbeit [1], deren Autoren ebenfalls versuchen, quantenmechanische (System-)Situationen mit Hilfe unangemessener klassischer Laplacescher Illustrationen darzustellen. Dabei benutzen die Autoren dieser Arbeit Nachlässigkeiten terminologischen Charakters zur Ableitung falscher „philosophischer Folgerungen". „Identische Mikroobjekte" sind nach Achieser und Polovin „unter völlig gleichen Bedingungen völlig gleiche Mikroobjekte, die sich verschieden verhalten"; oder klarer gesagt, „identische Objekte sind Objekte, die sich nicht voneinander unterscheiden und sich dennoch voneinander unterscheiden, d. h. nicht identische Objekte." Der Ausdruck „unbestimmter Impuls eines Elektrons" bedeutet nach Achieser und Polovin, daß die „einen Elektronen den einen (bestimmten – A. M.), andere Elektronen einen anderen (bestimmten) Impuls haben". Die Tatsache, daß der Impuls eines „lokalisierten Elektrons" unbestimmt ist, hängt nicht von der Vorgeschichte des Elektrons ab und steht in keiner Beziehung zu dem erfundenen „Experiment der Bestrahlung von Elektronen, die sich in streng gleichen Zuständen mit gleichem Impuls befinden, welche mit den Lichtbüscheln identisch sind" [1].

Es hat keinen Sinn, die erkenntnistheoretischen Schwierigkeiten der Quantenmechanik dort zu suchen, wo sie nicht sind – in den klassisch-deterministischen Laplaceschen Vorstellungen, welchen durch eine unvernünftige Terminologie eine illusionäre „Unbestimmtheit" verliehen wird, während doch die quantenmechanischen Termini einen völlig eindeutigen Sinn haben, der dem Systemcharakter der quantenmechanischen Objekte entspricht und sich von ihrer klassischen Interpretation unterscheidet. Den Charakter dieses Unterschieds kann man feststellen, wenn man die Beziehung zwischen quantenmechanischem Versuch und klassischem Gedankenexperiment betrachtet.

§ 2. Quantenmechanischer Versuch und klassisches Gedankenexperiment

Der Umstand, daß man in Diskussionen über den paradoxen Charakter (Widersprüche zum gesunden Menschenverstand, logische Ungereimtheiten u. ä.) quantenmechanischer Prozesse klassische Schemata (Gedankenexperimente) verwendet, ist lehrreich und einer aufmerksamen Betrachtung wert [1, 11, 14, 15, 18]. Am populärsten ist das sogenannte Doppelspaltexperiment, „das in sich den Kern der Quantenmechanik birgt" [15, S. 1f.]. Bemerkenswert ist dabei folgender Umstand. „Auf diese Weise ist dieses Experiment noch nie ausgeführt worden ... Wir machen ein ‚Gedankenexperiment', das wir gewählt haben, weil es leicht zu durchdenken ist. Wir kennen die Ergebnisse, die wir erhalten *würden*, weil es viele schon durchgeführte Experimente *gibt*, bei denen der Maßstab und die Größenverhältnisse so gewählt wurden, daß sie die Effekte sichtbar machten, die wir beschreiben werden" [15, S. 1–6].

Wir haben also folgende Situation vor uns: Es ist von vornherein bekannt, wie ein quantenmechanischer Versuch ausgehen muß, da schon eine Reihe quantenmechanischer Versuche durchgeführt wurde. Es ist auch von vornherein bekannt, wie das Gedankenexperiment am Doppelspalt unter klassischen Bedingungen ausgehen muß, da bisher eine Reihe klassischer Versuche durchgeführt wurde. Man möchte nun die Ergebnisse des quantenmechanischen Experiments aus dem klassischen Versuchsschema erhalten, und da dies „absolut unmöglich“ ist [15, S. 1f.], bezeichnet man diese Sachlage als „unbegreiflich für den gesunden Menschenverstand“, als „erkenntnistheoretische Schwierigkeiten der Quantenmechanik“ usw. [1, 11, 12, 14, 15, 18].

Die Verwunderung über diesen Sachverhalt, die an die unbegründete Erwartung gleicher Resultate in verschiedenen Versuchen geknüpft ist, ist nach der Erkenntnislogik nur dann gerechtfertigt, wenn hinreichende Gründe für die Annahme vorliegen, die Versuchsbedingungen seien identisch [3] – unter gleichen Bedingungen müssen gleiche Resultate eintreten. Auch unter verschiedenen Bedingungen können gleiche Resultate eintreten, aber die apriorische Erwartung gleicher Resultate im klassischen und quantenmechanischen Experiment ist unbegründet. Es ist interessant, die Meinung von Physikern zu vergleichen, daß die Entwicklung der Physik die Philosophen korrigiere und „beweise“, daß unter gleichen Bedingungen nicht die gleichen Resultate eintreten müssen, mit ihrer „Verwunderung“ darüber, daß man unter verschiedenen Bedingungen nicht die gleichen Resultate erhält. Diese Gegenüberstellung zeigt deutlich, daß in diesem Falle eher die Physiker von der Entwicklung der Physik korrigiert wurden. Die Behauptung „Unter gleichen Bedingungen treten nicht die gleichen Resultate ein“ ist eine leere Phrase, die keine Grundlage im physikalischen Experiment hat. Sowohl die Physiker als auch Vertreter anderer Wissenschaften lassen sich stets von dem Prinzip leiten, daß unter gleichen Bedingungen gleiche Resultate eintreten. Es stellt sich nur heraus, daß die faktische Situation im quantenmechanischen Versuch von der vorausgesetzten, auf klassischen Vorstellungen gegründeten Situation verschieden ist.

Schon Engels bemerkte [17], daß die Naturforscher häufig die Ergebnisse ihrer „eigenen“ Wissenschaft nicht verstehen, weil sie die Bedingungen, die in einem Bereich von Erscheinungen gültig sind, zu Unrecht in einem anderen für gültig halten; ohne Begründung werden verschiedene Dinge a priori identifiziert, ohne daß man die wechselseitige Abhängigkeit der Eigenschaften und Beziehungen und die Veränderungen der Dinge beachtet, so daß die wirklichen Dinge „andere“ sind, als die theoretisch vorausgesetzten. Natürlich kann man voraussetzen, daß die quantenmechanischen Bedingungen nur eine proportionale Verkleinerung der Abmessungen der Makroobjekte im klassischen Versuch sind, oder man kann einfach die Maßstäbe der Wahrnehmung in Gedanken verändern; bei einer solchen klassischen, gedanklichen Verkleinerung werden keine neuen Bedingungen, Wechselbeziehungen, Abhängigkeiten und Eigenschaften entstehen. Aber diese Annahme muß durch

Versuche mit quantenmechanischen Vorrichtungen (Atom, Kristallgitter) überprüft werden. Und wenn die Überprüfung zeigt, daß es nicht so ist, dann ist es auch nicht so, um mit den Worten Feynmans zu sprechen [12, S. 47], der zu Recht immer wieder betont, daß „das Prinzip der Wissenschaft, ja beinahe ihre Definition, die Erfahrung ist".

Häufig wird die „Gedanklichkeit" der Manipulationen mit den zwei Spalten vertuscht und sogar als experimentelle Grundlage der Quantenmechanik hingestellt. Dabei schreibt man den paradoxen Charakter der durch unkorrekte Identifizierung des Gedankenexperiments mit dem realen Versuch geschaffenen Situation dem vorausgesetzten verborgenen Wesen der Mikrowelt zu und meint, „daß es unmöglich ist, das Rätsel zu überwinden, daß so die Natur wirklich ist" [15, S. 1–14]. Aber das Wesen der Sache besteht darin, daß alle Details des Gedankenexperiments unabhängige, voneinander isolierte Makroobjekte mit klassischen Makroeigenschaften darstellen. Allein davon, daß man gewisse Details dieses vereinfachten klassischen Schemas „Elektronen" nennt, können sie nicht zu Elektronen werden, wie sie unter den nichtklassischen Bedingungen eines wirklichen Versuchs auftreten [17, S. 39]. Das „geheimste Wesen der Mikrowelt", „alle Rätsel der Quantenmechanik", „das unlogische Verhalten der Mikroobjekte", „alle Paradoxien, Geheimnisse und Seltsamkeiten der Natur", die aus dem „eigens erdachten Gedankenexperiment" erschlossen wurden [11, S. 140], spiegeln lediglich den Umstand wider, daß man in dem durch klassische Details bestimmten Schema keinen Effekt eines quantenmechanischen Systems erzeugen kann. Folglich besteht Grund für die Annahme, daß in einer quantenmechanischen Situation solche Details, die man während des Ablaufs einer Erscheinung als individuell isolierte Elemente mit „eigenen" absoluten Eigenschaften behandeln könnte, nicht existieren.

Es ist daher durchaus begründet, von Erklärungen über das geheimste Wesen der Mikrowelt zur Untersuchung der Möglichkeit überzugehen, das theoretische Schema bezüglich der (für das klassische Schema) nichttrivialen Momente eines quantenmechanischen Prozesses so weit wie möglich zu vereinfachen. Dabei ist klar, daß die Korrektheit der Resultate in diesem für die Physik komplizierten Fall, der mit der „Angewohnheit, einfachste Beispiele zu wählen" [13, S. 24] nicht vereinbar ist, nur bei einwandfreier logischer Kultur der Untersuchungen gewährleistet werden kann. Diese Kultur wird hier besonders wichtig im Vergleich mit der traditionellen Situation bei der philosophischen Behandlung der klassischen Physik, wo die Sache im Wesentlichen den Gang und die Ergebnisse der physikalischen Forschung betraf. In der Quantenmechanik besteht eine andere Situation, weil es nicht um die Entdeckung von etwas Neuem, Unbekanntem geht, denn in der Quantenmechanik ist alles bekannt [15]; es geht darum, daß „niemand die Quantenmechanik versteht" (Feynman [11]).

§ 3. Die qualitativen Besonderheiten des Systemverhaltens

„Zwei Mameluken waren drei Franzosen unbedingt überlegen; 100 Mameluken standen 100 Franzosen gleich; 300 Franzosen waren 300 Mameluken gewöhnlich überlegen, 1000 Franzosen warfen jedesmal 1500 Mameluken." – Dieses Beispiel für das Auftreten von Kohärenz in der Wirkung eines Systems verbundener Elemente stammt von Engels [17, S. 120]. Eine tausendköpfige Kavallerie ist nicht gleichbedeutend mit 1000 einzelnen Reitern. Ein System ist nicht gleich der Summe seiner Elemente, und das „Komplizierte" ist keine Summe „einfacher" Bestandteile. Die Zusammensetzung schließt den elementaren Akt der Veränderung des „Einfachen" ein. Das Komplizierte (oder im Komplizierten) ist stets ein „anderes Einfaches". Damit löst sich das Problem der Unzerlegbarkeit des „Komplizierten" in „erste einfache Teile" und der „unlogischen" Unverträglichkeit der Eigenschaften des „Einfachen im Komplizierten" mit den Eigenschaften des „Einfachen als solchem"; die Eigenschaften eines Objekts können aus den Eigenschaften seiner isolierten Elemente nicht richtig bestimmt werden, ohne die Wechselwirkung ihrer Beziehungen und Eigenschaften zu berücksichtigen.

Die Widerspiegelung der Systemfaktoren hat in der heutigen Wissenschaft allgemeine Bedeutung [2, 3, 10, 17, 19]. Eine geschlossene militärische Formation ist in kämpferischer Beziehung einem Haufen undisziplinierter, wenn auch im Einzelkampf geübter Kämpfer überlegen; die Eigenschaften einer chemischen Verbindung unterscheiden sich von den Eigenschaften der Elemente, aus denen sie besteht; ein System zweier verbundener Spalten lenkt ein Elektron anders ab als die einzelnen Spalte (das bekannte Gedankenexperiment der Quantenmechanik) usw. Das alles sind nur triviale Beispiele für Systemsituationen. Aber bedingt durch die außergewöhnliche Isolierung der Physiker von den allgemeinen theoretischen Grundlagen der wissenschaftlichen Erkenntnis verstehen und propagieren sie eine gewöhnliche Situation, wie das Schema der Wechselwirkung eines „Elektrons" mit zwei Spalten so, als übersteige sie den Rahmen der allgemeinen methodologischen Prinzipien und gehöre in das Gebiet einer „besonderen Logik der Mikrophysik"; bei der Beschreibung dieser Situation ignorieren sie ihren Systemcharakter [1, 5, 11, 14, 15, 16, 18]. Weil man dem Systemcharakter eines quantenmechanischen Versuchs, wo Systemfaktoren, wie Wechselbeziehung, gegenseitige Bedingtheit, gegenseitige Durchdringung und raum-zeitliche Ausdehnung der Elemente, phänomenologische Bedeutung gewinnen (im Versuch „erscheinen"), nicht die notwendige Aufmerksamkeit schenkte, kam man zu falschen Vorstellungen über die Anwendungsbedingungen logischer Mittel.

Daß die mystifizierten „ausschließlichen Besonderheiten der Logik der Mikrophysik" durchaus nichts Eigentümliches darstellen, sondern entweder triviale Dinge von alltäglicher Bedeutung oder Ergebnis elementarer logischer Fehler sind, wird in den Arbeiten [3] und [19] eingehend nachgewiesen.

Deshalb können wir uns auf entsprechende Illustrationenen und Bemerkungen beschränken. So kommen die Autoren von [1], die eine Situation, welche logisch durch $A : B : (\sim A \wedge \sim B)$ wiedergegeben wird, in der Form „$A + B$“ schreiben, zu der unsinnigen Schlußfolgerung, in der Quantenmechanik sei das distributive Gesetz der Logik ungültig, weil $(A + B) \wedge C \equiv \equiv (A \wedge C) + (B \wedge C)$ kein allgemeingültiger Ausdruck ist. Eine logische Äquivalenz beider Seiten liegt hier tatsächlich nicht vor, aber das ist ja auch nicht notwendig, da dieser Ausdruck nicht dem Distributivgesetz der Logik entspricht, denn bei Achieser und Polovin ist $(A + B) \wedge C$ gleichbedeutend mit $(A : B : C) \wedge C$ (wenn $\sim A \wedge \sim B$ für C gesetzt wird – Anm. d. Übers.), während die logischen Zeichen auf der rechten Seite $(A \wedge C) + (B \wedge C)$ den gewöhnlichen Sinn haben.

Verständlicherweise ist es in bezug auf Erscheinungen der Makrowelt schwieriger, Unsinnigkeiten für „logische Gesetze“ auszugeben, da ihr Inhalt klar zutage tritt [1, 18]. Allein auch hier ist es keine Seltenheit und schon lange bekannt, daß verschiedene Gegenstände verwechselt werden, daß durch gleiche Bezeichnung verschiedener Gegenstände ein – angeblich wissenschaftliches – Durcheinander erzeugt wird. So zeigt Engels, daß aus der ökonomischen Theorie Dührings auf Grund des Wirrwarrs in den Grundbegriffen logisch folgt, daß „12 gleich 7“ und „20 gleich 15“ ist [17, S. 179/180]. Das Paradox der Ungültigkeit des Kommutativgesetzes der Konjunktion: „$X \wedge Y$ ist nicht äquivalent zu $Y \wedge X$“ entsteht ebenfalls aus einer solchen Verwirrung. Hier handelt es sich entweder um die fälschliche Verwendung des Operators der kommutativen Konjunktion anstelle des dem Wesen der Sache nach erforderlichen Operators der geordneten Konjunktion, oder um eine Verwechslung von Termini. In der Aussage „Der Schütze drückte ab und die Flinte schoß“ erfüllt das Bindewort „und“ die Funktion des Operators „und danach“. „$X \wedge Y$ ist nicht äquivalent zu $Y \wedge X$“ wird fälschlicherweise auf eine Situation angewandt, in welcher $X \wedge Y$ nicht zu $A \wedge B$ (oder $Y \wedge B$) äquivalent ist [6, S. 10–13]. Welche Besonderheiten der Logik der Mikrophysik man auch annimmt, sie alle gibt es auch in der Makrowelt; das Auftreten logischer Fehler in allen Wissensbereichen bestätigt die Einheit der Logik ebenfalls [3, 19].

Die methodologische Bedeutung des Prinzips der Einheit (Allgemeinheit) der Logik besteht für die Physik darin, daß jede Unlogik in der Beschreibung physikalischer Erscheinungen nur die ungenügende Entwicklung der jeweiligen physikalischen Vorstellungen verdeckt, was man durch Beteuerungen über die Eigenart der „Logik der Mikrowelt“, die dem gesunden Menschenverstand angeblich unzugänglich sei, zu verschleiern versucht. Die „Unrichtigkeit“ der „gewöhnlichen“ logischen Regeln in der Mikrophysik ergibt sich daraus, daß der Übergang (die Verwandlung) der einen Objekte in andere Objekte ignoriert wird, die den ersteren irgendwie ähneln, sich aber soviel von ihnen unterscheiden, daß das erhaltene Resultat von dem erwarteten verschieden ist, das sich aus dem theoretischen Schema ergibt, welches diese Veränderungen nicht berücksichtigt. In keiner der paradoxen Beschreibungen des Doppelspaltexperiments [5, 11, 14, 15, 16, 18] wurde beachtet, daß die physikalischen Eigenschaften eines Gegenstandes nicht die gleichen sein können, wenn er mit anderen Gegenständen in unterschiedlichen Beziehungen steht (dabei kann auch die Existenz des Gegenstandes als Eigenschaft aufgefaßt werden). „Der Spalt *A* bei *geschlossenem* Spalt *B*" ist *A 1*, und „der Spalt *A* bei *geöffnetem* Spalt *B*" ist *A 2*. „Ein Elektron, das durch *einen* Spalt hindurchgeht" ($A\,1 : B\,1$) ist *E 1*, und „ein Elektron, das durch *beide* Spalten hindurchgeht" ($A\,2 \wedge B\,2$) ist *E 2*. Die apriorische Gleichsetzung der Gegenstände *G 1* und *G 2* kann zu einer fehlerhaften Auswahl von Gegenständen, die in der jeweiligen Situation gar nicht vorkommen, anstelle der wirklich agierenden Gegenstände führen. Eine notwendige Beziehung zwischen den Versuchsergebnissen unter den Bedingungen $A\,2 \wedge B\,2$ (*E 2*) und $A\,1 : B\,1$ (*E 1*) kann (ohne das Risiko eines Irrtums einzugehen) nicht von vornherein, vor dem Versuch, angegeben werden, sondern muß aus der Information, die der Versuch liefert, festgestellt werden [3, 8, 9, 19].

Wir bemerken noch, daß die Bedingungen, die zu einem Unterschied von gleichbezeichneten Gegenständen des betrachteten Experiments führen können, durch die bisher genannten logisch nicht erschöpft sind. Der Umstand, daß die für das Schema mit isolierten Spalten statthafte Addition der Teileffekte ein Resultat ergibt, das dem Resultat des quantenmechanischen Versuchs widerspricht, bestätigt nur, daß dieses Schema dem Versuch nicht entspricht, nicht aber, daß eine „besondere Logik" gilt. Um das Schema mit dem Versuch in Einklang zu bringen, muß man das Vorhandensein von Beziehungen zwischen den Spalten und Elektronen berücksichtigen. Daraus erklärt sich der Zuschlag, den der resultierende Effekt durch die Wirkung der Beziehungen zwischen den Spalten erfährt, insbesondere die kohärente Überlagerung der Wirkung der einzelnen Spalten, ein Moment von allgemeiner Bedeutung für Systemsituationen, unabhängig vom jeweiligen Wirklichkeitsbereich. Das Paradox der „halblebendig-halbtoten Katze", das als Beweis für das „ausschließlich quantenmechanische Wesen" der Interferenz der Wahrscheinlichkeiten angeführt wird [1], ist nur eine Folgerung aus einer absurden Wahrscheinlichkeitsdefinition. So sehen Achieser und Polovin den Sinn des Ausdrucks „die Wahrscheinlichkeit eines Zerfalls innerhalb einer Stunde ist gleich $\frac{1}{2}$" darin, daß im Verlauf einer Stunde ein Zerfall (ein Ereignis, das sich offensichtlich auf die Mikrowelt bezieht) halbstattfindet-halbnichtstattfindet. Ein solches Paradox läßt sich auch beim klassischen Münzwurf ohne Schwierigkeit konstruieren, wenn man die Wahrscheinlichkeit $\frac{1}{2}$ für „Wappen" und „Zahl" als das Auftreffen von „halb Wappen" und „halb Zahl" bei jedem Wurf definiert.

Da die Physiker sich auf die bloße naturalistische Feststellung „logischer Besonderheiten der Mikrowelt" beschränken, die nichts zur Erkenntnis der Mikrowelt beiträgt, ohne gehörig zu untersuchen, auf welche physikalischen Besonderheiten der Mikrowelt sich die vermuteten „logischen Ausnahmen" gründen (auf Grund der in der Logik verwendeten Methoden sind „logische Ausnahmen" gar nicht möglich [3]), drückt Feynmans Aussage, daß „niemand die Quantenmechanik versteht", das Fazit der zahlreichen Diskussionen zur „Logik der Mikrophysik" vollständig aus. Wir meinen aber, daß die Lage nicht hoffnungslos ist. In unserer Zeit wurde freilich das geflügelte Wort von den Formeln, die klüger als die Physiker sind, zur Grundlage für eine besondere – gleichsam methodologische – Einstellung, die es nicht nur als rechtmäßig, sondern auch als unausweichlich ansieht, daß geschlossene physikalische Vorstellungen über diejenigen Erscheinungen nicht existieren, für welche die mathematischen Gleichungen gestatten, „richtig zu rechnen, aber unverständlich ist, warum". Unserer Ansicht nach ist eine solche Einstellung nicht in allen Fällen zu rechtfertigen. Die Kluft zwischen dem Geist der Formeln und dem der Physiker entsteht nur dadurch, daß die klugen Formeln nach einem Schema „arbeiten", in welchem die für die jeweilige physikalische Erscheinung wesentlichen Beziehungen zwischen den betrachteten Elementen berücksichtigt werden; die Physiker jedoch benutzen in ihren Vorstellungen unzulässig vereinfachte isolierte theoretische Details, überschätzen den Wahrheitsgehalt der vereinfachten Schemata und identifizieren sie fälschlicherweise mit dem Versuch. Dabei liegen die Wahrheitsbedingungen für die Ergebnisse eines wirklichen Versuchs außerhalb des theoretischen Schemas, und das bietet die Grundlage für die falschen Äußerungen über den „Widerspruch zum gesunden Menschenverstand".

Es sind zwei Umstände zu betonen, die bei aufmerksamer Betrachtung des dargestellten Materials eigentlich klar sind. Der erste besteht darin, daß quantenmechanische Prozesse prinzipiell nicht im Rahmen klassischer physikalischer Vorstellungen verstanden werden können, deren oft unternommene und angeblich philosophische Verstümmelung keinerlei Beziehung zur Sache hat. Zweitens ist es durchaus nicht so, daß klassische Gedankenexperimente von Grund auf unzulässige Schemata sind, die gar keine Beziehungen zum wirklichen Versuch haben. Bei richtiger Gegenüberstellung quantenmechanischer Resultate mit den logischen Beziehungen, die in Gedankenexperimenten enthalten sind und in der klassischen Betrachtung ignoriert werden, kann der korrekte Platz klassischer Experimente im System der Darstellung wesentlicher Momente eines quantenmechanischen Prozesses vollständig festgelegt werden.

§ 4. *Zum Verhältnis von Logik und Empirie in der Physik*

Die „besondere Logik der Mikrophysik“ ist nicht der einzige Fall seiner Art in der Physik. Der Wunsch, den Resultaten der modernen Physik einen sensationellen Anstrich zu geben, der einem mystischen gesunden Menschenverstand widerspricht, ist in der Literatur tendenziös ausgeprägt und hat einen erstaunlich nachlässigen Umgang mit den allgemeinen methodologischen Prinzipien und eine Verkehrung der realen Lage der Dinge hervorgerufen. In seinem Buch „Wissenschaftslogik“ charakterisiert Sinowjew diese Tendenz als Bestreben, großen wissenschaftlichen Entdeckungen den Charakter einer Umwälzung nicht nur in den Vorstellungen der Menschen über die Wirklichkeit (damit versetzt man heutzutage niemanden in Erstaunen), sondern auch in den logischen Grundlagen der Wissenschaft selbst zu verleihen [3]. Es ist lehrreich, daß die durch logisch nachlässigen Umgang mit physikalischer Information geschaffenen inkorrekten Situationen einen logischen Standardaufbau besitzen, aus dem man ihre erkenntnistheoretischen Fehler einwandfrei bestimmen kann. Das kann man an charakteristischen Beispielen zeigen, die zu einem der logischen Paradoxa von Zusammenhängen führen [3, 8, 19].

Wir nehmen an, daß in einem Versuch 1, durchgeführt unter den Bedingungen X, das Resultat M erhalten wurde, und in einem Versuch 2 unter den Bedingungen Y das Resultat L. Ausgehend von dieser Information kann man theoretisch vermuten, daß bei Durchführung des Versuchs 3 unter den Bedingungen „X und Y“ das Resultat „M und L“ erhalten wird. Wie soll man sich zu einer Situation verhalten, wo im Versuch 3, der unter der Bedingung „X und Y“ durchgeführt wurde (wobei beteuert wird, das dies „dieselben X und Y“ sind), ein von „M und L“ verschiedenes Resultat erhalten wird?

In der physikalischen Literatur werden solche vom logischen Standpunkt aus trivialen Erscheinungen oft als etwas logisch Unlösbares, Geheimnisvolles und Rätselhaftes bewertet, das nicht anders als durch die Phrase „so ist die Natur“ [15, 18] zu erklären ist. Insbesondere charakterisiert J. Orear das klassische Gedankenexperiment mit dem Doppelspalt als „dem gesunden Menschenverstand widersprechend“ und als Grundlage für den Zweifel an „der Gleichung $2+2=4$, wenn sie auf das physikalische Geschehen angewendet wird“ [18, S. 24, 335f.]. Das Wesen dieses Gedankenexperiments besteht indessen darin, daß der Spalt A bei geschlossenem Spalt B ein anderer ist als bei geöffnetem Spalt B; die Eigenschaften dieser beiden Gegenstände brauchen nicht zusammenzufallen. Stellen die Spalte A und B ein Kristallgitter dar, wo diese „Spalten“ ein verbundenes System bilden (das ist triviales Wissen aus der Festkörperphysik), so muß dieser Zusammenhang unbedingt berücksichtigt werden, und Aussagen, in denen das nicht geschieht, können nicht a priori für wahr gehalten werden. Hinter dem logischen Fehler verbirgt sich eine falsche Widerspiegelung der wirklichen Bedingungen beim Durchgang von Elektronen durch ein Kristallgitter.

Auch Orears Erörterungen über das Paradox von Zusammenhängen sind nicht vertrauenerweckend: „Wir haben nämlich erkannt, daß 20 Milliarden Zentimeter je Sekunde plus 20 Milliarden Zentimeter je Sekunde nicht 40 Milliarden Zentimeter je Sekunde, sondern 27,3 Milliarden Zentimeter je Sekunde sind!" Das Wissen Orears unterscheidet sich von der wirklichen Sachlage, weil die heutige Physik weiß, daß man zu einer Geschwindigkeit von 20 Mrd cm/sec unmöglich noch 20 Mrd cm/sec hinzufügen kann, denn das „Gefäß" der Geschwindigkeiten hat ein durch 30 Mrd cm/sec begrenztes Volumen. Man gieße in ein 3-Liter-Gefäß, das 2 Liter Flüssigkeit enthält, noch einmal 2 Liter. Das Ergebnis dieser Operation kann man auf zweifache Weise bewerten. Man kann es naturalistisch als Mittel zur „experimentellen Überprüfung der Frage, wieviel $2+2$ ist" auffassen und das Ergebnis direkt als „$2+2=3$" bezeichnen. Wenn man aber von vornherein weiß, daß $2+2=4$ ist, so kann man das erhaltene Resultat als Hinweis auf das Vorliegen einer bestimmten einschränkenden Bedingung betrachten, die es in diesem Falle nicht gestattet, zu 2 noch einmal 2 hinzuzufügen.

Das von Orear angeführte Beispiel, in welchem die Frage nach der Natur der einschränkenden Bedingungen gar nicht gestellt wird, enthält weiter keine Weisheit, die eine Grundlage für Urteile der Art „Deshalb begegnen jetzt die Physiker dem gesunden Menschenverstand mit großem Mißtrauen und zweifeln heute sogar daran, daß $2+2=4$ ist" bieten würde; wenn man die oben erwähnte Frage stellt, wird es noch offenkundiger, daß derartige Urteile jeder Grundlage entbehren.

Wir möchten noch auf folgenden wichtigen Umstand verweisen. Wenn man in einen Käfig, in dem sich zwei Schafe befinden, noch zwei Wölfe setzt, so interessiert man sich nicht dafür, wieviel $2+2$ ist, sondern dafür, was daraus wird. Die Experimentatoren wissen bereits, warum $2+2=4$ ist, denn sie selbst haben $2+2$ (zwei und zwei) mit dem Wort „vier" bezeichnet. Der von Orear angeführte Versuch ist durchaus nicht für die experimentelle Prüfung der Frage bestimmt, ob man „zwei und zwei" mit dem Wort „vier" bezeichnet, sondern er soll etwas ganz anderes aufklären. Die Regel $2+2=4$ hat keine andere Beziehung zum Experiment als die, daß die Zerstörung dieser Regel auf einen Zusammenhang des zahlenmäßigen Versuchsergebnisses mit den im Versuch ablaufenden Prozessen verweist. Es ist klar, daß der quantitative Ausgang des Versuchs zu einem unlösbaren Rätsel wird, wenn man diese Prozesse nicht berücksichtigt (und das kann in verschiedenen Formen erfolgen, je nach Art der Information über das Versuchsobjekt). Den geheimnisvollen Beziehungen zwischen den Versuchsgrößen muß man dann die zu nichts verpflichtende Bezeichnung einer „besonderen Logik" geben, womit das Problem aus dem Bereich physikalischer Forschung in einen Bereich nichtexistenter „besonderer methodologischer Probleme der Physik" verschoben wird. Eine solche Situation meint Sinowjew, wenn er sagt, daß es kein Zeichen des Fortschritts, sondern des Mangels einer Einzelwissenschaft ist, wenn neben ihr noch eine andere, von ihr losgelöste Wissenschaft heranwächst, die die spezielle Methodologie der ersteren sein soll [3]. Unter diesem Gesichtspunkt ist die Berechtigung der Worte Orears zu beurteilen, wonach es notwendig sei, den existierenden physikalischen Gesetzen gegenüber kritisch und darauf vorbereitet zu sein, sie zu modifizieren, sobald experimentelle Beweise gegen sie sprechen [18, S. 29]. Beziehungen zwischen physikalischen Größen und Vorstellungen, die auf experimentellem Wege gewonnen und überprüft werden, sind das eine, etwas anders sind die allen Wissenschaften gemeinsamen, d. h. (in Anwendung auf die Physik) die dem Experiment auferlegten Prinzipien und Regeln, ohne die, bei all ihrer Einfachheit, keine wissenschaftliche Erfahrung möglich ist. In diesem Sinne ist die Regel $2+2=4$ (wie alle allgemeinen Sätze) kein „Gesetz der Physik", da sie durch kein physikalisches Experiment bestätigt oder widerlegt werden kann.

Es liegt uns selbstverständlich fern, die Wechselbeziehung von „Spekulation" und „Erfahrung" in der heutigen Wissenschaft zu vereinfachen und sie einfach voneinander zu trennen; wir verweisen nur auf das Fehlerhafte der Tendenz, die beansprucht, diese Frage auf die „reine Erfahrung ohne alle Philosophie" zurückzuführen. Es muß betont werden, daß sich die entscheidende Rolle der Erfahrung in der Wissenschaft stets praktisch äußert und nicht in der theoretischen Anerkennung der Phrase „Unser Prinzip ist die Erfahrung und nur die Erfahrung" [12]. In den Feynmanschen Vorlesungen finden sich viele angeblich gegen die „naiven spekulativen Philosophen" gerichtete Aussprüche des Typs: „Traue nur deinen Augen und formuliere deine Ideen nur auf der Grundlage der Erfahrung." Aber dieser „theoretische" Empirismus ist nur ein Symptom primitiver naturalistischer Vorstellungen (nach der Definition von Engels [17]). Feynman selbst widerlegt sie in mehreren Beispielen, die zeigen, daß „nur die Augen" trügen können und „nur die Erfahrung" zu Fehlern führen kann; nicht selten erhebt er sich über die anspruchsvolle Konzeption von der „Ausschließlichkeit der Erfahrung" zu einer sehr vernünftigen Explikation der Wechselbeziehung zwischen den allgemeinen methodologischen Prinzipien und der experimentellen Forschung [11]. Der Gerechtigkeit halber muß man bemerken, daß die Arbeiten Feynmans genügend Informationen enthalten, um das Wesen der neueren physikalischen Entdeckungen zu verstehen, die trivialerweise mit den allgemeinen Prinzipien der wissenschaftlichen Erkenntnis [3] übereinstimmen (und das ist das einzige, was eventuell Staunen erwecken könnte). Nur ein Ausdruck der genannten Tendenz ist das Bestreben Feynmans, sich möglichst viel über die Ergebnisse der modernen Physik zu „wundern", indem er das faktische Material auf die unbegründeten Vorstellungen bezieht, die die Rolle des berüchtigten „gesunden Menschenverstandes" spielen. Es ist einer der wesentlichen Umstände, die den Inhalt eines modernen wissenschaftlichen Experiments bestimmen, daß die „Augen“ und die physikalischen Geräte zu den Versuchsbedingungen gehören. Man muß die Möglichkeiten der Geräte kennen, da man im Versuch nur solche Informationen über das Forschungsobjekt erhalten kann, die durch die Versuchsbedingungen und insbesondere die verwendeten „Augen“ gebrochen werden, die beispielsweise nur eine bestimmte Oktave von Signalen u. dgl. wahrnehmen. Daten über „ein und denselben Gegenstand“, die aus verschiedenen Versuchen gewonnen wurden, können sich unterscheiden. Bei gedankenlosem Verhalten zum Experiment kann letzteres eher Quelle der Desinformation als der Information sein. In der Physik erfolgt eine solche Verkehrung mit der – bezüglich der klassischen Schemata – überschüssigen Information, weil die Physiker theoretisch nicht genügend auf diese Situation vorbereitet sind (solche Erscheinungen bemerkte schon Engels [17]). Nicht alles, was „die Erfahrung zeigt“, bleibt außerhalb der gegebenen konkreten Bedingungen erhalten. Dieser Umstand kann die Aufdeckung des Wesens einer Sache nicht prinzipiell beschränken. In der Praxis wird diese Frage durch eine vernünftige Gegenüberstellung verschiedener Versuche gelöst (was dem Wesen nach selbst wieder ein Versuch ist), und zwar bei vollem Verständnis dafür, daß unter gleichen Bedingungen das Gleiche erfolgt. Die Situation in der modernen physikalischen Forschung ist analog zur kriminalistischen Praxis, wo, nach den Worten eines Untersuchungsrichters, „alle Zeugen lügen, aber auf verschiedene Weise, wobei jeder etwas verheimlicht und jeder etwas anderes ausplaudert“. Gerade das ist es, was unseres Erachtens in der in der Arbeit [3] genannten Bedingung für die Existenz und Verwendung logisch widersprüchlicher Theorien zum Ausdruck kommt; so etwas ist nur möglich, weil diese Theorien widerspruchsfreie Fragmente enthalten, aus denen man wahre Aussagen erhält. Die Entdeckung logischer Widersprüche in Theorien ist gerade ein Anreiz für ihre weitere Vervollkommnung, für die Erklärung der Zusammenhänge zwischen dem „Verheimlichten“ und dem „Ausgeplauderten“. Gerade die Existenz dieser logischen Zusammenhänge ermöglicht es z. B. zu verstehen, daß in der Quantenmechanik alles bekannt ist [14, 15], obwohl „niemand sie versteht“ [11].

§ 5. Pseudodefinitionen in der modernen Physik

Eine besondere Betrachtung erfordert die Einführung und Verwendung von Pseudodefinitionen in der modernen Physik [19]. Die Anwendung von Pseudodefinitionen ist kein Privileg der physikalischen Literatur, aber sie nimmt hier eine ausgesprochen „sensationelle“ Form an (im Unterschied zur gewöhnlichen Verwendung abkürzender, darstellender, überhaupt allegorischer Bezeichnungen, die nicht buchstäblich auf bestimmte Situationen übertragen werden können). Dabei stellt man die Sache so dar, als seien Ausdrücke, die lediglich Resultat sprachlicher Mystifikation sind, eine Äußerung höchster Entwicklung des physikalischen Denkens und tiefsten Eindringens in die Geheimnisse der Natur, als würden sie sich aus der faktischen Situation ergeben, durch die Erfahrung bestätigt werden u. dgl. m.

Als erstes Beispiel behandeln wir die Pseudodefinition des Terminus „Überlichtgeschwindigkeit der Phasenausbreitung“. In der üblichen, etwa der radiotechnischen Literatur dient dieser Terminus zur Bezeichnung von Erscheinungen, deren Inhalt physikalisch geklärt ist, und es ist offenkundig, daß er nicht irgendeine Ausbreitung mit Überlichtgeschwindigkeit wiedergibt. Aber gleichzeitig legt man in der physikalischen Literatur diesen trivialen physikalischen Erscheinungen einen mystischen Sinn bei, der durch die Pseudoumschreibung „geometrische Bewegung“, „die Überlichtgeschwindigkeit entspricht einer Ausbreitung der Phasen, nicht der Energie“ nicht beseitigt wird. Manchmal wird die Mystifizierung trivialer Dinge als ihre neueste theoretische Deutung ausgegeben (die „Entdeckung von Ginsburg-Bolotowski“ [7]), die ein besonderes philosophisches Interesse beansprucht und sich auf eine angeblich praktische Realisierung der „Idee der Überlichtausbreitung“ in einer technischen Apparatur beruft, deren Wirkprinzip zur Definition der „Überlichtgeschwindigkeit“ in keiner anderen Beziehung steht als der, daß dieses Wort zur Pseudobezeichnung realer Erscheinungen angewendet wird.

Ein anderes Beispiel steht in Zusammenhang mit der Bemerkung L. M. Slotnikows [4], daß „die Ablehnung des physikalischen Vakuums als einer Art materiellen Mediums ... historisch als wichtigster Beleg dafür auftrat, um die ‚Unlogik‘ der Quantenprozesse in der Mikrowelt“ zu begründen. Es bleibt hinzuzufügen, daß erstens die Existenz eines physikalischen Mediums, das Wirkungen überträgt sowie Wechselwirkung und Bewegung der Körper beeinflußt, ein zweifelsfrei festgestellter Fakt ist, und daß zweitens die Ablehnung (das Ignorieren, das Vergessen) des Mediums eine wesentliche Rolle bei der Aufstellung von Pseudodefinitionen und der Mystifikation von Situationen spielt, die der physikalischen Darstellung durchaus zugänglich sind. Lauschen wir dem eigenartigen Klang, den einige klassische physikalische Gesetze beim Ignorieren des Mediums annehmen.

Das Archimedische Prinzip. Auf einen Körper, der in eine Flüssigkeit (oder ein Gas) getaucht wird, wirkt eine rücktreibende Kraft, die gleich dem Gewicht der vom Körper verdrängten Flüssigkeitsmenge ist. In einer Flüssigkeit mit dem spezifischen Gewicht P wirkt auf einen Körper mit dem Volumen V und dem Gewicht mg die Auftriebskraft $PV - mg$, unter deren Wirkung der Körper mit der Beschleunigung $w = \frac{PV}{m} - g$ nach oben schwimmt. Durch diese Auftriebskraft haben wir die äußere Einwirkung auf den Körper vollständig festgelegt und können nun annehmen, daß wir über die den Körper umgebende Flüssigkeit nichts wissen wollen. Da wir keine anderen physikalischen Gesetze kennen, müssen wir in Übereinstimmung mit dem Archimedischen Prinzip annehmen, daß ein genügend leichter und umfangreicher Körper, der bis zu einer Tiefe H in den Ozean getaucht wird und mit der konstanten Beschleunigung w nach oben schwimmt, mit der Geschwindigkeit $v = \sqrt{2H\left(\frac{PV}{m} - g\right)}$ aus dem Wasser fliegt, wobei v größer als jede beliebig vorgegebene Geschwindigkeit (z. B. fünfeinhalb Milliarden km/sec) sein kann. Wenn dieses Ereignis nicht eintritt, so müssen wir nach den physikalischen Ursachen suchen, derentwegen der aus dem Archimedischen Prinzip gezogene Schluß nicht mit dem Versuchsergebnis übereinstimmt. Wir können eine solche Ursache beispielsweise in Form einer Reibungskraft der Flüssigkeit finden, die mit der Geschwindigkeit wächst: $F_R = k \cdot v^b$; die Beschleunigung $a = w - \frac{k \cdot v^b}{m}$ wird für einen gewissen Wert der Geschwindigkeit gleich Null.

Wir haben jedoch vereinbart, daß wir andere physikalische Wechselwirkungsprozesse, die über den Rahmen des Archimedischen Prinzips hinausgehen, nicht einfach nicht kennen, sondern nicht kennen wollen. Und wir möchten eine Übereinstimmung der Versuchsergebnisse mit der Archimedischen Theorie dadurch erreichen, daß wir die Frage aus dem Gebiet der Physik scheinbar in das Gebiet der Philosophie verlegen. Tatsächlich genügt es zu sagen, daß wir zwar so messen, als würde sich die Beschleunigung mit wachsender Geschwindigkeit verringern, daß aber in Wirklichkeit der Längenmaßstab verkürzt und der Zeitablauf verlangsamt wird; man ist dann gezwungen zu sagen, daß wir so messen, als würde die Geschwindigkeit, wenn sie eine gewisse Größe erreicht hat, zu wachsen aufhören, und daß wir denken, indem wir messen, die Geschwindigkeit bliebe konstant.

Das Coulombsche Gesetz. Auf eine elektrische Ladung, die sich in einem elektrischen Feld befindet, wirkt eine Kraft, die gleich dem Produkt aus Ladung und elektrischer Feldstärke ist. In einem homogenen Feld mit der Feldstärke $E = \frac{U}{l}$ bewegt sich ein Körper der Masse m und der Ladung q mit der Beschleunigung $w = \frac{Eq}{m}$ und erreicht ein Geschwindigkeit $v = \sqrt{2\frac{Uq}{m}}$. Nachdem wir dieses Ergebnis erhalten haben, können wir jede Frage nach der Natur dieser Kraft und der von ihr hervorgerufenen Bewegung des Körpers unterdrücken und voraussetzen, daß die Geschwindigkeit v beliebig groß werden muß, wenn nur Uq genügend groß und m sehr klein ist. Wenn das nicht eintritt, dann müßten wir die physikalische Ursache für den Unterschied zwischen der auf dem Coulombschen Gesetz beruhenden theoretischen Schlußfolgerung und dem Versuchsergebnis suchen. Wir könnten diese Ursache beispielsweise in Gestalt einer „elastischen Reibungskraft" finden, oder in einer zusätzlichen Trägheitskraft, die mit der Geschwindigkeit zunimmt: $\Delta F_{in} = f(v)$. Dabei ist die Beschleunigung $a = w - \frac{f(v)}{m} = \frac{Eq - f(v)}{m} =$

$Eq: \frac{m}{1-f(v)/Eq} = \frac{Eq}{m'(v)}$ mit $m'(v) = \frac{m}{1-f(v)/Eq}$; dabei ist $m'(v)$ die Masse, die den Widerstand der Trägheit gegen die Beschleunigung des Körpers bestimmt.

Wir haben aber vereinbart, daß wir keine anderen physikalischen Bewegungsprozesse des Körpers kennen außer den im Coulombschen Gesetz formulierten. Und wir möchten „auf philosophischem Wege" Übereinstimmung von Theorie und Experiment erzielen, und zwar durch die Redeweise, daß wir so messen, als würde sich die Beschleunigung mit wachsender Geschwindigkeit verringern; man ist dann gezwungen zu sagen, daß dies ein Meßeffekt sei, der von dem angeblich kinematischen Effekt der Raumkontraktion und Zeitdilatation herrührt.

Wir wollen uns auf das bisher über die Pseudoerkenntnisfunktion der in der Literatur verbreiteten Mystifikationen der Raum-Zeit-Terminologie Gesagte beschränken. Eine detaillierte logische Analyse verschiedener Fälle dieser Terminologie, insbesondere von Pseudodefinitionen der Termini, wie „Krümmung des Raumes", „Verlangsamung des Zeitablaufs", findet sich in den Arbeiten [3, 19]. Dort wird gezeigt, daß sprachliche Konstruktionen, die Ausdrücke des genannten Typs enthalten, keine Aussagen sind (nicht als Elemente des Wissens dienen können), weil diese Ausdrücke keine Termini sind. Es genügt zu erwähnen, daß der Ausdruck „die Zeit verläuft langsamer (schneller)" den Vergleich verschiedener Zeiten mit einer bestimmten Zeit voraussetzt, ohne die der genannte Vergleich logisch ausgeschlossen ist. Es versteht sich von selbst, daß man solche Wortkonstruktionen nicht „widerlegen" kann; aber man kann sie auch nicht „bestätigen", das ist der Preis solcher Unsinnigkeiten bei all ihrem angeblich philosophischen Reiz.

Wir zweifeln nicht am Fortschritt der Wissenschaft, an der Rolle der wissenschaftlichen Phantasie, der Rolle verrückter Ideen usw. Wir stimmen damit überein, daß zum wissenschaftlichen Schöpfertum neben gesundem Menschenverstand auch eine bestimmte Dosis von Wagemut und Kühnheit gehört. Aber wir wissen außerdem, daß es Grenzen gibt, deren Überschreiten die Phantasie ihres wissenschaftlichen Charakters beraubt; diese Grenzen sind die Normen der Logik [3].

Übersetzt von W. Kummer

Quellennachweise

1. Ахиезер, А. И., Половин, Р. В., Успехи физических наук, т. 107, вып. 3, 1972.
2. Блауберг, И. В., Садовский, В. Н., Юдин, Е. Г., Системный подход: предпосылки, проблемы, трудности, Москва 1969.
3. Зиновьев, А. А., Логика науки, Москва 1971.
4. Злотников, Л. М., Существует ли квантово-релятивистская логика?, Философские науки, 1971, № 4.

5. Левич, В.Г. и др., Теоретическая физика, т. II, Москва 1962.
6. Маковецкий, П.В., Смотри в корень, Москва 1969.
7. Мороз, О., Ничто, летящее быстрее света, Знание-сила, 1973, № 2.
8. Мухамедов, А. Х., К вопросу о парадоксах связей, Философские науки, 1973, № 4.
9. Мухамедов, А. Х., К вопросу о роли системного подхода в оценке научных знаний, Системные исследования, Ежегодник 1974, Москва 1974.
10. Проблемы методологии системного исследования, Сборник, Москва 1970.
11. Фейнман, Р., Характер физических законов, Москва 1968.
12. Фейнман, Р. и др., Фейнмановские лекции по физике, вып. I, Москва 1965.
13. Фейнман, Р. и др., Фейнмановские лекции по физике, вып. 7, Москва 1966.
14. Фейнман, Р. и др., Фейнмановские лекции по физике вып. 8, Москва 1966.
15. Feynman, R., u. a., Vorlesungen über Physik (engl.-deutsch), Bd. III Quantenmechanik, München, Wien u. a., 1971.
16. Landau, L. D., Lifschiz, E. M., Lehrbuch der theoretischen Physik, Bd. III Quantenmechanik, 5. Aufl., Berlin 1974.
17. Marx, K., Engels, F., Werke Bd. 20, Berlin 1972.
18. Orear, J., Grundlagen der modernen Physik, München 1971.
19. Sinowjew, A. A., Logik und Sprache der Physik, Berlin 1975.

G. A. Kusnezow

Zur logischen Grundlegung der speziellen Relativitätstheorie und der Quantenmechanik

Einleitend sollen die in der vorliegenden Arbeit verwendeten Termini erklärt werden.

Der Definition von „Beobachter" liegen folgende Überlegungen zugrunde: zunächst soll unter einem Beobachter ein beliebiges physisches Objekt verstanden werden, das fähig ist, eine beliebige Information aufzunehmen, aufzubewahren und weiterzugeben. Offensichtlich läßt sich jede Information durch eine Menge von Aussagesätzen ausdrücken. Abstrahiert man nun von den physischen Besonderheiten des Beobachters, so kann man ihn als eine Menge von Aussagesätzen verstehen. Diese Menge von Aussagesätzen drückt die Informationen aus, mit denen der Beobachter zu tun hat und ist bestimmten Forderungen unterworfen (z. B. dürfen als Elemente keine Sätze des Typs „A und nicht-A" enthalten sein).

Die Definition von „Uhr" basiert auf einer logischen Modellierung des physischen Prozesses, der wie folgt beschrieben werden kann: Es gebe ein Paar physischer Beobachter n' und m', und es habe ein Ereignis A stattgefunden. Der Beobachter n' erfährt von diesem Ereignis. Damit vollzieht sich ein neues Ereignis, das durch den Satz „n' weiß, daß A" ausgedrückt werden kann. Erfährt nun der Beobachter m' von dem letzteren Ereignis, so findet das Ereignis „m' weiß, daß n' weiß, daß A" statt usw. Ist nun der Abstand zwischen n' und m' hinreichend groß, so kann man – da die Ausbreitungsgeschwindigkeit der Information im physikalischen Raum endlich ist (und sie ist offensichtlich nicht größer als die Ausbreitungsgeschwindigkeit des Lichtes im Vakuum) – dieses physikalische System als Uhr verwenden.

Außer dem Begriff der Tautologie, dessen Definition in der Arbeit noch gegeben wird, sind keine speziellen logischen Vorkenntnisse für das Verständnis erforderlich. Allerdings wird vorausgesezt, daß der Leser mit den Grundlagen der speziellen Relativitätstheorie, der Quantenmechanik und der Wahrscheinlichkeitstheorie vertraut ist.

§ 1. Definition einiger Hilfstermini

Wir betrachten einfache Aussagesätze und deren Verknüpfungen mittels der logischen Konnektoren „und“, „oder“, „wenn . . ., so“ und „nicht“. Dabei schreiben wir für Ausdrücke des Typs „Wenn A, so B“, „A und B“, „A oder B“ und „nicht-A“ entsprechend „$A \supset B$“, „$A \wedge B$“, „$A \vee B$“ und „$\bar{A}$“. Dabei entspricht „ $\supset$ “ der Subjunktion, „ $\wedge$ “ der Konjunktion, „ $\vee$ “ der Adjunktion und „ $-$ “ der Negation.

In der klassischen Aussagenlogik wird aus der Klasse dieser Sätze eine Unterklasse der *Tautologien* durch verschiedene Methoden ausgesondert, die der folgenden äquivalent sind: Wir nennen *β-Funktionen* Funktionen $f(x)$ von einer Variablen, die auf irgendeiner Menge von Aussagesätzen definiert sind, die Werte 0 und 1 annehmen und folgenden Bedingungen unterworfen sind:

1) $f(\bar{A}) = 1$ genau dann, wenn $f(A) = 0$,
2) $f(A \wedge B) = 1$ genau dann, wenn $f(A) = f(B) = 1$,
3) $f(A \vee B) = 0$ genau dann, wenn $f(A) = f(B) = 0$,
4) $f(A \supset B) = 0$ genau dann, wenn $f(A) = 1$, $f(B) = 0$.

Zum Beispiel ist eine Funktion dergestalt, daß

$$g(C) = \begin{cases} 1, \text{ wenn „}C\text{“ wahr ist,} \\ 0, \text{ wenn „}C\text{“ falsch ist,} \end{cases}$$

eine β-Funktion.

Erstens ist diese Funktion tatsächlich auf einer Menge von Aussagesätzen, die wahre oder falsche Aussage ausdrücken, definiert und nimmt die Werte 0 und 1 an, und zweitens ist es nicht schwer zu überprüfen, daß alle übrigen Bedingungen 1–4, denen eine β-Funktion genügen muß, für $g(x)$ erfüllt sind. Außer $g(x)$ kann man offensichtlich beliebig viele β-Funktionen aufbauen.

Aussagesätze „C“ heißen *tautologisch*, wenn für jede β-Funktion $f(x)$ gilt:

$$f(C) = 1 \,.$$

Zum Beispiel sind alle Sätze des Typs

„$(B \wedge K) \supset (B \wedge B \wedge K)$“ ,
„$(B \wedge K) \supset K$“

Tautologien.
Ist „$A \supset B$“ ein tautologischer Satz, so sagt man, daß „B“ aus „A“ logisch folgt.

Weiterhin betrachten wir verschiedene Mengen von Aussagesätzen. Dabei können Sätze des Typs „Der Satz ‚A‘ ist Element der Menge von Sätzen n“ auch geschrieben werden:

„n weiß, daß A“ oder noch kürzer: „An“.

Den Begriff *v-Kette* definieren wir wie folgt:
α ist eine v-Kette dann und nur dann, wenn eine der folgenden Bedingungen erfüllt ist:
1) α ist n, wobei n der Name (die Bezeichnung) einer Menge von Sätzen ist;
2) α ist $\beta\gamma$, wobei β und γ v-Ketten sind;
3) α ist das Resultat der Streichung einiger (möglicherweise aller) Elemente aus einer v-Kette.

Eine v-Kette ist also eine endliche (möglicherweise leere) Folge von Namen von Satzmengen.

Weiter ist α eine *Teilkette* von β (symbolisch: $\alpha \prec \beta$) genau dann, wenn α mit β zusammenfällt oder aus β durch Streichung einiger Elemente erhalten werden kann.

Manchmal schreiben wir die Kette α als ${}^{1}(\alpha)$ und eine Kette des Typs ${}^{c}(\alpha)\,\alpha$, wobei c eine natürliche Zahl ist, als ${}^{c+1}(\alpha)$. Offensichtlich gilt: Wenn $a \leqq b$, so ist ${}^{a}(\alpha) \prec {}^{b}(\alpha)$. Die Ketten α und β sind *äquivalent* (symbolisch: $\alpha \sim \beta$), wenn α aus β erhalten werden kann durch Ersetzen einer Kette des Typs ${}^{c}(n)$, wobei $c \neq 0$, durch eine Kette des Typs ${}^{d}(n)$, wobei $d \neq 0$.

Offensichtlich gilt: Wenn $\alpha \sim \beta$, so $\beta \sim \alpha$.

Zu α *entgegengesetzte Kette* (symbolisch: $\hat{\alpha}$) heißt die Kette, die das Spiegelbild der Kette α ist.

§ 2. Zeit

D 1. Eine Menge n von Aussagesätzen heißt *Beobachter*, wenn sie den Bedingungen genügt:
1) n enthält nicht Sätze des Typs „$A \wedge \bar{A}$",
2) wenn „B" aus „A" logisch folgt und „A" Element von n ist, dann ist auch „B" Element von n.

D 2. Der Satz „B" ist ein *Axiom* des Beobachters n genau dann, wenn für jeden Satz „C" gilt: Wenn „C" Element von n ist, dann ist auch „$C \wedge B$" Element von n.

D 3. Eine Menge von Beobachtern $\mathfrak{A}$ nennen wir *Beobachterraum* genau dann, wenn für beliebige Ketten α und β, die aus Namen der Elemente von $\mathfrak{A}$ bestehen, für jedes Element n dieser Menge und für beliebige Sätze „B" und „C" die Bedingung erfüllt ist: Wenn gilt: $\beta \succ \alpha$ oder $\beta \sim \alpha$, und „$B\alpha \wedge C$" ist Element von n, dann ist auch „$B\beta \wedge C$" Element von n.

Mit anderen Worten, *Beobachterraum* heißt eine Menge von Beobachtern, für die gilt: Wenn n und m Elemente des Beobachterraumes sind, dann gilt „Wenn n weiß, daß m weiß, daß A, dann weiß n, daß A". Hier ist A ein beliebiger Aussagesatz, und zwar unbedingt ein Aussagesatz, beispielsweise „Wenn Peter weiß, daß Iwan weiß, daß der große Fermatsche Satz bewiesen ist, dann weiß Peter, daß der große Fermatsche Satz bewiesen ist". Dagegen gilt nicht: „Wenn Peter weiß, daß Iwan den Beweis des großen Fermatschen Satzes kennt, dann kennt Peter den Beweis des großen Fermatschen Satzes.“

D 4. *Uhr* $n_0 m_0$ mit dem Pendel „A“ des Beobachters n nennen wir ein Tripel $\{n_0, „A“, m_0\}$, wobei n_0 und m_0 Beobachter sind und „A“ ein Aussagesatz ist, für das die Bedingung erfüllt ist:

Wenn der Satz „B“ Element von n ist, dann gibt es für jeden Satz „K“ eine solche natürliche Zahl g, daß gilt: wenn

„$K \wedge B$“ Element von n ist, dann ist
„$K \wedge B \wedge An_0{}^g(n_0 n_0)$“ Element von n und
„$B \wedge \overline{An_0{}^{g+1}(m_0 n_0)}$“ Element von n.

D 5. *Moment,* in dem der Beobachter n davon erfuhr, daß das durch den Satz „B“ ausgedrückte und durch diesen Beobachter nach der Uhr $\{n_0, „A“, m_0\}$ gemessene Ereignis stattfand (abgekürzt):

$[Bn \mid n\{n_0 A m_0\}]$), nennen wir eine Zahl g derart, daß für jeden Satz „K“ gilt: wenn

„$K \wedge B$“ Element von n ist, dann ist
a) „$K \wedge B \wedge An_0{}^g(m_0 n_0)$“ Element von n und
b) „$B \wedge \overline{An_0{}^{g+1}(m_0 n_0)}$“ Element von n.

n erfährt also davon, daß das Ereignis „B“ im Moment g nach der Uhr $\{n_0, A, m_0\}$ stattfand, wenn der Satz „B“ in n nur zusammen mit dem Satz „$An_0{}^g(m_0 n_0)$“ enthalten ist; mit anderen Worten, wenn das Signal über das Stattfinden des Ereignisses „B“ nicht früher zu n gelangt als das Signal über das Stattfinden des Ereignisses „$An_0{}^g(m_0 n_0)$“ (*D 5.a*), aber auch nicht später (*D 5.b*). In diesem Fall gilt: das Tripel $\{n_0, A, m_0\}$ ist eine Uhr des Beobachters n, wenn man für jedes Ereignis nach der Uhr $\{n_0, A, m_0\}$ bestimmen kann, wann n von diesem Ereignis erfuhr (*D 4*).

Es gilt folgendes Theorem:

T 1. In jedem Beobachterraum gilt: wenn

a der Moment $[C\alpha n \mid n\{n_0 A m_0\}]$ ist und (1.1)

b der Moment $[C\beta n \mid n\{n_0 A m_0\}]$ ist und (1.2)

$\alpha \prec \beta$, (1.3)

so

$$a \leqq b\,.$$

Beweis: Nach 1.1 gilt für jedes „K“: Wenn „$C\alpha \wedge K$“ Element von n ist, so ist auch

$$„C\alpha \wedge K \wedge An_0{}^a(m_0 n_0)“ \tag{1.4}$$

Element von n.

Aus 1.2 ergibt sich:

$$„C\beta \wedge \overline{An_0{}^{b+1}(m_0 n_0)}“ \tag{1.5}$$

ist Element von n.

Da von Elementen eines Beobachterraumes die Rede ist, erhalten wir aus 1.5 unter Zuhilfenahme von 1.3:

$$„C\alpha \wedge \overline{An_0 \, {}^{b+1}(m_0 n_0)}“ \tag{1.6}$$

ist Element von n.
Aus 1.4 gewinnen wir also, wenn „K“ der Satz

$$„\overline{An_0 \, {}^{b+1}(m_0 n_0)}“ \text{ ist: } „C\alpha \wedge \overline{An_0 \, {}^{b+1}(m_0 n_0)} \wedge An_0 \, {}^{a}(m_0 n_0)“ \tag{1.7}$$

ist Element von n. In diesem Falle ist der Satz

$$„\overline{An_0 \, {}^{b+1}(m_0 n_0)} \wedge An_0^a(m_0 n_0)“, \tag{1.8}$$

der aus 1.7 logisch folgt, in n enthalten. Ist nun
$a > b$, dann ist $a \geqq b+1$, d. h.

$${}^{b+1}(m_0 n_0) \prec {}^{a}(m_0 n_0) .$$

Hieraus und aus 1.8 erhalten wir unter Berücksichtigung, daß von Elementen eines Beobachterraumes die Rede ist:

$$„\overline{An_0 \, {}^{b+1}(m_0 n_0)} \wedge An_0 \, {}^{b+1}(m_0 n_0)“$$

ist Element von n. Das widerspricht jedoch der Bedingung, daß n ein Beobachter ist.

Aus *T 1* folgt unmittelbar, daß in jedem Beobachterraum gilt: wenn
a der Moment $[Bn \mid n\{n_0 A m_0\}]$ ist und
b der Moment $[Bn \mid n\{n_0 A m_0\}]$ ist, so
$a = b$.

Auf dieser Grundlage kann man, wo von Elementen eines Beobachterraumes die Rede ist, anstelle eines Ausdrucks des Typs

$$„a \text{ ist } [Bn \mid n\{n_0 A m_0\}]“,$$

den Ausdruck

$$„a = [Bn \mid n\{n_0 A m_0\}]“$$

schreiben.

D 6. Die Uhren $\{n_1 B m_1\}$ und $\{n_2 A m_2\}$ *gehen für den Beobachter n in einer Richtung* genau dann, wenn die Bedingung erfüllt ist: vorausgesetzt,

$$d \text{ ist } [Bn_1 \, {}^{i}(m_1 n_1) \, n \mid n\{n_2 A m_2\}] ,$$
$$b \text{ ist } [Bn_1 \, {}^{j}(m_1 n_1) \, n \mid n\{n_2 A m_2\}] \text{ und}$$
$$i < j ,$$

so

$$d \leqq b .$$

Die Uhren $\{n_1 B m_1\}$ und $\{n_2 A m_2\}$ gehen also für den Beobachter n in einer Richtung, wenn für diesen Beobachter gilt: ist $i < j$, so zeigt die Uhr $\{n_1 B m_1\}$ bezüglich der Uhr $\{n_2 A m_2\}$ i Stunden nicht später an, als sie j Stunden anzeigt.

T 2. In jedem Raum gehen für jeden Beobachter alle Uhren in einer Richtung.

Beweis: Im Beobachterraum gelte

$$d = [Bn_1\ {}^i(m_1n_1)\ n \mid n\{n_2Am_2\}]\ ,$$
$$b = [Bn_1\ {}^j(m_1n_1)\ n \mid n\{n_2Am_2\}]\ ,$$
$$i < j\ .$$

Weil in diesem Falle

$${}^i(m_1n_1) \prec {}^j(m_1n_1)$$

ist, erhalten wir nach *T 1*: $d \leqq b$.

D 7. Die Uhr $\{n_2Am_2\}$ ist für den Beobachter n *k-mal genauer* als die Uhr $\{n_1Bm_1\}$ genau dann, wenn für jeden Satz „C" die Bedingung erfüllt ist: vorausgesetzt,

a_1 ist $[Cn \mid n\{n_1Bm_1\}]$ und

a_2 ist $[Cn \mid n\{n_2Am_2\}]$,

so gilt

$$a_1 + 1 > \frac{a_2}{k} \geqq a_1\ .$$

Die Uhr $\{n_2Am_2\}$ ist zum Beispiel dreimal genauer als die Uhr $\{n_1Bm_1\}$, wenn in der Zeit, in der die zweite Uhr 0 Stunden anzeigt, die erste Uhr die Stunden 0, 1 und 2 anzeigt; in der Zeit, in der die zweite Uhr die Stunde 1 anzeigt, die erste Uhr die Stunde 3, 4 und 5 anzeigt usw.

D 8. Eine Folge von Uhren

$$\Xi : \{\bar{n}_0A\bar{m}_0\}, \{\bar{n}_1A\bar{m}_1\}, \ldots, \{\bar{n}_iA\bar{m}_i\}, \ldots$$

heißt *absolut genaue Uhr* des Beobachters n genau dann, wenn es für jedes i eine solche Zahl k_i gibt, daß für den Beobachter n die Uhr $\{\bar{n}_iA\bar{m}_i\}$ k_i-mal genauer ist als die Uhr $\{\bar{n}_{i-1}A\bar{m}_{i-1}\}$.

Wenn dabei für jedes i gilt:

a_i ist $[Cn \mid n\{\bar{n}_iA\bar{m}_i\}]$ und

$$a = a_0 + \sum_{i=1}^{\infty} \frac{a_i - a_{i-1}k_i}{k_1 \ldots k_i}\ ,$$

so ist a

$$[Cn \mid n\Xi]\ .$$

Bildlich gesprochen heißt das, daß das Zifferblatt der Uhr $[\bar{n}_iA\bar{m}_i]$ durch natürliche Zahlen graduiert ist, das Zifferblatt einer absolut genauen Uhr dagegen durch nichtnegative reelle Zahlen.

Lemma 1: Betrachten wir die Zahlenreihe

$$a = a_0 + \frac{a_1 - a_0k_1}{k_1} + \frac{a_2 - a_1k_2}{k_1k_2} + \cdots + \frac{a_i - a_{i-1}k_i}{k_1k_2 \ldots k_i} + \cdots\ ,$$

wobei $k_i > 0$, alle a_i und k_i natürliche Zahlen sind und für jedes i gilt

$$a_{i-1} + 1 > \frac{a_i}{k_i} \geqq a_{i-1} .$$

Die Reihe

$$\mathfrak{R}_v = \frac{a_{v+1} - a_v k_{v+1}}{k_1 \dots k_{v+1}} + \frac{a_{v+2} - a_{v+1} k_{v+2}}{k_1 \dots k_{v+2}} + \cdots$$

heißt *v-ter Rest* der Reihe a.

Der Leser, der mit den Grundlagen der Theorie der Zahlenreihen vertraut ist, kann leicht die Ungleichungen

$$0 \leqq \mathfrak{R}_v \leqq \frac{1}{k_1 \dots k_v} \quad \text{und}$$

$$0 \leqq \mathfrak{R}_0 \leqq 1$$

beweisen, indem er $\mathfrak{R}_v$ mit der Reihe vergleicht:

$$\mathfrak{R}'_v = \frac{k_{v+1} - 1}{k_1 \dots k_{v+1}} + \frac{k_{v+2} - 1}{k_1 \dots k_{v+2}} + \cdots$$

Lemma 2: Für beliebige natürliche Zahlen k_i gilt: Wenn

1) $$a = a_0 + \sum_{i=1}^{\infty} \frac{a_i + a_{i-1} k_i}{k_1 \dots k_i},$$

wobei alle a_i natürliche Zahlen sind und für jedes i gilt:

$$a_{i-1} + 1 > \frac{a_i}{k_i} \geqq a_{i-1};$$

2) $$b = b_0 + \sum_{i=1}^{\infty} \frac{b_i - b_{i-1} k_i}{k_1 \dots k_i},$$

wobei alle b_i natürliche Zahlen sind und für jedes i gilt:

$$b_{i-1} + 1 > \frac{b_i}{k_i} \geqq b_{i-1};$$

3) für jedes i gilt: $b_i \geqq a_i$,

so $b \geqq a$.

T 3. In jedem Beobachterraum gilt: vorausgesetzt,

a ist $[C\alpha n \mid nQ]$,

b ist $[C\beta n \mid nQ]$ und

$\alpha \prec \beta$,

so $a \leqq b$.

Der Beweis dieses Theorems ergibt sich aus *T 2* und Lemma 2.

T 4. In jedem Beobachterraum gilt:

Wenn $a = [B\alpha n \mid nQ]$,

$b = [B\beta n \mid nQ]$,

$\alpha \sim \beta$,

so $a = b$.

Der Beweis von *T 4* ist dem Beweis von *T 3* analog.

D 9. Zeit, gemessen durch den Beobachter n nach der Uhr Q, in der das Signal „C" den Weg der Kette $n\alpha n$ zurücklegt (abgekürzt: $tnQ\,(Cn\alpha n)$) heißt die Zahl

$$t = b - a ,$$

wobei $b = [Cn\alpha n \mid nQ]$ und

$$a = [Cn \mid nQ] .$$

T 5. In einem Beobachterraum gilt:

$$tnQ(Cn\alpha n) \geqq 0 .$$

Bildlich gesprochen: jedes Signal, das durch einen Beobachter abgegeben wird, kehrt zu ihm nicht früher zurück, als es abgegeben wurde.
T 5 folgt unmittelbar aus *T 3.*

§ 3. *Raum*

D 10. Eine Menge von Beobachtern $\mathfrak{N}$ bildet für den Beobachter n ein *innenstarres System* mit der Uhr Q (abgekürzt: $\mathfrak{N}$ ist ein IS_nQ) genau dann, wenn für jede Kette α, die aus Namen der Elemente von $\mathfrak{N}$ besteht und für beliebige Sätze „B" und „C" die Bedingungen gelten:

1) wenn n_1 und n_2 Elemente von $\mathfrak{N}$ sind und

a ist $[Bn_1n \mid nQ]$,

b ist $[Bn_1n_2n \mid nQ]$,

c ist $[Cn_1n \mid nQ]$,

d ist $[Cn_1n_2n \mid nQ]$,

so $b - a = d - c$.

2) $tnQ(Bn\alpha n) = tnQ(Bn\hat{\alpha}n)$,

d. h. bildlich gesprochen $\mathfrak{N}$ ist ein IS_nQ, wenn jedes Paar von Elementen von $\mathfrak{N}$ starr verbunden ist und dieses ganze System nicht relativ zu n rotiert.

T 6. $\{n\}$ ist ein IS_nQ.

Beweis: 1. $n \sim nn$ gilt nach *T 4*: wenn

$$a = [Bnn \mid nQ]\,,$$
$$b = [Bnnn \mid nQ]\,,$$
$$c = [Cnn \mid nQ]\,,$$
$$d = [Cnnn \mid nQ]\,,$$

so $\quad b = a$ und $d = c$, und somit $b - a = d - c$.

2. Weil jede Kette α, die aus Elementen der Menge $\{n\}$ besteht, offensichtlich mit $\hat{\alpha}$ übereinstimmt, so gilt

$$tnQ(Bn\alpha n) = tnQ(Bn\hat{\alpha}n)\,.$$

T 7. In einem Beobachterraum gilt: wenn

$$\{n, n_1, n_2\} \text{ ein } ISnQ \text{ ist,} \tag{7.1}$$
$$a = [Bn_1n \mid nQ]\,, \tag{7.2}$$
$$b = [Bn_1n_2n_1n \mid nQ]\,, \tag{7.3}$$
$$c = [Cn_2n \mid nQ]\,, \tag{7.4}$$
$$d = [Cn_2n_1n_2n \mid nQ]\,, \tag{7.5}$$

so $\quad d - c = b - a$.

Beweis: Angenommen, Q ist $\{\bar{n}_i A \bar{m}_i\}$.
Auf Grund von 7.3 und 7.5 gilt: Die Sätze

$$„Bn_1n_2n_1 \wedge \overline{A\bar{n}_i{}^{b+1}(\bar{m}_i\bar{n}_i)}“ \quad \text{und} \tag{7.6}$$
$$„Cn_2n_1n_2 \wedge \overline{A\bar{n}_i{}^{d+1}(\bar{m}_i\bar{n}_i)}“ \tag{7.7}$$

sind Elemente von n, d. h. da gilt

$$n_1n_2 \prec n_1n_2n_1\,,$$
$$n_2n_1 \prec n_2n_1n_2\,,$$

und von Elementen eines Beobachterraumes die Rede ist, erhalten wir aus 7.6 und 7.7:

$$„Bn_1n_2 \wedge \overline{A\bar{n}_i{}^{b+1}(\bar{m}_i\bar{n}_i)}“ \tag{7.8}$$
$$„Cn_2n_1 \wedge \overline{A\bar{n}_i{}^{d+1}(\bar{m}_i\bar{n}_i)}“ \tag{7.9}$$

sind Elemente von n. Damit sind die Sätze „Bn_1n_2“ und „Cn_2n_1“, die entsprechend aus den Sätzen 7.8 und 7.9 logisch folgen, auch in n enthalten.

Da nun Q die Uhr des Beobachters n ist, gibt es solche Zahlen g und q, daß gilt:

$$g = [Bn_1n_2n \mid nQ] \quad \text{und} \tag{7.10}$$
$$q = [Cn_2n_1n \mid nQ]\,. \tag{7.11}$$

Hieraus und aus 7.1–7.5 folgt somit:

$$g - a = d - q \quad \text{und} \quad q - c = b - g\,,$$

und schließlich

$$d - c = b - a .$$

D 11. dnQ „B" – Maß der Beobachter n_1 und n_2 (abgekürzt: *dnQ „B"* $(n_1 n_2)$) heißt die Zahl

$$z = \frac{b - a}{2},$$

wobei gilt: a ist $[Bn_1n \mid nQ]$,

b ist $[Bn_1n_2n_1n \mid nQ]$.

T 8. Wenn gilt:

$$\{n, n_1, n_2\} \text{ ist ein } ISnQ , \tag{8.1}$$

$$z_1 \text{ ist } dnQ \text{ „}B\text{" } (n_1n_2) , \tag{8.2}$$

$$z_2 \text{ ist } dnQ \text{ „}C\text{" } (n_1n_2) , \tag{8.3}$$

so $z_1 = z_2$.

Beweis: Aus 8.2 folgt:

$$z_1 = \frac{b - a}{2}, \tag{8.4}$$

wobei gilt

$$a = [Bn_1n \mid nQ] \quad \text{und} \tag{8.5}$$

$$b = [Bn_1n_2n_1n \mid nQ] . \tag{8.6}$$

Aus 8.3 ergibt sich:

$$z_2 = \frac{d - c}{2}, \tag{8.7}$$

wobei

$$c = [Cn_1n \mid nQ] \quad \text{und} \tag{8.8}$$

$$d = [Cn_1n_2n_1n \mid nQ] . \tag{8.9}$$

Wenn die Sätze „$Bn_1n_2n_1$" und „$Cn_1n_2n_1$" Elemente von n sind, so sind die Sätze „Bn_1n_2" und „Cn_1n_2", da von Elementen eines Beobachterraumes die Rede ist, auch Elemente von n. Da Q eine Uhr des Beobachters n ist, gibt es solche Zahlen g und q, daß gilt:

$$g = [Bn_1n_2n \mid nQ] , \tag{8.10}$$

$$q = [Cn_1n_2n \mid nQ] . \tag{8.11}$$

In diesem Falle gewinnen wir aus 8.1, 8.5, 8.6, 8.8 und 8.9:

$$g - a = q - c \quad \text{und}$$

$$b - g = d - q$$

und somit

$$b - a = d - c \ .$$

Auf Grund dieses Theorems schreiben wir dort, wo bekannt ist, daß $\{n, n_1, n_2\}$ ein $ISnQ$ ist, anstelle eines Ausdrucks des Typs

„z ist dnQ „C“ $(n_1 n_2)$“

den Ausdruck

„$z = dnQ(n_1 n_2)$“.

T 9. In einem Beobachterraum gilt: wenn $\{n_1, n_2, n\}$ ein $ISnQ$ ist, so

1) $dnQ(n_1 n_2) \geqq 0;$

2) $dnQ(n_1 n_1) = 0;$

3) $dnQ(n_1 n_2) = dnQ(n_2 n_1);$

4) $dnQ(n_1 n_2) + dnQ(n_2 n_3) \geqq dnQ(n_1 n_3) \ .$

Beweis: Die Behauptungen 1, 2 und 3 folgen entsprechend unmittelbar aus den Theoremen *T 3*, *T 4* und *T 7*.

4. Angenommen,

$$a = [Cn_1 n \mid nQ] \ , \tag{9.1}$$

$$b = [Cn_1 n_2 n_1 n \mid nQ] \ , \tag{9.2}$$

$$c = [Cn_1 n_3 n_1 n \mid nQ] \ , \tag{9.3}$$

$$d = [Cn_1 n_2 n \mid nQ] \ , \tag{9.4}$$

$$g = [Cn_1 n_2 n_3 n_2 n \mid nQ] \ . \tag{9.5}$$

Nach *T 3* gilt $b \geqq d$ und $g \geqq c$, mit anderen Worten $b + g \geqq c + d$ oder

$$\frac{b-a}{2} + \frac{g-d}{2} \geqq \frac{c-a}{2} \ .$$

Wenn aber gilt:

$$dnQ(n_1 n_2) = z_1 \ ,$$

$$dnQ(n_2 n_3) = z_2 \ ,$$

$$dnQ(n_1 n_3) = z_3 \ ,$$

so:

$$z_1 = \frac{b-a}{2} \ , \ z_2 = \frac{g-d}{2} \ , \ z_3 = \frac{c-a}{2} \ .$$

D 12. Ein Raum $\mathfrak{A}$ ist für den Beobachter n in den Strahl nm_1 und in den Punkt n_1 *entartet* genau dann, wenn es einen Satz „C“ gibt, für den die folgenden Bedingungen erfüllt sind:

1. für jede Kette α, die aus Namen von Elementen von $\mathfrak{A}$ besteht und für jeden Satz „K“ gilt: Wenn „$Cn_1\alpha \wedge K$“ Element von n ist, so ist „$Cn_1 m_1 \alpha \wedge \wedge K$“ Element von n;

2. es gibt eine Kette β, die aus Namen von Elementen von $\mathfrak{A}$ besteht, und einen solchen Satz „S", daß „$Cm_1\beta \wedge S$" Element von n, aber „$Cm_1 n_1 \beta \wedge S$" nicht Element von n ist.

D 13. Ein durch den Satz „B" ausgedrücktes Ereignis fand für den Beobachter n *in einem Punkt* des Raumes $\mathfrak{A}$ mit dem Beobachter n_1 genau dann statt (abgekürzt: $(B, n_1)\, \mathfrak{A}n$), wenn folgende Bedingungen erfüllt sind:

1. $\mathfrak{A}$ ist nicht in einen Strahl und einen Punkt entartet;
2. für jede Kette α, die aus Namen von Elementen von $\mathfrak{A}$ besteht und für jeden Satz „K" gilt:
   wenn „$B\alpha \wedge K$" Element von n ist, so ist „$Bn_1\alpha \wedge K$" Element von n.

T 10. In einem nichtentarteten Beobachterraum gilt:

$$(Bn_1, n_1)\, \mathfrak{A}n \; .$$

Tatsächlich ist, wenn „$Bn_1\alpha \wedge K$" Element von n ist, „$Bn_1 n_1 \alpha \wedge K$" Element von n, da von Elementen eines Raumes die Rede ist.

T 11. Wenn gilt:

$$(C, m_1)\, \mathfrak{A}n \tag{11.1}$$

und

$$(C, m_2)\, \mathfrak{A}n \; , \tag{11.2}$$

so gilt

$$(Cm_1, m_2)\, \mathfrak{A}n \; . \tag{11.3}$$

Beweis: Wenn „$Cm_1\alpha \wedge K$" Element von n ist, so ist nach 11.2 „$Cm_2 m_1 \alpha \wedge K$" Element von n, und nach 11.1 „$Cm_1 m_2 m_1 \alpha \wedge K$" Element von n, und somit „$Cm_1 m_2 \alpha \wedge K$" Element von n.

T 12. Wenn gilt:

$$(B, n_1)\, \mathfrak{A}n \; , \tag{12.1}$$

$$a = [B\alpha n \mid nQ] \; , \tag{12.2}$$

so

$$a = [Bn_1 \alpha n \mid nQ] \; .$$

Beweis: Es genügt, *T 12* für den Fall zu beweisen, daß Q die Uhr $\{\bar{n}_i A \bar{m}_i\}$ ist. Aus 12.2 folgt

$$„B\alpha \wedge \overline{A\bar{n}_i{}^{a+1}(\bar{m}_i \bar{n}_i)}" \tag{12.3}$$

ist Element von n, d. h. nach 12.1 gilt

$$„Bn_1\alpha \wedge \overline{A\bar{n}_i{}^{a+1}(\bar{m}_i \bar{n}_i)}" \tag{12.4}$$

ist Element von n.

Wenn „$Bn_1\alpha \wedge K$" Element von n ist, dann ist der Satz „$Bn_1\alpha \wedge Bn_1\alpha \wedge K$", der aus dem vorangegangenen Satz logisch folgt, auch Element von n. Damit ist nun, da von Elementen eines Raumes die Rede ist, „$B\alpha \wedge Bn_1\alpha \wedge K$" Element von n. Folglich gilt nach 12.2:

$$„B\alpha \wedge Bn_1\alpha \wedge K \wedge A\bar{n}_i{}^a(\bar{m}_i\bar{n}_i)“$$

ist Element von n, und somit ist der Satz

$$„Bn_1\alpha \wedge K \wedge A\bar{n}_i{}^a(\bar{m}_i\bar{n}_i)“,$$

der aus dem vorhergehenden Satz logisch folgt, in n enthalten.

Für jeden Satz „K“ gilt also: wenn „$Bn_1\alpha \wedge K$“ Element von n ist, dann ist auch „$Bn_1\alpha \wedge K \wedge A\bar{n}_i{}^a(\bar{m}_i\bar{n}_i)$“ Element von n. Hieraus und aus 12.4 ergibt sich:

$$a = [Bn_1\alpha n \mid nQ] .$$

T 13. Wenn gilt

$$(Bn_1, m_1)\mathfrak{A}n , \tag{13.1}$$

$$a = [Bn_1\alpha n \mid nQ] , \tag{13.2}$$

so

$$a = [Bm_1\alpha n \mid nQ] .$$

Beweis: Es genügt, den Beweis zu führen für $Q : \{\bar{n}_i A\bar{m}_i\}$. Aus 13.1 folgt: $\mathfrak{A}$ ist nicht entartet, und für jede Kette β, die aus Namen von Elementen von $\mathfrak{A}$ besteht und für jeden Satz „K“ gilt: wenn „$Bn_1\beta \wedge K$“ Element von n ist, so ist auch „$Bn_1m_1\beta \wedge K$“ Element von n. Hieraus gewinnen wir: für jede Kette α, die aus Namen von Elementen von $\mathfrak{A}$ besteht und für jeden Satz „K“ gilt: wenn „$Bm_1\alpha \wedge K$“ Element von n ist, dann ist „$Bn_1m_1\alpha \wedge K$“ Element von n. In diesem Falle gehört der Satz „$Bn_1m_1\alpha \wedge Bn_1m_1\alpha \wedge K$“, der aus dem vorhergehenden Satz logisch folgt, auch zu n. Somit ist der Satz „$B\alpha \wedge Bm_1\alpha \wedge \wedge K$“ Element von n, d. h. aus 13.1 folgt: der Satz „$B\alpha \wedge Bm_1\alpha \wedge K \wedge A\bar{n}_i{}^a(\bar{m}_i\bar{n}\hat{\imath})$“ ist Element von n. Hieraus erhalten wir: „$Bm_1\alpha \wedge K \wedge A\bar{n}_i{}^a(\bar{m}_i\bar{n}_i)$“ ist Element von n. Folglich gilt für jedes „K“: wenn „$Bm_1\alpha \wedge K$“ Element von n ist, so ist „$Bm_1\alpha \wedge K \wedge A\bar{n}_i{}^a(\bar{m}_i\bar{n}_i)$“ Element von n. Außerdem folgt aus 13.2: „$Bn_1\alpha \wedge \overline{A\bar{n}_i{}^{a+1}(\bar{m}_i\bar{n}_i)}$“ ist Element von n, und schließlich gilt nach 13.1: „$Bm_1\alpha \wedge \overline{A\bar{n}_i{}^{a+1}(\bar{m}_i\bar{n}_i)}$“ ist Element von n.

T 14. Wenn $\{n, n_1, n_2\}$ ein *ISnQ* ist und es einen solchen Satz „B“ gibt, daß gilt:

$$(B, n_1)\mathfrak{A}n , \tag{14.1}$$

$$(B, n_2)\mathfrak{A}n , \tag{14.2}$$

so

$$dnQ(n_1n_2) = 0 .$$

Beweis: Wenn „B“ Element von n ist, dann gibt es eine solche Zahl a, daß

$$a = [Bn \mid nQ] . \tag{14.3}$$

Hieraus und aus 14.1 erhalten wir nach *T 12*:

$$a = [Bn_1n \mid nQ] . \tag{14.4}$$

Hieraus und aus 14.2 ergibt sich nach *T 12*:

$$a = [Bn_2 n_1 n \mid nQ] \,. \tag{14.5}$$

Aus 14.1 folgt wiederum:

$$a = [Bn_1 n_2 n_1 n \mid nQ] \,. \tag{14.6}$$

Hieraus und aus 14.4 gewinnen wir schließlich:

$$dnQ(n_1 n_2) = \frac{a - a}{2} \,.$$

T 15. Wenn $\{n, n_1, n_2, n_3\}$ ein *ISnQ* ist und es ein solches „C" gibt, daß gilt

$$(C, n_1)\mathfrak{A}n \,, \tag{15.1}$$

$$(C, n_2)\mathfrak{A}n \,, \tag{15.2}$$

so

$$dnQ(n_3 n_1) = dnQ(n_3 n_2) \,.$$

Beweis: Nach *T 14* folgt aus 15.1 und 15.2:

$$dnQ(n_2 n_1) = 0 \,. \tag{15.3}$$

Mit *T 9* gilt:

$$dnQ(n_1 n_2) = dnQ(n_2 n_1) \,, \tag{15.4}$$

$$dnQ(n_3 n_2) + dnQ(n_2 n_1) \geqq dnQ(n_3 n_1) \,, \tag{15.5}$$

$$dnQ(n_3 n_1) + dnQ(n_1 n_2) \geqq dnQ(n_3 n_2) \,. \tag{15.6}$$

Hieraus folgt schließlich:

$$dnQ(n_3 n_2) \geqq dnQ(n_3 n_1) \,, \tag{15.7}$$

$$dnQ(n_3 n_1) \geqq dnQ(n_3 n_2) \,. \tag{15.8}$$

D 14. Moment, in dem das Ereignis „B" im Raum $\mathfrak{A}$ stattfand, *relativ zum Bezugssystem* $\mathfrak{N}nQ$ (abgekürzt: $[B \mid \mathfrak{N}nQ\mathfrak{A}]$) nennen wir die Zahl

$$a = b - x \,,$$

wobei b für $[Bn \mid nQ]$ und

x für $dnQ(nn_1)$ steht, während

n_1 hier ein solches Element von $\mathfrak{N}$ ist, daß

$$(B, n_1)\mathfrak{A}n \,.$$

T 16. Wenn $\mathfrak{A}$ nicht entartet ist, so ist a genau dann

$$[Bn \mid \mathfrak{N}nQ\mathfrak{A}], \quad \text{wenn} \quad a = [Bn \mid nQ] \,.$$

Beweis 1. Angenommen, $a = [Bn \mid nQ]$. (16.1)

Nach *T 10* ergibt sich

$$(Bn, n)\mathfrak{A}n \,. \tag{16.2}$$

Nach *T 9* folgt

$$dnQ(nn) = 0 \,. \tag{16.3}$$

Damit gibt es in $\mathfrak{N}$ einen solchen Beobachter n_1 (der mit n übereinstimmt), daß aus 16.2 folgt:

$$(Bn, n_1)\,\mathfrak{A}n \,. \tag{16.4}$$

Aus 16.1 und 16.3 ergibt sich:

$$a + x = [Bn \mid nQ] \,, \tag{16.5}$$

wobei gilt

$$x = dnQ(nn_1) \,. \tag{16.6}$$

a ist folglich $[Bn \mid \mathfrak{N}nQ\mathfrak{A}]$,

2. a sei $[Bn \mid \mathfrak{N}nQ\mathfrak{A}]$, (16.7)

d. h. in $\mathfrak{N}$ gebe es einen Beobachter n_1, der den Behauptungen 16.4–16.6 genügt. In diesem Falle erhalten wir aus 16.4 und 16.2 nach *T 14*:

$$dnQ(nn_1) = 0 \,,$$

d. h. aus 16.5 folgt:

$$a = [Bn \mid nQ] \,.$$

D 15. Abstandslänge zwischen den Ereignissen, die durch die Sätze „B" und „C" ausgedrückt sind, im Raum $\mathfrak{A}$, gemessen bezüglich $\mathfrak{N}nQ$ (wir bezeichnen sie durch $d\,\mathfrak{N}nQ_{\mathfrak{A}}(B, C_{\mathfrak{A}})$) nennen wir die Zahl z, für die es in $\mathfrak{N}$ solche Beobachter n_1 und n_2 gibt, daß gilt:

$\{n, n_1, n_2\}$ ist ein $ISnQ$,

z ist $dnQ(n_1 n_2)$,

$(B, n_1)\,\mathfrak{A}n$,

$(C, n_2)\,\mathfrak{A}n$.

Offensichtlich befriedigt $d\mathfrak{N}nQ_{\mathfrak{A}}$ alle Theoreme, denen dnQ unterworfen ist.

D 16. Ausbreitungsgeschwindigkeit des Signals über das Stattfinden des Ereignisses „B" zum Beobachter n im Raum $\mathfrak{A}$, gemessen bezüglich $\mathfrak{N}nQ$, nennen wir die Zahl

$$c = \frac{b-a}{z} \,,$$

wobei

z für $d\mathfrak{N}nQ_{\mathfrak{A}}(B, Bn_1)$,

a für $[B \mid \mathfrak{N}nQ\mathfrak{A}]$,

b für $[Bn_1 \mid \mathfrak{N}nQ\mathfrak{A}]$ steht.

T 17. Wenn $\mathfrak{N}$ ein $ISnQ$ ist, so ist die Ausbreitungsgeschwindigkeit jedes Signals zu jedem Beobachter in jedem Raum, gemessen in bezug auf $\mathfrak{N}nQ$, gleich 1.

Beweis: $\mathfrak{R}$ sei ein $ISnQ$ und (17.1)

z stehe für $d\mathfrak{R}nQ_{\mathfrak{A}}(B, Bn_2)$, (17.2)

a für $[B \mid \mathfrak{R}nQ\mathfrak{A}]$, (17.3)

b für $[Bn_2 \mid \mathfrak{R}nQ\mathfrak{A}]$. (17.4)

Aus 17.2 erhalten wir: es gibt solche zu $\mathfrak{R}$ gehörende Beobachter m_1 und m_2, daß gilt:

$$z = dnQ(m_1 m_2) , \quad (17.5)$$

$$(B, m_1)\mathfrak{A}n , \quad (17.6)$$

$$(Bn_2, m_2)\mathfrak{A}n . \quad (17.7)$$

Aus 17.3 und 17.4 folgt: es gibt solche zu $\mathfrak{R}$ gehörende Beobachter m'_1 und m'_2, daß gilt:

$$(B, m'_1)\mathfrak{A}n , \quad (17.8)$$

$$(Bn_2, m'_2)\mathfrak{A}n , \quad (17.9)$$

$$a + x = [Bn \mid nQ] , \quad (17.10)$$

$$b + y = [Bn_2n \mid nQ] , \quad (17.11)$$

wobei

$$x = dnQ(nm'_1) , \quad (17.12)$$

$$y = dnQ(nm'_2) . \quad (17.13)$$

Mit *T 12* erhalten wir aus 17.6 und 17.10:

$$a + x = [Bm_1n \mid nQ] . \quad (17.14)$$

Nach *T 13* gilt auf Grund von 17.7 und 17.11:

$$b + y = [Bm_2n \mid nQ] . \quad (17.15)$$

Hieraus und aus 17.6 folgt nach *T 12*:

$$b + y = [Bm_1m_2n \mid nQ] . \quad (17.16)$$

Aus 17.6 und 17.8 gewinnen wir unter Verwendung von *T 15*:

$$dnQ(nm'_1) = dnQ(nm_1) . \quad (17.17)$$

Analog ergibt sich aus 17.9 und 17.7:

$$dnQ(nm'_2) = dnQ(nm_2) , \quad (17.18)$$

d. h. aus 17.12 und 17.13 folgt:

$$x = dnQ(nm_1) , \quad (17.19)$$

$$y = dnQ(nm_2) . \quad (17.20)$$

Sei nun

$$u = [Cn \mid nQ] , \quad (17.21)$$

$$d = [Cnm_1n \mid nQ] , \quad (17.22)$$

$$c = [Cnm_2n \mid nQ] \,, \tag{17.23}$$
$$g = [Cnm_1m_2n \mid nQ] \,, \tag{17.24}$$
$$q = [Cnm_2m_1n \mid nQ] \,, \tag{17.25}$$
$$p = [Cnm_1m_2m_1n \mid nQ] \,, \tag{17.26}$$
$$r = [Cnm_2m_1m_2n \mid nQ] \,. \tag{17.27}$$

Da $\{m_1, m_2, n\}$ eine Teilmenge von $\mathfrak{N}$ ist, folgt aus 17.1:

$$q - c = p - g \quad \text{und} \tag{17.28}$$
$$g = q \,. \tag{17.29}$$

Aus 17.14, 17.15, 17.24 und 17.22 gewinnen wir auf der gleichen Grundlage

$$(b + y) - (a + x) = g - d \tag{17.30}$$

und damit

$$b - a = g - d - y + x \,. \tag{17.31}$$

Aus 17.21–17.23 ergibt sich:

$$x = \frac{d - u}{2} \,, \; y = \frac{c - u}{2} \,. \tag{17.32}$$

Hieraus und aus 17.31 erhalten wir:

$$b - a = \frac{(g - c) + (d - c)}{2} \,. \tag{17.33}$$

Mit 17.5, 17.22 und 17.26 gilt:

$$z = \frac{p - d}{2} \,. \tag{17.34}$$

Auf Grund von 17.33 und 17.29 gilt:

$$b - a = \frac{g - d + q - c}{2} \,. \tag{17.35}$$

Hieraus und aus 17.28 und 17.34 folgt dann:

$$b - a = z \,.$$

T 18. Wenn $\mathfrak{N}$ ein *ISnQ* ist, (18.1)

$$a = [Bn_1 \mid \mathfrak{N}nQ\mathfrak{A}] \,, \tag{18.2}$$
$$b = [Bn_1n_2 \mid \mathfrak{N}nQ\mathfrak{A}] \,, \tag{18.3}$$

n_1 und n_2 Elemente von $\mathfrak{N}$ sind, (18.4)

$$z = dnQ(n_1n_2) \,, \tag{18.5}$$

so

$$b - a = z \,.$$

Beweis: Nach *T 17* gilt:

$$b - a = d\mathfrak{R}nQ_{\mathfrak{A}}(Bn_1, Bn_1n_2) ,$$

d. h. in $\mathfrak{R}$ gibt es solche Beobachter m_1 und m_2, daß gilt:

$$(Bn_1, m_1)\,\mathfrak{A}n , \tag{18.6}$$
$$(Bn_1n_2, m_2)\,\mathfrak{A}n , \tag{18.7}$$
$$dnQ(m_1m_2) = b - a . \tag{18.8}$$

Außerdem gilt mit *T 10*

$$(Bn_1, n_1)\,\mathfrak{A}n , \tag{18.9}$$
$$(Bn_1n_2, n_2)\,\mathfrak{A}n . \tag{18.10}$$

Folglich ergibt sich nach *T 15* und *T 9*:

$$dnQ(n_1n_2) = dnQ(m_1m_2) . \tag{18.11}$$

Hieraus und aus 18.8 und 18.5 erhalten wir dann:

$$z = b - a.$$

D 17. Abstandslänge zwischen dem Beobachter n_1 und dem Ereignis „B“ im Raum $\mathfrak{A}$, gemessen in bezug auf $\mathfrak{R}nQ$ im Moment a, nennen wir die Zahl z, für die es einen solchen Satz „C“ gibt, daß gilt:

a ist $[Cn_1 \mid \mathfrak{R}nQ\mathfrak{A}]$ und

z ist $dnQ_{\mathfrak{A}}(Cn_1, B)$.

D 18. Abstandslänge zwischen den Beobachtern n_1 und n_2 im Raum $\mathfrak{A}$, gemessen in bezug auf $\mathfrak{R}nQ$ im Moment a, nennen wir die Zahl z genau dann, wenn es solche Sätze „B“ und „C“ gibt, daß gilt:

a ist $[Cn_1 \mid \mathfrak{R}nQ\mathfrak{A}]$,

a ist $[Bn_2 \mid \mathfrak{R}nQ\mathfrak{A}]$,

z ist $d\,\mathfrak{R}nQ_{\mathfrak{A}}(Cn_1, Bn_2)$.

Offensichtlich gelten für die auf diese Weise definierten Längen alle Theoreme, die für dnQ bewiesen worden sind.

§ 4. Zur Lorentz-Transformation

Alles, was im vorliegenden Paragraphen gesagt wird, bezieht sich auf einen beliebigen fixierten Raum $\mathfrak{A}$ und ein solches fixiertes Bezugssystem $\mathfrak{R}nQ$, daß $\mathfrak{R}$ ein $ISnQ$ ist.

D 19. Mittlere Geschwindigkeit des Beobachters n_1, gemessen vermittels der Signale „B“ und „C“, heißt die Zahl

$$v = \frac{z}{b - a} ,$$

dabei ist

b der Moment, in dem das durch den Satz „Cn_1" ausgedrückte Ereignis stattfindet;

a der Moment, in dem das durch den Satz „Bn_1" ausgedrückte Ereignis stattfindet;

$b \geqq a$ und

z die Abstandslänge zwischen den Ereignissen „Cn_1" und „Bn_1".

D 20. Ein Beobachter *bewegt sich gleichförmig* genau dann, wenn seine mittlere Geschwindigkeit, gemessen mit Hilfe beliebiger Signale, ein und dieselbe ist.

D 21. Ein Paar von Beobachtern heißt *Abschnitt* genau dann, wenn die Abstandslänge zwischen ihnen in jedem Moment ein und dieselbe ist.

D 22. Länge der Uhr $\{\bar{n}_i A \bar{m}_i\}$ im Moment a heißt die Abstandslänge zwischen den Beobachtern $\bar{n}_i$ und $\bar{m}_i$ im Moment a.

D 23. Die Uhr $\{\bar{n}_i A \bar{m}_i\}$ heißt *konstant* genau dann, wenn $\{\bar{n}_i \bar{m}_i\}$ ein Abschnitt ist.

D 24. Die Uhr $\{\bar{n}_i A \bar{m}_i\}$ heißt *ruhend* genau dann, wenn $\bar{n}_i$ und $\bar{m}_i$ Elemente von $\mathfrak{N}$ sind.

D 25. Der Abschnitt $\{n_1 m_1\}$ *bewegt sich perpendikular* zur Bewegungsrichtung genau dann, wenn gilt:

wenn 1) x die Abstandslänge zwischen den Ereignissen „Bn_1" und „Cn_1" ist;
2) y die Abstandslänge zwischen „Bn_1" und „Dn_2" ist;
3) z die Abstandslänge zwischen „Cn_1" und „Dn_2" ist;
4) „Bn_1" und „Dn_2" in ein und demselben Moment stattfinden,

so $z^2 = x^2 + y^2$.

D 26. Die Uhr $\{n_0 B m_0\}$ *bewegt sich perpendikular* zur Bewegungsrichtung genau dann, wenn sich der Abschnitt $\{n_0 m_0\}$ perpendikular zur Bewegungsrichtung bewegt.

D 27. Der Abschnitt $\{n_1 n_2\}$ bewegt sich *parallel* zur Bewegungsrichtung in Richtung auf n_2 genau dann, wenn die Bedingung erfüllt ist:

wenn 1) x die Abstandslänge zwischen den Ereignissen „Bn_1" und „Dn_2" ist;
2) y die Abstandslänge zwischen den Ereignissen „Cn_2" und „Dn_2" ist;
3) z die Abstandslänge zwischen den Ereignissen „En_1" und „Cn_2" ist;
4) s die Abstandslänge zwischen den Ereignissen „Bn_1" und „En_1" ist;
5) „Bn_1" und „Cn_2" in ein und demselben Moment, „Dn_2" und „En_1" aber später stattfinden, dann gilt:

$$x = l + y \quad \text{und} \quad l = s + z ,$$

wobei l die Länge von $\{n_1 n_2\}$ ist.

T 19. Wenn 1) es in jedem Moment t für jeden Beobachter n' einen solchen Satz „U" gibt, daß „Un'" im Moment t stattfindet,

2) die Uhren $\{n_1Am_1\}$ und $\{n_2Bm_2\}$ konstant sind und die gleiche Länge l haben,
3) $\{n_1Am_1\}$ ruht, $\{n_2Bm_2\}$ sich aber gleichförmig mit der Geschwindigkeit v perpendikular zur Bewegungsrichtung bewegt,
4) das Ereignis „$An_1{}^b(m_1n_1)$" im Moment t_1 und das Ereignis „$Bn_2{}^{b'}(m_2n_2)$" im Moment t'_1,
5) das Ereignis „$An_1{}^{b+d}(m_1n_1)$" im Moment t_2 und das Ereignis „$Bn_2{}^{b'+d}(m_2n_2)$" im Moment t'_2 stattfindet,

so
$$t'_2 - t'_1 = \frac{t_2 - t_1}{\sqrt{1 - v^2}}\,.$$

Beweis: 1. Für den Fall $d = 0$ gilt das Theorem offensichtlich.

2. Wir nehmen an, das Theorem gelte, wenn die Bedingungen 1–5 und die folgende Bedingung erfüllt sind:

6) wenn „$An_1{}^{b+h}(m_1n_1)$" im Moment t_3 und „$Bn_2{}^{b'+h}(m_2n_2)$" im Moment t'_3 stattfindet, so

7) $t'_3 - t'_1 = \dfrac{t_3 - t_1}{\sqrt{1 - v^2}}\,.$

Betrachten wir den Fall, daß

8) $d = h + 1\,.$

Sei z die Abstandslänge zwischen den Ereignissen „$An_1{}^{b+h}(m_1n_1)$" und „$An_1{}^{b+h}(m_1n_1)\,m_1$". Dann gibt es solche zu $\mathfrak{N}$ gehörende Beobachter r und k, daß gilt: $z = dnQ(rk)$, das erste Ereignis fand in einem Punkt mit r statt und das zweite in einem Punkt mit k.

Außerdem findet nach *T 10* das erste Ereignis in einem Punkt mit n_1 und das zweite in einem Punkt mit m_1 statt. Da m_1 und n_1 Elemente von $\mathfrak{N}$ sind ($\{m_1An_1\}$ ruht), gilt somit nach *T 15*:

9) $dnQ(m_1n_1) = dnQ(kr) = z\,.$

Aus 2 ergibt sich: $\{m_1n_1\}$ ist ein Abschnitt und seine Länge ist l, d. h. für beliebige, gleichzeitig stattfindende Ereignisse „G" und „L" gilt: l ist die Abstandslänge zwischen „Gn_1" und „Lm_1". Folglich gibt es solche zu $\mathfrak{N}$ gehörende Beobachter r_1 und k_1, daß „Gn_1" in einem Punkt mit r_1 und „Lm_1" in einem Punkt mit k_1 stattfindet und $dnQ(r_1k_1) = l$. Da „Gn_1" nach *T 10* in einen Punkt mit n_1 und „Lm_1" in einem Punkt mit m_1 stattfindet, gilt nach *T 15*:

$$dnQ(m_1n_1) = dnQ(r_1k_1) = l\,.$$

Hieraus und aus 9 erhalten wir: $l = z$, d. h.

10) l ist die Abstandslänge zwischen den Ereignissen „$An_1{}^{b+h}(m_1n_1)$" und „$An_1{}^{b+h}(m_1n_1)m_1$".

Analog gilt:

11) l ist die Abstandslänge zwischen den Ereignissen „$An_1{}^{b+h}(m_1n_1)m_1$“ und „$An_1{}^{b+h+1}(m_1n_1)$“.

In diesem Fall folgt aus 6 nach *T 17*:
„$An_1{}^{b+h}(m_1n_1)m_1$“ findet im Moment t_3+l statt, und „$An_1{}^{b+h+1}(m_1n_1)$“ findet im Moment t_3+2l statt, d. h. da im betrachteten Fall „$An_1{}^{b+h+1}(m_1n_1)$“ dem Ausdruck „$An_1{}^{b+d}(m_1n_1)$“ gleich ist, ergibt sich aus 5:

12) $t_2-t_3=2l$.

Sei nun t_4 der Moment, in dem das Ereignis „$Bn_2{}^{b'+h}(m_2n_2)m_2$“ stattfindet, und finde nach 1 irgendein Ereignis „Um_2“ im Moment t_3' statt.

In diesem Falle ist die mittlere Geschwindigkeit des Beobachters m_2, gemessen mit Hilfe der Signale „$Bn_2{}^{b'+h}(m_2n_2)m_2$“ und „Um_2“, gleich

$$v_1=\frac{z}{t_4-t_3'},$$

wobei z die Abstandslänge zwischen den Ereignissen „$Bn_2{}^{b'+h}(m_2n_2)m_2$“ und „Um_2“ ist.

Da sich m_2 gleichförmig bewegt, folgt aus 3:

13) $z=v\,(t_4-t_3')$.

Aus 2 erhalten wir: l ist die Abstandslänge zwischen n_2 und m_2, wobei $\{n_2m_2\}$ ein Abschnitt ist. Damit gilt für beliebige gleichzeitig stattfindende Ereignisse „G“ und „L“: l ist die Abstandslänge zwischen „Gn_2“ und „Lm_2“. Insbesondere gilt:

14) l ist die Abstandslänge zwischen den Ereignissen „$Bn_2{}^{b'+h}(m_2n_2)$“ und „Um_2“, die im Moment t_3' stattfinden.

Hieraus und aus 13 folgt, da $\{n_2m_2\}$ sich perpendikular zur Bewegungsrichtung bewegt: wenn p die Abstandslänge zwischen den Ereignissen „$Bn_2{}^{b'+h}(m_2n_2)$“ und „$Bn_2{}^{b'+h}(m_2n_2)\,m_2$“ ist, so

15) $p^2=l^2+v^2\,(t_4-t_3')^2$.

Oder wir erhalten nach *T 17*: wenn t_4 der Moment ist, in dem das Ereignis „$Bn_2{}^{b'+h}(m_2n_2)\,m_2$“ stattfindet, so

16) $t_4=t_3'+\sqrt{l^2+v^2\,(t_4-t_3')^2}.$

Hieraus und aus 15 folgt:

$$t_4-t_3'=\frac{l}{\sqrt{1-v^2}}.$$

Analog gilt:

$$t_2'-t_4=\frac{l}{\sqrt{1-v^2}},$$

das heißt:

$$t_2' - t_3' = \frac{2l}{\sqrt{1-v^2}} .$$

Hieraus und aus 12 erhalten wir:

$$t_2' - t_3' = \frac{t_2 - t_3}{\sqrt{1-v^2}} ,$$

d. h. aus 7 folgt:

$$t_2' - t_1' = \frac{t_2 - t_1}{\sqrt{1-v^2}} .$$

Hieraus und aus 2 ergibt sich schließlich durch Induktion über h der Beweis des Theorems.

Eine absolut genaue Uhr heißt *ruhend*, wenn alle Beobachter, die diese Uhr bilden, Elemente von $\mathfrak{N}$ sind; die Uhren Q_1 und Q_2 nennen wir *gleich*, wenn für jedes i gilt:
Die Uhr $\{\bar{n}_i A \bar{m}_i\}$, die Q_1 bildet, hat die gleiche Länge wie die Uhr $\{\bar{n}_i' B \bar{m}_i'\}$, die Q_2 bildet.

Mit diesen Festlegungen erhält man nun offensichtlich als Folgerung aus *T 19* das folgende Theorem:

T 20. Für beliebige Ereignisse „X", „Y" und „Z" gilt: Wenn

1) es in jedem Moment t für jeden Beobachter n' einen solchen Satz „U" gibt, daß „Un'" im *Moment t* stattfindet,
2) die Uhren Q_1 und Q_2 gleich sind,
3) Q_1 ruht und Q_2 sich perpendikular zur Bewegungsrichtung mit der Geschwindigkeit v bewegt,
4) „X" im Moment t_1, „Y" in t_2 und „Z" in t_3 stattfindet,
5) $\mathfrak{N}_1$ ein $ISmQ_2$ ist und alle Beobachter, die Q_2 bilden, und der Beobachter m Elemente von $\mathfrak{N}_1$ sind, und wenn weiterhin gilt:
6) $b_1 = [X \mid \mathfrak{N}_1 m Q_2 \mathfrak{A}]$,
7) $b_3 = [Z \mid \mathfrak{N}_1 m Q_2 \mathfrak{A}]$,
8) $a_1 = [X \mid \mathfrak{N} n Q_1 \mathfrak{A}]$,
9) $a_2 = [Y \mid \mathfrak{N} n Q_1 \mathfrak{A}]$,
10) $b_3 - b_1 = a_2 - a_1$,

so

$$t_3 - t_1 = \frac{t_2 - t_1}{\sqrt{1-v^2}} .$$

Dieses Theorem läßt sich für beliebige – sich nicht unbedingt perpendikular zur Bewegungsrichtung bewegende – Uhren verallgemeinern. Somit zeigt sich, daß eine sich mit der Geschwindigkeit v bewegende Uhr $\frac{1}{\sqrt{1-v^2}}$ mal langsamer geht als eine gleiche ruhende Uhr.

T 21. Wenn

1) es für jeden Beobachter n' in jedem Moment t einen solchen Satz „U" gibt, daß „Un'" in t stattfindet,
2) sich der Abschnitt $n_0 m_0$ der Länge l gleichförmig mit der Geschwindigkeit v parallel zur Bewegungsrichtung bewegt,
3) Q_1 und Q_2 konstante und gleiche Uhren sind,
4) Q_1 ruht,
5) $\mathfrak{R}$ ein $ISmQ_2$ ist und n_0, m_0, m und alle Beobachter, die Q_2 bilden, Elemente von $\mathfrak{R}_1$ sind,
6) s die Abstandslänge zwischen den Beobachtern n_0 und m_0, gemessen nach der Uhr Q_1, ist,
7) s' die Abstandslänge zwischen den Beobachtern n_0 und m_0, gemessen durch den Beobachter m im System $\mathfrak{R}_1 m Q_2$, ist,

so gilt:

8) $s' = \frac{s}{\sqrt{1-v^2}}$.

Dem Beweis dieses Theorems liegt folgende Idee zugrunde: Aus 7 folgt: Für beliebige Ereignisse „G" und „L", die in ein und demselben Moment bezüglich des Systems $\mathfrak{R}_1 m Q_2$ stattfinden, gilt: s' ist die Abstandslänge zwischen den Ereignissen „Gn_0" und „Lm_0".

In $\mathfrak{R}_1$ gibt es also solche Beobachter k und r, daß „Gn_0" in einem Punkt mit k stattfindet, „Lm_0" in einem Punkt mit r stattfindet und s' das Maß $dmQ_2(kr)$ ist.

Folglich gilt: s' ist $dmQ_2(m_0 n_0)$.

Oder wir erhalten nach *D 11* und *T 8*:

9) Für jeden Satz „R" gilt: wenn
   b' für $[Rn_0 m \mid mQ_2]$ und
   c' für $[Rn_0 m_0 n_0 m \mid mQ_2]$ steht,

so $s' = \frac{c'-b'}{2}$.

Seien nun t_1' und t_2' Momente, in denen entsprechend die Ereignisse „$Rn_0 m$" und „$Rn_0 m_0 n_0 m$" stattfinden, und t_4, t_5, t_6 seien die Momente, in denen entsprechend die Ereignisse „Rn_0", „$Rn_0 m_0$" und „$Rn_0 m_0 n_0$" stattfinden. Nach Bedingung 1 findet irgendein Ereignis „Cm_0" in t_4 und irgendein Ereignis „En_0" im Moment t_5 statt. Sei x die Länge zwischen „Rn_0" und „$Rn_0 m_0$" und y der Abstand zwischen „Cm_0" und „$Rn_0 m_0$".

In diesem Fall ergibt sich aus 2:

$$x = l + y, \quad \text{d. h.} \quad t_5 - t_4 = l + y \, .$$

Da sich m_0 gleichförmig mit der Geschwindigkeit v bewegt, gilt dabei

$$y = v\,(t_5 - t_4) \, ,$$

und wir erhalten somit

10) $t_5 - t_4 = \frac{l}{1-v}$.

Sei q die Abstandslänge zwischen „En_0" und „$Rn_0m_0n_0$" und z die Abstandslänge zwischen „Rn_0m_0" und „$Rn_0m_0n_0$". In diesem Fall ergibt sich nach *D 27*:

$$l = q + z, \quad \text{d. h.} \quad l = q + t_6 - t_5 ,$$

wobei $q = v\,(t_6 - t_5)$ ist. Wir erhalten somit

$$t_6 - t_5 = \frac{l}{1+v} .$$

Hieraus und aus 10 folgt:

11) $t_6 - t_4 = \dfrac{l}{1-v^2}$.

Da n_0 und m Elemente von $\mathfrak{R}_1$ sind, eines Systems, das bezüglich Q_2 starr ist, wobei Q_2 konstant ist und $\mathfrak{R}_1$ sich gleichförmig bewegt, ist $\{n_0m\}$ offensichtlich ein Abschnitt.

Sei h seine Länge. In diesem Fall gilt: $t_1' - t_4 = t_2' - t_6$, und damit erhalten wir aus 11:

12) $t_2' - t_1' = \dfrac{2l}{1-v^2}$.

Aus 6 folgt: Da $\{n_0m_0\}$ ein Abschnitt ist, gilt offensichtlich für beliebige Ereignisse „A" und „P", die gleichzeitig stattfinden: s ist die Abstandslänge, gemessen nach der Uhr Q_1, zwischen den Ereignissen „An_0" und „Pm_0".

Insbesondere ist s die Abstandslänge zwischen den Ereignissen „Rn_0" und „Cm_0", gemessen nach der Uhr Q_1. Damit gibt es solche zu $\mathfrak{R}$ gehörende Beobachter k_1 und r_1, daß „Rn_0" in einem Punkt mit k_1 und „Cm_0" in einem Punkt mit r_1 stattfindet und s das Maß $dnQ_1(k_1r_1)$ ist, so daß

13) für jeden Satz „S" gilt: wenn

$$b = [Sk_1n \mid nQ_1] ,$$
$$c = [Sk_1r_1k_1n \mid nQ_1] ,$$

so

$$s = \frac{c-b}{2} .$$

Da l die Abstandslänge zwischen „Rn_0" und „Cm_0" ist, gibt es außerdem solche zu $\mathfrak{R}$ gehörende Beobachter k_2 und r_2, daß „Rn_0" in einem Punkt mit k_2, „Cm_0" in einem Punkt mit r_2 stattfindet, und $dnQ(k_2r_2) = l$.

Folglich gilt: wenn „Sk_2n" in t_1 und „$Sk_2r_2k_2n$" in t_2 stattfindet, so

14) $l = \dfrac{t_2 - t_1}{2}$.

In diesem Fall erhalten wir nach *T 13*: Wenn

$$b = [Sk_1n \mid nQ_1] \quad \text{und}$$
$$c = [Sk_1r_1k_1n \mid nQ_1] ,$$

so

$b = [Sk_2n \mid nQ_1]$ und

$c = [Sk_2r_2k_2n \mid nQ_1]$.

Angenommen, für die Ereignisse „X“ und „Y“ gilt:

$a_2 = [X \mid \mathfrak{N}_1mQ_2\mathfrak{A}]$,

$b_2 = [Y \mid \mathfrak{N}_1mQ_2\mathfrak{A}]$,

$a_1 = [X \mid \mathfrak{N}nQ_1\mathfrak{A}]$,

$b_1 = [Y \mid \mathfrak{N}nQ_1\mathfrak{A}]$,

„X“ findet im Moment τ_1 statt,

„Y“ findet im Moment τ_2 statt.

Da Q_1 konstant ist, gibt es in diesem Fall offensichtlich einen solchen konstanten Koeffizienten l_1, daß gilt

15) $b_1 - a_1 = l_1 (\tau_2 - \tau_1)$.

Weil das System $\mathfrak{N}_1$ in bezug auf die konstante Uhr Q_2 innenstarr ist, gibt es hier außerdem noch einen solchen konstanten Koeffizienten l_2, daß gilt:

16) $b_2 - a_2 = l_2 (\tau_2 - \tau_1)$.

Hieraus und aus 15 folgt:

17) $b_1 - a_1 = l_3 (b_2 - a_2)$,

wobei

18) $l_3 = \frac{l_1}{l_2}$.

Sei „V“ ein solches Ereignis, das im Moment τ_3 stattfindet, und daß gilt:

$c_2 = [V \mid \mathfrak{N}_1mQ_2\mathfrak{A}]$,

$c_1 = [V \mid \mathfrak{N}_1mQ_2\mathfrak{A}]$,

19) $c_2 - a_2 = b_1 - a_1$.

Dann erhalten wir nach *T 20*:

20) $\tau_3 - \tau_1 = \frac{\tau_2 - \tau_1}{1 - v^2}$.

Außerdem erhalten wir analog zu 15:

21) $c_1 - a_1 = l_1 (\tau_3 - \tau_1)$.

Mit 16, 19, 20, 21 und 18 gewinnen wir:

22) $l_3 = \frac{1}{\sqrt{1 - v^2}}$.

Aus 15–22 ergibt sich: wenn gilt:

$b' = [Rn_0m \mid \mathfrak{R}_1 m Q_2 \mathfrak{A}]$,

$c' = [Rn_0m_0n_0m \mid \mathfrak{R}_1 m Q_2 \mathfrak{A}]$,

„Rn_0“ findet in t_1' statt,

„$Rn_0m_0n_0$“ findet in t_2' statt,

$b = [Sk_2n \mid \mathfrak{R} n Q_1 \mathfrak{A}]$,

$c = [Sk_2r_2k_2n \mid \mathfrak{R} n Q_1 \mathfrak{A}]$,

„Sk_2“ findet in t_2 statt,

„$Sk_2r_2k_2$“ findet im Moment t_1 statt,

so gilt:

23) $c - b = l_1 (t_2 - t_1)$,

24) $c' - b' = l_2 (t_2' - t_1')$.

Hieraus und aus 14 und 12 folgt:

$$\frac{c-b}{c'-b'} = \frac{l_1}{l_2} (1 - v^2) .$$

Oder wir erhalten nach 18 und 22:

$$\frac{c-b}{c'-b'} = \sqrt{1-v^2} .$$

Hieraus, aus 13 und 9 ergibt sich schließlich:

$$s' = \frac{s}{\sqrt{1-v^2}} .$$

D. h. für ein und denselben Abschnitt gilt: seine Länge, gemessen in einem sich mit der Geschwindigkeit v bewegenden System, ist $\frac{1}{\sqrt{1-v^2}}$ mal größer als seine Länge, gemessen in einem ruhenden System.

Aus den letzten Theoremen folgt: Wenn wir auf irgendeine Weise Koordinatensysteme im Beobachterraum definieren, müssen wir die Verlangsamung des Ganges sich bewegender Uhren und die Verkürzung der Länge sich bewegender Abschnitte berücksichtigen, und beim Übergang von einem Koordinatensystem zum anderen folglich die Lorentz-Transformation verwenden. Dabei spielt hier die Rolle von c – der Lichtgeschwindigkeit im Vakuum – offensichtlich die Ausbreitungsgeschwindigkeit eines Signals im Beobachterraum (nach *T 17* ist diese Geschwindigkeit gleich 1).

§ 5. *Zur Schrödinger-Gleichung*

D 30. Wir definieren die Funktionen $x_\alpha nQ(Y)$ und $\tau nQ(Y)$, deren Definitionsbereich der Beobachter n ist, wie folgt:

$$\tau nQ(Y) = [Yn \mid nQ] ,$$
$$x_\alpha nQ(Y) = b - \tau nQ(Y) ,$$

wobei $b = [Y\alpha n \mid nQ]$.

Offensichtlich wird der Zustand jedes Beobachters n_1 bezüglich des Systems nQ vollständig durch den Komplex aller Funktionswerte von $x_\alpha nQ(Y)$, wo n_1 in α enthalten ist und den Wertekomplex von $\tau nQ(Y)$ bestimmt.

D 31. Funktionswert von $x_\alpha nQ(Y)$ im Moment b (abgekürzt: $x_\alpha nQ_b(Y)$) nennen wir die Zahl c, für die es einen solchen Satz „B" gibt, daß gilt:

$$\tau nQ(B\alpha) = b ,$$
$$x_\alpha nQ(B) = c .$$

D 32. Die Funktion $x_\alpha nQ(Y)$ *hängt ab* von der Menge der Funktionen $\{x_{\beta_1} nQ(Y), x_{\beta_2} nQ(Y), \ldots, x_{\beta_i} nQ(Y), \ldots\}$ im System nQ, wenn es eine solche Funktion $f(y_1, y_2, \ldots, y_i, \ldots)$ gibt, daß für jedes b gilt:

wenn c für $x_\alpha nQ_b(Y)$ und

c_i für $x_{\beta_i} nQ_b(Y)$ steht,

so $c = f(c_1, c_2, \ldots, c_i, \ldots)$.

D 33. Eine Menge von Funktionen des Typs $x_\beta nQ(Y)$ heißt *vollständig* im System $\mathfrak{A}nQ$, wenn jede Funktion des Typs $x_\alpha nQ(Y)$, wobei α aus Namen von Elementen von $\mathfrak{A}$ besteht, von Elementen dieser Menge abhängt.

Offensichtlich wird der Zustand jedes Beobachters im Raum $\mathfrak{A}$ in bezug auf das System nQ vollständig durch den Wertekomplex der Funktionen $x_\alpha nQ$ bestimmt, die in der vollständigen Menge vorkommen und wo α den Namen dieses Beobachters enthält.

D 34. Koordinatensystem in $\mathfrak{A}nQ$ heißt ein Vektor ξ:

$$\langle x_{\alpha_1} nQ, x_{\alpha_2} nQ, \ldots, x_{\alpha_k} nQ, \tau nQ \rangle ,$$

wenn seine Komponenten des Typs $x_\alpha nQ$ nicht von anderen Komponenten des gleichen Typs abhängen und eine vollständige Menge in $\mathfrak{A}$ bilden.

In diesem Falle nennen wir die Komponente τnQ *Zeitkoordinate* und alle übrigen Komponenten *Raumkoordinaten.*

Sei n irgendein Beobachter. Nach *D 1* ist n eine Menge von Aussagesätzen. Wir führen auf dieser Menge irgendein Wahrscheinlichkeitsmaß P ein, d. h. wir betrachten den Beobachter n als eine Menge von elementaren Ereignissen, und B – das Borelsche Ereignisfeld – möge die Menge aller Teilmengen von n sein.

Offensichtlich sind in diesem Wahrscheinlichkeitsraum (n, B, P) die Funktionen $x_\alpha nQ$ und τnQ zufällige Größen, und das Koordinatensystem ξ ein $k+1$-stelliger Wahrscheinlichkeitsvektor.

Sei $F(y_1, y_2, \ldots, y_k, t) = F(\vec{r}, t)$ seine Verteilungsfunktion. Wir betrachten den Fall, daß es eine solche Zahl l gibt, daß gilt:

$$F(l, l, \ldots, l, l) = 1 .$$

Wenn weiterhin gilt:

$$f(y_1', y_2', \ldots, y_k', t) = f(\vec{r}\,', t')$$

ist die charakteristische Funktion des Vektors ξ und

$$b(\vec{p}, \vartheta) = \frac{1}{l^k} f\left(-\frac{2\pi\vec{p}}{l}, \frac{2\pi\vartheta}{l}\right),$$

so gibt es eine Fourierreihe

$$p(\vec{r}, t) = \sum_{\vec{p}\vartheta} b(\vec{p}, \vartheta) \exp\left[\frac{2\pi i}{l}\left(\sum_{j=1}^{k} p_j y_j - \vartheta t\right)\right],$$

die alle $b(\vec{p}, \vartheta)$ enthält.

Angenommen, die Funktionen $\psi_{sp}(\vec{r}, t) = \exp[i((\vec{g}_s, \vec{r}) - {}^{\omega}p^{t})]$ sind dergestalt, daß gilt:

wenn $\psi(\vec{r}, t) = \sum_{sp} c_{sp}\psi_{sp}$,

so $|\psi(\vec{r}, t)|^2 = p(\vec{r}, t)$.

In diesem Fall heißen die linearen Kombinationen der Funktionen ψ_{sp} *Wellenfunktionen* des Beobachterraumes $\mathfrak{A}$ im Wahrscheinlichkeitsraum (n, B, P). Der lineare Hermitesche Operator $\hat{H}$ heißt *đ-Hamiltonoperator* dieses Beobachterraumes in demselben Wahrscheinlichkeitsraum, wenn die Funktionen $a\psi_{sp}$ seine Eigenfunktionen und die Zahlen $đ\omega p$ seine Eigenwerte sind.

Wenn ψ_{sp} eine Wellenfunktion und $\hat{H}$ der đ-Hamiltonoperator des Raumes $\mathfrak{A}$ im Wahrscheinlichkeitsraum (n, B, P) ist, gilt offensichtlich

$$i đ \frac{\delta\psi}{\delta t} = \hat{H}\psi .$$

Übersetzt von W. Wolff

W. N. Demidenko

Logische Analyse einiger Probleme der Elektrodynamik

§ 1. Analyse der logischen Grundlagen physikalischer Theorien

Die in letzter Zeit erzielten Forschungsergebnisse auf dem Gebiet der Wissenschaftslogik und der Logik der Physik [1, 2, 18, 19] bieten die Möglichkeit, einige Probleme der modernen Physik auf neue Weise zu betrachten. Dabei werden viele Fragen in einem anderen Licht dargestellt, die mit Begriffen, wie Raum, Zeit, Kausalität, relativistische Logik und Logik der Mikrowelt aufgeworfen sind. Mit logischen Methoden werden Probleme untersucht, die vom Standpunkt einer Einzelwissenschaft, wie der Physik, teilweise nicht zu lösen sind. Diese Methoden gehen von der Notwendigkeit aus, die Terminologie und die Gesetze der Logik in allen Wissenschaftsdisziplinen, darunter auch in der Physik, richtig anzuwenden. In [1] wird beispielsweise eine einheitliche logische Sprache der modernen Naturwissenschaft aufgebaut und die Aufmerksamkeit bei der Behandlung der Physik darauf gelenkt, daß „gerade auf terminologischen Unklarheiten und Mehrdeutigkeiten viele der ‚neuesten‘ Erörterungen über die ‚neuesten Ergebnisse der Wissenschaft‘ basieren“ [1, S. 237].

In der Tat sind viele Termini in der Physik mehrdeutig. So hat der Terminus „Zeit“ mindestens zwei Bedeutungen: die Newtonsche absolute Zeit, und die Zeit, die mit der Zeigerstellung einer Uhr verbunden ist (subjektive Zeit). Der Terminus „Raum“ wird in besonders vielen verschiedenen Bedeutungen verwendet. Neben dem realen physikalischen Raum mit drei Dimensionen existieren in der Physik die aus der Mathematik stammenden Begriffe des Konfigurationsraumes, des Phasenraumes, des Hilbert-Raumes u. a. Richtige und eindeutige Resultate kann man in der Physik aber nur dann erzielen, wenn man von Anfang an die Bedeutung der verwendeten Termini genau bestimmt. So kann sich der Gang einer Uhr selbstverständlich verlangsamen oder beschleunigen. Aber von einer Verlangsamung oder Beschleunigung der absoluten Zeit zu sprechen ist ebenso sinnlos wie von dem „Einfetten des Fettes“, „Beschleunigung der Geschwindigkeit“ u. a. Man kann einen bestimmten gekrümmten Raum betrachten. Es ist aber sinnlos, diesen mit der „Krümmung“ des realen Raumes zu identifizieren, da der Terminus „Krümmung“ einen Vergleich voraussetzt, also die Existenz eines „geraden Raumes“ fordert, der mit dem realen dreidimensionalen physikalischen Raum identifiziert wird.

In [19] heißt es: „Wie wir sehen, haben Raum-Zeit-Termini eine Vielzahl von Bedeutungen. Und das Schicksal vieler Aussagen mit Raum-Zeit-Termini hängt vollkommen davon ab, welche (expliziten oder impliziten) Definitionen für diese Termini gewählt werden. Wenn beispielsweise behauptet wird, daß der Raum im Bereich irgendeines Sternes gekrümmt ist, so bedeutet diese Behauptung solange nichts, bis gesagt ist, in welcher Bedeutung der Terminus ‚Raum' hier verwendet wird" [19, S. 148]. Und weiter: „Ist eine solche Situation möglich, daß an einem Ort der Welt die Zeit anders (schneller, langsamer, umgekehrt) verläuft als an einem anderen? Ungeachtet dessen, daß es schon sinnlos ist, von einer Bewegung der Zeit zu sprechen, wenn man die Worte präzise gebraucht und die Bewegung als eine spezielle Veränderung betrachtet, werden hier Worte hinzugefügt, die das Ergebnis eines Vergleiches sind (beispielsweise das Wort ‚schneller')" [19, S. 159].

Die relativistische Theorie, die besondere Raum-Zeit-Vorstellungen einführt, begründet diese Vorstellungen im wesentlichen mit der Mikrophysik, einem Bereich, in dem alle Effekte der speziellen Relativitätstheorie angesiedelt sind. Deshalb ist die Lösung des Problems einer „besonderen relativistischen Logik" mit dem Problem der sogenannten „besonderen Logik der Mikrowelt" verknüpft.

Die gesamte gegenwärtige Diskussion über die logischen Grundlagen der relativistischen Physik und die Physik der Mikrowelt konzentriert sich auf die Raum- und Zeitwahrnehmung. Viele wissenschaftliche Arbeiten sind immer neuen Versuchen gewidmet, die logische Ausnahmestellung relativistischer Raum-Zeit-Vorstellungen ausgehend von einigen experimentellen Resultaten aus dem Bereich der Physik der Mikrowelt zu begründen. Die Behandlung des Problems in [1, 2, 19] zeichnet sich dadurch aus, daß das Raum-Zeit-Problem nicht von der Position bestimmter physikalischer Experimente aus betrachtet wird, sondern von der Position einer universellen Logik, einer Sprache für die gesamte moderne Wissenschaft. In [2] wird mit großer Bestimmtheit die logische Ausnahmestellung der Mikrophysik zurückgewiesen: „Wir behaupten: wenn ein Gesetz der Logik für die Wissenschaften von der Makrowelt gilt, so gilt es auch für die Wissenschaften von der Mikrowelt, und umgekehrt" [1, S. 129]. Von dieser These geht auch die vorliegende Arbeit aus.

Zur Begründung dieser These sind schon entscheidende Argumente beigebracht worden. L. M. Slotnikow verweist bei der Betrachtung einer „besonderen relativistischen Quantenlogik" darauf, daß die relativistischen Konstruktionen zu logischen Widersprüchen vom Typ $A > B$ und $B > A$ führen [3].

Sinowjew kam nach einer detaillierten Analyse relativistischer Raum-Zeit-Vorstellungen zu der Folgerung, daß die relativistische Theorie faktisch keine neue Raum-Zeit-Terminologie liefert. Sie führt entweder sinnlose

Termini des Typs „Verlangsamung der Zeit“ ein oder benutzt die gewöhnliche klassische Terminologie, die sie künstlich kompliziert [19, S. 144ff.]. In der Tat ist beispielsweise die von A. Einstein eingeführte Vorstellung über eine Menge idealer in jedem Raumpunkt angebrachter synchroner Uhren nichts anderes als eine künstliche Änderung der Bestimmung des Newtonschen Zeitbegriffes. Einstein schreibt, daß man sich, um die Zeit in jedem Punkt des Raumes zu erfahren, diesen Raum mit einer großen Menge von Uhren ausgefüllt denken könne, die alle absolut gleich wären [13].

Den modernen Begriffen gemäß sind die Newtonschen Bestimmungen von Zeit und Raum selbstverständlich veraltet. Newton hat die Zeit wie folgt bestimmt: „Die absolute, wahre und mathematische Zeit verfließt an sich und vermöge ihrer Natur gleichförmig, und ohne Beziehung auf igendeinen äußeren Gegenstand.“ Den Raum bestimmte er mit der Aussage: „Der absolute Raum bleibt vermöge seiner Natur und ohne Beziehung auf einen äußeren Gegenstand stets gleich und unbeweglich“ [17, S. 6–9].

Es ist unumgänglich, auf die schwachen Punkte der Newtonschen Definitionen zu verweisen. Während Newton Raum und Zeit als von allen äußeren Gegenständen völlig unabhängige Begriffe bestimmt, lassen sich vom Standpunkt der materialistischen Philosophie und der modernen Physik die Begriffe Raum und Zeit nur in ihrem wechselseitigen Zusammenhang mit äußeren Erscheinungen, Ereignissen und Objekten bestimmen. So kann die Zeit philosophisch korrekt als Welt aller oder ausgewählter Ereignisse bestimmt werden [19, S. 148]. Für die Physik ist der Grenzübergang in einer solchen Begriffsbestimmung wichtig, wenn die Zahl der Ereignisse gegen unendlich strebt. Dabei verwandelt sich die Zeit in „reine Dauer“, aber diesmal über den Zusammenhang mit „äußeren Gegenständen“.

Wenn der Begriff der Zeit, obwohl neu bestimmt, faktisch newtonisch blieb, dann erfuhr die Bestimmung des Begriffes des Raumes wesentlich bedeutsamere Veränderungen. In modernen philosophischen Begriffen kann der Raum als Welt aller oder ausgewählter Dinge bzw. als Behältnis aller Dinge bestimmt werden [19, S. 148]. Hier ist keinerlei Andeutung auf die Beweglichkeit oder Unbeweglichkeit des Raumes, von der Newton spricht. Die Analyse der Newtonschen Begriffsbestimmung zeigt, daß Newton in einer Definition zwei Begriffe vereinigt hat: den Begriff des Raumes, und den Begriff des Bezugssystems. In der Tat kann das Bezugssystem in Abhängigkeit von seiner Wahl bewegt oder unbewegt sein. Für eine Bestimmung des Raumes hat dieser Umstand nur mittelbare Bedeutung. Der reale Raum als Behältnis materieller Objekte verfügt aus physikalischer Sicht nur über eine Besonderheit, nämlich die Dreidimensionalität.

Einer solchen Neubestimmung der Begriffe Zeit und Raum bedient man sich faktisch in allen Gebieten der Physik, ausgenommen die relativistische Physik, d. h. die spezielle Relativitätstheorie (SRT) und die allgemeine Relativitätstheorie (ART). Deshalb werden die oben beschriebenen, in den

Arbeiten [1, 2] vorgeschlagenen und im Vergleich zu den Newtonschen veränderten Begriffe von Raum und Zeit im weiteren als klassische Begriffe bezeichnet und von den relativistischen Begriffen unterschieden.

Im Rahmen dieser Arbeit muß man unbedingt noch die Frage nach den Eigenschaften und der Existenz der Materie in der Mikrowelt betrachten. Die relativistische Theorie entscheidet dieses Problem auf ihre Weise. Der Aussage E. Machs folgend, nach der der Materiebegriff in einer gesetzmäßigen Verbindung von Empfindungselementen besteht [15, S. 270], bestimmt die Relativitätstheorie die Materie subjektiv und – was charakteristisch ist – nicht eindeutig. In der SRT wird der Materie die Eigenschaft der Energie und in der ART die des Raumes zugeschrieben.

Eine der Grundeigenschaften der Materie (neben solchen wie Bewegung, Wechselwirkung, Strukturiertheit), die Eigenschaft der Masse wird in der relativistischen Theorie als „überlebt" aufgegeben. W. I. Lenin hat seinerzeit eine genaue Einschätzung der Philosophie Machs gegeben: „Die gestrige Grenze unserer Kenntnis von den unendlich kleinen Teilchen der Materie ist verschwunden; folglich, schließt der idealistische Philosoph, ist die Materie verschwunden (der Gedanke aber ist geblieben). Jeder Physiker und jeder Ingenieur weiß, daß die Elektrizität eine (materielle) Bewegung ist, aber niemand weiß recht, *was* sich hier bewegt, folglich schließt der idealistische Philosoph, kann man die philosophisch nicht gebildeten Leute mit dem verführerischen ‚ökonomischen' Vorschlag irreleiten: laßt uns die Bewegung *ohne* Materie denken . . ." [15, S. 284–285]

Diese Leninsche Aussage ist auch in unseren Tagen aktuell. Auch heute benutzt die Relativitätstheorie Vorstellungen über den Raum ohne Materie, einen Impuls ohne Masse, Energie ohne Energieträger, den Spin (mechanisches Moment) ohne reale Rotation. In erster Linie gilt das für das Photon, das in der relativistischen Theorie ein Teilchen ohne Masse ist.

In diesem Zusammenhang muß auf die Untersuchungen von F. A. Koroljow – einen bedeutenden Spezialisten der theoretischen Optik – verwiesen werden, der ein Photon mit Masse betrachtet und zu zahlreichen „relativistischen" Formeln gelangt, ohne die Raum-Zeit-Vorstellungen zu verzerren.

Die Untersuchungen von Koroljow haben für uns besondere Bedeutung, weil sie mit der These übereinstimmen, daß es keine spezifische Logik der Mikrophysik gibt. Deshalb sind sie für uns auch von besonderem philosophischem Wert. Die Methode von Koroljow erlaubt es, im Rahmen der Raum-Zeit im obengenannten Sinne fast alle relativistischen Effekte auf einer neuen Grundlage zu erklären und führt für den Dopplereffekt bei Licht zu einer neuen Formel, die allgemeiner ist als die relativistische.

§ 2. *Was bringt die Materialisation des Photons?*

Es handelt sich um ein Photon, das nach der Definition von Koroljow eine Masse $m_p = \frac{h\nu}{c^2}$, einen Impuls $p_p = \frac{h\nu}{c}$ und eine Energie $\varepsilon_p = h\nu$ besitzt [7, S. 77, 255].

Zunächst muß man feststellen, daß die relativistische Theorie den Begriff der Photonenmasse verwirft. Der formale Apparat der Relativitätstheorie, der auf den Postulaten der Gleichberechtigung von Bezugssystemen und der Konstanz der Lichtgeschwindigkeit basiert, bedarf zur Erklärung seiner Resultate keiner Einbeziehung von Materie, schon gar nicht solcher, die über die Eigenschaft der Masse verfügt. Dazu schreibt W. A. Ugarow: „Nicht selten wird die ‚Masse' eines Photons in Übereinstimmung mit der relativistischen Beziehung $m_p = \frac{\varepsilon}{c^2}$ (53) eingeführt, wobei $\varepsilon = \hbar\omega$. Kann man so vorgehen? Man kann, nur ist das nicht erforderlich. Die formal erhaltene Masse (53) ist ohne Bedeutung. Manchmal sagt man, daß die eingeführte Photonenmasse (53) die Erfüllung des Gesetzes der Erhaltung der Masse für den Fall des Lichts garantiere. Aber dieses Gesetz wird automatisch erfüllt, wenn das Gesetz der Erhaltung der Energie gilt. Es ist keineswegs erforderlich spezielle Vorsorge zu treffen, um seine Erfüllung zu garantieren ... Entscheidend für das Photon ist, daß in jedem Fall die Ruhemasse gleich Null ist" [10, S. 224].

Hier stoßen wir erneut auf eine besondere relativistische Logik, die behauptet: wenn sich ein Photon bewegt und es nicht möglich ist, diese Bewegung aufzuhalten, so ist der Massebegriff nicht anwendbar. Manchmal spricht man auch davon, daß die Photonenmasse eine Masse der Bewegung sei. Koroljow meint: „Es ist üblich zu sagen, daß das Photon keine Ruhemasse besitzt und ausschließlich über eine Masse der Bewegung verfügt, obwohl ein solches Verständnis der Masse eines Photons bar jeglichen Sinnes ist, weil es überhaupt nicht ohne Translationsbewegung existiert" [7, S. 78]. In der Tat war der Massebegriff schon immer eine allgemeine Charakteristik materieller Objekte, unabhängig von ihrem Bewegungszustand.

Werden die Eigenschaften des Photons beschrieben, so spricht man von einem Welle-Teilchen-Dualismus, als ob dieser nur für die Mikrowelt charakteristisch wäre. Dem Photon werden die Frequenz (oder Wellenlänge) einerseits und Impuls und Energie andererseits zugeschrieben. Von der Masse des Photons spricht man in diesem Zusammenhang nicht, obwohl der Impuls eines Teilchens immer mit seiner Masse verbunden ist.

Dieses Problem kann man wenigstens formal durch die Einführung eines Mediums für die Ausbreitung von Licht beseitigen. Um zu verstehen, warum das Photon über Masse, Impuls und Wellenlänge gleichzeitig verfügen kann, ist es keinesfalls erforderlich, ein konkretes Modell dieses Mediums zu betrachten. Am Beispiel der gewöhnlichen Wellenbewegungen kann man zeigen,

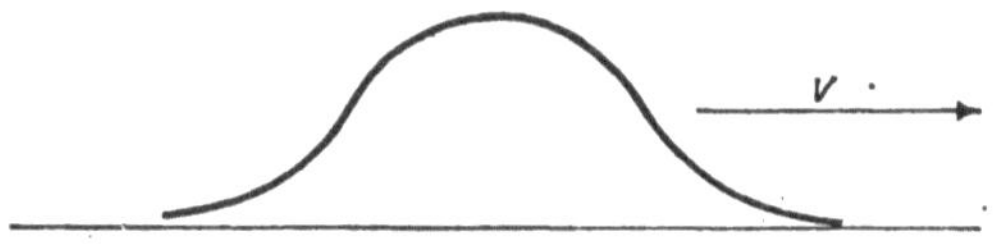

Abb. 1 Massive Welle

daß Impuls und Masse eine beliebige Welle charakterisieren und der Welle-Teilchen-Dualismus folglich keine Besonderheit der Mikrowelt darstellt.

Man kann beispielsweise eine Wasserwelle untersuchen und den Wellenberg betrachten, der sich entlang einer horizontalen Linie bewegt (Abb. 1). Unabhängig davon, daß die Teilchen, die die Welle bilden, mit der Bewegung dieser Welle immer wieder wechseln, kann man in erster Näherung eine solche Welle als massive Wand ansehen. Eine solche Welle wird eine Masse und einen Impuls besitzen, korpuskulare Eigenschaften also, die zusätzlich zu den Wellencharakteristika noch vorhanden sind. Eine ähnliche, noch bessere Analogie liefert eine Welle in der Luft. Eine sich bewegende Verdichtung der Luft verfügt über eine Masse (die ebenfalls ständig erneuert wird, eine gleitende Masse) und einen Impuls, der mit dieser Masse verbunden ist.

Interessant ist, daß die Akustik für den Druck von Schallwellen an Hindernissen eine Formel liefert, die dem Lichtdruck analog ist [11, S. 503]:

$$P = (1 + R)\, E\,,$$

wobei R der Koeffizient für Reflexion und E die über die Zeit gemittelte Dichte der Gesamtenergie der einfallenden Welle sind.

Der wesentliche Unterschied einer aus Photonen bestehenden Lichtwelle zu einer gewöhnlichen Welle besteht lediglich darin, daß die Korpuskeleigenschaften deutlicher zutage treten als das für die gewöhnlichen Wellen der Fall ist. Offensichtlich hängt das mit der konkreten Struktur des Photons zusammen.

Betrachten wir nun die relativistischen Effekte. Die relativistische Theorie stützt sich bekanntlich auf sechs grundlegende physikalische Effekte; sie können scheinbar ohne diese Theorie nicht erklärt werden. Drei davon – die Masse-Energie-Beziehung, die Zunahme der Masse bei wachsender Geschwindigkeit, der Dopplereffekt – gehören zur speziellen Relativitätstheorie; die anderen drei – die Rotverschiebung der Spektrallinien durch starke Gravitationsfelder, die Ablenkung von Lichtstrahlen im Gravitationsfeld und die Perihelbewegung des Merkur – zur allgemeinen Relativitätstheorie.

Es ist bereits bewiesen, daß mindestens vier dieser sechs Effekte direkte Folgen der Maxwellschen Elektrodynamik und der Newtonschen Dynamik für Photonen darstellen, die über eine Masse verfügen. Das sind die zwei Effekte der SRT, die Energie-Masse-Relation und die Vergrößerung der Masse, und zwei Effekte der ART, die Rotverschiebung und die Lichtablenkung.

Die Behandlung dieser Effekte im Rahmen der Methodik von Sinowjew-Koroljow ist nicht kompliziert. Wir führen hier nur den wesentlichen logischen Aufbau vor, um die Möglichkeiten dieser neuen Methodik zu demonstrieren.

Das wichtigste Ausgangsresultat, das man nach Koroljow aus der Maxwellschen Elektrodynamik erhält, ist die Beziehung zwischen dem Strom der Lichtenergie und dem Druck, den Licht auf eine absorbierende Fläche ausübt [7, S. 46]:

$$\vec{p} = \frac{\vec{s}}{c} = \frac{1}{4\pi}[\vec{E}\vec{H}] ,$$

wobei $\vec{p}$ der Druck, $\vec{S}$ der Poyntingsche Vektor (Energiestrom) sind. Aus dieser Gleichung folgt unmittelbar die Beziehung für den Impuls und die Energie einer Lichtquelle

$$p = \frac{E}{c} , \tag{1}$$

wobei $E = |\vec{S}|$ die Energie eines Volumens der elektromagnetischen Welle und p der Impuls desselben Volumens des elektromagnetischen Feldes sind. Nun nimmt Koroljow an, daß der elektromagnetische Impuls ebenso mit einer Masse verbunden ist wie in der gewöhnlichen Newtonschen Dynamik, d. h. er wird bestimmt als Produkt von Masse und Geschwindigkeit: $p = mv$. Dann gilt für Licht $p = mc$ (c = Lichtgeschwindigkeit). Setzt man diese Formel in 1 ein, dann erhält man die berühmte relativistische Masse-Energie-Beziehung, ohne auf die Lorentz-Transformation zurückzugreifen:

$$p = \frac{E}{c} = mc , \quad \text{und hieraus} \quad E = mc^2. \tag{2}$$

Zu den korpuskularen Eigenschaften des Lichtes schreibt Koroljow: „Die Vorstellung des Lichtes als Bewegung von Quantenteilchen wird durch eine große Zahl von Erscheinungen, den Photoeffekt, den Comptoneffekt, die Paarbildung und Anhilationsprozesse, die Erscheinung der Fotochemie, die Röntgenstrahlung u. a. bestätigt. In all diesen Erscheinungen verlaufen die Prozesse so, als wäre die Lichtenergie in Quantenteilchen konzentriert, die mit einem Medium wechselwirken“ [7, S. 77].

Wenn man die Resultate der Elektrodynamik, die Formeln 1 und 2 benutzt und die Planckschen Annahmen einführt, nach denen die Energie einer elektromagnetischen Welle ein ganzes Vielfaches der Energie eines Photonen-Quants $E = n\varepsilon_p$ und diese Energie des Photonen-Quants selbst proportional der Frequenz der elektromagnetischen Welle $\varepsilon p = h\nu$ ist, so erhält man den Wert für die Masse und den Impuls eines Photons. Aus 2 ergibt sich tatsächlich der Wert der Masse eines bestimmten Volumens einer Lichtwelle: $m = \frac{E}{c^2}$. Nimmt man an, daß die Masse m die Masse einer bestimmten Anzahl von Photonen n ist, $m = nm_p$ und die Energie E gleich der Energie dieser

Photonen $E = n\varepsilon_p$ ist, so erhalten wir [7, S. 77] $nm_p = \frac{n\varepsilon p}{c^2}$ und folglich $mp = \frac{\varepsilon p}{c^2} = \frac{h\nu}{c^2}$ (3), wobei h die Plancksche Konstante und ν die Frequenz sind.

Nimmt man eine solche Quantelung (Plancksche Quantelung) für den Impuls einer Lichtwelle in 1 vor, so erhält man den Impuls des Photons. Tatsächlich stellt der Impuls einer Lichtquelle in Übereinstimmung mit den Planckschen Annahmen eine Summe von Impulsen einer bestimmten Anzahl von n Photonen dar. Deshalb kann man die Gleichung 1 in folgender Form schreiben [7, S. 78]:

$$p = np_p = \frac{E}{c} = \frac{n\varepsilon p}{c}\text{, woraus } p_p = \frac{\varepsilon_p}{c} = \frac{h\nu}{c} \text{ folgt} \qquad (4).$$

Das sind die Vorstellungen von einem Photon mit Masse, wie sie Koroljow in die theoretische Optik eingeführt hat.

Es sei vermerkt, daß die Masse-Energie-Relation $E = mc^2$ in 2 nur für elektromagnetische Wellen bewiesen ist. Die Plancksche Quantelung führt zur gleichen Beziehung für das Photon, nämlich zur Formel 3. Um zu beweisen, daß diese Beziehung für alle anderen Elementarteilchen anwendbar ist, benötigt man noch eine logische Operation. Wie bereits gesagt, verweist Koroljow darauf, daß eine Eigenschaft der Photonen-Quanten der Lichtstrahlen darin besteht, daß sie an Prozessen der Paarbildung und der Anhilation beteiligt sind. Betrachten wir beispielsweise die Bildung eines Elektron-Positron Paares aus γ-Quanten (Photonen):

$$\gamma \to e^- + e^+.$$

Die energetische Schwelle einer derartigen Reaktion ist erreicht, wenn die Energie des Photons gleich der zweifachen Energie des Elektrons (Positrons) ist, die durch die gleiche Beziehung bestimmt wird:

$$\varepsilon_p = m_p c^2 = 2m_0 c^2\text{ ,}$$

wobei m_0 die Masse eines Elektrons oder Positrons ist. Daraus folgt erstens, daß für diese Elementarteilchen die Beziehung $E = mc^2$ ebenfalls erfüllt ist, und daß zweitens die Masse des Photons und die Masse des Elektrons (Positrons) offensichtlich gleicher Herkunft sind.

Mit anderen Teilchenreaktionen kann man über ein solches logisches Verfahren die Gültigkeit der Beziehung $\varepsilon = mc^2$ für die übrigen Elementarteilchen beweisen.

Die Herleitung der Formel $E = mc^2$ in der Relativitätstheorie betrachten wir nicht, sondern führen lediglich das Schema dieser Herleitung an: die Lorentz-Transformation, die Beziehung für die Abhängigkeit der Masse von der Geschwindigkeit

$$m = \frac{m_0}{\sqrt{1 - \beta^2}} \quad \text{und}$$

die Äquivalenz von Masse und Energie $E = mc^2$.

Es sei allerdings darauf verwiesen, daß Einstein bei der Schaffung der speziellen Relativitätstheorie die Resultate dieser Theorie kontrollierte, indem er sie mit den Folgerungen der klassischen Elektrodynamik verknüpfte. Hierzu sei auf seine bekannte Arbeit [13] verwiesen. In dieser Arbeit hat Einstein unter Berufung auf eine frühere Arbeit von Poincaré mit den Methoden der klassischen Elektrodynamik die Masse einer „Lichtportion" (offensichtlich eines Photons) bestimmt, indem er die Strahlung in einem geschlossenen Kasten betrachtete. Es wurde auch die Formel 3 gefunden. Die Voraussetzungen dieser Berechnung blieben aber unklar. Eine klare Bestimmung des Zusammenhanges von elektromagnetischem Impuls und der Masse $p = mc$ (Koroljow) liefert, wie oben gezeigt, die Masse des Photons ohne zusätzliche Annahmen.

Was leistet nun der Begriff eines Photons mit Masse? Neben den Effekten der allgemeinen Relativitätstheorie, die von Koroljow auf der Basis eines solchen Photons erklärt werden, kann er auch im Rahmen der Raum-Zeit im Sinne Sinowjews ohne Schwierigkeit die beiden übrigen noch erwähnten Effekte der speziellen Relativitätstheorie erklären: die Geschwindigkeitsabhängigkeit der Masse und den transversalen Dopplereffekt.

Betrachten wir die Abhängigkeit der Masse von der Geschwindigkeit. Stellen wir uns einen Beschleunigungsmechanismus eines Quantensystems (eines Atoms) vor. Das Atom möge sich mit der Geschwindigkeit v im Strom der Photonen (Abb. 2) bewegen. Zunächst absorbiert das Atom ein Photon P_1

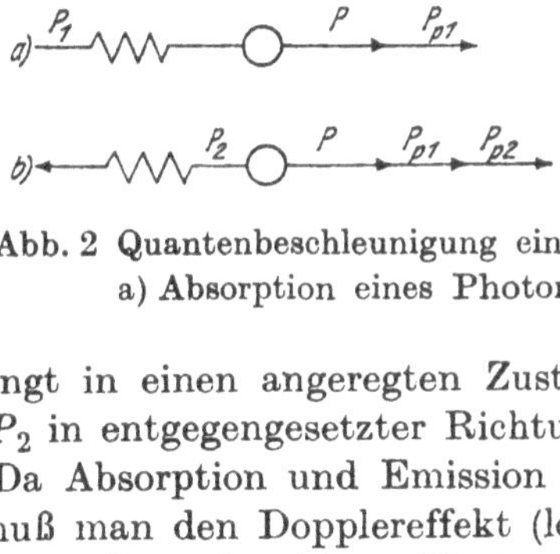

Abb. 2 Quantenbeschleunigung eines Atoms
a) Absorption eines Photons, b) Emission eines Photons

und gelangt in einen angeregten Zustand, dann emittiert es ein zweites Photon P_2 in entgegengesetzter Richtung und kehrt in den Grundzustand zurück. Da Absorption und Emission der Photonen in der Bewegung erfolgen, muß man den Dopplereffekt (longitudinalen Effekt) unbedingt berücksichtigen. Das absorbierte Photon muß in Übereinstimmung mit dem Dopplereffekt die Frequenz $\nu_1 = \frac{\varepsilon}{h(1-\beta)}$ und das emittierte Photon $\nu_2 = \frac{\varepsilon}{h(1+\beta)}$ haben. Dabei ist $\varepsilon = E_k - E_i$ nach dem Bohrschen Postulat die Übergangsenergie eines Quantensystems vom Energieniveau E_k zum Niveau E_i, $\beta = \frac{v}{c}$.

Das absorbierte Photon trägt eine Masse

$$m_p = \frac{h\nu_1}{c^2} = \frac{\varepsilon}{c^2(1-\beta)}$$

und einen Impuls (Abb. 2)

$$p_{p_1} = \frac{h\nu_1}{c} = \frac{\varepsilon}{c\,(1-\beta)}$$

mit sich. Das sekundäre, emittierte Photon trägt eine Masse

$$m_{p_2} = \frac{h\nu_2}{c^2} = \frac{\varepsilon}{c^2\,(1+\beta)}$$

mit sich und erteilt dem Atom einen Rückstoßimpuls (Abb. 2)

$$p_{p_2} = \frac{h\nu_2}{c} = \frac{\varepsilon}{c\,(1+\beta)}\,.$$

Nach einem solchen Zyklus von Absorption und Emission erleidet das Atom einen Massendefekt, der durch die Differenz der Massen des absorbierten und des emittierten Teilchens bestimmt wird (das emittierte Teilchen hat eine geringere Frequenz und folglich eine kleinere Masse als das absorbierte):

$$\Delta m = m_{p_1} - m_{p_2} = \frac{2\varepsilon\beta}{c^2\,(1-\beta^2)}\,.$$

Der Impuls, den das Atom erhält, ist gleich der Summe der Impulse des primären und des sekundären Photons:

$$\Delta p = p_{p_1} + p_{p_2} = \frac{2\varepsilon}{c\,(1-\beta^2)}\,.$$

Der Vergleich von Δp und Δm zeigt, daß sie durch die Beziehung $\Delta p = \frac{c}{\beta}\Delta m$ miteinander verknüpft sind. Wenn die Übergangsenergie $\varepsilon = E_k - E_i$ klein ist, kann man schreiben

$$dp = \frac{C}{\beta}\,dm\,. \tag{5}$$

Der betrachtete Beschleunigungsmechanismus ist dadurch ausgezeichnet, daß nach der Emission eines sekundären Photons das Atom erneut in einen „Arbeitszustand“ gelangt, d. h. wiederum in der Lage ist, ein Photon zu absorbieren, und somit der beschriebene Zyklus von Absorption und Emission unendlich lange fortgesetzt werden kann. Das Atom häuft dabei Masse an. Die Formel 5 zeigt, daß die Beziehung des Anwachsens von Impuls und Masse nicht von der Wahl der Arbeitsniveaus im Quantensystem abhängt. Die Niveaus können sich verschieben, die Formel 5 bleibt davon unberührt. Allerdings sind die Prinzipien der Quantenmechanik bei dieser Betrachtung nicht zu umgehen. Allein auf Grund der Absorption der einfallenden Strahlung (Photonen) kann sich der Körper, beispielsweise ein schwarzer Körper, nicht beschleunigen. Zu einem bestimmten Zeitpunkt werden alle Niveaus besetzt sein, und der schwarze Körper kann weiter keine Strahlung absorbieren.

Im Zusammenhang damit, daß die Masse des Atoms bei einem solchen

Prozeß veränderlich ist, schreiben wir das Differential des Impulses für das Atom in allgemeiner Form:

$$dp = d(mv) = mdv + vdm = c\,(md\beta + \beta dm)\,.$$

Wenn wir den Wert von dp aus 5 hier einsetzen, erhalten wir

$$\frac{1}{\beta}\,dm = md\beta + \beta dm\,.$$

Nach einer Trennung der Variablen erhalten wir die Differentialgleichung:

$$\frac{dm}{m} = \frac{\beta d\beta}{1-\beta^2}\,.$$

Die Lösung dieser Gleichung ergibt:

$$lnm = -\frac{1}{2}\,ln\,|1-\beta^2| + lnm_0\,.$$

Hieraus erhalten wir:

$$m = \frac{m_0}{\sqrt{1-\beta^2}}\,. \tag{6}$$

Somit gestattet die Einführung eines Photons mit Masse (unabhängig davon, daß die relativistische Theorie diesen Begriff verwirft) anschaulich und auf kürzestem Weg, die Abhängigkeit der Masse von der Geschwindigkeit herzuleiten.

Für Formel 6 gibt es auch eine allgemeinere Herleitung. die für Elektronen und andere geladene Teilchen anwendbar ist [5, 9]. Diese beruht auf einer allgemeineren Begründung der Gleichung 5, ausgehend von der Formel $E = mc^2$ und der Newtonschen Dynamik.

Mit den nun zur Verfügung stehenden beiden Formeln $E = mc^2$ und $m = \frac{m_0}{\sqrt{1-\beta^2}}$ und der Newtonschen Dynamik kann man den gesamten Apparat der Elektrodynamik großer Geschwindigkeiten aufbauen, ohne die Lorentz-Transformation zu bemühen und die Raum-Zeit-Vorstellungen zu korrigieren. Genauer gesagt, der gesamte Apparat bleibt unangetastet, es vereinfacht sich lediglich seine Interpretation (vgl. beispielsweise [6, S. 308/309]). So ist beispielsweise die bekannte Beziehung $E^2 = c^2\,(p^2 + m_0^2c^2)$ oder $E^2 = p^2 + m_0^2$, wenn $c = 1$, eine einfache Folgerung aus den Formeln $E = mc^2$, $m = \frac{m_0}{\sqrt{1-\beta^2}}$ und $p = mv$.

Das oben Gesagte bliebe belanglos, wenn es nicht möglich wäre, auf dieser neuen Basis den dritten bedeutsamen Effekt der relativistischen Elektrodynamik, den transversalen Dopplereffekt, zu erklären, der experimentell bestätigt ist und als Beweis für die Zeitdilatation gilt. Das hier betrachtete Photon mit Masse gestattet, auch Klarheit in dieser Frage zu erlangen.

Den Dopplereffekt von Licht kann man als Resultat einer Überlagerung der klassischen Erhaltungssätze für Impuls und Masse auf die Quantengesetze des Emissionsprozesses eines Photons mit Masse im bewegten Quantensystem ansehen.

Wie aus der Quantenmechanik bekannt ist, wird für das Eigenwertproblem eines Quantensystems (eines Atoms) in die Schrödinger-Gleichung $\hat{H}\psi = E\psi$ ein Hamiltonoperator eingeführt

$$H = \frac{p^2}{2m} - V(r) \text{ ,}$$

der die Bindung des Elektrons mit dem Kern beschreibt und nur von der Entfernung r zwischen Kern und Elektron abhängt.

Die Bewegungsenergie eines Quantensystems als Ganzes (freie Energie) wird bei der Quantelung gewöhnlich nicht berücksichtigt [20]. Die Lösung der Schrödinger-Gleichung liefert einen Satz diskreter Energiewerte $E_{11}, E_{12}, \ldots E_{ij}$, der nicht von der freien Energie der Trägheitsbewegung des Quantensystems abhängt. Beim Übergang vom angeregten Zustand E_{kj} in den Normalzustand E_{ij} emittiert das Quantensystem ein Photon mit Masse, dem im Schwerpunktsystem eine Energie $\varepsilon = E_{kj} - E_{ij}$ und ein Impuls (ohne Berücksichtigung des Rückstoßes)

$$p_{ps} = \frac{\varepsilon}{c} = \frac{h\nu_0}{c} \tag{7}$$

zugeordnet ist, wobei ν_0 die Frequenz des Photons ist, das vom unbeweglichen Atom abgestrahlt wird.

Andererseits kann man, wenn das Photon ein Teilchen mit Masse ist, den Prozeß der Photonenemission als „Zerfallsprozeß" eines Atoms der Masse M' in einen „Atomrest" mit der Masse M und ein Photon mit der Masse m_p ansehen, d. h., in diesem Fall ist das Gesetz der Erhaltung der Masse erfüllt:

$$M' = M + m_p \text{ .} \tag{8}$$

Betrachten wir jetzt einen solchen Emissions-Zerfallsprozeß eines Atoms im Flug, d. h. bei der Bewegung des Atoms mit einer Geschwindigkeit v (Abb. 3a). In Übereinstimmung mit der Zerlegungsbedingung für die Masse des angeregten Atoms in Formel 8 kann man seinen Bewegungsimpuls $P' = M'v$ ebenfalls in eine Summe zerlegen:

$$p' = (M + m_p)\, v = p + p_{pm} \text{ .}$$

Hier ist $p = Mv$, und $p_{pm} = m_p v$ ist der Impuls der Masse des Photons vor dem Zerfall, man kann sagen der Masseimpuls jener Substanz, aus der das Photon gebildet wird, der Impuls des virtuellen Photons.

Somit liefert das Photon mit Masse neben einem Impuls im Schwerpunktsystem p_{ps} (Formel 7) einen zusätzlichen Impuls p_{pm}, der von der Eigenbewegung des angeregten Atoms bestimmt wird. Der Gesamtimpuls des emittierten Photons wird durch die Vektorsumme

$$\vec{p}_p = \vec{p}_{ps} + \vec{p}_{pm}$$

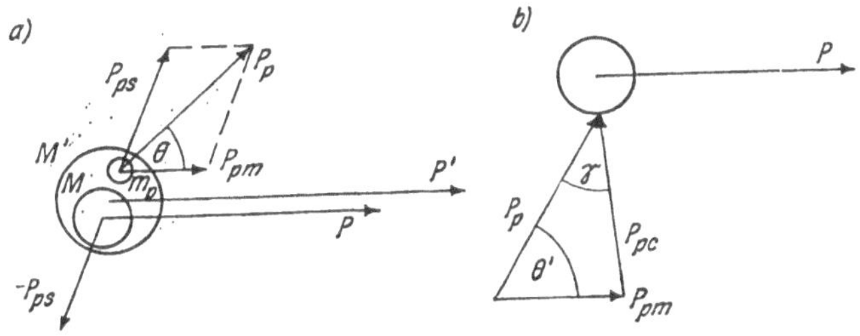

Abb. 3 a) Emission eines Photons mit Masse durch ein bewegtes Atom
b) Absorption eines Photons mit Masse durch ein bewegtes Atom.

bestimmt. Führt man den Emissionswinkel des Photons im Laborsystem θ ein (Abb. 3a), dann gilt nach dem Kosinussatz:

$$p_{ps}^2 = p_p^2 + p_{pm}^2 - 2p_p p_{pm} \cos\theta \,.$$

Als Photonenmasse m_p wird hier nicht $\frac{h\nu_0}{c^2}$, sondern die endliche Masse $\frac{h\nu}{c^2}$ eingesetzt, und indem wir berücksichtigen, daß $p_{pm} = m_p v = \frac{v}{c}\frac{h\nu}{c} = \beta p_p$, erhalten wir $p_{ps}^2 = p_p^2 (1 - 2\beta\cos\theta + \beta^2)$. Daraus bekommen wir, wenn wir den Zusammenhang von Impuls und Frequenz $p_{ps} = \frac{h\nu_0}{c}$, $p_p = \frac{h\nu}{c}$ berücksichtigen, eine neue Korpuskularformel für den Dopplereffekt:

$$\nu = \frac{\nu_0}{\sqrt{1 - 2\beta\cos\theta + \beta^2}} \,. \tag{9}$$

Hier ist ν die Frequenz des abgestrahlten Photons (Emission), ν_0 die Strahlungsfrequenz der unbeweglichen Quelle. Ein solcher „korpuskularer" Dopplereffekt wird durch die Existenz der sogenannten „trägen Masse" des Photons verursacht.

Die Formel 9 verfügt über eine Reihe interessanter Eigenschaften: für die Strahlung entlang des Geschwindigkeitsvektors der Strahlungsquelle $\vec{v}\,(\theta = 0, \pi)$ führt sie zum klassischen longitudinalen Effekt, der ebenfalls aus der Wellentheorie zu erhalten ist:

$$\nu_{\text{long}} = \frac{\nu_0}{1 - \beta} \,.$$

Für eine Emission im rechten Winkel $\left(\theta = \frac{\pi}{2}\right)$ liefert 9 den transversalen Effekt

$$\nu_{\text{trans}} = \frac{\nu_0}{\sqrt{1 + \beta^2}} \,,$$

der mit einer Genauigkeit bis auf die quadratischen Glieder der Zerlegung mit dem relativistischen transversalen Effekt übereinstimmt,

$$\nu_{\text{rel.trans}} = \nu_0 \sqrt{1 - \beta^2} \,.$$

Eine Reihenentwicklung beider Formeln ergibt

$$\nu_{\text{trans}} = \nu_0 \left(1 - \frac{1}{2}\beta^2\right).$$

Erst für die Glieder der vierten Potenz gibt es eine Differenz.

Die graphisch ermittelte Kurve liegt zwischen den Kurven für den Wellen-effekt $\nu = \frac{\nu_0}{1-\beta\cos\theta}$ und den relativistischen Effekt $\nu_{\text{rel.}} = \frac{\nu_0\sqrt{1-\beta^2}}{1-\beta\cos\theta}$ (Abb. 4).

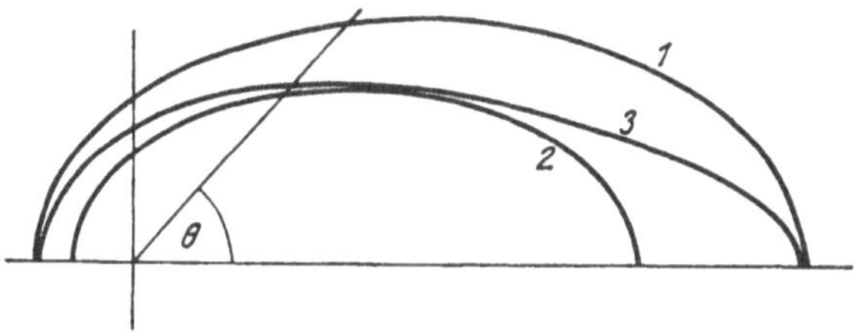

Abb. 4 Normierte Kurve $\frac{\nu(\theta)}{\nu_0}$ für den Dopplereffekt
1. Welleneffekt
2. Relativistischer Dopplereffekt
3. Abgeleitete Formel

Wie der Graphik zu entnehmen ist, divergiert die erhaltene Formel und die relativistische beim longitudinalen Effekt (für das quadratische Glied der Zerlegung). Deshalb wäre eine strenge Überprüfung des longitudinalen Effekts eine Möglichkeit der Bestätigung sowohl der These, daß die Mikrowelt keine spezielle Logik verlangt, als auch der Vorstellung von einem Photon mit Masse.

Die Behandlung des Dopplereffekts für den Fall der Absorption eines Photons durch ein bewegtes Atom, d. h. den umgekehrten Dopplereffekt, wird analog dem direkten Effekt geführt (Abb. 3b). Die Frequenz des absorbierten Photons muß der Bedingung

$$\nu' = \nu\sqrt{1 - 2\beta'\cos\theta' + \beta'^2}$$

genügen, wobei ν' die Frequenz des Absorbers im Schwerpunktsystem darstellt, ν die Frequenz der einfallenden Strahlung (des absorbierten Photons), $\beta' = \frac{v'}{c}$, wobei v' die Absorbergeschwindigkeit und θ' der Absorbtionswinkel des absorbierten Photons im Laborsystem sind. Wenn man diese Formel in 9 einsetzt, erhält man eine allgemeine Beziehung für den Dopplereffekt von Licht bei gleichzeitiger Bewegung der Quelle und des Absorbers:

$$\nu' = \nu_0 \frac{\sqrt{1 - 2\beta'\cos\vartheta + \beta'^2}}{\sqrt{1 - 2\beta\cos\vartheta + \beta^2}}. \tag{10}$$

Diese Formel berücksichtigt einzeln sowohl die Bewegung der Quelle v relativ zum angenommenen Ausbreitungsmedium für Licht als auch die Bewegung des Absorbers v' bezüglich dazu. Die relativistische Formel $\nu = \nu_0 \frac{\sqrt{1-\beta^2}}{1-\beta\cos\theta}$ berücksichtigt lediglich die Relativgeschwindigkeit von Absorber und Quelle. Dieser prinzipielle Unterschied kann einer Überprüfung der beiden Formeln ebenfalls zugrunde gelegt werden.

Bekanntlich wurde der transversale Dopplereffekt mit Hilfe des Mößbauereffektes auf einer Zentrifuge überprüft [22]. Die Quelle der γ-Quanten wurde im Zentrum angebracht und der Absorber am Rande des Rotorkreises der Zentrifuge. Infolge der Bewegung des Absorbers relativ zur Quelle wurde bei der Rotation des Rotors der transversale Effekt beobachtet. Wenn die Quelle und der Absorber an den entgegengesetzten Enden des Rotorkreises angebracht sind, dann muß man in Übereinstimmung mit der relativistischen Formel den transversalen Effekt beobachten. Nach Formel 10 gibt es überhaupt keinen Effekt.

Neben dem Dopplereffekt kann die Dynamik eines Photons mit Masse die Lichtaberration auf einer korpuskularen Grundlage erklären, wie das Bradley getan hat. Der Winkel γ auf Abb. 3b entspricht der Verschiebung der sichtbaren Lage der Quelle infolge der Bewegung des Absorbers. Eine elementare Berechnung ergibt für den Aberrationswinkel γ in diesem Fall

$$\sin\gamma = \frac{\beta'\sin\theta'}{\sqrt{1-2\beta'\cos\theta'+\beta'^2}},$$

der bis auf lineare Glieder der Zerlegung genau mit der praktischen Formel zusammenfällt, wie sie in der Astronomie benutzt wird

$$\sin\gamma = \beta'\sin\theta .$$

Somit kann man jetzt sagen, daß alle Effekte der speziellen Relativitätstheorie eine einfache Erklärung auf der Basis der Maxwell-Planckschen Elektrodynamik erfahren, wenn man ein Photon mit Masse heranzieht, wie es Koroljow eingeführt hat. Dabei kann man den gesamten Apparat an Arbeitsformeln der Elektrodynamik großer Geschwindigkeiten (relativistische Elektrodynamik) auf einfachste Effekte der Quantenmechanik in ihrer Planckschen und Bohrschen Darstellung bringen.

Wir gehen nun zu den Effekten der allgemeinen Relativitätstheorie über und betrachten in erster Linie die sogenannte Rotverschiebung der Frequenz eines Photons im Gravitationsfeld.

Koroljow untersucht in [7] die Bewegung eines Photons mit Masse im Gravitationsfeld. Nach ihm „gewinnt oder verliert ein Photon bei seiner Ausbreitung im Gravitationsfeld eine Energie ΔA in Abhängigkeit davon, ob es sich entgegen den Gravitationskräften oder entlang dieser Kräfte bewegt. Das führt zu einer Änderung seiner Frequenz" [7, S. 357]. Wie in der gewöhnlichen Mechanik ist die Arbeit ΔA gleich dem Produkt der Masse (hier der Masse des Photons) und der Differenz der Gravitationspotentiale in den Punkten der Anfangs- und der Endlage des Photons:

$$\Delta A = m_p (\varphi_1 - \varphi_2) ,$$

wobei $\varphi_1 = -k \frac{M}{r_1}$, $\varphi_2 = -k \frac{M}{r^2}$ Potentiale des Gravitationsfeldes sind. Der Unterschied besteht lediglich darin, daß in der Mechanik gewöhnlicher Teilchen sich die kinetische Energie ändert, und in der Mechanik eines Photons mit Masse sich die Frequenz des Photons ändert, da diese nach Planck mit der Energie des Photons verknüpft ist, $\varepsilon_p = h\nu$. Die Arbeit ΔA als Änderung der Energie des Photons kann man in der Form schreiben

$$\Delta A = \Delta \varepsilon_p = h \Delta \nu .$$

Setzt man hier den Wert für ΔA ein, so erhält man

$$h \Delta \nu = m_p (\varphi_1 - \varphi_2) .$$

Führt man den Ausdruck für die Masse des Photons nach Formel 3 ein, so erhalten wir endgültig

$$\Delta \nu = \frac{\nu}{c^2} (\varphi_1 - \varphi_2) . \quad (11)$$

Die Herleitung von Formel 11 durch Einstein in [14] erinnert entfernt an die oben angeführte, allerdings ist sie mit Postulaten über Eigenschaften von Raum und Zeit belastet (dem sogenannten „allgemeinen Relativitätsprinzip“ als Modifikation des „speziellen Relativitätsprinzips“), die angeblich für das Verständnis (und die Herleitung) einer solchen einfachen Formel erforderlich seien.

W. A. Ugarow schreibt zu Formel 11: „Manchmal erhält man mit Hilfe der Masse des Photons die Formel für die Rotverschiebung. . . (es folgt die Herleitung unserer Formel 11 – W. N. D.). Diese Formel (hier: 11) ist die Formel für die Rotverschiebung, wie sie Einstein erhalten hat. Sie bringt die Verschiebung der Lichtfrequenz nach der roten Seite des Spektrums beim Übergang des Lichts aus einem Gebiet mit einem geringeren Gravitationspotential in ein Gebiet mit einem größeren Gravitationspotential zum Ausdruck . . . Spricht aber dieses Resultat für die Einführung einer Photonenmasse? Natürlich nicht. Die gesamte Herleitung trägt einen ausschließlich formalen Charakter. Die Änderung der Frequenz eines Photons ist faktisch mit einem verschiedenen Zeitablauf in den Punkten unterschiedlichen Gravitationspotentials verbunden“ [10, S. 248].

Die Meinung von Koroljow ist völlig anders: „. . . es ist unmöglich, die Frequenzverschiebung der Spektrallinien als ‚Verlangsamung des Zeitablaufes‘ im Gravitationsfeld zu verstehen: aus (Formel 11) ist ersichtlich, daß dann in ein und demselben Gravitationsfeld eine ‚Verlangsamung‘ und eine ‚Beschleunigung' des Uhrenganges in Abhängigkeit vom Gravitationspotential des Beobachtungspunktes für das Photon vorliegen müßte" [7, S. 357].

Hier kann man noch darauf verweisen, daß 11 nur in der differentiellen Näherung streng richtig ist. Sie muß in der Form $\frac{d\nu}{\nu} = -\frac{1}{c^2}\,d\varphi$ geschrieben werden. Die Integration dieser Differentialgleichung gibt den genaueren Ausdruck

$$\nu = \nu_0 e^{\frac{\varphi_1 - \varphi_2}{c^2}},$$

aus dem folgt: wie groß auch immer ein Gravitationspotential eines beliebigen Sterns sein möge, ein Photon mit Masse überwindet es, und deshalb können prinzipiell keinerlei „schwarze Löcher" (unbeobachtbare Sterne) existieren.

Somit erweitert erstens die Betrachtung des Effektes auf der Basis der Dynamik eines Photons mit Masse den Anwendungsbereich von Formel 11 (aus ihr erhalten wir jetzt die Rot- und die Violettverschiebung), und demonstriert zweitens die Existenz einer sogenannten „Gravitationsmasse" des Photons.

Im berühmten Experiment von Pound und Rebky wurde mit Hilfe des Mößbauereffektes sowohl die Rot- als auch die Violettverschiebung festgestellt [22] und somit die erweiterte Interpretation des Effektes durch Koroljow bestätigt.

Mit dem zweiten Effekt der allgemeinen Relativitätstheorie, der Ablenkung von Lichtstrahlen im Gravitationsfeld, hat es folgendes auf sich: die relativistische Formel, die in der ART erhalten wird [14], ist identisch mit der Formel, die für die Ablenkung eines Photons mit Masse im Schwerefeld erhalten wird.

Koroljow schreibt: „Die Existenz einer Photonenmasse führt zu einem weiteren Effekt der Wirkung des Schwerefeldes auf die Lichtausbreitung: das Photon, das sich im Schwerefeld perpendikular zum Feld bewegt, wird in Richtung der Schwerkraftwirkung abgelenkt. Das führt zu einer Krümmung des Lichtstrahls in der Nähe schwerer Massen" [7, S. 357]. Es folgt die Herleitung der Formel

$$\alpha = \frac{2}{\xi c^2}\frac{kM}{r}, \tag{12}$$

wobei α der Ablenkungswinkel des Lichtstrahls und ξ ein bestimmter Koeffizient ist.

Koroljow verweist mit Recht darauf, daß die „Relativitätstheorie die Ablenkung der Lichtstrahlen im Schwerefeld als Raumkrümmung interpretiert, obwohl die Formel, die sie angibt, eben dasselbe Aussehen hat wie die Formel (hier (12)), und der entsprechende Koeffizient 1/2 beträgt" [7, S. 358].

In der ersten Variante der Berechnungen dieses Effektes durch Einstein war der Koeffizient ξ gleich Eins, der Ablenkungswinkel für den am Rande der Sonne sich ausbreitenden Lichtstrahl sollte 0.85″ betragen. In der zweiten Variante der ART ist $\xi = 1/2$, der Effekt verdoppelte sich auf 1.7″. Der tatsächliche Effekt, der bei Sonnenfinsternissen 1919–1936 festgestellt wurde, beträgt, wie A. A. Michailow beweist, 2.7″ [8]. Weiter wurden die Werte 1.75″ und 2.03″ angegeben, wobei aber auch für diese Werte der tatsächliche Effekt den relativistischen übertrifft.

Koroljow verweist darauf, daß der tatsächliche Effekt aller Wahrscheinlichkeit nach kein reiner Effekt ist, da das Licht in Sonnennähe durch eine optische Schicht geht – die Sonnenkorona [7, S. 355]. Die Korona bildet möglicherweise für die Lichtstrahlen eine schwache Linse, und somit überlagert noch ein rein optischer Effekt den Gravitationseffekt. Die Untersuchung der sonnennahen Schicht würde es gestatten, auf die Frage zu antworten, welcher Wert des Koeffizienten ξ dem „reinen" Effekt entspricht.

Der dritte Effekt der ART – die Perihel-drehung des Merkur – hat keinerlei Zusammenhang mit der Hypothese über die Photonenmasse. Man kann die gute Übereinstimmung der von der ART getroffenen Vorhersage und den tatsächlichen Wert für den Merkur hervorheben. Allerdings unterscheidet sich der Wert für die Venus, die Erde und den Mars um das 1,5 bis 2fache der Vorhersage der ART. Ungeklärt bleibt weiterhin die Knotenbewegung der Venus.

Man hat es also mit einer merkwürdigen Situation zu tun: Ein Effekt wird auf der Basis einer einheitlichen relativistischen Theorie erklärt. Für die Erklärung der anderen muß man Zusatzhypothesen annehmen. Eine schwache Stelle der Relativitätstheorie (sowohl der SRT als auch der ART) liegt in ihrem Anspruch auf Universalität, Einheitlichkeit, Absolutheit. Aus der Logik ist bekannt, daß ein einziges Gegenbeispiel eine beliebige allgemeine Regel außer Kraft setzen und die Grenzen ihrer Anwendbarkeit deutlich machen kann. Hier liegen drei Gegenbeispiele vor: der korpuskulare Dopplereffekt, die tatsächliche Lichtablenkung im Schwerefeld und die Periheldrehung von Venus, Erde und Mars.

Auf die innere Beschränktheit der Methode der Relativitätstheorie selbst (unabhängig von ihrer philosophischen Aufnahme) verweist Iwanenko. Er schreibt, daß Einstein folgend viele Wissenschaftler bemüht waren, diese Theorie in Richtung auf eine einheitliche geometrisierte Feldtheorie zu entwickeln. „Allerdings ist es unbeschadet der großen Zahl an Arbeiten, die die Entwicklung der höheren Geometrie vorangetrieben haben, nicht gelungen, irgendeinen realen Erfolg beim Versuch der Konstruktion einer einheitlichen geometrischen Theorie zu erzielen. Es wurde buchstäblich kein neues physikalisches Resultat erzielt, mit Ausnahme der Klein-Gordon-Gleichung" [4, S. 8]. (Die Klein-Gordon-Gleichung ist das Resultat einer quantenmechanischen Behandlung der oben angeführten Beziehung $E^2 = c^2(p^2 + m_0^2c^2)$ – W. N. D.).

Die Experimente von Fizeau und Sanjaka sind hier unberücksichtigt geblieben. Diese Effekte wurden zu ihrer Zeit klassisch erklärt und werden in der relativistischen Theorie einfach neu erklärt. Das Michelson-Experiment läßt sich offensichtlich so lange nicht befriedigend erklären, als nicht deutlich wird, was unter Äther zu verstehen ist.

Die Diskussion zur Ätherproblematik ist bekannt. Eine absolut fester und gleichzeitig für die Planeten durchlässiger mechanischer Äther kann nicht existieren. L. Janossy schreibt dazu: „Einige der Eigenschaften, die im Laufe des vergangenen Jahrhunderts dem hypothetischen Äther zugeschrieben wurden, sind natürlich methaphysische Eigenschaften. Deshalb gibt es oftmals Vorurteile gegen diesen Terminus, der in der Vergangenheit unklug benutzt wurde" [12, S. 99].

Der Begriff des Äthers wird bis heute in der Quantenmechanik benutzt, nur anstelle des Terminus „Äther" wird der Terminus „elektromagnetisches Vakuum" verwendet. A. A. Sokolow beschreibt die Eigenschaften des elektromagnetischen Vakuums wie folgt: „Das Vakuum bedingt einerseits bei entsprechender Anregung die Wechselwirkung der Teilchen, die das Feld aufbauen, aber andererseits ist es ein System mit einer unendlichen Zahl von virtuellen Teilchen, die ein eigenartiges Reservoir bilden, aus dem die realen Teilchen (beispielsweise ein Elektronen-Positronen-Paar usw.) hervorgezogen werden und in das sie bei Anhilierung ‚übergehen'" [21, S. 135].

Abschließend kann man feststellen: Wird die von Koroljow entwickelte Vorstellung über die Existenz einer Photonenmasse benutzt, so bestätigt sich im Bereich der „relativistischen Mikrophysik" die These daß die Mikrowelt keineswegs einer speziellen Logik bedarf.

Quellennachweise

1. Зиновьев, А. А., Логика науки, Москва 1971.
2. Зиновьев, А. А., О логике микрофизики, Вопросы философии, 2/1970.
3. Злотников, Л. М., Существует ли квантово-релативистская логика?, Философские науки, 4/1971.
4. Иваненко, Д. Д., Строение вещества и единая теория материи, Москва 1960.
5. Калашников, С. Т., Электричество, Москва 1970.
6. Карякин, Н. И., Быстров, К. Н., Киреев, П. С., Краткий справочник по физике, Москва 1969.
7. Королев, Ф. А., Теоретическая оптика, Москва 1966.
8. Полак, И. Ф., Курс общей астрономии, Москва 1951.
9. Тимирязев, Введение в теоретическую физику, ГТТИ 1933.
10. Угаров, В. А., Специалная геория относительности, Москва 1969.
11. Физический энциклопедический словарь, т. I, Москва 1960.
12. Яноши, Л., Философский анализ специальной теории относительности, Вопросы философии, 9/1961.

13. Einstein, A., Principe de relativité et ses conséquences dans la physique moderne, Arch. sci. phys. Natur., ser. **4**, 1910, **25**, 5–28, 125–144.
14. Einstein, A., Über den Einfluß der Schwerkraft auf die Ausbreitung des Lichtes, Ann. Phys., 1911, **35**, 898–908.
15. Lenin, W. I., Materialismus und Empiriokritizismus. Werke Bd. 18, Berlin 1967.
16. Mach, E., Analyse der Empfindungen, Jena 1903.
17. Newton, I., Philosophia naturalis principia mathematica, (dt. Ausgabe) Leipzig 1932.
18. Sinowjew, A. A., Komplexe Logik. Grundlagen einer logischen Theorie des Wissens, Berlin 1970.
19. Sinowjew, A. A., Logik und Sprache der Physik, Berlin 1975.
20. Sokolow, A. A., Loskutow, J. M., Ternow, I. M., Quantenmechanik, Berlin 1964.
21. Sokolow, A. A., Die Entwicklung der Elementarteilchenforschung als Erkenntnis immer tieferer objektiver Gesetzmäßigkeiten der Mikrowelt, in: Philosophische Probleme der Elementarteilchenphysik, Berlin 1965.
22. Wertheim, G., Mössbauer Effect, New York 1964.

Autorenverzeichnis

DEMIDENKO, WLADIMIR NIKITOWITSCH, Diplom-Physiker, Duschanbe

DÖLLING, EVELYN, Dr. phil., wissenschaftlicher Mitarbeiter am Institut für Philosophie der Akademie der Wissenschaften der DDR

DÖLLING, JOHANNES, Dr. phil., wissenschaftlicher Assistent im Bereich Logik der Sektion Marxistisch-leninistische Philosophie der Humboldt-Universität zu Berlin

HEITSCH, WOLFRAM, Dr. sc. phil., wissenschaftlicher Mitarbeiter am Institut für Theorie, Geschichte und Organisation der Wissenschaft der Akademie der Wissenschaften der DDR

IWIN, ALEXANDER ARCHIPOWITSCH, Doktor der philosophischen Wissenschaften, wissenschaftlicher Mitarbeiter am Logiklehrstuhl der Philosophischen Fakultät der Moskauer Staatlichen Universität

KUMMER, WOLF, Dr. phil., wissenschaftlicher Oberassistent im Bereich Logik der Sektion Marxistisch-leninistische Philosophie der Humboldt-Universität zu Berlin

KUSNEZOW, GENNADI ALEXEJEWITSCH, Kandidat der philosophischen Wissenschaften, wissenschaftlicher Mitarbeiter am Logiklehrstuhl der Philosophischen Fakultät der Swerdlowsker Universität

LOKTIONOW, VALERI IWANOWITSCH, Kandidat der philosophischen Wissenschaften, wissenschaftlicher Mitarbeiter am Institut für Philosophie der Akademie der Wissenschaften der UdSSR in Moskau

MUCHAMEDOW, ALJAM CHADSHIJEWITSCH, Oberingenieur am Wissenschaftlichen Forschungsinstitut physikalischer Probleme in Moskau

SLOTNIKOW, LEONID MAKARJEWITSCH, Kandidat der philosophischen Wissenschaften, Dozent am Institut für Verkehrsmaschinenbau in Brjansk

STELZNER, WERNER, Dr. phil., wissenschaftlicher Oberassistent im Bereich Logik der Sektion Marxistisch-leninistische Philosophie/Wissenschaftlicher Kommunismus der Karl-Marx-Universität Leipzig

WESSEL, HORST, Dr. sc. phil., Professor, Leiter des Bereiches Logik an der Sektion Marxistisch-leninistische Philosophie der Humboldt-Universität zu Berlin

WUTTICH, KLAUS, Dr. phil., wissenschaftlicher Assistent im Bereich Logik der Sektion Marxistisch-leninistische Philosophie der Humboldt-Universität zu Berlin

Personenregister

FSC
www.fsc.org
MIX
Papier | Fördert gute Waldnutzung
FSC® C083411

Kolibri 360 GmbH
Ferdinand-Jühlke-Straße 7
99095 Erfurt, Deutschland
produktsicherheit@kolibri360.de